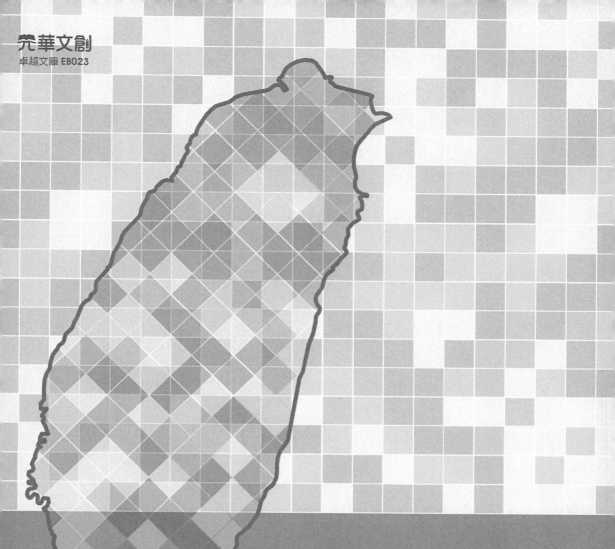

元華文創
卓越文庫 EB023

現代臺灣地區的出版文化與社會變遷 (1950-2010)

雷碧秀 ——— 著

章　序

　　碧秀是參加我們故宮學高校教師講習班認識的，因為我曾經研究過中國出版文化，邀請我為她即將出版的博士論文《現代臺灣地區的出版文化與社會變遷（1950—2010）》寫一篇推薦序文。這是大好事，我自然欣然答應。

　　碧秀的博士導師北京大學肖東發教授是我的老朋友。上個世紀 80 年代後期，我在中國出版科學研究所工作，後來在中國書籍出版社做編輯、做管理，也做一些圖書出版史、出版管理實務的研究，並且因為出版教育的可行性研究報告而榮獲國家新聞出版署科學技術進步獎，這對於一個文科生來說是天上掉餡餅的殊榮。東發教授邀請我到北京大學講課，先是做講座，後來是開設課程，並且還合作寫過論文和書。我在大學講課，北京大學是第一站，這對當年沒能考上北大的我來說，也著實自豪過一陣。後來大家都忙著各自的工作，聯繫少了，偶爾我們召開學術研討會，都會邀請對方作為嘉賓參加會議、主持學術討論。

　　由於政治的原因，我們對於臺灣出版的歷史與現狀，是很不瞭解的。我以前從事出版工作的時候，與臺灣出版界的一些同行有來往，借助出版物及《出版界》等期刊瞭解寶島臺灣出版業的動向，也曾在《出版界》1994 年春季號發表過有關大陸期刊出版發展的文章，向臺灣同行介紹大陸的情況。關於臺灣出版業的書籍，後來才有辛廣偉的《臺灣出版史》，

因而對臺灣出版業的瞭解是很膚淺的。當年我們撰著《當代中國的出版事業》，臺灣地區部分只能付之闕如。

碧秀是臺灣地區的學人，除了來大陸讀學位，一直生活在寶島臺灣，也長期在臺灣的出版媒體工作，因而對臺灣地區的出版歷史有深切的關注，她不滿意《臺灣出版史》「因缺乏對臺灣出版文化的演進與社經環境所造成的因果關係加以說明，使得臺灣出版史研究上有明顯的誤解」，而選擇以現代臺灣地區的出版文化與社會變遷作為博士論文的選題，自然是非常正確的。或許可以說，碧秀是做這個論題的最合適人選。

碧秀的研究始終圍繞著「出版文化」與「社會變遷」這兩個人類文明發展的核心。她在討論出版文化時，參考借鑒了西方書籍史和閱讀史的研究方法，尤其是達恩頓的「交流迴圈」模式和布迪厄的文化場域概念，從出版社、經銷商、作者、讀者等多個維度去考察臺灣地區自 1950 年代以來政經歷史背景的社會變遷，以及各個時期出版紀事的拐點，「縱向以出版業及時代思想的發展為線索，串聯橫向出版文化主要出版者出版理念的發展，包括研究當代個人文化活動經歷、知識結構、在各年代出版策略的主要觀點，從而分析出版者的出版理念與經營模式、出版活動的互動關係。」以出版環境的內在動因與助力，將臺灣出版文化場域分為五個階段，（一）政治力禁錮下的出版環境使讀者變作者，書店變出版人，（二）文藝政策下催生文人出版社，（三）專業的出版人和專業作家形成，（四）文化工業化下產制的暢銷書時代，（五）追求品味和個性化的原創時代。討論不同時空背景下的政治、社會、經濟和教育等與出版如何互相牽動的現象，依出版歷史演變脈絡，以每個時代的特殊時代情境勾勒出版思潮，呈現各年代的出版現況和代表性出版人以產業鏈的各環節產生了何種變化，出版業如何參與和推動出版活動促使大眾參與出版文化，進而帶動出版思潮和社會變遷的影響，證明出版人對臺灣地區的人文培育塑造的貢獻。由書評的影響和出版政策的鬆綁來觀

察出版環境的變遷，由戒嚴時期的禁書相關法令，解嚴前後的思潮牽動社會變遷，出版法的歷程與廢除出版法後民間出版業爆炸性的噴出成長，到著作權保護權立法後出版業步入新的階段，使我們對臺灣出版制度沿革的脈絡更加清晰。

出版是由「人」這個最關鍵的因素來完成的。碧秀的研究「著重在當今臺灣地區資深出版人的多重個案研究」，以 18 家出版社的 18 位工作經歷 30 年以上的出版人做為出版文化的基礎架構，借用霍爾的文本編碼／解碼的文化研究理論，依出版管理、出版理念、出版活動、閱讀文化四大核心二十個元素，從訪查研究案例，考察分析多重個案交叉比對，並加上現有的出版人自傳或紀念集以及相關文獻資料，分析梳理出版文化的核心價值，建模臺灣地區出版人的價值體系，以及更深層次的對文化生活和社會變遷的交流影響，試圖建構臺灣地區的「出版文化量化指標」。這確實是一個有益的嘗試。因為「出版文化場域」就是由這些資深出版人所建構，他們經歷「交流迴圈」的出版圈場域的培育，才能建構出版文化，展現臺灣的出版樣貌。

碧秀還採取書目計量分析和內容分析的方法，「分析每個年代所引起關注的出版思潮如禁書書單、「文星叢刊」、「仙人掌文庫」、「新潮文庫」等書目，以及《出版年鑑》歷年的出版社統計，出版總量變化以及出版品類別的分佈，分析歷年圖書出版的特殊性和差異性；用《出版界》雜誌創刊以來的 920 篇文章，以「書目計量分析」和「內容分析」查找臺灣地區出版圈內的產業領袖或者出版業所關注的出版議題，並提煉與主題相符的活動和思想，歸納綜合各階段出版文化和社會變遷，闡述當今出版人和總編輯如何影響出版文化的積極活動，觀察有關出版環境和出版人的活動觀。

在價值層面上，碧秀通過研究發現：出版文化在臺灣地區由單一走向多元的社會變遷中發揮了重要的作用，沒有一個地方像臺灣地區這樣

在有限的市場下展現出版文化的多元性，出版自由使人可以實現個人的價值，多元價值與和諧社會的構建，人民整體素養的培育，促進了社會的文明前進。

　　碧秀博士論文的正式出版，肯定會對我們進一步深入瞭解臺灣地區出版業發展產生積極的作用，我們有理由期待她下一部著作的完成。

故宮博物院故宮學研究所所長、研究館員，
南開大學兼職教授、博士生導師　章宏偉

劉　序

　　前些時候，受邀為雷碧秀博士的論文出版付梓作序，筆者一度頗為躊躇。原因在於筆者實乃出版業界門外漢。但雷博士誠意所致，實在不好推脫。雷博士出身於臺灣，與筆者相識於北京故宮，再會於臺北，是筆者相識不久的年輕學友。收到論文電子版，筆者立即翻閱了一遍，感覺論文基於調查實踐，對傳播學之外亦有特殊的意義。恭謹不如從命，忐忑之餘，筆者欣然允諾為其大著撰序。

　　雷碧秀博士原本從事出版工作，從自身的實踐出發，最終以『現代臺灣地區的出版文化與社會變遷的過程（1950-2010）』（2013）通過了北京大學傳播學院博士論文答辯、獲得博士學位，成就了兩岸教育及學術交流的佳話。

　　筆者以為，一般受人之托寫序，有內說和外說之分。內說，就是作為業內專家，對受託著述加以內行式的評述，使得其學術貢獻更為業內人士所理解和尊重；外說呢，就是雖不一定是業內人士，但由學者對其著述所引發的跨學科效應加以闡發和延伸，延及專業之外的影響和貢獻，並做出評判和彰顯，使得其著述獲得廣泛的社會理解和影響，於學術和社會領域均可共用其意義和影響。或許筆者權充後者。

　　大約 30 萬字的著述，通讀起來也好比不小的工程項目。那麼，筆者從雷博士的敘述中可以看到什麼？換句話說，從臺灣出版物、出版人、

讀者群的互動過程中，從其時代取向中得到什麼樣的啟發。筆者以為，或許以下幾點值得提示。

其一，出版是文明發展程度的標誌或象徵。人類文明的進展，有許多標誌物，書籍出版無疑是非常適合拿來做標誌物的東西。催生各種書籍媒體讀物的出版業，無疑地在人類文明的若干重要層面都能夠展示出她的形象和魅力。比如說人們常說的物質文明、精神文明、制度文明的進展和輝煌之類，都能在出版物上得到體現。當然，出版業也不是一路豐順的，由於人類群體間認識的歧異，特別是受一些代表人物認識不同的局限，會導致對出版業的政策性干預和偏重，使得出版業最崇高的理念 -- 自由和學術，受到禁錮和偏向性的損害。同樣，作為企業化的出版業也會受市場的影響，出現激烈的競爭，這些都使得出版業會面臨諸多曲折和困頓。如何打破困局，擺脫束縛，就是出版業存活的動力。

當然，相比 50、60 年代，今天的臺灣出版業早已有了今非昔比的長足進展。本書所反映的就是臺灣地區出版業幾十年過程的一部有力度的、開拓性著述。粗略地通讀論文，感覺作為從事出版工作的著者，在諸如專業性強；過程勾勒清晰；反映時代脈絡；達觀通變；實證研究調查；技術更新與出版活躍等方面，達到了博士論文的基本要求，茲不贅述。筆者以為，本文最大的特色，乃是從兩岸隔絕後，臺灣出版業的途程及其變遷展開的敘述和分析。這乃是迄今為止尚未有人系統做過的工作。

雷博士把這個過程再現出來並加以闡發，使得兩岸的讀者，都能從中檢閱艱辛，吟味其中的共同性和差異，以為未來發展的參照。這或許正是本文從一個專業角度所賦予海峽兩岸的意義所在。臺灣的讀者乃至大陸的讀者，若有機會讀到是書，或許就有了一份相互參照比較的文本，對兩岸關係會有更進一步的理解和憧憬，這不就是最好的兩岸關係的學術交流嗎？一部學術研究，若能在其專業物件領域之外，產生影響，發揮作用，乃是學術溶於社會，起到橋樑作用的最佳境界。這也是筆者閱

讀此書的體會。為此，雷博士的學術耕耘，就是值得肯定和嘉許的。

其二，出版業乃是一個與意識形態密切相關的產業。臺灣出版業的歷史過程，對臺灣地區的政治、經濟、文化乃至其它方方面面的影響，對台海兩岸關係所產生的作用和意義，如何加以評估和認識，無疑地是一個繞不開的話題。

對東亞的台海兩岸而言，出版業是一個集事業和產業為一體的業界，換句話說，它不僅僅是產業過程或者產業行為，還是政府實施產業政策尤其密集的領域。50、60 年代的臺灣，今天的大陸，兩岸的不同時期，對出版業的政策指導和管理乃是人們慣經之現象。比如，今天的大陸，對新聞出版的政策性方針指導，乃是大陸中央宣傳部的重點工作之一。不用說，臺灣地區 1950 年以後一個時期，曾經歷了嚴酷的意識形態管控階段，當然出版業在所難免。

從上個世紀 50 年代開始，臺灣出版業經歷了篳路藍縷、逐漸發達的過程，也是一個從偏重出版事業（管理出版）逐步轉向偏重企業、亦即市場化運作的過程。這個過程，在雷博士的書中均有撰述，茲不贅述。值得一提的是，著者用了實證個案的調查方法，來闡述或者說發微過去的歷史，就使得乏味的過程因為出版人及讀者群的相互躍動而生動鮮活起來。讀者或許能夠從中看到，社會文化變遷與出版的互動，到底是自由的社會生活影響了出版，還是出版業影響了自由的社會文化生活，導致了階層的重組和變遷。不管怎樣，寬鬆而自由的社會氛圍，乃是以上兩者能夠趨向良性互動的前提條件。

據說在出版業界，有一種感覺，就是說只看量的話，大陸應該肯定是臺灣的不知道多少倍。但若在一些小眾圖書的出版上，偌大的大陸，常常在許多小眾出版物上比不上小小的臺灣。也就是說，臺灣書籍出版多樣性更豐富。 這是為什麼？

　　有人認為，大陸每年出版新品種數是臺灣十倍，怎會在小眾讀物上不如臺灣？臺灣看陸版書的絕對比大陸看臺版書的多得多。原因儘管複雜，但臺灣在出版上有其獨到之處自不可忽略不計。若從人均來看，人均新品和人均碼洋等指標均比大陸強很多。市場化的競爭也比大陸靈敏不少，部分特色出版社，品牌建設很好，能夠吸引固定的讀者群。但限制於讀者總量，總體還是難和大陸抗爭。要是有朝一日兩岸統一，大陸開放書號出版業自由競爭，我倒是相對看好臺灣這邊。

　　龍應台說，臺灣人不想統一和社會制度無關。大陸的人們也許不理解，她舉了很多例子，比如說書籍出版，臺灣人要出版一本書，沒有人要做事先的審查，寫作完成後直接進印刷廠，一個月就可以上市。他要找某些資訊，網路和書店，圖書館和各級檔案室，隨他去找。圖書館裡的書籍和資料，不需要經過任何特殊關係，都可以借用。

　　其三，中華民族在上個世紀40年代末，曾經發生了一次民族大移動，超百萬之眾的人口突然從空中，海上湧入臺灣，使人口陡增數倍，彈丸之地，承受了空前的各種壓力。這個移動浪潮中，彙集了中國各階層各民族各宗教，可以說是士農工商三教九流什麼層面的都有，並且，其中不乏精英群體。歷史經驗說明，任何一次民族大移動，都會催生整個民族的新的動向，臺灣今天的發展就是證明。並且臺灣的明天或許成為這個民族的未來象徵亦未可知。

　　當年的臺灣，為此也承受了空前的文化壓力。人聚多了，就要有傾述、交流、閱讀之需，而臺灣社會，社會文化生活可說是有所失無所需，卻未曾經歷過此等局面，加之反共事業當頭，唯此為大！自然有志之士從事出版也只有向古向洋，從古書和洋文中刨故事做文章；這個時期，意識形態統制左右了出版業，出版某種程度變成了民國政府管控的事業。直到後來，內外形勢的變化，使得出版業也逐漸寬鬆起來，市場化慢慢佔據了主導地位。隨著臺灣經濟起飛，出版業也更加傾向企業化運作，

自由度和科技含量相輔相成，高度結合，釀就了臺灣出版業的空前繁榮（2010 年達 6000 家出版社）。由此我們知道，出版業一旦回歸自由寬鬆的狀態，就會真正成為社會和讀者之間的虹橋，霓虹就會常常掛在天邊，仿佛牛郎和織女通過出版業這座「虹橋」就會不時相會，引得兩岸交流底流湧動，吸引了對岸民眾的極大興趣，迄今不衰。

其四，通過以上方面或角度的勾勒和敘述，使得出版業在臺灣的這幾十年的變遷過程，躍然紙上。

本書立足於在臺灣政治經濟及文化的風雲變幻的背景，就出版業的發展過程，並以此為線索探討其社會文化變遷，是如何影響著出版業從事業轉向產業的變遷過程，以及它所凸顯的意識形態和經濟市場化的孰輕孰重所帶來的變化，民主和自由是如何通過出版活動帶給人們解放和愉悅的心理感受過程。

是書或許啟發讀者思考一個問題。什麼樣的意識形態死結扣死了當年的國共關係？在臺灣反復出現政權更迭的今天，反思歷史，頗為值得玩味？眾所周知，臺灣問題，對中華區域的人們來說，乃是一個繞也繞不開的問題。「中華民國」傾覆於大陸、殘留於台島，更生於民主和自由，已然近 70 年。但兩岸糾結於統一問題，仍然處於「分裂和不和」的狀態。上述龍應台所說，臺灣人不想統一和社會制度無關，那麼和什麼有關呢？似乎讓對方似懂非懂，還是在意識形態怪圈中打轉轉。龍應台這裡指的是大多數臺灣人與大陸人生活方式、也就是所謂文化產生了差異性不同。對大部分的臺灣人而言，所謂現實和未來的選擇，其實是一個實實在在的生活方式的選擇。兩岸出現了文化落差，變得不易理解，甚至難以理喻了。可想而知，出版業在重新搭建兩岸溝通的橋樑和通途上任重道遠。

另外，由於時代的發展和科技的進步，既給予了出版業以活力及機遇，當然也帶來了危機。比如，由於電子技術的普及，和臺灣的情況類似，作為出版業發達國家的日本所面臨的現狀也是出版規模不斷縮小，已經

連續多年呈現負增長。出版業的正常項目收益率遠低於 80 年代，大經銷商之間的「銷售額競爭」激烈，書店營業額連續多年呈現負增長。4 千多家出版社面臨銷售下滑的危機。本書對臺灣出版業的應對也做了調查和闡述。對島內出版業界內互動、技術革新對出版業的活躍發展所起的作用等方面都做了闡發和索引，既可為出版界未來提供發展開拓的脈絡參照，亦可為後來探討者之參考。

當然，如同任何著作一樣，雷博士的論文也不是沒有瑕疵或進一步完善的餘地。比如說，從題目來看，其論文似乎類似於傳播學或者社會學等學科的性格，但其內容似乎是要敘述一個「史」的過程，有內在的聯繫，但仔細閱讀內容，似乎又是一個歷史過程的敘述，從結構上來說，需要就內文與題目之間的整合，稍為斟酌調整，值此論文成書出版之際，使得大著更臻於完善；再比如，內容敘述的文字不時出現稍許冗長繁複之處。諸如此類的問題，相信著者藉此機會或使是書成為讀者首肯的流暢遺韻之作。

由臺灣出版界人士來撰述的出版界歷史變遷過程，無外乎是要映射出版人的心靈關照，並且希望這種心靈關照（出版境界）能夠更多地傳遞給讀者。換句話說，讀者若能從其文字書海的躍動流淌中，感受「居於竹，枕於泉」之情調，享受「清渠如許，源頭活水」的昇華，猶如反哺社會，功德學林。正如開頭所言，作為門外漢的筆者，或許狗續貂尾？忐忑之餘，遂不揣冒昧地、意欲於碧秀博論之錦上添一支小花。

但願作者的意願能夠順遂，是為序。

（日）沖繩大學人文學部國際傳播學系教授、
史學博士　劉剛

劉　序（日文）

　　雷碧秀博士は台湾にうまれ、元来出版界出身の若者で、筆者の若い学友である。

　　この前、雷碧秀氏から、博論の出版に値する際、筆者に序をいただけませんか、という打診の願いがある際、素人の作者として少しまよいましたが、出版業に門外漢の筆者は、いかがにするかできるかは、自信が持ってなかったのである。でも、おことわりすることで雷博士の誠心誠意を逆に悪いので、かえって俗語のように「うやうやしくするのがいい」（恭謹不如従命）ということで、「善から善へ」（従善如流）のようにこの序を書くことは承諾したことである。

　　雷博士の論文をご覧になり、まず非常に驚きましたのは、30万字ぐらい分量のことである。台湾出身の雷氏は、北京大学における新聞伝播学院（コミュニケーション学部に相当）で博論を発表して博士号を順調に貰ってきたことである。

　　雷博士の論文テーマは、「現代の台湾地区における出版文化と社会的変化のプロセス（1950 - 2010）」（2013）という主題で、出版業界の角度から台湾地域における社会変化を反映した博士論文である。

　　論文を読むと、以下のいくつかの特徴があると思う。

　　一つ目は専門性が強いことである。二つ目は変化のプロセスを明らかにはっきりさせること；三つ目は時代の文脈を反映すること；四つ目は実証の研究であること；五つ目は出版技術などの進展によりもたらした変化などなど。台湾の出版業は、多くの先進的な出版事業（管理出版）から出版企業への偏重、また市場化の過程を歩み始めた。この過程は、雷博士の本にも書いてある。

　　専門家ではない筆者は、ここで論評を控えますが、ただ、学者としての筆者は、この論文自体から見られる台湾の出版様態の現代的変化が、中国大陸にとって非常に興味深いではないのか、読者に問題提起しておきたいのである。

　　上記の側面または角度の概要と説明を通して、台湾における出版業界の移行プロセスは如何に、出版事業から出版企業に移り変わることを明らかに究明したのである。もちろん、専門的な説明に加え、著者個人の観察や判断なども表しているのである。さらには出版業界の活発な発展は技術革新の進歩の役割で互いに相互作用が交えて行われたと明らかにし、索引的な説明を付けられる。

　　確かに今、隣の日本の出版業界は大きな変化の時期にある。様々の情報を見れば、書籍や雑誌等、紙の出版物の販売額は、再販制度や委託制度に支えられ、1900年代後半まで順調に発展を遂げてきました。しかし、ピークの1996年を過ぎると紙の出版物の売上は減少し続け、特に雑誌の売上の落ち込みは業界の大きな課題となっている。市場の縮小に伴い、出版社や書店の数も年々減少している。この厳しい状況を食い止めるべく、日販は出版社・書店と共に様々な施策に取り組んでいる。紙媒体の出版物が売上低迷している出版業界ですが、今後はどのようになっていくのだろうか。さまざまな議論があり、例えば、これから、まず、電子書籍の売上低迷が改善する兆しは電子版コミッ

クスの売り上げ強化が鍵となりそうである。コミックスは幅広い世代から需要があり、デジタルコンテンツを利用する機会が多い世代からの需要を狙っていくことになるでしょう。今では小さな子供でもスマホやタブレットを使うようになっていますので、若年層に向けたコンテンツが充実してきそうである。また、販売までの流通の仕方にも変化がありそうです。2017 年にアマゾンが出版社と直接やり取りをするという販売方法を開始しました。これは「取次業者がいらない販売方法」という風にも考えられ、今まさに業態の変革が起きようとしている。この販売方法が主流になってしまうと、取次会社の立場が危うくなってくるという問題が出てくる。さらに業態改革に加えて、委託販売や再販に頼らないビジネスモデルが確立し始めていることによって、致命傷を負っているジャンルがある。それが「雑誌」である。委託制度を活用している書店は売れなかった雑誌を返品することができるが、委託制度を採用しない書店の場合はそれができない。ですから書店は雑誌を不良在庫として抱えてしまうことになるわけである。ここ最近は紙媒体雑誌の売上が悪いので、委託制度を採用していない書店はかなりの不良在庫を抱えていくことになる。今後こうした動きが進行していくことが大いに考えられる 。

　　それに対し、台湾の業界は如何になっているのであろうか、この本は詳しく紹介しておることあり、また雷博士の今後の研究題になるのではなかろうか？

　　出版業界の方によって書かれた出版業界の歴史は、出版社の心を読むことに他ならないである。そして、この種の精神的ケアが読者に伝えられ、社会にフィードバックされることを願っている。著者の願いがスムーズで秩序あるものになることを願っている。

　　以上の側面や視点を踏まえて、台湾では、この数十年の出版業の

変化の過程において、その工夫が正に"力透紙背"（墨跡が紙を透かすほど雄勁）の勢い表している。

　　もちろん、専門的な説明として、作者は台湾出版業界内のインタラクティブ、技術革新に対する出版業の飛躍的発展に対する役割などを説明した。

　　一般的に序章の依頼の順として、内外の別がある。筆者は、業界の専門家として依頼された著作による業界内部的視点に対して評議を加えることで、その学術的貢献についてより多くの人々に理解と敬意を深める一助となる。

　　近々、本論文の出版が決まり、そのお誘いをいただいた際、筆者は一時躊躇したものの、門外漢として微力ではあるが、多少なりとも錦上に花を添えたいという気持ちで筆を執った。

　　出版界の歴史の移り変わり、出版人の熱意と意志を改めて知識のみにとどめず、ぜひより多くの読者に伝えてほしい。作者の切なる願いが届くことを祈っている。

（日）沖繩大學人文學部國際傳播學系教授、
史學博士　劉剛

摘　要

　　探討臺灣地區近代出版產業，以具體的出版實例，梳理東西文化在臺灣地區如何碰撞與交流，傳播新知的物質基礎如何發生變化，新式出版如數位出版如何改變人們的認識與知識結構，新知的傳播如何影響了社會階層的變動，從一個新的視角，分析臺灣地區出版文化的變遷。同時梳理六十年來各年代的出版思潮，如：1950 年代由官方主導的復興中華文化運動，以「反共文學」為主流，也是翻印和盜印的時代。1960 年代文庫熱從「文星叢刊」、「人人文庫」等開始。1970 年代由「新潮文庫」一系列介紹西方哲學史，並掀起留美風潮。1980 年代，由於禁書和戒嚴時期言論的禁錮，龍應台的野火燒起臺灣知識界人士的反思。兩大報的副刊平臺上激起鄉土文學論，而另一波的宗教文學、心靈勵志類，林清玄的菩提系列書，「五小」純文學最為風光的時代，而「皇冠」的瓊瑤小說更是跨界到電影、電視劇的製作，帶動流行文化消費，可謂臺灣進入到摩登時代。1990 年代，解嚴和金石堂連鎖書店成立，「暢銷書排行榜」喚起閱讀世代促使出版黃金時代，各種讀書會和宣導閱讀活動展開，以書櫃代替酒櫃，套書時代也建構了直銷出版體系，光復和錦繡以主題式的套書帶動先閱讀後付款，創造了臺灣出版巨鱷，其年營收高達二、三十億佳績而後市場的局限性又迅速崩壞。

　　隨著 1988 年開放探親和近年來的兩岸三通開放，大批臺灣白領階

級進入大陸，開啟以大陸為主的金融經濟議題書系，由 2001 年 7 月美國華裔律師章家敦在美國出版《中國即將崩潰》，龍應台的《大江大海1918》、齊邦媛的《巨河流》，都是圍繞著大陸與臺灣命脈相連的出版議題為趨勢；另一方面奇幻小說崛起，各類型書的小眾讀者異軍突起。21 世紀第一個十年，由「誠品生活」打造的都市文化地標，更是寫下臺灣出版文化代表最亮麗的一頁。

　　1950 年以來臺灣地區從戒嚴到解嚴，並進入著作權保護的出版制度，在出版自由的臺灣出版業有著什麼樣的出版文化與社會變遷，本研究先梳理歷代臺灣政經與出版大紀事，再借用霍爾的編碼／解碼的文化研究概念，試圖建構臺灣地區的「出版文化量化指標」，以出版管理、出版理念、出版活動和閱讀活動四個構面二十個元素，分析臺灣出版文化場域和社會變遷之關係。

　　並佐以深度訪談在臺灣出版領域工作超過三十年的資深出版人和總編輯，如：九歌、健康文化、讀書共和國、大雁出版基地、臺灣麥克、麗文、水牛、遠流、光復、道聲、三采文化、法鼓山文化中心、合記、圓神、漢珍數位、聯經、時報，以及書號中心主任等 18 位，藉由這些重量級的出版人物的質性研究的深描，勾勒現代臺灣出版文化的實踐過程的文化剖析。

　　關鍵字　出版人　出版理念　出版文化　出版交流　社會變遷

Taiwan's publishing culture and social change in 1950-2010

Abstract

This dissertation aims to explore Taiwan's contemporary culture of the publishing industry and the social change it brings. Based on case studies in Taiwan, I will investigate a) the exchange and integration of the Abstract

This dissertation aims to explore Taiwan's contemporary culture of the publishing industry and the social change it brings. Based on case studies in Taiwan, I will investigate a) the exchange and integration of the eastern and the western cultures, b) the development of new media in knowledge transmission, c) how new publishing technology (e.g., digital editing) changes the content and structure of knowledge, d) how the transmission of knowledge affects the movements between social classes.

In 1950s, the renaissance of Chinese culture, led by the government, began in Taiwan. Anti-communism literature was the mainstream. Pirating was rampant during this period. A decade later, book series became popular. The pioneers were "Wenxing Series" and "Sanmin Library Series." In

1970s, "American Library Series" introduced history of western philosophy to Taiwan readers, resulting in large increase in the number of students going to America for further study. A decade later, when there was still restriction in the freedom of speech and publication, Lung Ying-tai's anthology, entitled "Wildfire," instigated the reflection of many other Taiwan intellectuals. At the same time, religious and inspirational literature, represented by Lin Ching-husan's "Bodhisattva Series," and pure literature, represented by the publications of five small publishing houses, also became popular. Yao's novels, published by Crown Publishing House, were even adopted as the playwrights of movies and soap operas. This contributed to the rise of popular culture consumption and signified the beginning of Taiwan's modern era. In 1990s, the release of the restriction in freedom of speech and publication and the establishment of Kingstone bookstore chain promoted the reading atmosphere in the island and resulted in the golden age of publishing industry. Book clubs and other reading activities were found everywhere. Families' wine cabinets were replaced by book shelves. Thematic series of books, e.g., the British Concise Encyclopedia series, also became popular in this period. The income of publishing industry reached two to three billion Taiwan dollars a year. Nonetheless, the publishing industry shrank rapidly afterwards.

With the release of the restriction in cross-strait communication and transport in 1988, a large number of Taiwan white-collar workers traveled to China. This contributed to the increase in the publication of books focusing on the financial and economic issues of China. In the first decade of this century, books focusing on the historical relation between China and Taiwan became the mainstream. Examples includes Gordon Chang's "The imminent collapse of China," Lung Ying-tai's "1918 Da Jiang Da Hai," Chi Pang-yuan's "Giant River." In addition, scientific fiction and various types of books were also welcome by readers. During this period, "Eslite Bookstore," one of the largest bookstore chains in Taiwan, also established the stereotypical culture of city life and became the most prominent figure in Taiwan's publishing industry.

From 1950 to present, Taiwan passed through a martial law period to a period in which authors have freedom of publication and copyright protection. This study will investigate the relation between publishing culture and social changes from four aspects: social environment, publication management, publishing philosophy, and reading activities.

Keywords: The publisher, Publishing philosophy, Publishing culture, Publishing exchange, Social change.

目　錄

表目錄

圖目錄

導　論

　　出版史是出版物的製作與流通的歷史，也是出版產業、出版制度、出版思想的產生與發展的歷史，是研究一個地區的文化和精神指標的重要史料，2001 年辛廣偉所著《臺灣出版史》[1] 是研究臺灣地區有關出版的首部出版文獻。至今尚未有針對本書做全面性的勘誤和補其研究的不足，此書因缺乏對臺灣出版文化的演進與社經環境所造成的因果關係加以說明，使得臺灣出版史研究上有明顯的誤解。故此，本研究將著重在當今臺灣地區資深出版人的多重個案研究，以及梳理 1950-2010 年間臺灣地區隨著不同時空背景的政治、社會、經濟和教育等與出版如何互相牽動的現象，提出有力的證明和出版人對臺灣地區的人文培育的塑造的貢獻。

　　一個地區的出版品，即展現該地區的人文風貌，而透過每個時期的圖書熱點及書市流通所展現的即是當代的人文及社會變遷史。隨著數位時代的來臨，傳統書業面臨嚴峻的挑戰，並激發我們反思「出版業」究竟帶給整個社會什麼地影響與改變。香港城市大學中國文化中心鄭培凱教授提出出版史研究的新方向，「以書刊出版為核心，以書刊傳播為關鍵，受文化影響是重點，以文化交流為流韻」。[2] 在中國的歷史上未曾有過像臺灣這樣出版自由又百家爭鳴的出版活動，而臺灣地區的出版業所

---

[1] 辛廣偉：《臺灣出版史》[M]. 河北：河北教育出版社 . 2001.
[2] 鄭培凱：《從出版史到出版交流史》[J]. 書城 . 2009（2）. 16-21.

面臨的又是什麼樣的困境，以及當地的出版文化交流的基底是什麼？在
社會變遷的脈絡中，是如何刺激及影響該區的出版文化形成？如何建構
該地區的知識體系？如何改變知識結構，展現其出版文化影響社會所呈
現的流風和餘韻。

　　臺灣從日治時期的全面日文化，接著經國民黨的中華復興運動力推
中華文化教育，現為中華文化保留最完整的地方，那句「臺灣最美的是
人」，正為本研究要梳理的方向和重點。出版文化是指出版活動中存在
的文化問題。出版文化之所以重要，因為出版業的社會作用，集中體現
在它對文化教育具有巨大促進作用。所以出版業雖然與科技、經濟關係
都很密切，但人們還是稱它為文化事業。[3] 出版物是一種文化產品，除了
具有文化內容，不論出版業、出版人、出版活動其最終的目標便是「塑
造人心智的力量」讓人更有智慧、更有特色是出版的最終宗旨。王余光
教授強調出版文化是出版業的價值核心[4]，本研究試圖用橫軸以區域特
色、時代特徵、社會變遷等，縱軸以出版理念、出版經營、出版活動、
閱讀文化、出版自由、圖書影響力等等交錯的綜合面向來探討與論述。

第一節 選題的背景

　　1946 年臺灣光復，隨著蔣介石政府播遷來台，再度發生大量的移民
潮，加上政策的推展以文藝政策和文化復興運動，試圖以確認國民黨的
中華正統地位的力度。臺灣地區面對史無僅有的民族大融合，此時移入
大陸各省與滿、蒙、藏、回與其它少數民族的文化。1945 年至 1949 之間，
臺灣的整個社會面臨從日文化轉向中文化的過渡階段，另一方面，由於

3 章宏偉：《出版文化史論》[M]. 北京：華文出版社 . 2002. p1-16
4 王余光的出版文化講義 . 2012.10.

戰後的局勢不穩經濟上通貨膨脹，此時臺灣地區的出版業因為印刷成本上升，也無法多所發展。1950 年後，由大陸的幾家出版相繼在台設立分支機構，最先成立的是開明書店，接著正中書局、中華書局與商務書局。自此展開推進臺灣的出版產業。

1950 年以來臺灣經歷許多階段的出版與社會變遷，略述五點：（1）韓戰及越戰使得美軍進駐臺灣，掀起西書翻印的出版市場。（2）將文藝體制化及推復興中華文化，以便對臺灣社會的高度控制。（3）進入著作權法保護的授權出版時代。（4）出版由「工業社會」進入以知識資源為主的「後工業社會」。（5）多元價值帶動創意出版產業再造。

1. 韓戰及越戰爆發大批美軍進駐臺灣掀起西書翻印的市場

1950 年，韓戰爆發，美國基於協防臺灣安全的立場，大批美軍進駐臺灣，短時間湧進大量的西文閱讀人口，故除了原有的日文書、中文書，臺灣也開始翻印西文書以迎合美軍的需求，此時期刺激了臺灣圖書出版以翻印西文書為主且以小說類及一般性書籍等英文暢銷書為多，造就 1950 年代，西書翻印風氣盛行，故早期臺灣的出版圖書業皆自掛名為書店以及圖書文具店。臺灣圖書出版業不論國營（黨營）還是私營一開始便以商業行動、利潤導向為出版的考慮。1970 年代，隨著蔣中正政權與美斷交、戰爭結束、美軍撤離，閱讀西文書的消費人口流失，但隨西式教育的情形西文圖書市場改以翻印教科書和學習工具書如大英百科辭典等為主要西書翻印的情況。

在翻印原文書和翻印大陸圖書的低成本和暴利的情況下，於是從大陸遷來台的出版社大多以教科書和翻印古籍為主要出版項目。而此時圖書市場可讀的圖書甚少，充斥著八股和古籍以及教科書，而此時期創業的出版人則以翻印西文書和文藝書籍或雜誌為主要的經營方向。

2. 將文藝體制化及推廣復興中華文化，以便對臺灣社會的高度控制

　　二次世界大戰之後，東西方意識形態的對立，大陸在二次大戰後成為東方共產主義的大國，基於知己知彼的外交、戰略需求，美國政府斥鉅資在各大學成立相關中國研究學系，興起對亞洲事務關心的風潮，為深入研究中國文化，國際漢學研究也順勢轉移至美國，漢學家成為美國對華外交政策的諮詢者，甚至是政策制定者。

　　此時，大陸對外採取封閉的外交政策，使外國人難窺其貌，1966 年爆發文化大革命，雙重事件之下，使得外國研究機構無法取得相關漢學研究文獻資料，遂將目光轉移到以中華傳統文化保護者為自任的臺灣。臺灣圖書出版業從戰後至 1960 年，國民黨政府也延續抗戰時期的文藝政策及運作，成立「中華文藝獎金委員會」，力推「戰鬥文學」及「反共文學」。而此時臺灣民間成立的出版社或者說文人圈百分之七十五皆是外省籍人士所經營，圖書的主要市場消費群眾很大的一部分來自軍人。又因此階段尚在戒嚴控管時期，出版項目僅能以中華文化為主，而臺灣的中央圖書館甚至鼓勵並開放藏書作為書籍出版的書稿來源。在書稿來源與外國市場需求兩者相互配合之下，造就出版業大肆從事中國傳統古籍翻印的現象。1960 年代的文學、史地等書籍，除了臺灣政治因素之外，外國市場的需求之下，三者的出版比例大致維持在 40％左右。

3. 進入著作權法保護的授權出版時代

　　1973-1975 年，發生國際石油危機，引發全球經濟的衰退，改變全球的貿易版國，各國也紛紛開始檢討對外貿易政策，思考未來的走向與對策。美國從高度成長的經濟形態，陷入貿易入超及財政赤字的泥沼，在巨大的經濟收益落差之下，美國的貿易政策出現巨大的轉變，由積極的貿易自由政策轉向貿易保護政策。以 1974 年制定的貿易法為代表的美國貿易保護法律體系，成為美國保護自身利益的有利武器，對世界貿易和法律產生重要影響。臺灣翻印西文書的現象，自然成為美國極欲解決的要務之一。而此時臺灣與美國的貿易差額高達三百億美元，自然成為美

國貿易保護主義下的箭靶，間接觸動臺灣著作權的修訂。[5]

　　石油危機不僅間接衝擊臺灣西文書市場的運作，更直接的影響為導致出版業缺紙，紙價高漲，裝訂印刷大增的出版危機，造成許多出版社倒閉，或採取減少出版品數量的措施，度過艱難的時段。1976 年，臺灣推動大型國家建設，藉此提振經濟的方式，同時國際景氣開始復蘇，臺灣出版業開啟成長期。

　　4. 出版由「工業社會」進入以知識資源為主的「後工業社會」

　　電腦的使用，改變了圖書出版業的分工流程從上游生產，到下游零售端無不因為電腦的介入，改變了原有的出版流程。電腦帶來最大的影響力，即「管理」事務能力的強化。最早的作用力發生於上游圖書製作端，1982 年，出版業界已逐漸採用電腦打字、電腦排版出現，1988-1989 年電腦排版亦成為印刷業主流，電腦排版快速與易於修改的特性，壓縮鉛字排版廠的生存空間，至 1990 年代，鉛字排版廠從圖書出版流程中消失。出版社內部自行吸納書籍排版的工作，減少以往書稿在出版社、編輯、排版公司或外包往返的出版流程。而出版業開始增加人力以應自動排版並增加了選題企劃的市場行銷活動，強化了以讀者導向服務的出版生態。

　　5. 多元價值帶動創意出版產業再造

　　隨著 1983 年金石堂連鎖書店成立、1989 年誠品書店和 2000 年博客來網路書店的大型通路崛起，使得整體臺灣的購書環境優化和購書的便利性，解構了舊有的出版生態圈如重慶南路書街的結束，而近年來崛起的出版社如城邦集團、大雁基地、理想共和國等即以出版大平臺的概念，試圖創造多品牌書系以深化讀者、消費者對圖書的關注與參與進而購買。

　　王榮文在一篇《臺灣出版事業產銷的歷史、現況與前瞻》，他認為

---

5 賀德芬：《著作權與出版事業．中華民國出版事業概況》[M]. 臺北：行政院新聞局．1989. p.324

「造就臺灣在 90 年後的爆發性成長在於四條通路打通出版產業的任督二脈，四條通路是店銷通路、郵購通路、直銷與特販，以及學校通路。每個產業都需要將產品透過通路，傳達到讀者身上，有時候「產品改造了通路」有時候「通路改變了產品」，這其中有時是創造，也有社會環境條件的變遷因素。」[6]

　　曾獲「金石堂年度風雲人物出版人」之一的圓神簡志忠先生表示：「早期他做一本書會很有個人主張，我希望的書應該是什麼樣子，但慢慢地，經過了數次的失敗，自己所滿意的作品，連被金石堂連鎖書店上架的機會都沒有。於是他領悟到若是做一本我喜歡的書，我去買一本就行了，為什麼我要做出版搞得這麼累，書有二種書，一種被擱置在倉庫，另一個是在讀者的書櫃裡。他領悟到，做出版是為了大家而做出版，於是展開了一個五臟俱全的專業出版社。凡是書經過圓神，就是暢銷書，採用大聯盟的選題策劃，精細到選題的成功率多少？失敗率多少？對出版產業鏈有了新的創新。用心靈生活來度量未來讀者的口味偏好。」[7]

　　2012 年剛獲「金石堂年度風雲人物出版人」的三采文化張輝明先生，亦是新一代的臺灣出版家，對色彩美學，印刷藝術有所專攻，早期他是位美術老師，因欠缺教材，於是自己編教材，從老師到作者再變成出版人。在數位出版的環境下，尤其偏重圖文兼具的美學創意版式，三采的每一本書都設計的很漂亮，傳達的概念簡單又清晰。三采文化從二人出版社到十來位成員，再到如今的 110 位員工，透過組織再造，出版經營的有效管理，成功打造三采文化為新一代的臺灣出版企業家新形象。張輝明先生說：「以前是文人出版社，那時候的讀者群可以滿足文人的理想，

---

[6] 王榮文：《臺灣出版事業產銷的歷史、現況與前瞻——一個臺北出版人的通路探索經驗》[J]. 出版界 28（1990）：9-15.

[7] 筆者採訪稿：編號 A15。

[8] 筆者採訪稿：編號 A12。

現在的市場，若空有理想，出版社是經營不下去。」[8]

　　2009 年臺灣的國民所得總額首度出現負成長，總金額為 88,687 億元。可支配所得的成長情形也相同。就家戶而言，1974-2009 年，平均每戶所得總額從 26.6 萬元增加到 115.4 萬元，成長 4.34 倍；平均每戶可支配所得則是從 24.4 萬元增加到 90.8 萬元，成長 3.72 倍。

　　而 2009 年臺灣平均每戶的儲蓄率回到 1977 年的水準，都在 20% 左右。臺灣儲蓄率最高的年份是 1993 年，當時平均每戶 30.74%。儲蓄率下降並不是因為國民所得減少，2007 年平均每戶可支配的所得高達 923,874 元，是現今有史以來最高的金額，但當年的儲蓄率為 22.49%。同樣的儲蓄率數位，背後卻有臺灣地區人民不同的消費思維與行為。早年儲蓄率低，是因為可支配的所得不多，雖然民眾多半持有「省吃儉用」的節儉美德觀點，但能夠存的錢不多。現今儲蓄率低，是因為臺灣民眾奢華消費的行為越來越多，消費形態不同所致。而其中有關「休閒、文化及教育消費」支出比例，在 1980-2009 年間，並無太大變動，維持在 11% 左右。[9] 此時的圖書消費更是呈現在多元價值和個性化的表現，多元文化的生活方式已體顯在生活上和出版品的品種上。

第二節 選題研究的物件

　　出版的多元化是產業競爭力的基底，出版業的發達更是促進各產業的奠基石。然而出版又受政治力所左右，與教育體制和廣大識字人口提升後的讀者群眾有關，當然也受整體經濟的迴圈影響，臺灣地區曾歷經日本的皇民化運動，緊接國民黨的戒嚴時期高壓控制，而經濟上受美國

---

9 劉維公：〈生活文化〉，《中華民國發展史—教育與文化篇》[M]. 呂上芳 漢寶德編. 臺北：聯經. 2012. p595-620.

殖民帝國的影響，從 1950 年代至今 21 世紀，臺灣出版業所面對的各時代的出版環境確實有它各時代所凸顯的社會變遷的軌跡。

本研究從 1950-60 年代臺灣的戒嚴時期的禁書，以及文藝體制下推廣「反共文學」、戰鬥文學等，豢養了一批軍中文人（既是作者又是讀者），歷史上可能沒有這麼龐大的軍人體系構成大眾出版讀物的主要消費族群，它所帶來的便是武俠小說、「反共文學」的書潮，後期的「文星書店」（1952-1968）為什麼會興起廣大的知識份子的追尋自由主義的五四運動的風潮，甚至造成西化運動，當時口號「來台大、去美國」為時代青年追求的目標。臺灣知名評論家南方朔就說：「那個時代我們都是看文藝書長大的，而這些文藝青年都具有很好的文字駕馭能力。也就是「作者」與「讀者」的界線是模糊的時代。」

1970-80 年代臺灣經濟起飛，以及孕育了大量的中產階級和戰後新一代已成社會中堅份子。臺灣兩大報《中國時報》和《聯合報》俟其強大的發行量每日百萬份的報紙，憑著副刊平臺，廣邀海內外華文投稿並出版，現在不少出版人早期都先藉報系工作經驗累積人脈，洞察書市市場，再定位出版社並邀稿出書，這樣的文人辦社的風潮持續至今日的臺灣出版界現象，亦是本研究的探討物件之一。遠景出版社創辦人之一沈登恩先生從書店店員做起，以其個人獨特的作法，觀察圖書市場的細膩，並大量做剪報瞭解各作者風格，時常宴請作者，掌握廣大的作者群，奠定遠景擁有大量的原創作品，也刺激了套書和書系的概念形成，引領往後的出版人做出版決策的選書參考。

著作權法的確立，和政治力解除後的 1980-90 年代，使臺灣出版達到頂峰，加上戰後嬰兒潮此時進入青年期，正是吸收新知的渴望期，使得不僅在圖書消費達高峰，同時也由這批文藝青年的加入出版業，將出版業帶入新的領域，像詹宏志、郝廣才、蘇拾平等等。戰後的第一代出版人與第二代出版人，甚至現在的新出版人代表圓神的簡志忠、三采文

化的張輝明亦是本研究的主要物件，他們所創建的出版文化都具有時代性的象徵意義。而臺灣的宗教體系也是一特色，故也訪問了具代表性的道聲出版社陳敬智副社長、法鼓山文化中心副都監果賢法師，以便瞭解宗教團體的出版體系，宗教類出版有它明確的宗旨和自成體系的出版管道，是臺灣出版文化的另一特色。

　　本研究的範圍時間軸上以 1950 年以來至今，而研究物件是在臺灣地區活動的出版業、出版人、作家、讀者、圖書經銷商、發行商、網路書店等，而有些出版社像「康軒」、「翰林」屬於高中、小學的教材依附著教育政策，以及「三民」、「五南」等等，在本研究中不涉及這類出版社。但「麗文文化出版」是一家經營學術書及大學院校教科書，並設有約二十家校園書坊是臺灣唯一有校園書坊的專業出版社，在本研究中也選做採訪物件來探討。而「城邦集團」和「大塊文化」由於負責人不受訪，故無法做相關的研究。

第三節 基本概念與研究範圍

　　古登堡革命在 16 世紀帶來了出版資本主義的興起，相較於昂貴的羊皮卷，廉價的紙皮書使出版大眾化成為可能。19 世紀初葉，金屬活字印刷術之鄉德國出現了批量出版的廉價古典和教養叢書的「達芙尼茨文科」和「萊克蘭文庫」，日本學者佐藤卓己在其著作《現代傳媒史》中提到些叢書，並指出其中最能代表德國文化的「萊克蘭百科文庫」（1867 年開始出版），在第一次世界大戰前的主要出口市場就是日本，該叢書對戰前日本文化教養的形成，起到了不容忽視的作用，並成為後來日本著名大型叢書「岩波文庫」的典範。「岩波文庫」對日本國民的文化影響

---

10 佐藤卓己著，諸葛蔚東譯：《現代傳媒史》[M]. 北京：北京大學出版社 . 2004:48-56.

極其深遠，它開始出版於 1927 年，很快進入大銷售時代，成為日本出版史上區分「近代」與「現代」的重要時期，10 幾十年間，「岩波文庫」在日本與外國文化的傳播中扮演著舉足輕重的角色。

　　世界重要叢書還包括德國的刊登最新研究成果和知識的「羅奧裡特德國百科」叢書（1950 年開始），英國創下每本書平均發行 3 萬冊記錄的「卡塞爾國民叢書」（1886-1890 年）和著名的企鵝出版社所出版的企鵝系列叢書，以及美國的「湖邊叢書」（1875 年開始），11 日本的「角川文庫」、「新潮文庫」等等。這些叢書的出版需要建立系列化的策劃及長期的出版計畫，書籍的生產過程必須實行統一化，因此對出版社現代企業形態的建立起到了促進作用。相較於精裝書，叢書價格低廉、便於攜帶，因此傳播範圍極廣。19 世紀以來，叢書這種新的出版形態標誌著印刷文明步入大眾文化時代，對於西方國家現代性的形成具有重要的塑造作用。12

　　戰後初期臺灣的出版特色，大抵是延續大陸與日治時期的出版產業為根基。在二二八事件前，臺灣的印刷媒體之發行盛況空前，日人撤離或戰爭並未摧毀其基礎，故戰後圖書報刊雜誌才會大量出現，但經過二二八事件後，民眾的閱讀習慣並不因此而輕易消減，出版社和書店仍持續經營，所以光復後臺灣的出版社仍以出版日文書籍為主，爾後在經濟蕭條的情況下，才漸漸以大陸老字型大小的出版如商務印書館、中華書局、世界書局、正中書局、開明書店等為主要供應中文書籍，1950 年代可謂是臺灣的文化沙漠，日治時期的臺灣知識份子此時期如文盲般的學習新的語言。1960 年代後漸漸開始由文星的蕭孟能策劃以「文星叢刊」出擊，蕭孟能的父親蕭同茲（曾任國民黨中央通訊社社長）。1970 年代的遠景沈登恩，以及五小的純文學時代；1980 年代副刊文化與套書時代；

11 佐藤卓己著，諸葛蔚東譯：《現代傳媒史》[M]. 北京：北京大學出版社 . 2004:47-57.
12 張文彥：《20 世紀 80 年代我國叢書出版研究》[D]. 北京：北京大學 . 2010.

1990 年代進入解嚴和著作保護的授權時代。臺灣地區的出版業每經一時
代都隨因應社會變遷而產生改革性的出版突破，最為可貴的是「出版自
由」及自由市場運作下，迎接而來的 21 世紀臺灣地區的生活文化皆是歷
經出版業數次的改革與創新，而每個年代所產出的出版物如此的多樣又
順應時代的閱讀需求，本研究參照達爾頓的交流迴圈並加上法國文化工
程的文化體系規則而建構成臺灣的出版文化場域交流迴圈示意圖如（圖
0-1），社會是由彼此之溝通交流而心靈的食糧來自閱讀，以出版交流而
漸漸形成其地區性的特有出版文化脈絡反觀臺灣社會變遷史。

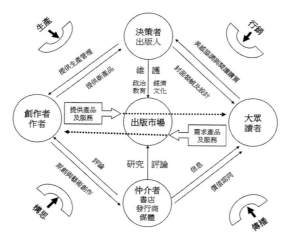

圖 0-1　出版文化場域的交流迴圈示意圖 [13]

　　從文化史的角度考察臺灣出版文化，近年來伴隨著時代思潮脈絡研
究，漸漸引起一些研究亞洲華文社會學者的關注，臺灣學者劉維公在一
篇「生活文化」中提到生活文化是產業競爭力的基底，而出版即是提供
讀者豐富生活創新思維方式的主要來源。所謂社會變遷，也就是社會組

---

[13] 融合達恩頓交流迴圈模式和《法國文化工程》的文化體系規則．p44.

[14] Macionis, John J. Sociology. Englewood Cliffs：Prentic Hall. 1987. p 589.

織和思想及行為模式隨時間而發生的轉變。[14] 本研究從「出版文化」與「社會變遷」兩個層面互相觀照、交互影響，出版文化史，也就是臺灣社會變遷史縮影。

　　林盤聳知名設計學者《文化設計與設計文化》中寫道：「在民國肇建時期與文化發展有關的設計表現，主要受到新文化運動催生的書店與出版行業的影響，加上開始先進西方新式印刷設備改變了中國傳統書籍裝訂方式，許多藝術家與文化人紛紛參與了書籍裝幀的封面設計與插圖繪製，推動了出版事業的蓬勃發展…。」[15]

　　三采文化張輝明先生說：「出版業是服務業，什麼叫好書，若無法洞察社會趨勢，做出符合社會所需求的書，沒有市場性的書又如何？例如：性是服務產業，一個出版色情的書又如何？他出版這類書可以滿足有性需求的人也是一種貢獻，我們為什麼要背負文化的使命，我可以為藝術而藝術，稱我為文化生意人，我覺得也可以，現在的價值觀在未來十年二十年後，未必一樣？其實，出版經營是需要踏實又兼顧理想才能成長，虛實之間要並進，才能進步。」[16]

　　綜合上述思路，本研究將從出版文化的四核心：出版管理、出版理念、出版活動、閱讀活動來觀察出版生態系統中出版社、編輯、作者、讀者等多個維度運用臺灣的出版文化場域「交流迴圈」去考察臺灣每個年代的社會變遷與出版之間的環流，如何攪動和推動文化熱和更深層的思想文化改變。

一、出版文化的元素

　　中世紀時，由天主教教宗所推動的大學與教育歷程，扮演了非常重

---

[15] 林盤聳：文化設計與設計文化．中華民國發展史─教育與文化篇 [M]．呂上芳．漢寶德編．臺北：聯經．2012. p733-767.

[16] 筆者採訪稿：編號 A12。

要的角色。到了印刷術發明以後，大量的圖書印刷造成了相當大的革命。從書的出現到電影的出現，再到現在的互聯網時代，可謂進入一個完全新的文化時代。

出版，作為一門產業，它和任何產業一樣，必須面對經營、管理、競爭、市場等的商業壓力；但出版又不獨是純然的商業活動，而是攸關著人們精神生活的一門知識產業，知識產業所生產的商品—書籍（或可稱「內容」），在市場上具有利潤導向的運作，但同時也傳播知識訊息，帶動一個社會的知識水準，成為建構社會文化脈動的一環。舉凡一本新書的出版、書籍作者的動態、書評、出版業的生態變化等，這些出版活動，就是一種文化活動，所以研究出版文化有其出版業實踐的需要，研究出版文化是促進出版業健康發展的必要之徑。[17]

西方人論文化，則強調個人理想的人生過程，該過程的產物就是藝術、道德、宗教、法律、科學、經濟等等各種學問。這種個人主義彩色濃厚的詮釋並不是西洋文明固有的特質，而是文藝復興時代人文主義復興以來，各種新思潮所累積的成果。[18]

泰勒提及文化是「複雜的全部成果」概念替一個世俗和宗教能共榮互濟的社會勾勒出特徵；文化的目的及功能世俗化與多樣化的過程極需另一個整體性概念的支援。1980 年 5-6 月，教宗約翰保祿二世在巴黎「聯合國國際教科文組織大會」發表演說，主題「文化」。其張顯的主張即是「文化最基礎的本題就是人類」的理念，其文：

拜文化之賜，人類才能過著真正人道生活。文化也就是生存及延續生命的一種特別方式。人類總是根據適合自己的文化模式生活，而這種文化模式轉過來在一群人之間創造一種他們特有的關係，並同時決定人

17 王余光，李天英：出版文化初探 [J]. 出版發行研究 . 2001.（12）. 12-15.
18 Hell, Victor. 文化理念 [M]. 翁德明譯，臺北：遠流出版公司 . 1995. p11

類生活中社會及人際關係的特徵，人類社會中的文化單一性同時和文化的多樣性並存。人之所以為人全在於他的文化，文化越發達，他就越有資格被稱為「人」。

而在盧梭的《社會契約論》中有一段話：充滿生命力的活文化（風俗習慣、輿論等）能發揮積極的力量減輕權力機構的重要性。也就是「人」的角色更重要。而自由是文化理念的根本價值。

以上是針對文化的論釋。而西方學者對於「出版文化」的名稱有，如「印刷文化」、「文本社會學」、「出版史」、「版本目錄學」等等，而哈樂德·拉弗（Harold Love）歸納定義有四個層面：1. 一個通過印刷構建的「抽象世界」或意識。2. 書籍生產與發行的產業關係。3. 來自閱讀與資訊管理的社會關係的一套慣常做法。4. 更廣的交流學科當中的一個專業研究領域。[19] 拉弗的概括，涵蓋了從達恩頓所闡釋的「交流迴圈」中汲取靈感的學者們所尋求的那種認識，交流迴圈轉而更多地突出和反映文本在思想和社會領域中的物質生產和運動。

然而在 1998 年，這領域誕生了一本新的刊物，其創刊號中宣佈：「書史將是關於書面交流的全面歷史—手稿和印刷品以任何媒體形式，包括書籍、報紙、雜誌、手稿和一次性印刷品進行製作、傳播和使用…關於作者、出版、印刷、裝幀藝術、版權、審查制度、銷售和發行、圖書館、讀寫能力、文學批評、閱讀習慣和讀者反應的社會、文化與經濟史。」[20] 另一位學者更簡潔的指出，書史「主要是關於我們自身的。它探尋過去的讀者如何生成意義（又可推展成，其它人如何以與我們不同的方式閱讀），如此涵蓋了出版活動的各個方面。[21]

---

[19] Love. Harold. Early Modern Print Culture：Assessing the Models.[J] Parergon 20. no. 1（2003）：45-64.

[20] Greenspan. Ezra and Jonathan Rose. Introduction. In Book History[M]. 1998.

[21] Leah. Price. The Tangible Page[N]. London Review of Book. 10/31 2002.

　　不論哪種解釋，出版文化是建立在技術形態、物質形態的基礎上，以制度為仲介所形成的出版價值觀念。從而將出版文化從外到內分為物質與技術層面，語言文字、知識層面，制度層面和觀念層面等四個層面。

1.　物質與技術層面：在出版史上，技術的大變革首先帶來的都是出版物載體的更新。從早期的甲骨、羊皮到帛、竹簡、紙，再到今天的數位載體，出版物歷經變化。早期的出版載體由於成本很高，曾給文化傳播帶來諸多限制。而載體的每一步變化必然促進出版的大大進步。現在的數位複製功能傳播更加便利和快速。

2.　語言文字、知識層面：圖書是物質形式與知識內容統一體，就算是數位出版，不論何種形式，所強調的內容是客觀知識。知識以其存在形式可劃分為主觀知識和客觀知識，主觀知識存在於人的腦子裡，隨著人的死亡而消亡，客觀知識存在於人的腦外。圖書同時具有物理的屬性和知識的屬性，二者兼具，二者缺一不可。然而更重要的還是它的知識屬性。例如一本漫畫書和一本學術書，即使它們印刷、裝幀、紙張等物理屬性全部相同，它們也不可能是同一本書，可見知識內容是圖書的根本屬性。圖書的知識性決定了出版文化不是一種純物質文化，而應屬於精神文化的範疇。因此出版活動就不應當是一種純物質的生產與純商業化的活動。

3.　制度層面：主要指一個民族、國家出版的環境，包括出版法規、行業行規等，它是一個國家文明的標誌。有關出版業體制、版權貿易、發行機制、盜版等，以及出版行業公、協會的組織，都歸屬於這一類。

4.　觀念層面：出版業與出版人所追求的終極意義及價值取向，它被看作是一種塑造個人心智的力量，是出版文化的核心。

　　出版，究竟要達到一種什麼目的？一個出版社，一個出版人，其價值觀念怎樣？小則涉及到素質、審美、情操等等一些問題，大則關係一個民族。一種文化的出版傳統、特色及文化的繼承與創新等等。這些都是出版觀念層面的內容，也是最深層次的東西，它決定著不同類型出版文化的根本區別。

　　出版文化是指出版活動中存在的文化問題。出版文化之所以重要，因為出版業的社會作用，集中體現在它對文化教育具有巨大促進作用。所以出版業雖然與科技、經濟，關係都很密切，但人們還是稱它為文化事業。[22] 出版物是一種文化產品，除了具有文化內容，不論出版業、出版人、出版活動其最終的目標便是「塑造人心智的力量」讓人更有智慧、更有特色是出版的最終宗旨。王余光教授強調「出版文化」是出版業的價值核心，並可從出版社、民族特色、時代特色、出版自由、圖書影響力等綜合面向來論述。

　　本研究專訪當今臺灣資深的出版人或總編輯，出版經歷在三十年左右，試圖分析出臺灣的出版文化中出版理念、出版經營、出版活動和閱讀活動的多重個案研究。

名詞解釋：

1. 出版文化（Publishing Culture）：書史研究的另一種表述形式，強調印刷品的生產、發行、接受和與文化的社會關係。它尤其是基於社會交流結構和研究的時空背景建構的文化。文化，是一個歷史性的生活團體表現其創造力的歷程與結果，其中包括了終極信仰、觀念系統、規範系統、表現系統和行動系統。[23] 而將此文化表現在出版的一切活動，即是出版文化。

---

22 章宏偉：《出版文化史論》[M]. 北京：華文出版社. 2002. p1-16
23 沈清松：《解除世界魔咒》[M]. 臺北：臺灣商務. 1998. p31.

2. 交流迴圈（Communication Circuit）：1980 年代初羅伯特·達恩頓提出的書史研究模型，強調書籍和印刷品研究中的社會史方法，其核心是在社會交流過程中考察書籍的位置。

3. 書史（History Book）：從 1980 年代開始的一場社會史運動。它是建立在年鑑學派書史研究的開創性著作的基礎之上，強調將物質文本的研究與社會史以及對讀者、讀者身份和文本接受的實證研究結合起來。其主要宣導者有羅傑·夏蒂埃和羅伯特·達恩頓。

4. 印刷的資本主義（Print Capitalism）：本尼迪克特·安德森在其有影響的著作《想像的共同體》中使用的一個術語。意指一種經濟生產制度（資本主義）與一種交流技術（印刷）之間的互動，自 1000 年代畢升發明印刷後─「一個通向我們今天的大眾消費和標準化社會的階段」之後兩者之間的關係日益緊密。

5. 文本的社會化（Socialization of the Text）：傑羅姆·麥克蓋思創造的用語，描述書籍和印刷品如何通過生產過程從和私人空間進入公共空間。他強調研究書籍作為社會物質的影響的重要性，這是其中一個方面。

6. 文本社會學（Sociology of the Text）：1980 年代初唐·麥肯錫創造的用語，是他拓展當時目錄學研究範圍的努力的一部分。他試圖將文本分析與年鑑學派和書史研究的旨趣整合起來，以便相容並蓄文本的經濟、社會、美學和文學意義。

7. 印刷的固化作用（Typographic Fixity）：伊麗莎白·愛森斯坦創造的用語，用來指稱 15 世紀在西歐發展起來的印刷技術，能夠快速地以相同的形式大批量複製同一文本，因而對書面文字的接受產生了重大影響，使書面得以以一種印刷下來的，經久不滅的方式被固定來並得到傳播。

8. 出版管理（Publishing Management）：管理出版機構中有關組織架構、編輯選題、企劃、發行、行銷等相關的出版活動的管理，以及執行企業文化的落實。所以本研究從出版管理中再細分：對科技運用、成功的案例、整合出版各環節的統合力、對出版產業的願景等四個構面元素來分析。

9. 出版活動（Publishing Activies）：是人類建立社會群體價值的過程，具體的說，則是編輯的生產過程和和行銷的宣傳，促使圖書活絡交流被讀者閱讀的一種非商業或商業的活動。在本研究將其出版活動分成二個核心概念：一是編輯力（其要素為專業度、論述力、知識的廣度），另一個是行銷力（其要素為獨特性、積極性、策劃力）。

10. 出版理念（Publishing Idea）：出版社並不單純憑藉資本和企業規模的大小程度來決定優劣的關鍵，乃是取決於經營者的出版理念，而出版理念是客觀存在的，出版人在自覺或不自覺之下，在出版活動中形成自己的出版理念。出版定位和出版理念很抽象，但出版理念一旦付諸實踐即形成了出版社的出版定位。本研究將出版理念的核心「價值觀」的構成六要素：興趣、熱忱、態度、信賴、愉快、審美等列入個案分析中。

11. 閱讀活動（Reading Activies）：圖書出版的構成系統中，出版商、出版活動、書籍經銷系統，對於整個閱讀環境的形式及讀者產生過程，從出版人的閱讀素質來顯現他們所營造和建構讀者產生的閱讀文化。構成出版人文化素養的閱讀要素有：國際觀、接觸讀者、生活面的多樣性、對新知訊息的獲得等。

12. 文化指標（Culture Idex）：指一些時間的系列，用以描述某一文化系統的變遷狀態，例如：道德的價值、政治的意識型態…等。

24 而文化指標中最重要的就是價值，價值可以定義為：對任何可欲者的各種不同的概念，它構成了文化的核心，它可依文化活動指標、文化環境指標、及文化素質指標等三大項。25 此可借用至「出版文化指標」，具體做「質」的衡量。

13. 出版產業（Publishing Industry）：臺灣依照聯合國國際行業標準分類（International Standard Industrial Classification of all Economic Activities，ISIC）研訂的「中華民國行業職業標準分類與定義」對於出版行業有明確分類規範，在 2006 年進行第八次修訂解釋：「凡從事資訊及通訊傳播之行業均屬之，如出版、影片服務、聲音錄製及音樂出版、傳播及節目播送、電信、電腦系統設計、資料處理及資訊供應服務等均屬之。」針對書籍出版一類更有明確定義：「凡從事書籍出版，以印刷、有聲書或網路等形式之行業均屬之。」

二、出版與社會變遷

　　所謂社會變遷，在社會學家看來，原本是屬於社會發展中不可避免的社會現象之一，理所當然，不足為奇。不過，社會變遷不一定就是進步，有時候某一種變革反而阻礙社會正常的發展，使這個社向後衰退，所以，社會學家們必須將此一客觀的社會現實之變，作主觀的多元價值判斷以後，始可確定「變遷」是否進步。在整個社會發展中，對於智識份子心靈的影響而引起的心靈之變，同時也不能輕視智識份子對社會現實能夠做多元價值判斷主觀心靈，兩者相互為用，互為因果，不能或缺。融貫于一，成為歷史推演的動力。

---

24 Weber, R.PH. The Arts and Cultural Indicators:The Coming Revolution in Content Analysis[M]. Cambridge：Harvard University. 1979. p2

25 李亦園：《若干文化指標的評估與檢討 . 民國 77 年度中華民國文化發展之評估與展望》[M]. 臺北：行政院文建會 . 1989. p33-74

有關社會變遷一詞的解釋有：

1. Macionis：社會變遷是指社會組織和思想及行為模式隨時間而發生的轉變。[26]

2. Persell：社會變遷是指社會組織方式上發生的改變或轉變。[27]

3. Ritzer：社會變遷是指個人、群體、組織、文化和社會之間的關係隨時間推移而發生的變化。[28]

4. Farley：社會變遷模是指行為模式、社會關係、社會制度和社會結構隨時間推移而發生的變化。[29]

社會過程中，有三個主要形式。一是社會發展（Social Development），它描述了系統中固有的一些潛能展現出來的過程。第二是社會迴圈（Social Cycle），其迴圈不一定有方向，但也不是任意的。社會循環系統狀態會因系統的某些內部傾向而波動或擺動方式展現，這種迴圈變遷，正與說明歷史可以帶給我們教訓與經驗，用社會迴圈來解釋人類的歷史。第三是社會進步（Social Progress），它對整個人類思想史、文化史都有極大的影響。因此社會不在被看成「剛性」系統，而被視為「軟性」關係場域。社會現實是個體間（人際）的現實，存在於人類個體之間的關係網絡、團結、依賴、交換、忠誠等等。換句話說，一種特殊的社會組織或社會結構把人們結合起來。而具體取決於關係網絡聯結的實體類型有：觀念組織、規則組織、行動組織和利益組織。相互聯繫的觀念（信仰、信念、定義）網路，構成這一場域的觀念維度，其「社會意識」。而互相聯繫的規則（規範、價值感、規定、理想）網路，

---

[26] Macionis, John J. Sociology[M]. Englewood Cliffs：Prentic Hall. 1987. p638

[27] Persell, Caroline Hodges. Understanding Society[M]. New York：Harper & Row. 1987. p586

[28] Ritzer, George, Kammeyer, Kenneth C. and Yetman, Norman R. Sociology:Experiencing a Changing Society[M]. Boston: Allyn and Bacon. 1987. p560

[29] Farley, John E. Sociology[M]. Englewood Cliffs：Prentice. 1990.

構成這場域的規範維度，其「社會制度」。觀念維度和規範維度即是傳統上所稱的「文化」。[30] 本研究以出版產業為研究的場域，即為「出版文化場域」。以此社會科學研究來論述臺灣地區的社會變遷史，亦可解釋之。

　　臺灣地區，自 1949 年國民黨退守將政權中心轉進臺灣後，即展開除弊日治時期皇民運動的日文化全面性推動國語運動，並以鼓吹「反共文學」、廣設「反共文學獎」，設置三民主義教科書編印，以黨營的出版社為主軸展開了臺灣的出版事業版圖，故迄今的臺灣出版品軌跡，無論就作者的文學範式或是讀者的期望眼界，皆已歷經了數次的變革。從 1950 年代的國民黨刻意操控的「反共」、戰鬥文藝以及禁書活動；到 1960 年代的文星帶來新一波的文庫熱，以至於志文出版社的「新潮文庫」以及商務的「人人文庫」摧生臺灣的西學和國學有系統的灌輸新思潮於臺灣社會。另一方面 1970-80 年代由兩大報系的高信疆和瘂弦論戰的副刊平臺，促使臺灣成為海外華人投筆發表的平臺。1980 年代末期的解嚴後的出版自由、出版法廢除後的出版家百花齊放的盛況，代表著跨越了新時代的出版階段性啟動。1990 年代解嚴後的出版黃金歲月，以及 1994 年的「612 大限」促使出版業走向正軌需經合法授權始能出版，此時依出版經營、獨特的創意才能經營的出版潮來臨。

　　2002 年臺灣加入世界貿易組織（WTO）後，著作權保護法更加周密，臺灣出版業才正式進入授權時代，出版組織與編制也因應新出版而產生變化。臺灣早期是文人經營出版的特色，有其政治力的關係，爾後政治力退出，尤其著作權受保護後，出版文化體系規則才開始建構形成。每一階段的出版看似不同的特色卻又如此的環環相扣、相生推展著新生代的出版誕生與多元文化的璀璨。

---

30 [波] 彼得·什托姆普卡 . 林聚任譯：《社會變遷的社會學》[M]. 北京：北京大學出版社 . 2011. p3-22

三、出版與文化的融合

　　出版即是文化的具體呈現。臺灣地區因其地理位置特殊，從早期三國時代始有大陸漢人入台，漸盛於五代宋元，以至明末清初為極盛時期。隨著漢人的遷入，臺灣始有了圖書、文字，並設立刑法和建置官職管理等事務，儒、道、佛、回等宗教也傳到臺灣。[31] 根據《臺灣善書大全資料庫》的文獻記載臺灣最早的善書出現在北宋 [32]，臺灣因逢天災頻繁的地理位置而促使臺灣地區人民的宗教信仰特別興盛，故臺灣的出版史記載應可追溯至北宋時期。而辛廣偉根據吳興文的《光復前臺灣出版事業概述》以清道光初的松雲軒印書坊的雕版印刷開始了臺灣的出版事業 [33] 顯然不是而應追溯至北宋時期。知名學者蔣勳一語道破臺灣長期以來的文化問題：臺灣因為長期以來一直受殖民統治的關係，其文化不是累積性的加法，而是減法，每個殖民政權都希望減去上一個殖民政權的文化累積。[34] 臺灣歷經荷蘭、西班牙及日本的佔據、侵略，先後達一世紀，因此受荷、日、西等國文化的影響極大。自 1949 年國民政府撤退至臺灣，才結束長久以來被邊緣化的殖民臺灣。自「國民政府」收接並積極的建設，攸關政治、經濟、教育和文化的出版業隨著「臺北」為政權中心，出版活動從邊緣一向偏在台中、台南和高雄，始轉移至臺北重鎮，據《2012 出版年鑑》統計目前登記出版家數有 14016 家 [35]，其中百分之八十皆集中於大臺北地區的出版盛況。

　　1963 年文星書店開始出版仿照日本文庫版的小開本「文星叢刊」，

---

31 翁齊浩，張岩：《臺灣文化的空間發展過程》[J]. 熱帶地理 12, no. 2（1992）：170-177.

32 薛榕婷：《臺灣宗教與善書》[R]. 臺北：漢珍數位圖書公司 . 2008. p4-1-4.
　　何謂善書，是放置在佛寺、道觀、廟宇及車站等公共場所隨人取閱，不以盈收為目標，勸人與善的宗教性流通出版品。具有心靈支援的力量、提供族群認同、提倡社會道德秩序的功能。

33 辛廣偉：《臺灣出版史》[M]. 河北石家莊：河北教育出版社 . 2001. p2

34 王乾任：《臺灣出版產業大未來—文化與商品的調和》[M]. 臺北：生活人文出版社 . 2004：p5

35 《2012 出版年鑑》[G]. 臺北：文化部 . 2013.

五年期間共出版了 273 種書，受到讀者的歡迎，作者涵蓋了 1949 年以來海內外的知識份子、學人、作家，特別是在臺灣成長的年輕一代作家。文星創辦人蕭孟能稟持著：「世界上出版事業發達的國家，都有一種圖書版本，這種版本價錢便宜，攜帶方便和保存都方便，符合「盡可能好的書，盡可能低的錢」一大原則。」[36] 這套叢書開啟了臺灣出版的新境界。由「文星叢刊」可看出臺灣知識青年已渴望吸收西方近代的思想與知識。1967 年的志文出版社以「新潮文庫」和「新潮世界名著」引進西方、日本的新思潮，從自由主義、存在主義、女性主義到精神分析、意識流、電影評論，是讀者獲取新知的主要來源。

2012 年 12 月 20 日在臺北舉辦的「第十二屆東亞出版人會議」上金彥鎬（韓國 HANGIL 出版社社長，東亞出版人會議前任會長）發表一篇《坡州編輯學校構想》闡述了出版的最終和過程。「一本書涵蓋了一個時代的精神、思想和理論。一本書可以超越編輯、校訂、設計的界限，達到人文性、藝術性的境界。懷著這樣的理念，我們隻身在出版產業，就是為了「一本美好的書的誕生」而努力思考和奮鬥，出版是真正創作的過程，而出版社正是通向自由精神的一所大學。」[37] 這便是出版與文化融合所展現的出版時代精神。

第四節 研究綜述及論文創新點

近六十年來的臺灣，在政治上，從戒嚴到解嚴；在經濟上，從美援到富足繁榮；在出版的發展史上，經歷了翻印到授權時代，而出版人亦從文人出版時代進展到企業化經營，從傳統書店到連鎖書店再到網路書

---

36 蕭孟能：《出版原野的開拓》[M]. 臺北：文星書店 . 1965.
37 2012 年 12 月 20 日於臺北舉辦「第十二屆東亞出版人會議」會議講義

店，甚至到以誠品生活為都市文化的精神標竿；在作者的部分有關版稅的變化，從只求出書到買斷制的版稅，到現在的抽版稅制等等，而閱讀的變化，誠如，林載爵先生所說：「臺灣閱讀人口有很大的改變，1970年代在文學上來說，臺灣自己作家的作品受到很廣大的閱讀像陳映真、吳濁水等等，但 1980-1990 年以非小說為主，因為臺灣追求商業發展，商業書一支獨秀。但等到，解嚴以後，1990 年以後情況發現很大變化，小說開始受到重視，尤其是 2000 年左右的翻譯小說，也就是 1990 年代末，翻譯小說大量增加，各種不同類型的小說在臺灣推廣，開始從日本推理小說，又英語系推理小說，1990 年代末期又有奇幻小說，可以說臺灣的閱讀人口愈來愈大，口味愈來愈廣，臺灣閱讀市場開始出現。」[38] 似乎，每一個時代都體現了不同的出版特徵與出版文化。

　　1950 年來臺灣的出版家數飛躍成長。1950 年代的出版家數登記有564 家，1960 年代有 1,226 家，1970 年代 1,858 家，1980 年代有 3,448 家，1990 年代快速成長一倍達到 6,806 家，以及到 2011 年止登記的出版家數14,016 家，出版社從「量」與「質」上均產生改變。

一、綜述臺灣出版文化研究的文獻

　　本人梳理有關探討臺灣出版產業史研究之碩博士論文、專書、相關期刊等材料搜集並歸納。現有文獻述及臺灣圖書出版產業史研究時，通常以臺灣文學發展及政治環境為主。從文獻當中主要採用有二種分法：一是以年代分；其次為政治環境分法。在許多文獻中邱炯友的《臺灣出版簡史》（1995），臺灣圖書出版活動肇於 1949 年，故筆者以 1950 年為開端。而通常歷史學的演進往往以十年為一觀察的時間段，筆者認為不以政治事件來區分，應更細微的以十年為單位，拉長至現今來回溯各

年代的出版變化，才不致遺漏了重要的環節。目前研究臺灣地區出版領域的文獻如下概況：

（一）採用年分的分法之文獻如下：

林呈潢和劉春銀（1989）在《圖書出版事業的發展》，分為：（1）民元迄抗勝利之圖書出版事業；（2）政府遷台後迄80年的圖書出版事業；（3）80年後的圖書出版事業。

莊麗莉（1995）《文學出版事業產銷結構變遷之研究——文學商品化現象觀察》，以代年分法，從民間出版社及政府角色切入，以每10年為一個分期做探討。

吳佩娟（2002）《臺灣的文學編輯與作者之互動關係研究》，採取年代分法，（1）50-60年代；（2）70-80年代；（3）90年代以後。

廖梅馨（1999）《圖書出版產業類型之探析》，（1）戰後初期的圖書出版產業；（2）70-80年代的圖書出版產業；（3）90年代的圖書出版產業。

辛廣偉（2000）《臺灣出版史》，依年代分法：（1）光復前的臺灣出版；（2）光復至50年代的圖書出版業；（3）60年代的圖書出版社；（4）70年代至解嚴前的圖書出版業；解嚴至90年代的圖書出版業。

中華百年圖書出版史編輯委員會（2012）《中華百年圖書出版史》，本書架構其實和辛廣偉的一致，分為：大陸時期的圖書出版業（上編）：（1）圖書出版業的形成（1912-1919）；（2）圖書出版業的發展（1919-1927）；圖書出版業的興盛（1927-1937）。來台後的圖書出版業（下編）：（1）光復前的臺灣圖書出版業；（2）光復至50年代的圖書出版業；（3）60年代的臺灣圖書出版業；（4）70年代至解嚴前的臺灣圖書出版社；（5）解嚴至90年的臺灣圖書出版業。

（二）採用政治環境分法或出版品特色分法之文獻如下：

周明慧（1997）《「國家角色」與「商品網路」：臺灣地區圖書出版業發展經驗》，採取：（1）圖書出版業發展軌跡：1949-1985 年；（2）圖書出版業發展軌跡：向國際、開放出版時期 1986 年迄今。

李福蓉（2001）《臺灣地區圖書出版之研究主題分析—以出版界季刊為例》，採用政治環境為主要分法：（1）萌芽孕育、管制出版時期（1949-1975 年）；（2）蓬勃起飛、獎助出版時期（1976-1985 年）；（3）邁向國際、開放出版時期（1986 年迄今）。

陳俊斌（2002）《臺灣戰後中譯圖書版事業發展歷程》，採用政治環境分法，（1）1945-1949 年：臺灣光復至國民政府遷台；（2）1950-1970 年；（3）1971- 1992 年；（4）1994 年迄今。

張海靜（2000）《文化與商業的巨網商業機制下出版人抉擇行為研究》，採用社會環境的分法，（1）戰後至 60 年代；（2）70-80 年代；（3）90 年代至今。

丁希如（2000）《圖書企劃的角色與功能》，採取角色功能性分法：（1）「以書稿來源為中心」時期（戰後 -60 年代）；（2）「以出版者為中心」時期（70-80 年代）；（3）「以市場為中心」時期（90 年代迄今）。

傅月庵（2003）《蠹魚頭的舊書店地圖》，依出版社影響當下的出版浪潮分（1）1960 年以「文星書店」為代表；（2）1970 年代以「遠景出版公司」為代表；（3）1990 年代以「城邦集團」為代表。

王乾任（2004）《臺灣出版產業大未來—文化與商品的調和》，從二個面向做討論：（1）產業環境：1.1807-1949 年；2.50 年代總體的出版態勢；3. 臺灣出版起飛的 60 年代；4. 轉變的 60 年代；5.1980-1987 年解嚴前的臺灣總體出版情勢；6. 解嚴以後的總體出版態勢。（2）出版部

門與出版政策的轉變：1. 孕育管制期：1949-1975 年； 2. 開放管制獎助
起飛期：1976-1986 年；3. 多元自由期：1987 至今。

　　洪文瓊（2004）《臺灣圖書畫發展史─出版觀點的解析》，本書主
要著重在圖畫書尤其是兒童書籍方面的探討，分三個時期：（1）1945-
1969 年，依隨醞釀期；（2）1970-1987 年譯介、創作萌芽期；（3）
1988- 現在，交流開創期。另一方面，還從臺灣圖書書總體發展區分：（1）
官方、民間系統一直並存的發展型態；（2）臺灣圖畫書深受外文來勢力
影響；（3）競逐圖畫書出版多新秀且集中臺北地區，宗教團體也介入；
（4）本土創作出版不易，幼兒刊物為本土圖畫書作畫家提供存活空間；
（5）圖畫書 E 化，未成熱潮。

　　崔明明（2007）《從「戒嚴」到「開放」臺灣出版五十年》，將臺
灣出版發展歷程以戒嚴和解嚴為兩個明顯階段區分五個階段：（1）起步
階段；（2）迅速發展時期，指 20 世紀 50 年代；（3）飛躍時期，此時
期以西書翻印和古書翻印；（4）轉型時期合法授權的西書翻印時期；（5）
出版自由與多元時期，指解嚴以後，出版集團化的時期。此篇文章論述
太簡略，很明顯對臺灣的出版現況不甚瞭解，沒有深入說明為什麼轉變
和如何轉變的現象，具代表性的臺灣出版社和出版人也未談及。

　　郝明義（2007）《我們的黑暗與光明─臺灣出版產業未來十年的課
題》，提出不同的思維分法，將產業分成二個階段：（1）熠熠生輝的第
一個階段：1987 至 2000；（2）由高原期而進入衰退期的第二個階段：
2001 至 2006。

　　林載爵（2012）《出版與閱讀：圖書出版與文化發展》，依出版內
容物區分：（1）出版與啟蒙：商務印書館與中華書局；（2）新式教科
書的編印；（3）西書的翻譯；（4）文學盛世：1930 年代的文學出版；（5）
出版自由的追求；（4）六十年來的臺灣出版業。六十年來的臺灣出版業

再細分為 1. 從叢書、文庫到書系；2. 中國歷史與文化的重估；3 文學與思想世代的出現與消失；4. 回歸現實，挖掘臺灣的歷史與文化；5.1990年以來的大變局；6. 臺灣與華文出版共同體。

（三）採用主題式研究臺灣出版史的文獻如下：

陳正然（1984）《臺灣五〇年代知識份子的文化運動—以「文星」為例》，此篇文章撰寫的年代甚早，採用社會學觀點來梳理文星雜誌在1957-1965 年間，對臺灣地區知識份子的形塑影響，尤其深入討論在臺灣初期異質文化的衝擊下，臺灣的知識社群如何回應，及其顯現出的社會意義，此篇對本研究提供了很穩固的立基點。

邱炯友（1994）《Publishing and the Book Trade in Taiwan since 1945》，此為英國 Wales 大學圖書與資訊研究學院的博士論文，作者從1945 年至 1990 年論述臺灣出版情況，分三大部分：第一部分書市的流通與貿易，第二部分版權與國際關係，第三部分政府與圖書館：獲得書訊管道的傳播。主要從圖書館學界視角來看出版業經營，談論臺灣版權的概況，也梳理作者稿費和每一時期的書價變化。值得參考並使筆者在梳理各年代大紀事時也留意書的廣告和定價變化。

韓錦勤（1999）《王雲五與臺灣商務印書館（1965-1979）》本文主要以公共領域的理論，來看王雲五在出版文化的努力以及臺灣商務印書館處於臺灣的政治環境下，遭受的限制。以及其對臺灣的文化上的貢獻所在。商務在臺灣的影響主要在 1950-1980 年代左右，由於整個社會思潮不在以教育體制下的規範為主流後，當社會價值呈現多元而活潑的樣貌時，商務就已失去它原有的地位。

胡文玲（1999）《從產制者與消費者的立場分析暢銷書排行榜的流行文化意義》， 根據文化工業理論與流行文化理論的相關研究成果，將產制者與消費者視為流行文化的塑造主體，探討暢銷書排行榜此一流行

文化現象的意義。時間段以 1983-1998 年間的金石堂暢銷書排行榜前 20
名來分三類演變方式，第一類是在數量上沒有太大的變化，但是在內容
上卻有不同的轉變，例如散文。第二類是隨著時勢變化的書籍，也可以
說是跟著社會話題走的書籍類型，例如投資理財類以及部分的漫畫、笑
話等等。第三類趨勢是朝向類型多變的方向變化，因為有些類型是後期
陸續出現的，例如教人如何增進說話技巧、寓言故事，甚至平等主義、
官僚精英類型等等。此文獻可以體現臺灣 1980 年代的圖書趨勢。

　　郭曉梅（2002）《臺灣圖書出版業之變遷探討：以正中書局為例》，
國民黨黨營事業單位的正中書局，有號稱圖書出版界的「龍頭老大」是
如何在政治民主化過程中扮演它的角色以及政黨輪替與媒介關係的改變，
如何影響正中書局的經營型態。從黨營到現在的民營，正中書局的起落
可以窺見政治力的影響，一旦事業體回歸經營的本位時，竟不堪自由競
爭的一擊。

　　陳俊斌（2002）《臺灣戰後中譯圖書出版事業發展歷程》，其主要
研究臺灣地區中譯書的發展，概述：（1）奠基與巨變—1945 至 1970 年
的中譯圖書出版事業。（2）勃興、亂象與巨變—1971 年迄今的中譯圖
書出版事，此部分特別梳理 1970 年之前，臺灣書種少於 4000 種，1970
年後遽增為 8714 種，是中譯書巨變的年代。

　　劉筱燕（2003）《從出版趨勢看編輯角色的轉變》，以編輯為「守
門人」的角色，為人們傳遞訊息與文化資訊，探討在社會互動與文化工
業的環境推動下，編輯本質在「生產技術的系統性」、「溝通角色的仲
介性」、「圖書開發的創意性」也隨之出現轉變，並在各出版階段中展
現不同的傳播模式與位置，進而影響到圖書的產制型態。此文獻淺談了
社會趨勢促使編輯的選書政策，但還不夠深入探究各政策面，經濟面的
趨動下而造成的出版浪潮之影響。

　　陳可欣（2005）《「重慶南路書店街」之變遷研究》，以書的產品鏈概念，探討重慶南路書店街之興衰，並陳述圖書出版產業的專業化與分工流程的演變脈絡而使重慶南路書店街如何從興盛到如今的暗淡，分1940-60 年代，重慶南路書店街獨佔臺灣圖書出版的地位，1970 年代，僅存門市規模的優勢，1980 年代遭逢連鎖書店之崛起而喪失唯一地位，1990 年代至 2004 年為止，重新以教科書、專業書籍為特色為定位，此篇文獻探討至 2004 年，現今臺灣的重慶南路書店街已關上熄燈號，隨著網路書店興起，和現代化的連鎖書店林立，重慶南路書店街已難經營，而隨著交通轉運站的便利和人氣聚集而崛起的捷運地下街的藝殿，取而代之結合藝廊和書市的多元化經營。

　　陳雨嵐（2007）《臺灣原住民圖書出版歷程之研究（1980-2007）》，此探討臺灣原住民的圖書發展，自 1980 年代社會風氣的開放，並政策上輔以推展地方文化才漸有臺灣原住民圖書的發展，1980 為原住民萌芽期，到 1990 年代興盛期，目前較式微，隨著全球化的潮流，一直未被市場所關注。2011 年一部原著民小說拍成電影的塞德克巴萊就是臺灣原著民很精典的作品之一。

　　何力友（2007）《戰後初期臺灣官方出版品與黨國體制之構築（1945-1949）》，此篇文獻將當時的圖書分為教科書、宣傳品、民間出版品等三部分，分析圖書出版政策與官理，以及官方如何制定圖書出版政策及管理民間出版之圖書，以及官方發行之中小學教科用書、宣傳品等，此提供了很周全的國民黨政權初來臺灣時如何去除日本化並重建中國化，甚至灌輸黨國意識、清除共產思想，臺灣光復初期文教政策如何依其構想進行建構合乎國民黨意識的中國化臺灣。

　　吳秋霞（2008）《出版人的事業歷程之研究：六個本土案例》，此以研究戰後第一代出版人約 1970 年代創業的如遠流的王榮文、爾雅的柯青華、九歌的蔡文甫、水牛的彭誠晃、五南的楊榮川和全華的陳本源等

六個出版事業發展歷程，其中切入經營理念與出版理理念，為一個值得
參考的文獻。

　　徐苔玲（2010）《學院印書文化臺灣社會科學社群的案例（1929-
2000），以「學術後勤仲介的印書文化」概念，探討臺灣最高學府台大
人文社會小眾學術社群，以印書行動做為學術資鴻匱乏環境中的自力救
濟，形成的學院印書文化的社會歷史過程。考察 1949 年以來政治經濟面
影響臺灣翻印出版史，以及 1970 年學術翻印文化的歷程演變，最後探討
影印產業發展的地方脈絡，影印產業供需學術的關係，1980 年代以後影
印書店化的知識空間。此篇文獻正可以補足臺灣學術和專業圖書何以弱
化一直無法發展的強而有力的根據，為了研究學術之方便，影印產業一
直壓縮專營專業書的市場以及售價模式，以評估一本學術書影印成本多
少，那麼售價就不能高過太多，影印壓仰了書內容的價值客觀呈現在售
價上的影響。

　　王雅珊（2011）《日治時期臺灣的圖書出版流通與閱讀文化—殖民
地狀況下的社會文化史考察》，以探討是由社會文化史的觀察角度，以
圖書出版流通與閱讀文化的發展作為命題，考察在殖民地狀況下臺灣讀
書市場的概況，瞭解臺灣文學發展的背景與構成條件，進一步討論知識
傳播對於臺灣文化發展所造成的影響。可以由此篇瞭解臺灣 1950 年前有
關圖書的情況。

　　汪淑珍（2012）《九歌繞梁 30 年》，其主要以九歌出版社為研究主
體，不過對 1950 年以來的臺灣出版做一個整體概況，1959-1960 年代是
政府以黨領政時期。1970 年代是臺灣書籍文化工業轉型階段，同時也是
文化覺醒的年代。1980 年代許多大型連鎖書店設立開始投入書市商圈。
臺灣第一家自創品牌連鎖金石堂于 1983 年成立。1990 年代至今書籍已
是一種複合商品，臺灣社會進入後工業社會，不論行銷、通路規劃、媒
體的連系，皆是整合式的複合圖書上市。

潘采萱（2012）《臺灣獨立出版社之生存形態分析》，以研究臺灣近年來個人獨創的出版社的，其中有「一人」、「角立」、「南方家園」、「逗點文創」、「發言權」、「蜃樓」、「櫻桃園文化」出版社等，這些小眾中的小眾，需更強調個人的理想性才能被市場關注，臺灣目前申請書號的比重有四成為個人自費出版，可以得知自由市場下，只要不需花費太多資金，為了圓個作家夢，是大多數人的夢想。

（四）出版年鑑與相關出版的期刊文獻如下：

依年度編選的《中華民國出版年鑑》（1975年起，每年或每兩年出版一冊），目前已出版至2012年出版年鑑，從統計資料分析年度圖書出版事業的概況、新書類別分佈與年度出版新聞記錄，此份年鑑在出版法廢除之前，其刊載的記錄具可信度，論述及討論都忠於出版現況，但自出版法廢除後，以及原本由官方主筆後改委外撰寫，則大部分是學者搜集資料，未做出版業的實地考察和問卷，信度有待商榷，近年年鑑在編寫體例上僅固定找幾位學者撰寫文章，然後按書號申請統計當年度的出書概況，故難以真實反應出版活動和出版現況。而本研究為凸顯歷年的臺灣地區出版品和不同類別出版品概況，也只能依臺北「國家圖書館」書號中心發行的《全國新書資訊月刊》的歷年申請書號（ISBN）和圖書分類號（CIP）的資料統計做分析。另一份《金鼎獎二十周年特刊》（1976-1995）詳載歷年得獎作品，並認為圖書金鼎獎對圖書出版事業貢獻有三方面：（1）金鼎獎促進了國書出版事業日趨繁榮。（2）鼓勵圖書出版事業，提升圖書品質。（3）宣導全民讀書風氣，增加圖書出版品的銷售。但在筆者的訪問十八位資深出版人中僅有二位肯定有所幫助出版業，看來官方報告和民間的共識有很大的落差。而特刊中王壽南先生寫的一篇《金鼎獎與圖書出版事業》，其中略述1960-80年代臺灣圖書出版現象，值得參考。

　　有關出版的專業期刊，目前臺灣地區僅剩《出版界》雜誌（1980-至今）如期出刊，由臺北市出版商業同業公會發行，是份業內刊物，贈送給出版會員，出版週期為季刊。其它可參考的出版研究的刊物多半已停刊，如《出版家雜誌》（1973-1977）、《出版之友》（1976-1997）、《精湛》（1990-1997）、《書卷》、《書香月刊》、《誠品閱讀》、《出版流通》、《出版學刊》（1998-2000）等，還有一份《文訊》不過這份期刊大多以文學性出版社報導較多。另外還有金石堂文化發行的《出版情報》從早期的紙本發行，到現在網路版，但著重在出版品書訊和作者的報導，對整個出版產業的報導較少。

　　綜合上述的相關文獻，依本文作者的年代劃分，可以將臺灣出版史每十年整理其出版的特徵和出版制度所形塑的時代意義，如下梳理說明：

1.　1950 年代—戒嚴期的禁書與蘊釀

　　戰後臺灣的出版業因為面臨到政權的改變與不同文化的衝擊，出版業也必須適時在出版或經營內容上有所調整，首先是過去書店所出版、販賣的日文圖書，由中文圖書遞補這個空缺；二二八事件後隨著日人的遣返，出版機構經營跟著改變，許多不是結束營業，就是將其經營權轉移到臺灣人手中；另一方面，來自大陸的出版業陸陸續續在台開始設立分店，對臺灣的出版業生態又注入一股新的元素。但這段時期臺灣圖書業仍面臨圖書資源匱乏，在精神苦悶、物質空虛的時期，出版業者只好調整經營內容，初期以日文舊書買賣的方式以及由上海供書源，渡過這個圖書匱乏期，但是臺灣缺書的狀況並不因此而得到解決，這種缺書的情況直到 1950 年代開始大規模翻印圖書，才漸漸改善。[39]

　　此時期的出版社主要由大陸遷移過來的商務、正中、中華、世界等大規模的出版機構，再則是黨營色彩的重光文藝出版社、文藝創作出版

---

[39] 蔡盛琦：《戰後初期臺灣的出版業（1945-1949）》[J]. 國史館學術集刊 9（2006）：145-81

社，除此大多以買賣舊書如日文書、西文書、古跡為主，像大眾、興文齋、道聲、神州、人間、新生、中原、虹橋、萬國書社、遠東圖書、明華書局、光啟、大業書局、紅藍、復興等等，其中道聲是英國人傳教主辦具規模又有組織。

2. 1960 年代—文庫與西書翻印時期

1960 年代的臺灣出版業幾乎由大陸來台人士所包辦，一些大陸上的老字型大小出版社，以分支機構形式在臺灣設置，以出版教科書為主要業務。例如商務印書館、中華書局、正中書局、世界書局等大陸的出版社皆有在台的分支機構。由於此階段隨著國民黨政府而來台的出版社並未在臺灣生根，發展新的經營方向，而是延續先前在的出版方向，以古籍、教科書為主。[40]

在此一階段成立的出版社有：三民書局、文星書店、東方出版社、文化圖書公司、志文出版社、純文學出版社、長城出版社、皇冠出版社、晨鐘出版社、平原出版社、大江出版社、水晶出版社、水牛出版社等等。而此一階段的出版社特色是作者為了出版方便，自己開設出版社，故沒有版稅概念，只有向書店寄售後的回款再分給作者，而文星書店的蕭孟能以先辦文星雜誌再集輯單篇文章為主題文庫叢書為最大特色。由文星領導臺灣出版業進入新的里程，此時由文星帶領的文庫熱如文星叢刊、人人文庫、新潮文庫、水牛文庫、三民文庫等，以小冊子版式，攜帶方便，內容以淺顯易懂為主。

3. 1970 年代—副刊文化與套書時代

1970 年代是臺灣出版界的春秋戰國期。初期，1973-1974 年間，臺灣因為發生嚴重缺紙現象，紙價飛漲，使許多書局、出版社焦頭爛額，

40 胡文玲：《從產製者與消費者的立場—分析暢銷書排行榜的流行文化意義》[D]. 臺北：世新大學. 1999.

許多出版機構減少出書，採「冬眠」狀態以求度過難關，有些出版機構
在危機中倒了下去。不過，當缺紙危機消失以後，出版事業反而呈現冬
去春來的蓬勃新氣象。此階段成立的出版社極多，如大地、九歌、遠流、
水芙容、雄獅圖書、爾雅、遠景、林白、洪範、巨流、號角、好時年、漢聲、
長橋、四季、武陵、故鄉、成文、地球、世界文物、戶外生活、出版家
文化、環華、藝軒、錦鏽、成文、希代、長河、桂冠、將軍、藝術家、
以及二大報系的聯經、時報文化等。[41]

4.　1980 年代─解嚴後的思想狂飆時期

石油危機連帶使得書籍製作成本上揚，經濟發展情勢使得以往創作
者導向的出版社面臨轉型，以往作家自費出版的時代，在諸多不利的因
素影響及競爭激烈下結束，如河洛圖書、水芙蓉、出版家文化公司都忽
然折斷。當時的出版商大致包括官辦、媒體以及文化自辦的中小型出版
商等種類。官辦出版社像是黎明文化事業、中央文物供應社等，因為有
政府的財力支持，較不受競爭影響。相形之下，民間出版社的競爭較為
激烈。民間的出版社包括報紙媒體所支持的中國時報、聯合報系出版社，
以及中小型出版社諸如爾雅、九歌、純文學、大地、洪範等，另外此時
成立的新兵投入出版戰場如圓神、文經、漢光、蘭亭、前衛、允晨、尖端、
晨星、新地、駿馬等出版社，此時趕上戰後嬰兒期的九年國民教育的施
行，讓越來越多民眾擁有閱讀能力，書籍市場的讀者群隨著經濟發展而
成長，除了仰賴書店外，為打開銷路，書展、廣告信函、直銷等銷售方
式加入。除此之外，學校、圖書館、海外市場也同時起步。[42]

5.　1990 年代─授權時代與企業化經營

出版業進入企業化經營時代，隨著組織的分工以及企業經營概念的

---

41 王壽南：《金鼎獎與圖書出版事業.金鼎獎二十周年特刊》[M].臺北：行政院新聞局.1996. p41-56
42 王壽南：《金鼎獎與圖書出版事業.金鼎獎二十周年特刊》[M].臺北：行政院新聞局.1996. p41-56

引入，市場策略、價格策略、廣告策略等，成為出版社生存的主要手段。在專業分工的趨勢之下，出版業的參與者漸漸複雜，包括作家與出版社的各個部門、行銷、企劃、甚至書店，經銷商等等。作家對出版社的經營，不再具有決定性的影響力，為求組織的經營與發展，消費者與市場的考慮成為重要指標。

更便利的書籍流通經營形式出現，其中以連鎖書店與便利商店為代表。由高砂紡織公司投資的金石堂成立，藉由企業的資金挹注，金石堂以電腦化管理，突破以往的書店經營形式。

由於著作權的修訂立法，使得 1990 年代臺灣出版生態大轉型。臺灣出版界有名的 1994 年的「六一二」大限，凡是無版權外文書、翻譯書合法銷售到此為止。隨著著作權法的問世，外國出版社看準臺灣和大陸市場，紛紛在台設立分公司。像日本東販的臺灣分部；香港牛津出版社、漢語基督教文化研究所、香港三聯、麥格羅希爾、朗文、培生、Wiley 等。[43] 本土出版業開始集團化、企業化。歷經 1970-80 年出版戰國時期，此時出版人已略具規模並將眼光放大，投注到整個的華人市場，如光復書局、遠流、城邦、圓神、皇冠、聯經、時報等等，各以不同形式締造其獨特的出版版圖明確的定位。

6. 2000 年代—出版由盛反轉面臨新的轉型

2000 年「.com」網路泡沫化，網路帶動新一波的閱聽革命。郝明義最經典的一篇《我們的黑暗與光明—臺灣出版產業未來十年的課題》廣傳兩岸出版業，華文出版市場都在看臺灣的出版業怎麼了？ 2000 年的《出版大崩壞》一書驚動臺灣出版圈關注退書問題和以書養書的長期慣習[44]，2001 年納莉颱風水淹大臺北地區開始，出版由盛轉弱。隨後的

---

[43] 王乾任：《臺灣出版產業大未來—文化與商品的調和》[M]. 臺北：生活人文出版社 . 2004. p26-36

[44] 以書養書，指出版社趕在前一本書初版尚未賣完之前緊接著出下一本書，使經銷商的結帳款項能陸續不斷回來，用後書的初版來抵前書的再版，長此以往便演變惡性循環。—孟樊《臺灣出版文化讀本》. 臺北：唐山 . 1997. p154

2003 年 SARS，更是讓不景氣的出版業面臨五成以上的退書率，開始關注圖書銷售制的不健康的出版生態，而 SARS 造就了網路書店博客來的營業額快速成長。而金石堂此時也改以「銷結制」，並且和農學社與城邦分別爆發下架風波，為日後供應商與連鎖書店爭執揭開序幕。2006 年 12 月的《誠品好讀》報導，書籍銷售的兩極化時代來臨。而緊接著 2008 的全球金融風暴，更是出版業經營困難，2010 年代整個臺灣出版業經營不易外，亦投入兩岸出版的交流，放眼前進中國市場。

7.　21 世紀至今—數位時代和大眾閱讀

2002 年由臺灣「中研院」王汎森院長主持推動「數位典藏計畫及數位學習」為期十年的計畫，編列新臺幣 2,000 億元預算執行，在「第 12 屆東亞出版人會議」，王汎森說：「數位典藏與數位學習計畫實施十年為了是知識公共化，而最近幾年臺灣文創產業發聲希望可以有盈利，這二個主題是茅盾，社會的要求是要產業化，而學術界是想要知識的公共化，傳統書籍和書的未來，在數位書籍，還沒看到一個共同點，這是我執行數位計畫很困惑的地方。加拿大的一間學校的圖書館改名為學習中心，這是否是解決這內在和外在的問題，希望書籍可以找到平衡點。」

這也是目前在臺灣的出版業所面臨轉型的困境，圖書館學界是出版業的兩刃，圖書館學界擁有來自政府的龐大預算推動數位典藏，不需自負盈虧，而出版業需要盈利要數位元元出版產業化經營，因圖書館推動數位典藏而培育出本土的資料庫公司：華藝和凌網。因為臺灣市場小，亦面臨經營上的困難，從凌網的公開財報（2012 年止）仍是虧損的情況，數位出版之勢，臺灣市場尚未成形。

總結目前有關臺灣出版研究相關文獻，其不論在深度和寬度都沒有具體的展現在出版文化的議題上，多半聚焦在出版經營管理層面或出版史料的整理、出版環境現況問題的提出與探討，未就出版產業特有的文

化場域做前沿的研究如出版制度的形成、出版人的核心理念、出版活動的雙核心編輯和行銷在歷年來的變化或者是出版品和社會變遷之相呼應的問題，所以本論文有必要做臺灣地區出版文化研究的深入討論。

二、臺灣出版文化研究的成果

目前以臺灣出版研究為主題的專書有：游淑靜《出版社傳奇》（1981）、辛廣偉《臺灣出版史》（2001）、孟樊《臺灣出版文化讀本》（2002）、王乾任《臺灣出版產業大未來》（2004）、洪文瓊《臺灣圖畫書發展史—出版觀點的解析》（2004）、應鳳凰《五〇年代文學出版顯影》（2006）、封德屏主編《臺灣人文出版社三〇家》（2008）、「中華民國圖書出版史編輯委員會」《中華百年圖書出版史》（2011）、邱各容《臺灣圖書出版年表（1912-2010）》（2013）。其中凡在 2002 年以後出版的專書大多會引用辛廣偉《臺灣出版史》可見辛廣偉先生做史料的搜集整理確實提供後學者許多便利，其它如《出版社傳奇》、《五〇年代文學出版顯影》、《臺灣人文出版社三〇家》等皆著重在文學出版社的介紹，並無法呈現所有臺灣出版社的全貌，而此書《中華百年圖書出版史》很多的論點與辛書很類似，此書是臺灣「文建會」撥款協助完成的專書，卻不見流通市面，不對外流通，頗令人失望。

除此之外，筆者查找了相關目前研究臺灣出版史或出版文化史授與學位論文截止至 2012 年的資料，南華大學出版學研究所（260 篇）、世新大學數點陣圖文傳播所（143 篇）、臺灣師範大學圖文資訊所（189篇），其它則散佈在各校歷史學、國文系、臺灣文學系、新聞系等學科零散地關注「出版」此一領域的研究。自 2012 年南華大學取消出版學研究所，臺灣相關的研究只剩下世新大學有專門開設此出版研究。若以關鍵字「出版文化」查找，則僅有一本孟樊的《臺灣出版文化讀本》其涉及的範圍廣但每一問題僅提出現況以 500 字篇幅完成的雜文集，實在缺

點很多只是淺談泛談而已，而另一篇王雅珊的《日治時期臺灣的圖書出版流通與閱讀文化—殖民地狀況下的社會文化史考察》，則是針對日治時期的圖書消費市場僅是出版行銷學的概念而已。在筆者研究這主題上，能考察的文獻相當有限。

三、論文創新點

　　根據以上綜述，若以關鍵字「出版文化」查找臺灣的出版相關文獻，則僅有一二篇文獻而已，可供參考的研究非常有限。使筆者在這主題上的研究，只能勤跑圖書館和不斷地搜集材料及訪問出版人，希望在理論和實踐上能夠相呼應，勾勒出完整的臺灣地區出版文化與社會變遷的全貌。而本研究的創新點可分四個層面：一是在時間段上，從 1950 年以來至今大範圍的研究使臺灣出版史的脈絡更加清楚。二是在研究的視野上，從「出版文化」與「社會變遷」這二個重要的人類文明發展史的核心來探討，是個重大的突破。三是在研究方法上，不論從定量研究上，搜集海量的相關文獻並運用資料統計和書目計量以梳理臺灣出版研究的各面向和出版總量上的類別分佈情況；而在定性研究方面則借用霍爾的文本編碼／解碼的文化研究概念 [45]，試圖建構臺灣地區的「出版文化量化指標」[46]，以四個構面二十個元素具體資料化呈現出版文化各元素在臺灣出版業界的出版文化量化指標情況。第四，在價值層面上，沒有一個地方像臺灣地區這樣在有限的市場下展現出版文化的多元性，像善書的流傳和宗教出版體系運作等，這些都是本論文具體的創新與貢獻。

---

[45] 武桂傑：《霍爾與文化研究》北京：中央編譯出版社 .2009. p120-146.

[46] 文化的系統性學術研究，可以追溯到 18 世紀浪漫主義時期以及 19 世紀早期。1930 年代，社會學家 P. Sorokin 提出一種正式衡量文化與文化變遷的嘗試，而該項衡量法的概念直到 1969 年 G. Gerbner 正式提出「文化指標」，建立文化指標的方法有三種：內容分析、調查法以及統計分析。筆者于該文綜合此概念並採用為出版文化量化指標。—王壽南編著《臺灣精神與文化發展》[M]. 臺北：臺灣商務印書館 . 2001. p46-78

第五節 研究方法與論文主體架構

一、研究方法

　　根據筆者的研究屬於當代出版文化研究。縱向以出版業及時代思想的發展為線索，串聯橫向出版文化主要出版者出版理念的發展，包括研究當代個人文化活動經歷、知識結構、在各年代出版策略的主要觀點，從而分析出版者的出版理念與經營模式、出版活動的互動關係。根據這兩條線索，本文的研究主要運用了以下方法：

（一）多重案例分析和定性研究

　　以「人物研究」結合「定性研究」，出版產業是多面向的學科如文學書、學術書、教科書、綜合書，甚至宗教類書種等，隨著出版品種的不同展現的出版文化也不相同，並影響組織結構也有差異。本論文採取「定性研究」透過出版人的背景分析，發展出版業的框架便產生明顯的規模大小趨勢。人不是一出生便有了文化，需經過家庭教育、學校教育以及工作環境的社會歷練等培育出在一產業獨特的價值觀。在這 18 個資深「出版人」的訪問中，采開放式提問在出版文化主題的十大項題裡再追問相關的出版環節與問題，而這訪問過程中可以從訪問稿的文本編碼／解碼分析，「出版文化場域」當然由這些資深工作經歷三十年以上的人所建構的，「出版人」經歷「交流迴圈」的出版圈場域的培育，才能建構出版文化，展現臺灣的出版樣貌。依此脈絡以臺灣 18 位資深出版人，做為筆者研究出版文化的基礎架構。從臺灣地區資深出版人及總編輯的訪查研究案例，考察分析出版經營、出版理念、出版活動及閱讀活動等多重個案交叉比對，並加上現有的出版人自傳或紀念集以相關文獻資料，分析梳理出版文化的核心價值，建模臺灣地區出版人的價值體系如（表0-1），以及更深層次的對文化生活和社會變遷的交流影響。

表 0-1　出版文化的價值體系邏輯概念說明

邏輯概念	終極價值觀	中層核心概念	體現的元素
出版文化四構面	出版理念	價值觀	興趣、信賴、態度、熱忱、愉快、審美
	出版活動	編輯力	專業力、論述力、知識廣度
		行銷力	積極性、策畫力、獨特性
	出版經營	管理力	統合力、成功案例、科技願景
	閱讀活動	閱讀力	國際觀、接觸讀者、生活多樣性、新訊息

　　定性研究將個案的訪問稿的文本進行編碼／解碼，再逐一統計各元素的權重，筆者將出版文化的四個構面：出版經營、出版活動、出版理念、閱讀文化等為其終極價值觀，而四個構面的核心層分別為出版經營以管理為核心，出版活動以編輯力和行銷力為核心，出版理念以價值觀為核心，閱讀活動以閱讀為核心，並以此核心層再編碼／解碼列入各元素如管理的元素為：對科技的關注、對組織的統合力、對自身成功案例的支持面以及最重要的對產業的願景期待；出版活動的元素，區分二個軸心，一是編輯力（專業度、論述力、知識的廣度），一是行銷力（積極性、策劃力、獨特性）；出版理念的價值觀以興趣、熱忱、態度、信賴、愉快、審美等六元素構成；閱讀活動指行事這個行業是否本身有閱讀力以及接觸讀者瞭解產品所需，和是否具國際視野，以及對新資訊的洞察是否掌握。如上按各構成元素來做文本編碼／解碼，以進行可量化的資料做出版文化分析，試圖將形而上的意識形態或終極的價值觀呈現其原貌，其架構如（圖 0-2）所示。

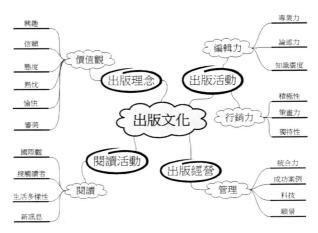

圖 0-2　出版文化四構面及二十個元素示意圖

（二）書目計量分析和內容分析

　　分析每個年代所引起關注的出版思潮如禁書書單、「文星叢刊」、「仙人掌文庫」、「新潮文庫」等書目（見附錄 1-4），以及查找歷年的《出版年鑑》的出版社登記的家數統計和各類出版的品種概況，分析歷年的圖書出版量和品種的變化。有關出版環境和出版人的活動觀察，以運用現今臺灣地區僅存的《出版界雜誌》季刊從 1980 年創刊號至 96 期 2012 年 12 月止共 920 篇，分析當今臺灣出版圈的產業領袖和具影響力的人，試以「書目計量分析」和「內容分析」查找臺灣地區出版圈內的產業領袖或者出版業所關注的出版議題以便瞭解出版產業的問題和關鍵人物，並提煉與主題相符的活動和思想，歸納綜合為本論文的各階段出版文化和社會變遷，闡述當今出版人和總編輯如何影響出版文化的積極活動。論文還將輔以客觀舉證，以歷史事件和現實材料為依據，進一步對觀點和結論加強佐證。

（三）出版文化場域的「交流迴圈」模式

　　本文在討論出版文化的同時，還參考借鑒了西方書籍史和閱讀史的研究方法，尤其是達恩頓的「交流迴圈」模式和布迪厄的文化場域概念，從出版社、經銷商、作者、讀者等多個維度去考察每個年代的出版文化面貌，出版業如何參與和推動出版活動促使大眾參與出版文化，進而帶動出版思潮和社會變遷的影響。

二、論文主體架構

　　梳理 1950 年代以來的臺灣社會背景，圍繞上述研究意義，將以每個時代的特殊時代情境勾勒出版思潮，本文將文章分為七個部分：

　　第一部分：依出版歷史演變脈絡，各年代的出版現況和代表性出版人以產業鏈的各環節產生了何種變化。梳理自 1950 年代、1960 年代、1970 年代、1980 年代、1990 年代，以及 2000 以來臺灣出版紀事的拐點，以及政經歷史背景的社會變遷，做一個整體的臺灣出版史背景介紹。

　　第二部分：著重在出版的制度變革與編印技術的發展，依臺灣出版制度的沿革：（1）戒嚴時期的禁書相關法令（2）出版法的歷程與廢止（3）著作權的沿革與訂定。並梳理臺灣的編印技術發展史從（1）出版活動的歷程（2）裝幀設計的歷程和（3）印刷的發展史。最後以出版環境的內在動因與助力，觀察出版環境的變遷（1）由歷年的臺灣地區出版家數、出版總量變化以及出版品類別的分佈，可觀察出每一個年代有特殊性和差異性。（2）出版類媒體和書評的歷史（3）連鎖書店推動新的閱讀世代等。綜述由書評的影響和出版政策的鬆綁，解嚴前後的思潮牽動社會變遷。以及在廢除出版法後，民間的出版業爆炸性的噴出成長，著作權保護權的立法後，出版業步入新的階段。

　　第三部分：個案分析借用「編碼／解碼理論」，對資深的出版人和

總編輯等做文本分析。這 18 家出版社是九歌出版社、健康文化、讀書共和國、大雁出版基地、臺灣麥克、麗文文化、水牛、遠流、光復、道聲、三采文化、法鼓山文化中心、合記、圓神、聯經、時報、漢珍。依出版管理、出版理念、出版活動、閱讀文化四大核心二十個元素來編碼／解碼，建模臺灣出版人的價值體系。

　　第四部分：影響臺灣地區出版產業發展的因素，從四方面說明：（1）臺灣出版公協會早期的作用與影響；（2）從《出版界》雜誌觀察臺灣出版現況；（3）臺灣《出版年鑑》之資料的真實性；（4）對出版專業人才培育的漠視。

　　第五部分：「出版文化場域的交流迴圈」臺灣出版文化場域歷經五個階段，從第一階段的政治力禁錮下的出版環境使讀者變作者，書店變出版人，第二階段是文藝政策下催生文人出版社，第三階段專業的出版人和專業作家形成，第四階段文化工業化下產制的暢銷書時代，第五階段即到了後現代主義，一種追求品味和個性化的原創時代。

　　第六部分：21 世紀以來臺灣數位出版的進展，從四方面說明：（1）從官方推動的數位出版轉型計畫點火活動（2）具備數位出版的市場還不充足（3）數位出版的內容價值決定是否數位化（4）數位出版與著作權的法律問題等，目前臺灣的數位閱讀還未有突破性的發展。

　　最後總結，觀察出臺灣的社會變遷中受出版文化的影響，促進整體社會的文明前進。臺灣由單一走向多元的社會變遷，傳承脈絡可以體現於人民的整體素養，和諧的社會。出版文化是出版的核心，如何建構理念實踐於生活中，出版自由的內涵，使人可以實現個人的價值，多元的價值與和諧社會。

第一章　社會背景與出版浪潮

　　臺灣地區從 1950 年代至今，社會環境變動之大，是很難想像的，就像水牛彭誠晃先生回想以前創業維艱，送書都是騎著腳踏車，戰後能看的書只有八股書和教科書，實是無書可讀才會激起創辦水牛出版社的動機。皇冠出版人平鑫濤在其回憶初來台時：「那時候臺灣，書店寥寥可數，出售的書本大都從大陸翻版而來，新書少得可憐。報紙只有《中央日報》、《新生報》等幾份官辦報紙，新聞管制又嚴，內容乏味。雜誌更少之又少。綜合性雜誌《自由談》，銷路最廣，石油公司出版的以譯文為主的《拾穗》也銷得不壞，此外，好像只有一、二本小型的雜誌，如《野風》等，再來，就是少數進口的外文雜誌。因此臺灣在國際間有個不雅綽號，叫做「文化沙漠」，我們這群「文化沙漠」中的子民，深受其苦。於是我開始挑戰「貧窮」A 計畫，我沒有資本也沒有後臺，卻多的是精力，下班後的時間也不少，何不翻譯出版一本小說，估計只要銷三千本就可以對本對利，賺了錢就可以再出二本、四本、八本，良性迴圈…於是我寫了二萬字的企劃書，我拿著企劃書，到處遊走，毛遂自薦，終於找到投資人，一位是肥料公司的同事，另一個是集郵商，他是大股東，他投資的條件是要在雜誌上刊登集郵廣告，盈餘歸他。於是《皇冠》創刊號終於在 1954 年 2 月 22 日出版…」[47] 這就是臺灣戰後年輕人創業的情況。

---

[47] 平鑫濤：《逆流而上》[M]. 臺北：皇冠文化 . 2004. p38-45

　　時至今日臺灣出版的榮景，其過程經歷許多社會變遷而演變，正如「社會影響出版，出版反應社會」。本章節梳理每個年代的政經和社會背景，以及輔以出版浪潮的年代對照表，藉此勾勒出臺灣六十年來出版與社會變遷各環節的因果關係，詳述如下：

第一節 戒嚴時期與復興中華文化運動

一、1950 年代—戒嚴時期的禁書與文化沙漠

（一）1950 年代的臺灣社會

　　1949 年，國民黨政府遷台帶了巨大的政治逃離移民潮，移入人數是臺灣移民歷史中數量最龐大的。據各種估算顯示，這段時期外省人的移入人數約有 100 到 200 萬之譜，根據 1956 年的全台第一次戶口普查顯示[48]，扣除本島的臺灣省人民，如不包含無戶籍的 4-50 萬外省軍人，全省大約有 100 萬的外省人，暴增的人口導致 1950 年初期臺灣本島上的經濟難以負荷的重擔。

　　在戰後初期陳儀為了減少中國大陸惡劣的財經體制對臺灣造成衝擊，於 1945 年 11 月正式通告嚴禁中央政府的法幣在臺灣流通，而當臺灣圖書由日文轉為中文時，圖書則由上海輸入，上海法幣貶值物價上漲，而台幣匯率卻沒有跟著調整，如 1946 年 6 月時，上海物價已漲到一個人的生活所需法幣 20-30 萬元的程度，如果以這種消費水準在上海花 3,000 元買一本書不算貴，但運到臺灣後一本書的價格在舊台幣 100 多元左右，以當時一位報社校對員工一個月的薪資約 500-600 元來看，書籍價格並非一般普通人所能負擔的，這些都影響著臺灣文化事業的蓬勃發展。[49]

---

48 臺灣地區主計處資料. 《中華民國戶口普查報告書》[R]. 1959. p 53-4

書店方面，除了在匯率上有很大的利潤外又常常可以任意提高書價。[50]
到了 1948 年 11 月 10 日時，原本兩冊《世界通史》賣台幣 44,000 元，
到了第二天即漲至 66,000 元，一夜之間漲了 50%。《魯迅全集》同年 10
月每部賣價台幣 20 萬元，到了隔月已漲到 120 萬。據說直接向上海郵購
可以便宜 4 倍以上。[51]

（二）戒嚴時期的禁書與文化沙漠

　　1945 年光復後，原本日、漢文並陳的報刊媒體，在短短後一年內隨
著中華日報廢了日文版，官方禁絕日文，使得熟悉日文的島上青年知識
份子類似於日治時期的漢文傳統知識份子一樣，再成為另一種「結構性
的文盲」，島上原本就複雜的政治、經濟情勢在 1947 年的二二八事件中
爆發，台籍精英王添燈（人民導報社長）、林茂生（台大文學院長）、
林宗賢（中外日報社幹部）、陳澄波（畫家）、楊逵、江文也、陳文彬、
蘇新…或被捕殺、或被囚、或流亡海外 [52]，1948 年國民政府頒佈的「動
員戡亂時期臨時條款」，越過憲法，授權總統不受法律限制「緊急處分」
的廣泛裁量權，也直接帶來 1950 年年代不受控制的「清共」、「肅共」
的白色恐怖，作家葉石濤在他的《一個臺灣老朽作家的 50 年代》書中提
及在 1954 年 9 月他剛被釋放時只能看《三民主義民生育樂二篇補述》。
可見得此階段的臺灣社會彌漫著噤聲，被國民黨高壓的控制著。戰後臺
灣的出版業因為面臨到政權的改變與不同文化的衝擊，出版業也必須適
時在出版或經營內容上有所調整，首先是過去書店所出版、販賣的日文
圖書，由中文圖書遞補這個空缺；二二八事件後隨著日人的遣返，出版
機構經營跟著改變，許多不是結束營業，就是將其經營權轉移到臺灣人

---

49 蔡盛琦：《戰後初期臺灣的出版業》（1945-1949）[J]. 國史館學術集刊 9（2006）：145-81.

50 金星：《挽回讀書好風氣》[N]. 公論報. 2/10 1948.

51 文化商人大事賺錢. 本市書價無理狂漲 [N]. 公論報. 11/3 1948.

52 彭瑞金：《臺灣文學運動四十年》[M]. 高雄：春暉出版. 1997.p47

手中；另一方面，來自大陸的出版業陸陸續續在台開始設立分店，對臺灣的出版業生態又注入一股新的元素。但這段時期臺灣圖書業仍面臨圖書資源匱乏，在精神苦悶、物質空虛的時期，出版業者只好調整經營內容，開始以舊書買賣的方式，渡過這個圖書匱乏期；而外來的出版業雖以銷售自家出版的教科書，開始立足臺灣，但是臺灣缺書的狀況並不因此而得到解決，這種缺書的情況直到 1950 年代開始大規模翻印圖書，才漸漸改善。[53]

表 1-1　1950 年代出版相關事件

年代	1950-1959
出版思潮	反共文學、禁書時代、三〇代文學、戰鬥文藝、翻印時代、書店街成形二大系統新書重慶南路書街、舊書牯嶺街舊書街
經濟／歷史事件	1949 蔣介石政權播遷臺灣，200 萬移民潮湧入臺灣 1949-1953 土地改革 1950 國民黨成立中央改造委員會 1951 透過吳國禎關係獲美援 15 年的經援 1953-1956 第一期四年經建計畫 1957-1960 第二期四年經建計畫 1955 實施綜合所得稅 1958 八二三金門炮戰爆發 1959 越戰開打
臺灣產業代表	水泥、營造
人口與教育	根據《臺北文物》記載，1945 年臺北市總人口 335,397 人（本省人 218,784 人，外省人 9,130 人，日本人 107,269 人，韓國人 169 人，其它 45 人）；臺灣光復 1946 年臺北市人口 271,754 人（本省人 253,763 人，外省人 16,084 人，日本人 1,814 人，韓國人 25 人，其它 70 人）到了 1950 年，臺北市人口 503,450 人（本省人 336,228，外省人 166,853 人，日本人 104 人，韓國人 49 人，其它 211 人），1951 時臺北人口 562,756 人（本省人 357,185 人，外省人 205,076 人，日本人 85 人，韓國人 65 人，其它 325 人），這些是臺北市人口的戰後的人口變化。 按臺灣地區「內政部」戶政司統計 1959 年臺灣地區人口總數 1,043,134 人（男 5,336,555 人，女 5,267,140 人）

---

[53] 蔡盛琦：《戰後初期臺灣的出版業》（1945-1949）[J]. 國史館學術集刊 9（2006）：145-81

年代	1950-1959
	1950 年高等教育 7 所（大學 1 所，獨立學院 3 所，專科 3 所，大學附設研究所 5 所），學生數 6,665 人。中等教育 62 所，學生數 18,866 人，國民教育（小學）1,231 所，906,950 人，職業教育 77 所，34,437 人。
出版政策與獎勵	1949.02.08「中央圖書館」十餘萬冊善本書裝箱由南京遷至臺灣 1949.05.20 陳誠宣佈臺灣地區戒嚴 1949.0621 開始實施「懲治判亂條例」以及「肅清匪諜條例」，以肅清匪諜為名擴散「白色恐怖」 1950.03.01 中華文藝獎金委員會成立 1951 臺灣省政府公佈「臺灣省日文書刊管制辦法」，規定准予進口日文書無為純科學、醫學、反對馬列主義、暴力等有關書籍進口 1951.06.10 臺灣「行政院」宣佈將從嚴限制申請登記之報社、雜誌社、通訊社等，從此進入臺灣長達四十年的報禁時期。 1954 臺灣當局公佈「戒嚴期間新聞報紙雜誌圖書管理辦法」 1954「國立中央圖書館」在臺灣復館 1957 臺灣師範學院設置工業教育學系，並立印刷組 1957 臺灣印刷業獲美援，更新設備
管理單位	「內政部」警政局一科
出版事件	1948 臺灣地區印刷工業同業公會成立 1949 中央政府將大批印刷設備運抵臺灣，為臺灣印刷業的發展奠定了基礎 1950 裝訂工人楊秀芝發明自動折頁機 1950 採用手工分色技術，開始採用照相蒙版分色技術 1954.8 文化清潔運動 1955 臺灣自德國引進第一部凸版自動印刷機 1955 國民黨發動「臺灣全省圖書大檢查」，積極查緝各圖書館與書店庫存禁書 1955 臺灣省婦女寫作協會成立 1956 成立「國立藝術專科學校」，設有美術印刷科 1957 新生報開始用凸版印刷該報的彩色圖 1956-1961 張國興舉辦「亞洲畫報」短篇小說獎，培育許多成名作家 1951-1953 張道藩主持的「中華文藝獎金委員會」得獎作品除了獎金外還有計劃由文藝創作出版社印行「現代小說選」 1958 中華印刷廠公司成立 1958 旅美學人桂中樞氏，發明中文照相排字機。
創立出版	1949 陳福順創立冠德圖書（圖書總經銷） 1949.11.20《自由中國》在臺北創立 1950 余紀忠創立徵信新聞，為中國時報前身 1950 永豐餘造紙業成立 1951 年王惕吾創立聯合報 1952 蕭孟能與妻子朱婉堅在臺北衡陽路 15 號創辦文星書店，陸續引進大量名畫複製品及英美畫冊。

年代	1950-1959
	1952 大業書局陳暉創立於高雄大勇路，專賣文藝雜誌後又出書，當時南臺灣居住了不少軍中作家及眷屬，陳暉曾在上海的出版社工作過，跟巴金是同事。 1953 明華書局，創辦人劉守宜，之前在上海已有出版經驗。 1953.07 劉振強、柯君欽創立三民書局 1954 年王松振創立百代實業，生產百代文具 1954 皇冠雜誌創刊，平鑫濤為創辦人 1955 徐進業創立文化圖書公司。 1956 徐銘信在美國創立徐氏基金會，1965 年才在臺灣登記註冊 1956 夏濟安與明華書局合作發行《文學雜誌》。夏濟安與劉守宜是大學同學。 1956 浦家麟創立遠東圖書公司 1956 印刷界人士組成「中國印刷學會」，出版《印刷學誌》 1957 文星雜誌創刊 1958 幼獅文化事業公司成立，是中國青年反共救國團經營的公司 1959 東方廣告成立，為臺灣首家綜合廣告代理商 張國興的「亞洲畫報」、「亞洲出版社」（實質在香港出版活動） 還有大眾、興文齋、道聲、神州、人間、新生、中原、虹橋、萬國書社，還有 1950 年代「象徵符號」的中興文學、紅藍、反攻、復興、改造等名稱的出版社，有著濃厚的政治性格。
代表出版人	張繼高、張道藩、游彌堅、張國興、平鑫濤、劉守宜、陳暉
暢銷書	中華文藝獎金委員會叢書，其中潘人木的《蓮漪表妹》、王藍的《藍與黑》、姜貴的旋風、郭良蕙的《心鎖》、彭歌的《煉曲》《尋父記》 以雜誌為主拾穗、自由談、野風；中華古籍；另有詩集如創世紀、藍星；1930 年代大陸小說如：西潮、人子。
作者	1930 年代作家：魯迅、馮友蘭、費孝通、傅雷等。一些軍中作家：司馬中原、尹雪曼、紀弦、向明、孟瑤、朱西寧、姜貴、彭歌、羊令野、另有蓉子、郭良蕙、郭嗣芬等等
出版現象	1. 由於禁書查令 1930 年代大陸文學，於是像馮友蘭、顧頡剛、費孝通、魯迅等人作者名字遭出版社刪改，或由出版社編輯委員會掛名才能出版的怪異現象。 2. 郭良蕙的心鎖原本在「中國時報」前身「徵信新聞報」副刊連載，後來 1962 年 9 月由大業書局出版單行本，因小說涉及叔嫂戀，被認為有礙社會風俗，遭查禁後，原本一本 18 元，旋即地下流傳和翻印，每本漲到一本 40 元、60 元，愈禁，愈火熱的情況。 3. 1950 年代除了教科書，古籍書，三民主義類的書外，北有明華書局劉守宜南有大業書局陳暉，這二位出版人都曾在上海的出版社工作過，臺灣接續著上海的出版模式。

年代	1950-1959
	4. 戰後1950年代臺灣電視、電影還不普及，閱讀小說與收聽廣播成了一般人尋常的休閒娛樂，此時小說和廣播劇二者合而為一的廣播小說是很受歡迎的，尤其實將中央日報、中華日報、臺灣新生報的文藝副刊連載的長篇小說是最常見的。54
書價	此時期叢書類一般在8-10元。雜誌類如皇冠創刊號32開，120頁，定價5元。

資源來源：筆者整理。

二、1960年代—文庫與西書翻印時代

（一）1960年代的臺灣社會

1959年越戰開打，美軍第七艦隊進駐臺灣，大量的美軍停留臺灣時，也帶來了美國的出版品，至此臺灣本島出版品夾雜美軍的通俗、大眾圖書，帶動新一波的西書翻印潮，因此在1960-70年代臺灣翻印書竟還出現在美國市場與其原版書競爭起來，情況嚴重到1961年3月23日臺灣地區行政院外匯貿易審議委員會宣佈：「所有在台翻印之西書，列為管制出口貨品，一律不准出口。」55

1960年代臺灣由於1951-1965年15年間，美國對臺灣當局每年提供了約1億美元的經濟援助。一大半的金額用於軍事財政方面的援助，其餘的則使用於以國營企業為中心的電力能源、肥料工業等部門的開發援助。56 1961年推行一人每天存一元的三一儲蓄運動，1963臺灣工業生產淨額有史以來首次超出農業，經濟型態由以農業為主轉變以工業為主，1965年起第四、五期的經濟計畫，使臺灣經濟進入了起飛時期。1967年

---

54 應鳳凰：《封面的天光雲影—1950年代文學出版社與封面設計》[J]. 文訊 早期文學書封面設計專題（2008）。

55 Kaser, David. Book Priation in Taiwan[M].Philadephia .US：Univ. of Pennsylvania Press, 1969. 美亞圖書公司獲此書臺灣版（英文）翻印授權。

56 松永正義，劉進慶，若林正丈：《臺灣百科》（增訂版）[M]. 臺北：克寧出版 . 1995. p156-71.

推行中華文化復興運動，及 1968 年九年國民教育政策開始實施，此時臺灣出版由 1950 年代不到 500 家，至 1960 年代末已增加到 4000 家左右，實為臺灣社會逐漸穩定，在經濟與教育政策驅動而開始寫下臺灣出版業往後的出版黃金歲月期。韓國學者宋丙洛研究臺灣在發展經濟的策略上，即走中小企業型成長，在推展資本主義之際，家族主義相形下更趨重要。一方面隨著蔣介石來到臺灣的不外乎都是軍人、政治家、地主等。國民黨既把「反共大陸」當作管理的最高目標和最大價值，而對臺灣原住居民鼓勵從事農業和中小企業。[57] 這也就是臺灣出版業登記有一萬多家的出版社，而始終沒有能夠有真正出版集團產生的政策控制下導致因素。

（二）文庫與西書翻印

1960 年代的臺灣出版業幾乎由大陸來台人士所包辦，一些大陸上的老字型大小出版社，以分支機構形式在臺灣設置，以出版教科書為主要業務。例如商務印書館、中華書局、正中書局、世界書局等大陸的出版社皆有在台的分支機構。由於此階段的社會情境仍以「反攻大陸」的意識形態，所以隨著國民黨政府而來台的出版社並未在臺灣生根，發展新的經營方向，而是延續先前在的出版方向，以古籍、教科書為主。[58]

而當時的文人，若沒有官方的贊助，就是以自創出版社的形式，自製自銷。以當時的重光文藝出版社為例，該社是由陳紀瑩、徐鐘佩、趙友培、耿修業等作家組成，以出版這些作家的書為主，平均一年出書量不及三種。

此時期的臺灣經濟仍以農業為主，全國有近四成的人從事農業，國民消費 95% 以上用於民生必備品，文化消費只是少數知識份子的活動。此時由於圖書商品的消費者不多，書店以集中方式聚集經營以聚集買氣。

57 [韓] 宋丙洛：《全球化和知識化時代的經濟學》[M]. 北京：商務印書館 . 2003. p44-68.
58 胡文玲：《從產製者與消費者的立場—分析暢銷書排行榜的流行文化意義》[D]. 臺北：世新大學 . 1999.

例如臺北市重慶南路書店街，是當時的讀者聚集買書之處，當時的書店同時也出版書籍，但多以古典小說、實用書以及兒童書為主，相同類型的書商聚集處還包括牯嶺街舊書攤等地。在此一階段成立的出版社有：三民書局、文星書店、東方出版社、明華書局、文化圖書公司、志文出版社、純文學出版社、長城出版社、大業書店、皇冠出版社、晨鐘出版社、平原出版社、大江出版社、水晶出版社、水牛出版社等等。而此一階段的出版社特色是作者為了出版方便，自己開設出版社，故沒有版稅概念，只有向書店寄售後的回款再分給作者，而文星書店的蕭孟能是最大特色。此時由文星帶領的文庫熱如文星叢刊、人人文庫、新潮文庫、水牛文庫、三民文庫等，以小冊子版式，攜帶方便、內容以淺顯易懂為主。另一方面西書翻印開始熱起來，臺北市中山北路逐漸出現西書街，台大附近也有許多書店專門印銷西書，一方面因為當時美軍的需要，另一方面在大學教育需要西書直接介紹外國知識。[59]

表 1-2　1960 年代出版相關事件

年代	1960-1969
出版思潮	文庫風潮、文星叢刊、新潮文庫、三民文庫、人人文庫。而思潮以現代主義、結構主義為主。另一方面，因美軍而造成臺北市的中山北路西書街形成。
經濟／歷史事件	1960 公佈獎勵投資條例 1961-1964 第三期四年經建計畫 1961 推行一人一天一元的三一儲蓄運動 1962 臺灣證券交易所正式營業 1965 美援停止 1967 推行中華文化復興運動 1968 九年國民教育實施 1969 紅葉少棒掀起全民少棒熱
臺灣產業代表	紡織、食品、運輸交通
人口與教育	按臺灣地區「內政部戶政司」統計 1969 年臺灣地區人口總數 14,334,862 人（男 7,554,131 人，女 6,780,731 人）

[59] 王壽南：《金鼎獎與圖書出版事業．金鼎獎二十周年特刊》[M]. 臺北：行政院新聞局 . 1996. p41-56

年代	1960-1969
出版政策與獎勵	1960.03.30 臺灣出版業者聯合指定為「出版節」 1962.01.29 國軍擴大推行新文藝運動 1962.06「內政部」設立出版事業管理處 1962「中華民國」美術設計協會成立 1962.11 臺灣開始實施漫畫審查制度 1963 中國文化學院設立印刷工業研究所 1967 中華文化復興委員會成立，嚴家淦擔任第一任會長 1969「內政部」在臺北舟山路僑光堂舉辦第一屆全國圖書雜誌展覽
管理單位	1962「內政部」成立出版事業管理處
出版事件	1960 國民黨以「知匪不報」為名逮捕雷震，同時查禁《自由中國》雜誌 1960 美國柯達公司在臺灣設置公司。 1960 製作平印凹印特殊印刷機成功，具產制多色凹印機及軟管多色印色機，仿製對開平印機成功，首次國產，性能優良。 1961 臺灣第一家廣告企業主「國華廣告公司」成立 1961 徐複觀、劉國松《文星雜誌》針對現代藝術問題進行筆戰 1962.6 熊鈍生任「內政部」出版事業管理處長 1962 年台視開台，臺灣第一家電視臺 1962.02.24 中央研究院院長胡適病逝 1963.07《皇冠》雜誌刊載瓊瑤第一部自傳式長篇小說《窗外》轟動文壇 1963.09《文星叢刊》第一輯 10 種正式推出，每本售價 14 元新臺幣，自此開啟 40 開本文庫本出版熱潮 1963 中國文化學院，設置印刷研究中心，1965 年改組印刷工業研究所 1964.09「中央圖書館」編輯出版《中國民國出版圖書目錄彙編》 1964 中國郵政始用平版印刷該報的彩色圖 1964 年由司馬中原主編 40 開本「當代中國小說叢書」大業書局出版。朱西寧的狼、段彩華的神曲、鄧文來的其其裡克之夜、司馬中原的靈語、楊念慈的風雪桃花渡，幾乎都是軍中作家之作品。 1965 徐氏基金會招兵買馬刊登廣告，廣收稿源，以每千字 100 元核付稿費，並以該書銷售排名第一，再提撥 24 萬新臺幣獎勵，第二名 16 萬，第三名，8 萬等在此階段該社策略奏效，科技類圖書為品質和銷售的前幾名。 1965.12.01《文星雜誌》被迫停刊 1965.9 中央日報及聯合報先後試用中文全自動鑄排機，用打孔機排鑄鉛版，同時聯合報又向日本購入高速度全自動澆版機一部，及自動刮版機一部。 1966 聯邦彩色製版公司首度引進照相直接過網分色系統，傳統凸版印被彩色平版所取代。 1966 玉兔生產國內第一支原子筆 1966 年美國讀者文摘中文版在臺上市，運用西方圖書郵購、服務讀者行銷作法

年代	1960-1969
	1966 學生書局創辦《中國書目季刊》 1966 中國文化學院開辦印刷工業專修科，1968 年改為印刷學系，為臺灣大學有史以來之首創學系，1969 起創刊華岡印刷學報。 1967 郭承豐、李南衡、戴一義創辦《設計家》雜誌，首度將「包浩斯」設計概念引進臺灣 1968 中國時報在美國高斯公司購裝彩印多色輪轉印報機 1969 李男、林文彥等五人籌組「草田風工作室」美術設計聯誼會 1969 世界新聞專科學校設有印刷攝影科，招收高中畢業生修習三年。
創立出版	1961 柏楊成立平原出版社 1961 藍星季刊創刊 1962 劉紹唐創立傳記文學 1964《臺灣文藝》創刊，由吳濁流任發行人兼社長，龍瑛宗編輯 1964 星光出版社成立 1965.3 成文出版社成立，創辦人黃成功；維新書局成立，創辦人蔣紀周 1965.5 東華書局成立，創辦力卓鑫淼 1965.7 美亞書版公司成立，創辦人李瑞麟 1967.10 驚聲文物供應股份有限公司成立，創辦人張建邦 1968 林秉欽、郭震唐等人創立仙人掌出版社（此二人之前在文星書店服務） 1968 陳達弘成立環宇出版社。 1968.12 林海音創辦純文學出版社 三民書局、文星書店、東方出版社、明華書局、文化圖書公司、志文出版社、純文學出版社、長城出版社、大業書店、皇冠出版社、晨鐘出版社、大江出版社、水晶出版社、水牛出版社等等
代表出版人	劉紹唐、蕭孟能、平鑫濤、柏楊、李敖
暢銷書	文星雜誌、文星叢書、仙人掌叢書、水牛叢書、大業的長篇小說叢刊
作者	白先勇、陳若曦、李敖、瓊瑤、郭良蕙、王尚義、七等生、林海音、王藍
出版現象	1960 傅培梅食譜出刊，1965 年有中英日文版本，並有電視食譜教學，狂熱到九十年代 1963 文星叢刊出現前，出版業是長篇小說的天下，或是學術性專書，但文星將當時美日流行的 40 開小冊子引進書市場後，則散文、雜文、詩集則漸出現 1966 志文出版社開始推出「新潮文庫」大量譯介西方思潮，封面設計多以歐美文學思想界人物為題 1962 郭良蕙的《心鎖》遭查禁後，造成「色情與文學」的大論戰
書價	正中書局的理工書系如《電力系統》實價 60 元，遠東圖書《實用英漢辭》定價 100 元，商務印書館《萬有文庫薈要》（1200 本）特價 1 萬 2 千元，《哲學概論》48 元。臺灣開明書店《古籍導讀》實價 16 元，《文星叢刊》每本售價 14 元，另《出版界月刊》每期 10 元。皇冠雜誌 100 期後增頁

年代	1960-1969
	至 330 頁，售價 15 元。大業出版的《心鎖》售價 18 元。道聲百合文庫售價 25-45 元區間。

資源來源：筆者整理。

三、1970 年代—副刊文化與套書時代

（一）1970 年代的臺灣社會

　　1970 年代國際情勢發生結構性的改變，1969 年美國尼克森就任總統後，積極展開與中國關係的正常化，尤其動搖了國民黨政權的國際合法地位。一連串的事件像釣魚臺事件、退出聯合國、尼克森訪問中國、中日斷交等一連串的挫敗，使國民黨政權的外交危機日趨嚴重。1969 年蔣經國出任行政院副院長，1972 年又任行政院院長，1975 年蔣中正去世，則出任黨主席，1978 年被選為總統。蔣經國組閣後開始，推動一連串政治革新，以應付統治危機。其中對人才的甄補，被形容為「本土化」政策，亦即放親過去中央用大陸籍而地方用臺灣籍人才的兩元政治，選拔在臺灣成長的新一代進入領導階層。[60]

　　在經濟上，1973-1975 年發生石油危機，使臺灣的經濟衰退。於是展開了「十項建設」，以帶動經濟的復蘇，同時也促進臺灣經濟朝向技術密集與資本密集的轉型。到了 1978 年的第二次能源危機，孫運璿又推動「十二項建設」。也在此同時，因為 1970 年代初的危機，使社會感受救亡圖存、自立自強的迫切，於是許多知識份子在 1950-60 年代中國與西洋、傳統與現代、復古與西化的兩極對峙下，萌生了關懷本土社會，回歸現實社會的意識，並且發展成一股回歸鄉土的文化潮流。

　　1970 年代文學鼎盛，尤其引人關注的是兩大報設立文學獎。（當時

---

[60] 蕭阿勤：《國民黨政權的文化與道德論述（1934-1991）：知識社會學的分析》[D]. 臺北：臺灣大學. 1991

聯合報和中國時報發行量都在百萬以上）1976 年聯合報成立「聯合報小說獎」。1978 年中國時報「時報文學獎」頒獎。尤其 1970 年代素有「紙上風雲第一人」稱的高信疆，主持的「人間副刊」為傳達海外中國知識份的心聲，特闢「海外專欄」，在政治還是禁忌話題下，使得副刊的影響力，撼動整個社會，而高信疆和瘂弦的搶稿、搶作者、聚焦文壇炒作議題，也是推升整個出版業的一股強大助力，奠定臺灣成為海內外華文出版重鎮的功臣。這是個充滿理想和文化的年代，理想燃燒沸騰的年代。[61]

（二）副刊文化與套書時代

1970 年代是臺灣出版界的春秋戰國期，而初期，1973-1974 年間，臺灣因為發生嚴重缺紙現象，紙價飛漲，使許多書局、出版社焦頭爛額，許多出版機構減少出書，採「冬眠」狀態以求度過難關，有些出版機構在危機中倒了下去。[62] 不過，當缺紙危機消失以後，出版事業反而呈現冬去春來的蓬勃新氣象。此階段成立的出版社極多，如大地、九歌、遠流、水芙容、雄獅圖書、爾雅、遠景、林白、洪範、巨流、號角、好時年、漢聲、長橋、四季、武陵、故鄉、成文、地球、世界文物、戶外生活、出版家文化、環華、藝軒、錦繡、成文、希代、長河、桂冠、將軍、藝術家、以及二大報系的聯經、時報文化等。此時代出版界有三大特色：

1. 重視大套書的出版：一些具有歷史的出版機構，如商務、中華、世界

---

[61] 楊澤主編：《七〇年代理想繼燃燒》[M]. 臺北：時報文化 . 1994.

[62] 由於世界性的能源危機，加上紙供求不平衡，經濟上的物價上漲，印刷裝訂價格的一再調整，出版業遭受打擊，幾乎呈現出半停頓狀態，即使資本最雄厚的商務印書館，都難予支持。王雲五還在 1974 年 2 月 1 日中央日報第一版刊登啟事：「本人以 87 歲衰年，患了心臟病歲餘，疲憊不堪，久未出外任事，茲因出版工料奇漲，商務印書館出版物之多，冠於全國，所受影響至巨，迄又遭創辦 78 年以來第六度重大之危機，不得已，按從前五度救本館危機之先例，扶病逐日到館主持一切，以資應變，鞠躬盡瘁，在所不辭。」商務接著宣佈停止印行人人文庫，基本定價由 25 倍而 30 倍。—中華民國出版年鑑 1975 年版。

等一向注重大套書的編印，商務印書館出版的大套書尤其多，大套書要投入較多的資本，也需要行銷管道，不能僅靠門市銷售，所以小規模的出版社往往不敢輕易嘗試。

2. 出版的圖書進入彩色時代：之前的圖書出版重點專注在內容，到此時開始重視色彩，最顯著的現像是封面的設計有了明顯的轉變，由黑白印刷而轉變為套色印刷再轉變成彩色印刷，尤其童書、藝術生活類的圖書更是講究彩色封面，這也使得書店的陳列顯得鮮豔活潑起來。

3. 出版事業走向特色化：也就是各書店、出版社逐漸建立起自己的出版特色，讓讀者一提到某書局或出版社就會想到它的出版品是那一方面的性質，例如商務印書館著重在學術性與知識性，皇冠、九歌、純文學、洪範、爾雅等出版社著重在文藝性，錦繡著重在彩色中國叢書等。

4. 行銷方面的發展，由於套書與大部叢書的編印，在書店門市中很難售出，於是除了原有的店銷方式外，逐漸發展出向機關、學校、公司等團體的直銷方式，而且開始注意到利用報紙、廣播等媒體廣告以及書評介紹。[63]

表 1-3　1970 年代出版相關事件

年代	1970-1979
出版思潮	副刊文化引領鄉土文學、尋根文學、存在主義… 套書時代、封面彩色、出版專業化
經濟／歷史事件	1970 高雄加工區成立 1971.10.26 臺灣退出聯合國 1973 成立工業技術研究院 1973 推動十大建設 1973 石油危機，物價上揚 1975.04.05 蔣介石逝世 1978 中山高速公路全線通車

63 王壽南：《金鼎獎與圖書出版事業．金鼎獎二十周年特刊》[M] 臺北：行政院新聞局．1996. p41-56

年代	1970-1979
	1979.01 中美斷交 1979 第二次石油危機
臺灣產業代表	重化、家電
人口與教育	按臺灣地區「內政部」戶政司統計 1979 年臺灣地區人口總數 17,543,067 人（男 9,160,239 人，女 8,382,828 人）
出版政策與獎勵	1970 修訂「臺灣地區戒嚴時間出版物管理制辦法」，進一步對管理出版品的進口與出版。 1973「行政院」為精簡行政組織，將內政部「出版事業管理處」併入「新聞局」。 1976「行政院新聞局」創設優良圖書出版金鼎獎。 1976 成立「中華民國著作權人協會」，藉由集體力量抵制盜印。 1979「教育部」擬訂國家十二項建設中的「建立每一縣市文化中心」的計畫，五年內投入 36 億 1 千多萬元新臺幣，建設各縣市興建圖書館、博物館及音樂廳。 1979「行政院」頒佈「加強文化及育樂活動方案」，以加強推行文化建設，宣導國民育樂活動。 1978.11.15 首屆吳三連文藝獎頒獎。
管理單位	「內政部」出版事業管理處，1973 改為「新聞局」出版事業管理處
出版事件	1970「中國書城」於西門町亞洲百貨公司大樓成立 1972 中華彩色印刷始用電子掃描分色機做分色片 1972《書評書目》雜誌創刊 1972.1 熊純生辭「內政部」出版事業管理處長的職務，同年 6 月任中華書局總經理 1973.3 出版家雜誌社出刊試號號，5.1 出版家雜誌正式創刊，初為 48 開半月刊，其宗旨為報導出版界消息出版情報、宣導讀書風氣。發行人為林昆雄，創辦人林賢儒、王國華、王希平、蔡錦堂、陳慧英、李明威、王廣平等，當時均為海洋學院學生。 1973.4.30「中國民國圖書出版事業協會」成立於臺北市，同日通過章程三十四條。 1973.6.1「內政部出版事業管理處」併入「行政院新聞局」。設有四科，分別主管為新聞通訊社、雜誌社、書局、出版社、英文及其它外文書刊、發音片等業務。 1973.8.10 公告修正出版法，改「行政院新聞局」為中央主官官署。書籍或其它出版品於發行時，應由發行人分別送「行政院新聞局」及「國立中央圖書館」各一份。 1973 董陽孜為林懷民首創臺灣現代職業舞團題寫「雲門舞集」四字，帶給臺灣年輕一代莫大震撼。 1973 晨鐘出版社於臺北國際學舍接辦「第三屆全國書展」。 1973 張錦郎指出在書展上看到書價貴得離譜，例如華欣醫學辭典，16 開本，定價 1200 元，普及本印成 24 開紙張裝訂都差一些，一本售價 600 元，可見當時的書有多貴。

年代	1970-1979
	1973.11.11 蕭同茲逝世。蕭同茲先生于 1932-1950 期間任國民黨中央宣傳部中央社社長。 1974.3.9 臺北市牯嶺街舊書攤全部遷出，搬進臺北市松江路的光華商場。 1975.2「行政院新聞局」自 2-6 月，全面換發出版事業的各類登記證。 1975「國立中央圖書館」開始拍攝館藏善本圖書微縮卷片。 1975.8.8 臺北市圖書出版公會正式成立，首任理事長李德隆。 1977.08 彭歌在聯合報副刊為文批評鄉土文學，掀起「鄉土文學論戰」。 1978.01 黃永松、吳美雲、姚孟嘉及奚淞等四人創刊發行中文版《漢聲雜誌》，因應當期專題研究及報導內容，每一期尺寸、大小、用紙、冊數全部不循定則，出刊週期也不固定，全盤打破了雜誌一封面及版型的傳統作風。 1979.0815《美麗島》雜誌創刊，同年 11 月勒令停刊。
創立出版	1970 白先勇成立晨鐘出版社 1971 漢聲雜誌社成立 1971 文史哲出版社成立 1971 雄獅美術創刊，何廣政擔任主編 1971 華欣文化事業中心成立，創辦人韋德懋。 1972.10 姚宜瑛創立大地出版社成立 1974 沈登恩、鄧維楨創立遠景出版社成立 1974.05.04 聯經出版事業公司成立 1975.01.21 時報文化出版公司成立 1975.04.16 賴阿勝創立桂冠圖書公司成立 1975.07 柯青華創立爾雅出版社成立 1975.10 四季出版社成立 1975 王榮文創立遠流出版社 1975 董水重創立藝軒圖書出版社 1976.08.25 洪範書店成立 1978.03 蔡文甫創立九歌出版社成立 1978 書林出版社 1978 統一超商成立 1979 桂台華成立人類文化出版社 民間的出版社包括報紙媒體所支持的中國時報、聯合報系出版社，以及中小型出版社諸如爾雅、九歌、純文學、大地、洪範等，另外此時成立的新兵投入出版戰場如圓神、文經、漢光、蘭亭、前衛、允晨、尖端、晨星、新地、駿馬等出版社
代表出版人	白先勇、沈登恩（遠景）、平鑫濤（皇冠）、王榮文（遠流）、五小時代（純文學、爾雅、大地、洪範、九歌）
暢銷書	新潮文庫、瓊瑤小說、金庸武俠小說、臺北人、文學書、心理學系、林清玄（菩提系列）、野火集
作者	白先勇、陳若曦、瓊瑤、金庸、林清玄、林海音、龍應台、張曉風、杏林子

年代	1970-1979
出版現象	1. 流行磚頭小說動輒五六百頁 2.1979 王榮文出版「中國歷史演義」套書，出擊成功，累積豐碩資金，帶動出大書熱，延續至 80 年代的套書時代。
書價	復文書局例如電子計算器組織 92 元，電磁學 130 元，電工學 220 元。漁牧科學雜誌社的蝦類養殖書 120 元 16 開本，水芙蓉文庫書每冊 120 元。[64]

資源來源：筆者整理。

第二節 解嚴後的百家爭鳴與授權時代

　　1980 年代初兩大報副刊開戰正符合有議題則有人聚，必有買氣。林清玄在追悼高信疆的文章中提及：「八〇年代，人間的對手是聯合副刊，先是平鑫濤主編，後來是駱學良主編，平先生與駱先生也很提拔我，有一次駱先生找我，說是聯副為了培育年輕作家，願意每月提供五千元生活費，只要每月優先給聯副一篇作品，我後來婉拒了，我說高先生很提拔我，我想把每個月優先的作品給他。駱先生為人寬厚，一點也沒有生氣，還說：那你多寫幾篇，一些寄給我吧！後來我總是把作品分成四份，第一份寄給高信疆，第二份寄給駱先生，第三份給中華日報的蔡文甫先生，第四份寄給中央日報的夏鐵肩先生。」[65] 由這段精彩的追憶 1980 年代，可以想像報刊的副刊版所掀起的文壇筆戰之激烈並推升各種思潮的浪花如：鄉土文學、女性主義、自由主義…等，還有林清玄的菩提系列的宗教文學書，出版市場各編輯和出版人搶作者、搶稿源，隨之帶動書市的熱絡自然可期。

　　此時據統計資料顯示，文盲占全臺灣人口的比率「1952 年的 42% 遽降到 1989 年 7.1%，而受過中等教育的人口占臺灣全人口的比率，從

---

[64] 參考自 1975 年「中華民國出版年鑑」圖書廣告刊登的售價。

[65] 林清玄：《永遠的高先生．紙上風雲—高信疆》[M]．臺北：大塊文化．2009. p63-65

1952 年的 8.8% 提升到 1989 年的 44.9%」[66] 閱讀人口已倍增許多。而 1984 年「著作權法修正草案」通過，1985 年 7 月著作權法開施實施，相對於出版的重要知識權產保護確立後，真正的出版產業才開始發展。

一、1980 年代—解嚴後的思想狂飆時代

（一）1980 年代的臺灣社會

　　1973 年 8 月臺灣教育部文化局裁撤後，藝文界與國民黨多次倡議加強文化建設活動，有成立文化部之議，但一直沒有相應的實質政策出現。1977 年 9 月當時的「行政院長」蔣經國宣佈，將建立每一縣市的文化中心，直到 1979 年 2 月才具體訂定「加強文化及育樂活動方案」，其中一項就是擬議設置文化建設與文化政策的專管機構，1981 年 11 月「行政院文化建設委員會」正式成立。由於 1970 年代的臺灣危機引發回歸鄉土的文化潮流，「文化建設」遂成為熱門的話題，而另一方面社會變遷所孕生的城市新中產階級，不但有足夠經濟能力、知識水準與休閒時間，也有更高的意願去消費文化藝術、閱讀圖書。1979 年 7 月孫運璿在「國建會」提出「創造高超與精緻的文化，以提高人民生活的素質，達到物質與精神並重的均衡境界」後，更掀起討論與通俗文化的二分對壘，也成為盛行的新論述規則。1980 年遠景出版社創辦人沈登恩是出版界至今唯一被官方重視受邀擔任國家建設委員會成員之一，提出這個時代的出版訴求希望加強取締盜印措施、解除報禁、建造出版大樓，及建立良好的出版文化環境。[67]

　　此時「文建會」，認為文化行政體系的權責，不在消極管制監督，而在積極策劃與贊助藝文活動，賦予民間較大的文化展演空間，並保障

---

[66] 臺灣教育部教育政策白皮書.

[67] 游淑靜：《出版社傳奇》[M]. 臺北：爾雅 . 1981.

創作自由，因此展開締造良好創作環境與運用獎助，「文建會」雖仍將「發揚中華文化」列為三大任務之一，順其 1970 年代興起的回歸鄉土潮流，留給它更深刻的時代烙痕、譬如 1983 年舉辦的「民間劇場」，彙聚了散落臺灣各地的民俗技藝，規劃具有縣市地方文物特色的博物館等、「文化園區」的設計，有「山地文化園區」、「民俗技藝園」、與「中國文化園區」三者並立，顯現「臺灣文化／中原文化」，甚至「少數民族文化／臺灣漢人文化／中原漢人文化」區分規則的確立。然而「文建會」僅有統籌規劃、協調考評的職能，而沒有執行權，其文化政策推動的工作實質上由其它機構執行，當時主委郭為藩承認，「文建會」最大的困難是「有將無兵」，沒有籌碼，只能憑藉經費補助來要求其它單位推動工作，而沒有直接指揮權。[68] 1981 年 6 月由時報人間副刊主編高信疆策劃《中國歷代經典寶庫》全套 46 冊，以「活化古典」理念，他認為「中國的古典知識應該而且必須由全民所共用」，將艱澀難懂的修改成大眾版，在版權頁上注明「初版一萬套，定價全套新臺幣一萬三千八百元。」初版即讓時報賺進了七千萬。當時首屆的「文建會」主委陳奇祿則以有點遺憾又極贊佩的語氣說：「文建會」籌備之初他曾將整理中國傳統文化列入構想，沒想到時報出版已先進行，民間擁有豐富的物力和人力，可以做得比政府還好。[69] 此即是 1980 年代的臺灣民間力量與活力，這就是造就臺灣經濟奇跡的佐證。

　　1980 年代臺灣政治和社會快速變遷。儘管戒嚴依舊，但威權體制鬆動，1980 年增額中央民代選舉，1986 年民進黨成立，1987 年解除長達 38 年的戒嚴；在此同時，臺灣經濟起飛，社會力量蓬勃發展，消費者、環保、勞工、婦女、原住民、農民、學生運動蜂起。各大報紙的社會新

---

[68] 蕭阿勤：《國民黨政權的文化與道德論述（1934-1991）：知識社會學的分析》[D]. 臺北：臺灣大學. 1991.

[69] 高信疆等：《紙上風雲—高信疆》[M]. 臺北：大塊文化 . p 124-126. 2009.

聞皆改變回應社會變遷，轉型為報導生態、科技、生活、教育、人文、人民權利及社會價值變遷的集點新聞版。[70]

（二）解嚴後的思想狂飆時代

　　石油危機連帶使得書籍製作成本上揚，經濟發展情勢使得以往創作者導向的出版社面臨轉型，以往作家自費出版的時代，在重重不利的因素影響及競爭激烈下結束，如河洛圖書、水芙蓉、出版家文化公司都忽然折斷。當時的出版商大致包括官辦、媒體以及文化自辦的中小型出版商等種類。官辦出版社像是黎明文化事業、中央文物供應社等，因為有政府的財力支持，較不受競爭影響。相形之下，民間出版社的競爭較為激烈。民間的出版社包括報紙媒體所支持的中國時報、聯合報系出版社，以及中小型出版社諸如爾雅、九歌、純文學、大地、洪範等，另外此時成立的新兵投入出版戰場如圓神、文經、漢光、蘭亭、前衛、允晨、尖端、晨星、新地、駿馬等出版社，

　　在此之前，許多出版社是以「自己出書，自己賣書」的產銷合一形式經營，出版社同時也擁有書店，例如文星書店、商務印書館、三民書局等等，又如皇冠雜誌等刊物的出版部門和租書業者，這些成員帶動了當時出版業的蓬勃發展。但各家出版社資源缺乏整合，書店的經營方式也較傳統，因此，出版界中陸續出現呼籲設置「書的超級市場」的聲音，除了各家出版社以書展的形式聯合在西門町的中國書城、出版家書城販賣之出版外，一些大型書店像是書的超級市場、全台書城也在此時成立。

　　而出版產業的發展，也是源自整體經濟環境的變化。在當時政府經濟掛帥的政策之下，臺灣正式進入工業化國家之列，九年國民教育的施行，讓越來越多民眾擁有閱讀能力，書籍市場的讀者群隨著經濟發展而

70 經典雜誌編著：《臺灣人文四百年》[M]. 臺北：經典雜誌. 2006. p191-197

成長，除了仰賴書店外，為打開銷路，書展、廣告信函、直銷等銷售方式加入。除此之外，學校、圖書館、海外市場也同時起步。而此階段的出版現象有：

1.　延續 1970 年代的風氣，繼續推大套書。1986 年臺灣商務印書館出版《景印文淵閣四庫全書》，費時三年，精印 1501 冊，定售價新臺幣 200 萬元，可說是當時臺灣出版史最大的一部套書，震驚海內外出版界和學術界。

2.　非文學類圖書的竄起。1970 年代可說文學類圖書全盛期，到了 1980 年代非文學類圖書異軍突起，所謂「非文學類」指財經、政治、醫學、科技、歷史、心理、藝術、教育、民俗等。

3.　大陸熱的興起。1970 年代開始，兩岸緊張的關係逐漸鬆動，日本 NHK 電視臺製作了「絲路之旅」，逐引起臺灣民眾對中國的好奇心，於是出版界抓緊讀者心理，搶著出版介紹中國大陸的書籍，自 1987 年開放探親後，大陸熱的風氣更為高漲。

4.　大型綜合書店出現。1983 年金石堂文化廣場開幕。果子離回憶說：「我們小時候在桃園，那時候在桃園小鎮，沒什麼書店，大概比文具行大一些，若到裡面看書，不買書會被瞪白眼，會被罵。後來重慶南路書街，開了金石堂書店，非常不得了，金石堂做了一個革命，將書櫃頂到天花板改成和人一般高，給人覺得書店親和力多了，最大的好處是隨便我們看書，後來又加了大門的感應器，所以在店裡看書不在被店員跟著，在書店看書就很舒服。我最早在重慶南路看書，最常到三民書店，三民的書種是最齊全，三民的店員很厲害，消費者隨時問一本書，店員都知道位在那個位置，原來這是在三民書店做店員的要求，但金石堂的書種就不是那麼齊全。」[71]

5.　出版電腦化的趨勢。1970 年代開始，出版界大量出版有關電腦知識

的書籍，其種類之繁多和發行數量之龐大，幾乎成為臺灣出版市場的主流之一。[72] 同時出版業本身也投注於電腦化中，電腦打字排版取代了傳統的鉛字排版和人工打字、而出版機構的業務運作（如倉儲統計、銷售統計、版稅核算讀者檔案等）也採用電腦作業。

6. 正式走入授權時代著作權保權。1970 年代盜印仍是猖獗，地攤和小貨車上塞滿了盜印的圖書，以三折至五折兜售。這對於合法的出版業者是沉重的打擊，也引起國際間的重視。1992 年，進一步修正「著作權法」，1993 通過「中美著作權保護協議」對盜印者給予較重的刑責 [73]，才使得盜印之風稍息，對於著作人和出版業者有了相當的保護。[74]

表 1-4　1980 年代出版相關事件

年代	1980-1989
出版思潮	新一波的文化運動帶動宗教文學、心靈勵志、女性主義、自由主義、個人主義、套書時代、報導文學、暢銷書時代、大陸熱、大型綜合書店、出版電腦化、授權時代，女性作家崛起閨秀散文突出。

---

71 2012 年 10 月在臺北的一場推動閱讀座談會中受邀人士果子離主講「這是個閱讀最好的時代也是最累的時代」他談到金石堂連鎖書店帶給讀者的深刻感受。

72 由於新竹科學園區的設立，台積電董事張忠謀也是這一階段返台，投入科技產業園區，大量的電機工程人才需求，蘊孕了此電腦書的爆發，電腦書籍銷售第一的旗標圖書公司，加入的是電腦公會而非出版公會。

73 此著作權法受美國出版業界的壓迫下促使用嚴峻的刑法，一般侵犯了著作權主要是著作財產權以罰鍰來求償即可，但在臺灣卻是要坐牢，此一嚴苛的著作權法，導致臺灣出版業面臨數位出版滯礙難進。

74 王壽南：《金鼎獎與圖書出版事業．金鼎獎二十周年特刊》[M]．臺北：行政院新聞局．1996. p41-56

年代	1980-1989
經濟／歷史事件	1980 新竹科學園區設立 1981 宏碁電腦成立 1983 獎勵投資 1984 超大積體電路技術發展計畫 1984 王安電腦全球轟動 1984 十四項建設 1984 麥當勞臺灣首店開幕 1984 會計薪資 6,000 元，高級主管薪資 3 萬元，臺灣社會開始奢侈，汽車開始普及。 1985 爆發十信弊案 1986 新臺幣大幅升值 1987 解除戒嚴 1987 開放赴大陸探親 1988 蔣經國總統逝世，威權時代結束，民主化時代開始。 1988 解除報禁、黨禁 1988 國民平均所得達 6,000 美元。（從 1981 年 2,632 美元，1986 年 3,700 多美元，1987 年到 5,000 美元。） 1988 課征證券交易稅引發股市風暴 1988 工人階級從 50 年代的 100 萬，60 年代的 200 萬，至此達 680 萬人，勞工占就業人口 80% 以上。 1989 公營事業民營化 1989 股市衝破萬點大關 1989.08.26 無住屋者萬人露宿臺北忠孝東路街頭
臺灣產業代表	高科技半導體資訊
人口與教育	按臺灣「內政部戶政司」統計 1989 年臺灣地區人口總數 20,156,587 人（男 10,424,102 人，女 9,732,485 人） 教育：學校 46 所大學，專科 75 所。
出版政策與獎勵	1981 年 11 月「行政院文化建設委員會」正式成立 1984 年 1 月 4 日公佈「出版獎勵條列」，包括獎勵與補助兩方面，並列入重要學術專門著作之補助。 1984 開始稿費徵稅，並列年度 18 萬元的免稅額度。 1985 著作權法修正案三讀通過 1987.07.14 台彭金馬地區正式宣佈解嚴 1987.12.15「新聞局」於「國立中央圖書館」舉辦「第一屆臺北國際書展」 1988.01.01 臺灣解除報禁 1989 開始實施國際標準書號之制度。故臺北「國家圖書館」書號中心開始運作，爾雅率先支持申請書號。
管理單位	1988 解嚴後，主管單位行政院新聞局
出版事件	1981 聯合報社開始採用中文電腦排版 1981 由時報人間副刊主編高信疆策劃《中國歷代經典寶庫》全套 46 冊 1982.01.08 商務印書館發行臺灣首批圖書禮卷

年代	1980-1989
	1982.09.01《書評書目》雜誌發行 100 期結束 1982 鄭至慧創《婦女新知》對臺灣父權主義的一種反省，婦運活動的具體行動，盼望「以新知帶動女人覺醒」，雜誌以 25 元賠本經營，至今女性作家作品更是達到高點，如朱秀娟的《女強人》等等。 1982.12 台港利通圖書公司主辦第一屆「中文圖書展覽」在香港舉行，涵蓋香港、臺灣、大陸三地出版物 1983.01.20 第一家金石堂書店在臺北汀州路開業 1983 臺北紙廠開始生產防偽浮水印及金屬暗線印鈔紙 1983 出版社倒帳風開始頻繁 1984 日茂彩色製版公司率先引進德國電腦分色組版系統；高長印刷公司始用商用彩色捲筒紙輪轉印刷機；自此邁入電腦分色組版作業時代 1984.11.01《聯合文學》雜誌創刊 1985.11.02《人間雜誌》創刊 1985 新進鐵工廠生產出第一台四色高速平版印刷機 1985 書報社倒閉事件引發出版界爭相建立大發行網 1988 中華版權代理總公司在北京成立 1988 取消臺灣出版大陸圖書的仲介授權硬性規定 1988 中國時報成立「開卷」首任主編鄭林鐘，曾任時報出版公司商業線主編，專門報導出版新聞，隨後聯合報也增闢「讀書人」、自立早報「讀書生活」、民生報「讀書週刊」、中央日報「中央閱讀」等專屬出版的平面媒體報導。 1988.10 兩岸隔絕 40 年後首次在大陸上海舉辦「海峽兩岸圖書展覽」，並進行「海峽兩岸出版界懇談會」。 1988 臺灣和大陸可以合作出版，例錦繡出版社與中國合作出版中國美術全集 1988 中美智財權談判，翻譯的價格愈來愈高，跨國出版公司到臺灣投資 1988 電腦介入，圖像的電腦化，降到個人電腦層次，因技術規模而帶來的小規模、小範圍的生產的可能 1988 統一超商與商業週刊的合作模式，取代郵購的新形態，統一商場不旦扮演了零售點的角色，還同時代收商業週刊長期訂戶，取代了郵局劃撥組的功能。 1989.03 誠品敦南總店創立
創立出版	1981 朱小瑄成立漢珍數位圖書公司創立 1982 殷允凡、高希均、王力行創立天下雜誌 1982 林文欽成立前衛出版社 1983 周塗樹創立金石堂 1983.10《新書月刊》創刊 1984.01《中國風》月刊創刊 1984《聯合文學》、《推理雜誌》 1984 圓神出版社創立 1985 漢藝色研出版社創立

年代	1980-1989
	1985《國文天地》創刊 1988.07 簡媜、陳義芝、張錯、陳幸蕙、呂秀蘭等人聯合成立大雁書店 1989 吳清友創立誠品書店
代表出版人	高信疆（中國時報副刊）、瘂弦（聯合報副刊）、平鑫濤（皇冠）、王榮文（遠流）、張清吉（志文）
暢銷書	野火集、金庸作品、張曼娟的海水正藍、愛生活與學習、朱秀娟的女強人、不歸路、小叮噹、烏龍院、衛斯理傳奇、反敗為勝、瓊瑤愛情小說：幾度夕陽紅、三毛的撒哈拉的故事、張曉風的再生緣、廖輝英的不歸路、席慕蓉的七裡香和無怨的青春、李昂的殺夫、楊憲宏的走過傷心地、蔡志忠的漫畫自然的蕭聲莊子說、古蒙仁的報導文學…
作者	張大春、張愛玲、瓊瑤、龍應台、金庸、張曼娟、朱秀娟、張曉風、廖輝英、三毛、席慕蓉、黃明堅、鄭石岩、蔡志忠、古蒙仁
出版現象	1980 年出版界創刊號柯樹屏為文一篇《教科書問題之探討》其中指出審定本教科書之每書審查費，原規定按售價之四十倍計算，而遷台後每本高中、高職教科書審查費定為 560 元，繼提高為 840 元，後複繼續提高為 1,400 元，2,250 元，以至現在之 4,300 元。普通高中書每本售價約 10-20 元間，其審查費已高達售價二至三百倍。[75] 1983 白先勇小說《臺北人》由爾雅出版社重新發行，一年內接連換了三種版本。 1984 年改編杜哈絲作品如情人、廣島之戀等譯作及電影，情欲解放的出版思潮性感總在一切之上，這是一個標榜性感的世紀。 1985 龍應台出版《野火集》，書法家董陽孜題寫書名。 1987 時報文化推出本土創作蔡志忠的漫畫熱 1988 文學作品商品化，作家影視化明星化，其導火線由希代書版公司策劃包裝影視明星的手法，為它旗下的年輕小說新人大作包裝，獲得文學類出版市場主力，年輕人大為歡迎，幾乎本本暢銷，此作法引起市場兩極反應，出版社的新人政策，以及出版市場上不能接納流行文學與嚴肅文學並存的問題。 1989 天下文化開始政治人物傳記的熱潮，出版《孫運璿傳》。
書價	1983 年平均書價 80 元[76]，筆者考查此時代平均書價在 120-150 元。

資源來源：筆者整理。

---

[75] 柯樹屏：《教科書問題之探討》[J], 出版界雜誌創刊號 . 1980. p17

[76] 根據吳興文的一篇《從暢銷書排行榜看臺灣的文學出版》[J]. 書香月刊 .56 期 . p20，但筆者認為這書價採用平均值並不客觀，應此時休閒消費已興起，連動電影票價，此為九歌蔡文甫先生的出版經營市場觀察，此時書價應在 120 元區間。

二、1990 年代—授權時代與企業化經營

（一）1990 年代的臺灣社會

　　隨著 1987 年 7 月臺灣解戒嚴、開放組黨，1988 年元旦報禁隨之開放、報禁解除伴隨政治開放，臺灣進入一個加速民主化的時代。1991 年終止戡亂時期、1999 年廢止出版法，辦報不再需要先經批准，報導也不必擔心政治因殺。此外 1992 年國會全面改選、1994 省市長民選、1996 總統直接民選，政治民主化的推動，讓政治成為報紙最熱門的話題，加上社會運動持續發燒，新聞媒體呈現多元面貌。甚至連戒嚴時代高度禁忌的蔣經國與章若亞婚外情，都成為《聯合報》連載故事，連登將近兩個月。[77]

　　因為開放，市場競爭相形加劇，1989 年開放有線電視設立、1993 年開放新廣播電臺設立、1994 起 24 小時新聞台紛紛成立，1997 民視開台，1998 公視開撥，1990 年代末期網路興起，報業需要以新的面貌吸引電視和網路世代的讀者。[78] 唐山出版社社長陳隆昊說：書店是第一線瞭解讀者胃口，可以直接掌握，比如說 1980 年代初的韋伯熱，接下來熱新馬克思主義、女性主義、後現代理論；這一路在變的主流思潮，主導了出版方向。學生的閱讀旨趣，再再都影響我們出版的考慮。不管是社會科學或人文學科的翻譯書，在唐山書店的銷售常超過本土的著作。二十多年前歷史學者康樂幫允晨編了一套新橋譯叢，以韋作的著作為發端，我們小小一個地下室書店居然可以賣掉一二千本，趨勢專家詹宏志還曾為文討論這種「唐山現象」。整個 1980 年代到 1990 年代中期，拜解嚴後，大量文化、知識研究的噴發，我們的生意蒸蒸日上。1990 年代中期以降，營業額開始成階梯似的緩步下跌。陳隆昊分析原因一是金石堂成立以來走大眾路線，尚未影響，但誠品開了台大店（1996 年）就壓縮了我們的

77 經典雜誌編著：《臺灣人文四百年》[M]. 臺北：經典雜誌 . 2006. p191-197
78 經典雜誌編著：《臺灣人文四百年》[M]. 臺北：經典雜誌 . 2006. p191-197

銷售空間，誠品既賣大眾書，也賣學術書，尤其像 7-11 的營業時間，方便讀者購書。第二是專業書店的出現，女書店、臺灣ㄟ店、晶晶書鋪接踵成立，瓜分了特定學科的客源。唐山的專櫃─同志專櫃、臺灣研究專櫃、性別研究專櫃在這些專業書店出現之後，變得很尷尬。最後也是最大的影響是五、六年前在台電大樓旁出現一家專賣簡體書的書店。原本是小規模低調的做，當時「新聞局」左右為難，不想把這般大量的簡體書放進來，稍一猶豫，馬上就有一群學在媒體放話說是對學術思想的箝制。在這樣大的帽子下，後來只好放行。此後大型簡體書店，就如雨後春筍，連誠品也趕上熱潮，在店內辟空間賣大陸書，連聯經也辦了上海書店，這些改變對以人文、社會科學主的唐山，就顯更困難。[79]

（二）授權時代與企業化經營

政府在政治、言論自由限制的放寬，使得出版業的發展空間更大，更多人力與資金投入出版業。在經濟方面，在政府大力扶植化學工業的政策下，輕工業總產值的比例逐漸下降，化學工業成為主導臺灣經濟發展的產業部門。經濟邁向成熟階段，社會分工傾向於專業化、精緻化，組織順應社會潮流也變得科層化，出版業創作、出版、流通等環節專業分工的現象普遍存在。

出版業進入企業化經營時代，隨著組織的分工以及企業經營概念的引入，市場策略、價格策略、廣告策略等，成為出版社生存的主要手段。在專業分工的趨勢之下，出版業的參與者漸漸複雜，包括作家與出版社的各個部門、行銷、企劃、甚至書店，經銷商等等。作家對出版社的經營，不再具有決定性的影響力，為求組織的經營與發展，消費者與市場的考慮成為重要指標。

---

79 陳隆昊：《出版界對當前臺灣知識生產狀況的意見》[C]. 亞洲華人文化論壇：當前知識狀況台社論壇. 蘇淑冠、陳光興編. 臺北：唐山. 2007. p115-120.

　　更便利的書籍流通經營形式出現，其中以連鎖書店與便利商店為代表。由高砂紡織公司投資的金石堂成立，藉由企業的資金挹注，金石堂以電腦化管理，突破以往的書店經營形式。

　　由於著作權的修訂立法，使得 1990 年代臺灣出版界生態大轉型，其特色：

1. 爭取西書的授權翻譯，這個改變使得臺灣的翻譯出版成本增加，但不僅沒有阻擋外文書的翻譯、引進，反而加速其發展，外文翻譯書成了出版界的出版大宗，並出現了版權代理公司。而臺灣出版界有名的 1994 年的「六一二」大限，凡是無版權外文書、翻譯書合法銷售到此為止，造成當年出版界莫不大量拋售。自此不在出現無授權的翻譯書，或非法盜印也在台消失。

2. 外國出版業進駐臺灣，隨著著作權法的問世，外國出版社看准臺灣和大陸市場，紛紛在台設立分公司。像日本東販的臺灣分部；香港牛津出版社、漢語基督教文化研究所、香港三聯、麥格羅希爾、朗文、培生、Wiley 等。[80]

3. 本土出版業開始集團化、企業化。歷經 1970-80 年出版戰國時期，此時出版人已略具規模並將眼光放大，投注到整個的華人市場，如光復書局、遠流、城邦、圓神、皇冠、聯經、時報等等，各以不同形式締造屬於自己的出版王國。

4. 出版產業鏈成形。臺灣出版的產業鏈，經過蓬勃的 1980 年代後，就變得非常有效率。金石堂連鎖書店所帶動「大眾閱讀時代」來臨。因金石堂的成功，也帶動其它連鎖書店的崛起，例如新學友、何嘉仁、光統、敦煌等等，數量非常之多。也讓 1990 年代成為連鎖書店的全盛時期。當時全省書店約兩千家，卻有六成的銷售在連鎖書店完成。

---

80 王乾任：《臺灣出版產業大未來—文化與商品的調和》[M]. 臺北：生活人文出版社 . 2004. p26-36

表 1-5　1990 年代出版相關事件

年代	1990-1999
出版思潮	現代主義、企業管理、經營管理，外商出版進駐。讀者導向並強調閱讀的趣味性大眾文學、翻譯小說崛起。
經濟／歷史事件	1990.01.28「行政院」正式成立「大陸委員會」 1990 台股崩盤，經濟反轉 1991 促進產業升級條例 1992 國民所得破萬點 1992 公佈施行「兩岸人民關係條例」 1993 開放有線電視執照 1994 年千島湖事件 1994 雅虎 e 化產業開始 1997 推行隔周休二日 1999 九二一大地震
臺灣產業代表	金融保險、零售通路
人口與教育	按臺灣「內政部戶政司」統計 1999 年臺灣地區人口總數 22,092,387 人（男 11,312,728 人，女 10,779,659 人） 教育：大專錄取率提高，增加技職商學院，135 所大學，專科 19 所。
出版政策與獎勵	1990.01.13「新聞局」於臺北世貿中心舉辦第二屆「臺北國際書展」 1992.06.12 開始實施新著作權法，國外作品版權成為出版新熱點 1992 年配合兩岸政策，更設立「大陸圖書著作個人獎項」 1993 通過中美著作權保護協議及著作權法修正案。 1994.03 首屆「1994 大陸圖書展覽」 1994「六一二」大限，未經授權翻譯圖書的最後銷售期限。至今合法版權的書才能在市面上流通。 1995 推動圖書 EDI 計畫，促使圖書出版業全面朝標準化、自動化的道路前進。 1996.05.15 中國出版工作者協會、臺灣圖書出版協會、香港出版總會聯合舉辦「首屆華文出版聯誼會」在香港舉行 1997.07.23 首屆亞洲出版研討會在香港舉行 1999.1「立法院」通過出版法廢除
管理單位	行政院新聞局
出版事件	1990 由臺北市出版商業同業公會組成臺北出版人訪問團，第一次正式參加第三屆北京國際圖書博覽會 1992.9 光復書局與大陸外文出版社子公司海豚出版社、北京市通縣紙箱廠合資設立光海文化用品有限公司，這是大陸第一家兩岸三方合資的文化企業。 1992 印刷工業技術研究中心成立 1995 全球第一家亞馬遜網路書店成立 1996 北部規模最大的中盤商「嘉興」跳票，影響上百家出版社的經營。 1996.08 臺灣「博客來」網路書店成立

年代	1990-1999
	1996.10 臺灣第一家合組出版集團「城邦出版集團」正成成立 1996 南華管理學院成立出版學研究所 1997 紅藍彩印公司始用高速八色平版機 1997 臺灣讀書會發展協會成立，邱天助為理事長，希望使閱讀與討論變成全民活動，十年內達到國民每年平均閱讀二十本書。 1997 華淵生活資訊網推出 Sinabooks 書味頻道，以讀書月刊的形式，提供多項中文書籍資訊。 1998 法「FNAC 書店」進駐臺北 1998 華康科技成立「華印科技」企圖利用網際網路推動印刷出版科技化，整合高科技產業的技術和傳統印刷出版業，華印預計開發個人電子出版、網路發行、網路印刷及遠端輸出四大領域。 1998 英業達副總裁溫世仁，創立專業寫作公司「明日工作室」，為作家創造無後顧之憂的寫作環境，月薪 4 萬 5 千元新臺幣起跳。 1999 誠品敦南店成為第一家 24 小時書店
創立出版	1990 李錫東創立紅螞蟻 1991 洪美華創立月旦出版公司，但於 1999 年更名為新自然主義股份有限公司 1990 三采文化創立，創辦人張輝明。 1994 鄭至慧創立女書文化事業有限公司 1995 張天立創立博客來網路書店 1995 立緒出版社創立－郝碧蓮、鍾惠民以教宗若望保祿二世的《跨越希望的門檻》，並開啟「宗教與神話」，深受市場歡迎。 1995 魏淑貞創立玉山社，以臺灣書為主軸 1985 聖嚴法師將東初出版社更名為法鼓文化事業股份有限公司 1996.10 臺灣第一家合組出版集團「城邦出版集團」正成成立 1997 吳怡芬創立大田出版灶
代表出版人	王榮文（遠流）、高希均（天下文化）、詹宏志（城邦）、郝廣才（格林）、郝明義（大塊）、簡志忠（圓神）
暢銷書	光禹的媽咪小太陽、一九九五閏八月、1996 EQ、2000 哈利波特、藍海策略、打開心內的門窗、蔡智恆的第一次的親密接觸、張大春的少年大頭春的生活周記、吳淡如的愛過不必傷了心、挪威的森林、保羅科賀爾的我坐在琵卓河畔哭泣、牧羊少年的奇幻之旅、喬斯坦賈德的蘇菲的世界、紙牌的秘密、EQ、前世今生－生命輪回的前世療法
作者	光禹、劉墉、林清玄、張曼娟、候文詠、張大春、吳淡如、吳若權、蔡智恒等暢銷書作家，大陸餘秋雨、日本春上樹春始終為暢銷作家之列、管理學主導掀起追逐國外管理學大師步伐
出版現象	1990 中國時報開卷莫昭平策劃四十年來影響我們最深的書籍，《未央歌》、《異域》、《天地一沙鷗》、《汪洋中的一條船》等分別高登民國四十、五十、六十、七十年代前十名的首位寶座。其中民國四十年代的前三名書單是《未央歌》、《藍與黑》、《雅舍小品》；民國五十年代的前三名書單是《異域》、《冰點》、《羅蘭小語》；民國六十年代

年代	1990-1999
	的前三名書單是《天地一沙鷗》、《開放的人生》、《撒哈拉的故事》；民國七十年代的前五名書單是《汪洋中的一條船》、《海水正藍》、《神鵰俠侶》、《野火集》、《小叮噹》。從這份書單中，可看出每個年代幾乎都需要在逆境中奮鬥的傳奇與典型，像《新人生觀》、《異域》、《天地一沙鷗》、《汪洋中的一條船》等都是代表性的作品。換言之，隨後的勵志書籍大賣也是可以預見的。 1991 非小說書籍大受歡迎，尤其是「自助」和「如何」的實用手冊類書籍。 1992 年園藝書籍大發利市，尤其要附有詳盡的如何栽種指南。兒童雜誌也異軍突起。 1990 年代專業書店的出現，女書店、臺灣ㄟ店、晶晶書鋪等等。 1990 年代城邦和時報紛紛成立出版集團，外商禾林、東販、朗文、麥格羅希爾來台開設分公司。
書價	1990 年平均書價 183 元，1993 平均書價 187 元，書價與電影票價連動。

資源來源：筆者整理。

第三節 新時代的出版轉型與多元化的讀者導向服務

　　普進入 2000 年代初期，年營業額一、二十億元新臺幣的錦鏽和光復出版集團瞬間出現財務危機，采直銷體系策劃套書的出版模式正式結束。1996 年詹宏志自遠流獨立出來自組城邦集團，才跨入 2001 年旋即被香港李嘉誠購併入 TOM.com，林訓民指出：一般收購價是應該為公司年度營業額的 2-5 倍，他推估「城邦」和「電腦家庭」合併案的「名義價格」的成交倍率只有 1.328 倍；而「商周」是 1.2 倍；「尖端」則只有 0.68 倍，另因交易中並非全以現金支付，至少一半是用現有股票或未來新公司的股票來抵價，所以如以「現值」折現為「實質價格」那麼其實成交的倍率分別只有 0.93 倍；0.84 倍及 0.476 倍。[81] 也就是出版業大賤賣，可見其經營之困，所以城邦的大平臺概念，似乎在亮麗的集團包裝下，其路未必是出版經營可走的模式。

---

[81] 林訓民：《成為 WTO 會員對臺灣出版業的衝擊與效應》[J].《全國新書資訊月刊》. 1 月號（2002）：3-4.

　　另觀臺灣其它出版集團的模式，如圓神集團所採用的「獨資多家」經營模式，採用「因人制事」，瞭解每個人的特長後，在體制內延伸新的品牌，建立專業出版公司設立編輯和行銷的雙核心，除了為作者服務，更要讓作品可以很流暢的、很有效率的傳達到讀者手上。圓神簡志忠先生說：「我心目中理想的書單目錄是可以滿足一個家庭裡各成員所需要的，也就是阿公阿媽想要看到，爸爸媽媽甚至小朋友想要的，我這份書單都可以滿足他們，這就是最美好的理想出版狀況。」並且圓神是臺灣第一家實施周休三日，讓從事創意的人可以多一些生活的自在與體驗人的價值，讓文化人有更多創意。這就是新時代的臺灣出版企業家的範式體現。

一、2000 年代—出版由盛反轉面臨新的轉型

（一）2000 年代的臺灣社會

　　2000 年臺灣首次出現政黨輪替，政權從國民黨和平轉到民進黨手上，民主政治更進一步，黑金政治隨之式微，但藍綠對抗越演越烈，報紙紛紛選邊站，黨同伐異情況日趨激烈。另一方面，臺灣在 2001 年出現經濟負成長，景氣不振，連帶使得原已僧多粥少的廣告更形萎縮，報紙裁員、減薪、甚至倒閉的窘境每況愈下，為了爭奪有限的廣告大餅，報業紛紛放棄編務與業務分立的堅持，轉而要求記者兼拉廣告，並在新聞中進行商業和政治的置入性行銷。經濟壓力，甚至影響到了報導取向，偏愛某個黨派、某個政治明星，成為報紙區隔市場的手段，黨同伐異漸成報導常態。82

　　在此同時，原已被電視超越的報紙，再度被網路媒體超越，淪為第三大媒體。2003 年 5 月《蘋果日報》登臺，以煽情的社會新聞、圖像化

---

82 經典雜誌編著：《臺灣人文四百年》[M]. 臺北：經典雜誌. 2006. p191-197

的編排手法、全彩印刷，引起市場矚目，引爆整個大眾閱讀的方向更趨於圖像化、八卦、更活潑的版面。此時，網路更加普及，尤其 2002 年部落格（blog）傳入後，部落格易學易用的網路出版系統，每個人都能輕鬆地用它建構自己的媒體、發出自己的聲音，還能相互串連、彙聚集體力量。此時臺灣出版業亦同時感受到整個環境的難以經營，像新學友、光復、錦繡等都在此時宣告倒閉。

（二）出版由盛反轉面臨新的轉型

2000 年「.com」網路泡沫化，網路帶動新一波的閱聽革命。郝明義最經典的一篇《我們的黑暗與光明－臺灣出版產業未來十年的課題》廣傳兩岸出版業，華文出版市場都在看臺灣的出版業怎麼了？ 2000 年的《出版大崩壞》一書嚇壞了很多出版人，2001 年臺北納莉台災開始，出版由盛轉弱，誠品的廖美立也曾說：「2001 年納莉颱風重創北臺灣水淹臺北，誠品也在這個時期遇到最大的瓶頸的財務危機，經過各家合作廠商支持渡過難關。」[83] 隨後的 2003 年 SARS，更是讓不景氣的出版業面臨五成以上的退書率，引起以書養書的不健康的出版生態，而 SARS 造就了網路書店博客來的營業額快速成長。而金石堂此時也改以「銷結制」，並且和農學社與城邦分別爆發下架風波，為日後供應商與連鎖書店爭執揭開序幕。

2006 年 12 月的《誠品好讀》報導，書籍銷售的兩極化時代來臨。而緊接著 2008 的全球金融風暴，更是出版業經營困難，2010 年代整個臺灣出版業經營不易外，亦投入兩岸出版的交流，放眼前進中國市場。

---

[83] Discovery. 臺灣人物誌─吳清友 . 臺灣人物誌 . 45min：Discovery. 2007.

表 1-6　2000 年以來出版相關事件

年代	2000 －至今
出版思潮	後現代主義、離散主義、公共知識份子、臺灣研究、疾病書寫和保健類、個性化與多元化。
經濟 / 歷史事件	2000 陳水扁當選總統，國民黨下臺 2001 納莉颱風，水淹臺北 2001 臺灣經濟榮景大滑落 2002 加入世界貿易組織（WTO） 2002 兩兆雙星產業政策，發展「數位內容」為其中一項 2003 台商春節包機為兩岸歷史性通航 2003 爆發 SARS 2008 美國雷曼兄弟破產引發全球 2009 發放消費券，每人 3,600 元，促進低靡的消費市場。 2009 推動六大新興產業 2009 發生八八水災 2009 兩岸簽署兩岸金融監理合作備忘錄
臺灣產業代表	網路、休閒娛樂、餐飲、文化創意、台商
人口與教育	按臺灣「內政部戶政司」統計 2012 年臺灣地區人口總數 23,315,822 人（男 11,673,319 人，女 11,642,503 人），出生率全球最低。 教育：專校搶升格，升學主義使得技職院校式微，共 165 所大專院校。
出版政策與獎勵	2002 數位內容產業發展計畫 2008 臺灣「經濟部工業局」新興產業旗艦計畫書，實施出版點火行動，啟動數位出版。 2012 近年不斷加重補助並輔導辦理文藝營、文學獎及寫作班活動，補助「吳濁流文藝營」、「全國臺灣文學營」、「笠山文學營」、「全國巡迴文藝營」、「聯合文學小說新人獎」、「葉紅女性詩獎」、「九歌現代少兒文學獎」、「全國學生文學獎」、「梁實秋文學獎」、「阿公店溪文學獎」、「國語日報兒童文學牧笛獎」、「忠義文學獎」、「讓愛飛翔創意徵文文學創作」、「老子道家傳承經典道德經研習班暨新屋文學寫作班」、「青少年劇本創作人才培育計畫」、「外省女性醫療史寫作工作坊」等活動。 2002-2012 由中研院王汎森院士主持數位典藏與數位學習計畫推展 2010 年數位出版產業前瞻研究補助計畫獎勵出版業推動數位化 2010 舉辦數位金鼎獎 2011 新聞局委由聯合線上公司及杜蔵廣告開辦「數位出版實務講座」及「國際漫畫研究營」 2011 舉辦數位金漫獎 2012.05.20 行政院新聞局裁撤 2012.05.20 文化部人文與出版司管理
管理單位	行政院新聞局裁撤（至 2012.4.30 止） 2012.5 文化部人文與出版司

年代	2000 －至今
出版事件	2000 金石堂成立金石網路書店，每月營收 200 萬，2001 年網路營收達 1.4 億元（新臺幣），並首創以個人化書店設計吸引讀者，會員達 25 萬人。 2000 博客來網路書店與 7-11 便利商店合作，打開網路購物通路的新交易模式，營收已達 2 億元。 2001.05「電腦家庭雜誌出版集團」、「城邦圖書出版集團」、「尖端出版公司」以及「臺灣商業週刊集團」以合資、收購及合併方式被納入香港富商李嘉誠旗下上市公司 TOM.com 的大中華出版平臺。 2001 郭重興離開城邦自組共和國出版集團，並推出讀書共和國網站。 2001 誠品成立全球網路公司，精簡人事，裁 40 名員工。 2001 天下遠見成立讀書俱樂部。 2001 金石堂終止銷制。 2002 錦繡出版財務危機，秋雨印刷接手錦繡期下的國家地理和大地地理雜誌，並成立秋雨文化事業股份有限公司 2002 曾跳票的莫非書店負責人林博裕引渡回台。 2002 農學社的應收帳款與金石堂的應付帳款約有 600 萬元的差距，金石堂正式發函給農學社及相關出版社，通知取消農學社的供應資格，停止進貨。通路商與書店財務隱藏諸多問題。 2002 五南楊榮川促成兩岸合資設立「閩台書城有限公司」。 2002 第一屆吳大猷科學普及著作獎舉辦，幾乎天下文化出版全勝。 2002 韓劇藍色生死戀在台創下收視率，連帶韓版書開啟韓流出版熱。 2002 臺灣出版業黑暗期開始，錦繡及光復財務危機，新學友連鎖書店延票並有 224 家書店倒閉，退書率達 50% 以上。張天立說明若退書率達四成五那表示整個出版業是賠錢的。 2002 臺北市舉辦第一屆全民行動閱讀月。 2002 博客來舉辦首次的選書發展會發表網路版年度最佳十大選書，公佈出版之星獎，出版人郭重興等四人獲獎。 2002 皇冠出版社與阿貴網站策略聯盟，成立阿貴出版有限公司。 2002 沈榮裕在臺北松江路創設全台第一家「69 元書店」。 2002 蔡謨利與戴莉珍在台大文化圈創茉莉二手書店，將一改舊書店形象。 2002 臺灣數十家出社和外商書商共同組成臺灣國際圖書業交流會，主要宗旨是反教科書盜版行為。 2002 臺灣「立法院」教育委員會審查臺灣書店年度預算，並作出 2003 年底前完成併入「教育部」的決議，正式宣告教科書時代的「臺灣書店」走入歷史。 2002 女書店、心靈工坊、玉山社、高談文化、智慧事業體等五家「小而美」的主題出版社，成立「啟動閱讀出版聯盟」結盟形態，因應出版產業的劇烈變動與行銷活動多元衝擊。 2003 金石堂走向「寄賣制」。已連續三年營業額停滯在 31 億元（新臺幣）。 2003 巨集總負責人林巨集宗違反勞基法，被起訴。於 2000 年時營運不佳結束四家書店，未依法發放資遣費。

年代	2000－至今
	2003 香港壹傳媒所屬《蘋果日報》發行。 2003 大陸簡體圖書開放進口臺灣。 2003 因為 SARS 促成網路購書，博客來快速成長 2004 康軒投資 400 萬美元成立南京康軒文教圖書有限公司，是大陸首家取得外商獨資經營圖書批發的台商企業。 2005 臺灣的「十大書坊」于四川成立宜銳科技，生產閱讀器，試圖建立電子書的網路平臺架來起。 2005 首屆「海峽兩岸圖書交易會」在廈門國際會議中心舉行。臺灣參展 254 家。 2006 民生報停刊 2006 誠品好讀報導書籍銷售兩極化時代來臨 2008 金融海嘯，出版業進入寒冬，互聯網加速購書率低落。 2008 旺旺集團入主中國時報經營 2008 華藝數位承接國家圖書館數位典藏計畫，開始展開電子書授權洽談。 2012 誠品生活上市，並香港展店。 2012 羅文嘉接手水牛出版社。 2012 臺灣麥克併入東方出版社 2013.2 圓神實施周休三日 2013.3 圖書經銷商啟發文化公司跳票，一向以低價搶標圖書館採購案，使得下游出版社沒有利潤而不願供貨，圖書出版協會發新聞稿指出，政府和圖書館採購案長年採用「折扣標」，嚴重扼殺出版產業。
創立出版	出版社登記已達 14,011 家，個人出版為異軍崛起，尤其雅言出版社表現出色。 按書號中心曾堃賢主任說明 1989-2012 年底，總共申請的書號的單位有二萬六千多家，而其中六千多件屬於個人出版情況。個人出版占四成的比重，出版分類上仍以語言文學類、社會科學類、應用科學類居多。
代表出版人	溫世仁（明日工作室）、詹宏志（城邦）、高希均（天下文化）、簡志忠（圓神）、張輝明（三采文化）、吳清友（誠品生活）、張天立（博客來、讀冊生活）、顏秀娟（雅言）
暢銷書	哈利波特、魔戒、中國即將崩潰、潛水鐘與蝴蝶、最後 14 堂星期二的課、大江大海 1918、巨河流、微趨勢、正義、吃錯了當然會生病、高原醫。
作者	蔣勳、幾米、彎彎、九把刀、…
出版現象	2002 哈利波特、魔戒熱賣，奇幻文學風大盛，明星出書如小 S 牙套日記，臺灣研究揭熱潮如遠流的臺灣世紀回味。 2009 龍應台的大江大海 1918 再起掀起中國歷史熱，當年隨國民黨移民臺灣的老兵已年邁喚起口述歷史的出書熱 2010 隨著人口老化，健康養身書漸受重視，《吃錯當然會生病》、《高原醫》等等。

年代	2000－至今
	2005 年「新聞局」委由中華徵信社進行產業調查，臺灣圖書出版業（不含通路業）產值從 2002 年高峰 430 億元新臺幣，之後連續二年走低，2004 年產值跌至高峰的一半，只剩 220 億。 2011 洪建全基金會推出全球公民素養系列講座，反應熱烈，公共知識份子意識再度躍起議題，各大新聞台不見八點連續劇，改以社會議題新聞評論家討論公共議題如年代新聞的「新聞面對面」節目，如何做個稱職的公民正在崛起，《正義》書也火爆。 2012 吳鈞堯發文：《文學有話說，再談文學獎》得獎者常不克前來領獎，獎項越多，影響越微，似乎文學獎越多，社會大眾越不文學了。各行政中心的文化中心辦理大小文學獎眾多，是文學興起還是式微…臺灣整體的文化政策已嚴重背離民意與市場機制。
書價	平均書價 300 元區間，與電影票價連動。

資源來源：筆者整理。

二、21 世紀—數位時代與大眾閱讀

（一）2010 年代臺灣的社會

　　2009 年臺灣的國民所得總額首度出現負成長，總金額為 88,687 億元。可支配所得的成長情形也相同。就家戶而言，1974-2009 年，平均每戶所得總額從 26.6 萬元增加到 115.4 萬元，成長 4.34 倍；平均每戶可支配所得則是從 24.4 萬元增加到 90.8 萬元，成長 3.72 倍。

　　而 2009 年臺灣平均每戶的儲蓄率回到 1977 年的水準，都在 20% 左右。臺灣儲蓄率最高的年份是 1993 年，當時平均每戶 30.74%。儲蓄率下降並不是因為國民所得減少，2007 年平均每戶可支配的所得高達 923,874 元，是現今有史以來最高的金額，但當年的儲蓄率為 22.49%。同樣的儲蓄率數位，背後卻有臺灣地區人民不同的消費思維與行為。早年儲蓄率低，是因為可支配的所得不多，雖然民眾多半持有「省吃儉用」的節儉美德觀點，但能夠存的錢不多。現今儲蓄率低，是因為臺灣民眾奢華消費的行為越來越多，消費形態不同所致。而其中有關「休閒、文化及教育消費」支出比例，在 1980-2009 年間，並無太大變動，維持在

11% 左右。[84]

（二）數位時代與大眾閱讀

　　數位出版議題於 2000 年時即不斷被臺灣學界與業界提出討論，但同時也被認為是影響出版銷售量的重大原因。臺灣新聞局《99 年圖書出版產業調查報》（2010 年）中的量化調查結查顯示，目前國內圖書出版業有發行數位出版品的比例約占 **37.2%**，沒有發行數位圖書之比例約占 **25.6%**，可見大部分的圖書出版業者對於數位出版於仍處於觀望態度。針對圖書出版業者研發數位出版品之情況調查發現，在發展過程中有 **52.4%** 有遭遇困難或障礙，其中最大的困難在於，外文書版權問題、書量不足、技術人才不足及資金不足等問題。臺灣出版社類型，以中小型為主，數量每年皆呈現正向成長，然而出版社數量的增加，圖書出版數量卻未隨之成長，近五年內的圖書出版數量，已趨於平緩，進入停滯期。**2010** 年圖書出版業者整體營業收入約為 277.9 億元（新臺幣），與 2008 年的 280.9 億元相比，產值約亦呈現平穩。（**99** 年圖書出版產業調查報告，2010）

表 1-7　2010 年臺灣地區圖書出版業員工人數調查結果 [85]

員工人數	家數	百分比
1-10 人	453	68.1
21-50 人	88	13.3
11-20 人	78	11.7
51-100 人	26	4
101 人以上	20	3
總和	666	100

84 劉維公：《生活文化．中華民國發展史—教育與文化篇》[M]. 呂上芳、漢寶德編 . 臺北：聯經 . 2012. p595-620.

85 99 年圖書出版產業調查報告 [R]. 臺北：行政院新聞局 2010

　　根據金石堂全台門市和金石堂網路書店的統計資料：流行時尚、生活休閒及財經雜誌是三大主流，而新聞類和文史藝術雜誌是小眾市場。臺灣每年新書四萬多種（其中百分之六十是翻譯書），相較於日本 1.2 億人口、年出新書 7.7 萬種，美國 3.1 億人口、年出新書 27 萬種，臺灣每年出版的新書種數太多，結果是，每一種新書平均銷售遠低於日本、美國的水準，因此，大多數的新書能否為出版社創造盈餘，是值得商榷的。而《遠見雜誌》於 2007 年的閱讀大調查，顯示 25.5% 的人很少看書，總計超過一半的成年人沒有看書的習慣。再依年齡分析，屬於工作職場主力的 25-39 歲區間的人，超過三成很少看書。臺灣讀者平均一年只花 1,375 元台幣買書，遠遠落後香港讀者的 5,855 元，當然更遠遜於日本、美國讀者的購書支出。另外，臺灣每位民眾平均每花在看電視的時間為 16.94 小時，上網時間 7.41 小時，而閱讀的時間是 2.72 小時，平均每天只花 23 分鐘看書，僅有上電視加上網時間的九分之一。而經常上網的年輕族群，每週甚至高達 23.69 小時在網路上。[86] 而三采文化張輝明先生道出：「閱讀市場本來就一直以女性讀者居多，從業人員的編輯群也是以女性居多，整個圖書市場可說是由女性撐起的。」

　　若從中研院王汎森院長推動「數位典藏計畫及數位學習」的目標來看：學者端的高訴求使數位時代下知識的公共化，而書的未來如何找到平衡點。目前在臺灣的出版業所面臨數位出版轉型的困境，不僅僅是讀者的流失、可數位化的圖書少之又少又加上圖書館學界是出版業的雙刃刀，圖書館學界擁有來自政府的龐大預算推動數位典藏，不需經營盈虧，而出版業需要盈利要數位元元出版產業化經營，因圖書館推動數位典藏而培育出本土的資料庫公司：華藝和凌網。因為臺灣市場小，亦面臨經營上的困難，從凌網的公佈財報上仍是虧損的情況，數位出版之路，臺灣市場尚未打開。

---

86 黃肇鑣，林榮崧：《電子書對平面媒體的挑戰與整合》[J]. 臺灣經濟論衡 . 2010.(18)10. p41-60

　　誠如新一代的圓神出版人簡志忠陳述：「我認為未來的世界每一個產業都要有對這個產業有健康或有特別智慧的人來做，也就是對產業有獨到的創見，是很重要的。要用自己邏輯去檢驗，要有思考力，要對這個產業要有新的發現。」才能引導和走出不一樣的出版業，亦即在新媒體下的數位內容產業，必須走出新的一條路。

小　結

　　本章節梳理六十年來有關臺灣地區的政府政策、經濟成長、人口概況、教育情況等，可發現出版隨著每一時代皆有其不同時代的明顯特徵，出版品反應了當時人們的真實生活現況。在教育未普及時，以黨執政時期的黨營或國營出版機構有其階段性的任務以教育為重，然而隨著教育普及化，黨營和國營出版機構漸漸弱化且無法彈性應變社會的改變，此時民營出版機構躍上舞臺，展現獨特的市場靈敏度策劃製作符合當代人需求的出版品。在政治上，從戒嚴到解嚴，以及 1999 年的出版法廢除後，反而沒有一家出版機構的營業額可以打破戒嚴時期的出版高峰四、五十億年營收。但從教育和經濟面觀之，出版品的多樣性，正是培育新時代下國民所必須的精神食糧，自由與思想的開放，有助於建立均富的社會，藏富於民，和諧的社會，始於多樣化和豐富的出版品。

第二章　出版的制度變革與編印技術發展

臺灣地區在出版制度的變革與編印技術的發展上，近六十年來的沿革可分為：（1）戒嚴時期的禁書相關法令（2）出版法的歷程與廢止（3）著作權的沿革與訂定。並梳理臺灣的編印技術發展史從（1）出版活動的歷程（2）裝幀設計的歷程和（3）印刷的發展史。最後以出版環境的內在動因與助力，觀察出版環境的變遷（1）由歷年的臺灣地區出版家數、出版總量變化以及出版品類別的分佈，可觀察出每一個年代的特殊性和差異性。（2）出版類媒體和書評的歷史（3）連鎖書店推動新的閱讀世代等。綜述由書評的影響和出版政策的鬆綁，解嚴前後的思潮牽動社會變遷。以及在廢除出版法後，民間的出版業爆炸性的噴出成長，著作權保護權的立法後，出版業步入新的階段。

第一節　臺灣出版制度的沿革

臺灣的出版制度主要受政治禁錮以及中美著作財產權所影響，由高壓管制到逐步開放，從三方面來說明：一、戒嚴時期的禁書相關法令；二、出版法的歷程與廢止；三、著作權法的沿革與訂定。

一、戒嚴時期的禁書相關法令

1944 年國民政府創設「臺灣調查委員會」，置於中央設計局之下，以陳誠擔任主任委員，其目的在於調查臺灣現況、擬訂接管方針、培訓接管人員、預作接管準備。1945 年 3 月擬訂「臺灣接管計畫綱要」，作為進行各項接管措施和建設之指導，此即為接管後臺灣施政建設的藍圖。隨後國民政府成立「臺灣省行政長宮公署」，任命陳誠為行政長官，由其全權籌畫接收事宜。而其積極推行「中國化」政策，首要之務乃是去除「日本化」為目標。故在其 1946 年的臺灣省行政長官公署組織系統架構裡即編列「宣傳委員會」，此會設有：1. 圖書出版；2. 政令宣傳；3. 電影戲劇；4. 新聞廣播等單位 [87]。其中，圖書出版組辦理業務有：1. 圖書刊物之編輯、研擬和翻譯；2. 圖書出版品的印刷保管、發行贈閱、採購管理，以及成立圖書發行所；3. 取締不當及違禁書刊。[88] 故依工作性質可知，宣傳委員會圖書出版組等同官方在台出版事主管及圖書發行機構。

初期人事任用方面，指派夏濤聲擔任主任委員、沈雲龍就主任秘書，由四名委員接掌各種宣傳工作。就圖書出版組任用情況觀之，最初，省訓團教師王效三轉任宣傳委員會委員兼任出版組主任，旋即于 1946 年 5 月去職，理由是在職建樹不足，擬回省訓團從事訓練及教學工作。[89] 同時，監理委員林炳坤亦去職，理由則是印刷所接管過程中遭遇產權糾紛、資本不足等問題，因處理失當致使接收與經營困難，加上營運成效未達既目標，因而請辭負責 [90]。是年 6 月，派胡邦憲擔任兼圖書出版組主任，

---

87 臺灣省行政長官公署官制官規《臺灣省行政長官公署宣傳委員會辦事細則》臺灣省行政長官公署公報 [R].1946 年秋字型大小第 53 期（1946.8.20）. 1946.

88 臺灣省行政長官公署宣傳委員會辦事細則《臺灣省行政檔案—宣傳會辦事細則》[R]. 第一宗 . 檔號 072.2/43. 編號 125.

89 宣傳委員會任免人員請示單《臺灣省行政長官公署檔案—宣委會人員任免》[R]. 第一宗 編號 1814 檔號 0324/12. p39

90 簽請准接收三和印刷所—歸由本會且按監理由 . 臺灣省政府檔案—宣委會接收印刷廠所 . 第一宗 編號 2647 檔號 2671/5. p42

其後以「濫竽數月，建白毫無，深死貽誤」為由，於 1947 年 2 月 21 日去職。其後沈雲龍憶及胡邦憲此人，略謂其：「思想不純正，未按既定計劃執行圖書出版工作」。

而當時任用的資格與條件，茲以擔任圖書出版組雇員的辛聰明為例，辛氏系臺灣臺北縣人，曾任職新民印書館，於 1946 年 3 月遴聘入該會任事。由此顯示，臺灣人亦有任職於宣傳委員會者的機會，而其條件是具有出版圖書或刊物經驗。[91]

在二二八事件發生之前，宣傳委員會內領導圖書出版及印刷機構的主管，屢見去職或異動情況，尤其圖書出版組主任，一年來改易兩任，由上可知，清除日本文化、重建中國文化乃是刻不容緩之事，而其工作成效不易推展，加上接收工作失利、不乏人事糾紛，以及無法達成預期效果，似是造成相繼去職的重要原因。人員不足的情況也日益嚴重。[92]

1947 年 5 月 15 日，省主席魏道明指示省政建設首在以安定中求繁榮，施政方針以摒親專斷及私見為前範，落實法治精神、建立民主秩序、發展自由經濟。[93] 5 月 16 日臺灣省政府正式成立；同時徹銷臺灣省行政長官公署，停止圖書新聞郵電等檢查，行政機構按省政府組織法成立，由秘書處接收新聞室。

1948 年 4 月 28 日國民大會制訂動員戡亂時期臨時條款，蔣中正於 1948 年 12 月 10 日治此領臺灣地區進入戒嚴。而戒嚴法第十一條載明「戒嚴地區內，最高司令官有執行左列事項之權 .. 取締言論、講學、新聞雜

---

91 沈雲龍：《沈雲龍先生遺稿：二二八事變的追憶》[J]. 歷史月刊 3.4（1988）：4-9.

92 宣傳委員會任免人員請示單《臺灣省行政長官公署檔案—宣委會人員任免》[R]. 第一宗 編號 184 檔案 0324/12.

93 魏道明：《在安定中求繁榮 . 魏主席言論集之一—在安定中求繁榮》[R]. 臺灣省 "政府新聞處" 1947. p1

誌、…暨其它出版物之認為與軍事有妨害者。」此條款歷經多次修訂至
1970 年 5 月 5 日，台 59 內 3858 號令核准修正「臺灣地區戒嚴時期出版
物管理辦法」其中第二、三條規定：

1.　中共幹部之作品或譯著及中共出版物一律查禁。

2.　禁載內容：（1）洩漏有關國防、政治、外交之機密者；（2）洩
　　漏未經軍事新聞發佈機關公佈屬於「軍機種類範圍令」所列之各
　　項軍事消息者；（3）為中共宣傳者；（4）詆毀國家元首者；（5）
　　違背反共國策者；（6）淆亂視聽，足以影響民心士氣或危害社
　　會治安者；（7）挑撥政府與人民情感者；（8）內容猥褻有侮公
　　序民俗或煽動他人犯罪者。

3.　預設「事前檢查」法令依據。辦法第四條，「本戒嚴地區遇有變
　　亂或戰事發生，臺灣警備總司令部對出版物得事先檢查。」

4.　出版物進口由警總查驗。

　　而其中「以文字、圖畫、演說為有利於叛徒之宣傳者，處七年以上
有期徒刑」（第七條）。作家柏楊，在 1950 年代前後出版《高山滾鼓集》
等近三十本大膽揭露社會黑暗面的雜文，風靡年輕人無數。1969 年柏楊
以翻譯數幅《大力水手》的漫畫，而被誤為共黨間諜，坐牢十二年，也
因此《高山滾鼓集》也跟著被禁。

　　禁書的第一類是中共幹部之作品，有關三〇年代的大陸文學作品幾
乎全列入，像魯迅的《阿Q正傳》、沈從文的《邊城》、錢鍾書的《圍城》、
冰心《冰心選集》、巴金的《家》、老舍的《駱駝祥子》、郁達夫、茅盾、
蕭乾、朱光潛…等等（見附錄 1 禁書書單）。因為被禁，反而成為黑市
裡最搶手的流通書籍。

　　當時臺灣的民風純樸，1963 年郭良蕙的一本《心鎖》描述叔嫂之戀，

竟也被查禁，原本一本定價 18 元，經查禁之賜，黑市反而盜印更多，一本售價翻至 60-80 元，水漲船高呢。

當時有關查禁圖書的法令，除了「臺灣地區戒嚴時期出版物管理辦法」，還有（1）出版法，（2）社會教育社，（3）戒嚴法，（4）「內政部」台 47 內警字第 22479 號函，（5）「內政部」台 48 內警字第 16428 號函，（6）臺灣省戒嚴期間新聞紙雜誌圖書管理辦法，（7）使用查禁圖書目錄應行注意事項。合計相關法令有八種之多，其中「內政部」台 48 內警字第 16428 號函還加上補充說明：

1. 匪首及匪幹作品翻譯以及匪偽機關書店出版社發佈與出版之書刊不論內容如何，一律查禁。

2. 附匪及陷匪份子在所在地淪陷以前出版之作品與翻譯，經過審查內容無問題，具有參考價值者，可將作者姓名略去或重行改裝。

3. 1948 年以前出版之工具書，其編輯者如屬委員形式，其名單中有附匪陷份子，可不必略去其名。

禁書的法令太多，禁書的標準不一定，幾乎所有留在大陸或海外出版的作品，都可列入查禁範圍，所有與中共有點直接或間接關係，或者對國民黨有過批判的人的作品都可被禁。例如當時有名的金庸作品《射雕英雄傳》也是被列為禁書之一。[94] 而連馮友蘭的《中國哲學史》、費孝通的《鄉土中國》、梁漱溟的《東西文化及其哲學》、熊十力的《原儒》等學術之研究的書也被列入。書一旦列入被禁，身價立刻高漲，影印收藏流傳得更多。

[94] 沈光華：《破壞學術自由的禁書政策．史為鑑．禁》[M]．臺北：四季．1981．p81-90

二、出版法的歷程與廢止

　　1973 年 3 月 1 日「內政部」出版事業管理處併入「行政院新聞局」，設有四科，分別主管新聞通訊社、雜誌社、書局、出版社、英文及其它外交書刊、發音片等業務。而其掌理事項：（1）出版事業之登記及管理事項，（2）出版事業之輔導及獎助事項，（3）出版品之登記及統計事項，（4）國外出版品進口之審核事項，（5）國內出版品出口之審核事項，（6）有關出版事業之國際活動輔導事項，（7）其它有關出版行政事項。

　　有關出版法歷經 1920 年制訂 44 條，1935 年再次修訂增至 49 條，1937 年時共 54 條，後又於 1952 修訂減為 45 條。1958 年 5 月 1 日，蔣介石召見臺北聯合報、聯信新聞、中國郵報、民族晚報、大華晚報五社社長，對於出版法修正案問題，表示關切，願採納新聞界意見。同年 5 月 4 日，臺北市報業公會為籲請廢止出版法合作合理修改，上書立法院請願，請願中列舉出版法與憲法抵觸部分加以列舉。同年 6 月 20 日立法院三讀通過出版法修正案後增為 46 條。臺北市報業公會發表聲明，表示沈痛，接受事實，以盡人民守法義務。但聲明三點：（1）續認此法違背憲法保障言論出版自由之基本精神。（2）此法若干條文含混籠統，使人困惑，望政府執法時必浮濫適用，尤不宜感情用事，故入人罪。（3）爭取新聞自由為記者天責，不因修正案通過而解除，仍將不斷要求當局再事修正，以臻合理。[95]

　　因修訂出版法的規定倉促，規範又不符民意，1970 年又修訂「臺灣地區戒嚴時間出版物管理制辦法」進一步對管理出版品的進口與出版。1973 年「行政院新聞局」成立後，再度修訂核定出版法施行細則。其修訂要點有四：[96]

---

[95]《1975 年中華民國出版年鑑》[R]. 臺北：年鑑出版社 p80.

[96] 張錦郎：《民國 63 年的出版界 . 1975 年中華民國出版年鑑》[R]. 出版年鑑出版社 . p14-1

1. 為保障出版界正當權益，增列第八條，規定：報社、雜誌社發行書籍應另行辦理出版業登記，但就其報紙或雜誌已刊載之文章發行單行本者，不在此限。

2. 為配合出版去第九條第三項第二款之規定，並便於執行起見，增列第九條，規定發行旨趣應在登記申請書上具體載明其目的，性質及範圍。

3. 為配合現實社會經濟情況，將各類出版事業申請登記之資本酌予提高，其標準如下：（1）報社一百萬元以上。（2）通訊社十萬元以上。（3）雜誌社十萬以上。（4）出版業十萬元以上。（皆為銀元）

4. 為配合提高出版品之素質，對新聞紙及雜誌之發行人之資格酌予提高，以具有下列資格之一，並持有合格證明檔者為合法：（1）曾為新聞紙或雜誌之發行人者。（2）在公立或經教育部認可之國內外大學、獨立學院或專科學校畢業者。（3）經高等考試或相當於高等考試及格者。（4）有關新聞出版之學術著作，經著作權主管官署核准著作權註冊者。

其實有能力登記出版社的人實在很少，或者找人掛名頂替發行人。像圓神簡志忠先生就因為此限制而找遠在美國的曹又方回臺灣當發行人而實質公司的負責人卻是他，待出版法廢除後他才登記自己為發行人。早年若是從書店業務員做起創辦出版社的情況，大多是這樣的情況，如麗文文化。

而在西書的進口，也是限制許多，漢珍數位圖書公司董事長朱小瑄先生就回憶說「1970 年代中期當時原版西書的訂購量成長很快，進口原版西書很辛苦的，正值臺灣高等教育興起時代，圖書館藏書量需求很大，若一所國立大學一次給上千本原文書訂單，是要從美國或歐洲數十個出

版社去買書，有訂單但是缺進貨的錢，剛創業財力不足，還要想辦法向人借錢，而且那時買國外書有風險，石沈大海沒回音的很多，到書率也不好，可能訂 1000 本到的只有 7-800 本，而且政府管制進口出版品，程序非常繁複，雖然忙碌，生意也有，但風險也存在。」而其圖書出版當在「內政部」的管轄時，申請的程式真得非常繁瑣如周際漢先生一場說明會中娓娓道來：

（1）向「內政部」申請；

  ① 外文書刊進口申請書：包括書刊名稱、著作者、出版者、出版年月日、進口方式、數量等。一式三份其中一份由申請人自存，其餘二份送內政部核辦。

  ② 外文書刊進口核准通知單：一式五份，分出版事業管理處查備。憑單辦理結匯。憑單向海關提取書刊。送「臺灣警備總司令部」，申請人自存，等五方面，該單由「內政部」核發。

（2）向外貿會申請：

  ① 附送通知書及國外報價單。

  ② 進口外匯申請書一式七份，美國部分八份。

  ③ 最高批售價申請表。

（3）當以上申請核准後再辦：

  ① 信用狀結匯證實書。

  ② 開發信用狀申請書。

  以上是國內申請手續，這個步驟完成才算得到政府外匯。此時才能正式寄發訂單，一般情形，等二、三個月可寄到（英美寄過來）。書商憑著 1. 國外發票；2. 輸入品進口許可證；3. 報關單；4.「內政部」書刊

核准通知單，才能領取，正式出售。以上是申請進口外文的大致情形。
關於外文書刊進口申請書一張五元，若申請進口有關政治思想與國策有
抵觸之書籍，應由使用單位提供證明資料—不公開閱覽，僅供研究之用，
而每一本原文書還必須全部一一翻譯成中文書名方便檢驗。[97]

此時除了確立出版法外，1976 年「行政院新聞局」首編《中華民國
出版年鑑》，並統一出版事業登記，此時為邵玉銘主持策劃，並開始著
手以獎勵措施提升出版事業經營水準。1976 年設立「金鼎獎」獎勵優良
出版事業及出版品。更於 1984 年 1 月 4 日公佈「出版獎勵條列」，包括
獎勵與補助兩方面，並列入重要學術專門著作之補助。

1982 年起，「行政院新聞局」協同「商務印書館」推動「書香社會」
圖書禮卷。1983 年金鼎獎舉辦讀書周，1985 年增列推薦優良出版，1987
舉辦第一屆國際書展，1992 年配合兩岸政策，更設立「大陸圖書著作個
人獎項」。此也是隨著 1987 年解嚴，1988 解除報禁、黨禁後的政策開
始轉變。1989 年開始實施國際標準書號制度，1993 通過「中美著作權保
護協議及著權法修正案」，1995 推動圖書 EDI 計畫，促使圖書出版業全
面朝標準化、自動化的道路前進。1999 年廢止「出版法」。臺灣出版業
正式步入市場運作推升成熟的出版生態。

三、著作權法的沿革與訂定

「1960 年美國有一萬五千種新書問世，總值十六億美元。美國出版
商會董事會長雷西針對未來人口的繁殖、技術的進步和較高學問的注重
以及餘暇時間的預期增加，預料可以帶給出版業 15 倍或 20 倍的成長。
1960 年代美國出版集團股市行情長紅，投資人紛紛拋售銀行、紡織、鐵

---

[97] 1967 年 1 月 14 日台大邀請臺北秀鶴行周際漢先生在「圖書採訪與選擇」課上，分享臺灣西文書刊進
口的情形，並由陸慧珠同學整理成一篇《談臺灣西文書刊的進口》p184-187

路、鋼鐵的股份而轉購出版業的股份。」[98] 摘自鄭貞銘於 1965 年一篇《看中外出版事業》對美國出版現況介紹，可以想見當時出版業界的言論舉足輕重影響美國的政策決定，而參議員部分也是出版商的後臺老闆之一。[99]

　　1906 年時，中國與美國簽訂中美友好條約，承認中國人民可以免費翻譯美國書籍，至 1946 年中美簽訂的經商航海友好條約，再次確認這個概念。1949 年，國民政府剛播遷臺灣，百之待舉，為了基礎人才培育與建設工程，而遲未加入伯恩公約，與世界版權保護協會。而到了 1954-1958 年，臺灣的盜印情況日漸嚴重，不僅大量複製以供臺灣內部所需，還被留台的美軍大量運回美國反銷，以有計劃、企業性的流向美國本土及其它國際市場。[100]

　　最有名的案例是在 1959 年發生的「大英百科全書翻印事件」而起波瀾。由於臺灣圖書出版業在翻印大英百科全書之後，將所翻印的書籍回銷至英美圖書市場，造成美國圖書出版業蒙受利潤損失，是以美國圖書出版業除透過外交管道向臺灣當局抗議外，並至「內政部」申請註冊且提出法律訴訟。由於該書發行時間已超過二十年，是否為專供中國人使用的著作也有爭議，政府是否允許該書註冊登記等，在在引發國內外出版業的重視。最後在多方的研商決議：「因翻印行為會影響國家形象；又我國目前仍需要技術知識的傳入；並且大英百科全書已對我國政治景象做敘述，實具有專供我國使用的著作標準。」[101] 故允許該書註冊登記：同時另修改著作權法施行細則，於 1959 年將原先 1944 年著作權法施行細則第十條「外國人有專供中國人應用」，改為「外國人著作如無違反中國法令情事」。此項修改不但使大英百科全書的註冊有所憑據，更是擴大外國人著作申請註冊的條件。

98 鄭貞銘：《看中外出版事業》[J]. 出版界月刊 1.1（1965）：3-7.
99 協中：《美國朝野對於臺灣翻印西書的強烈反應》[J]. 出版界月刊 1.2（1965）：33-42.
100 賀德芬：《著作權與出版事業．中華民國出版事業概況》[M]. 臺北：行政院新聞局．1989. p318-319
101 蘇世：《我國著作權政策的結構分析：臺灣經驗對新興工業化國家的意涵》[D]. 中興大學．1988.

　　爾後 1960-1965 年間，臺灣盜印書籍從字典到各種專業書，達 5238 種，[102] 嚴重影響原版書的銷售市場，引起美國出版界的震驚，並給予多方的壓力。不僅要求著作權註冊手續簡化，並禁止臺灣翻印的西書出口，並極力爭取美國國會的支持，以促使美國政府採取行動向臺灣施壓，隨後美國政府就在國會及圖書出版業者的壓力下，以取消對台軍經援助、美援及資訊媒體保證為手段，要求臺灣加以改善。在政府此壓力下隨即於 1960 年，1962 年，1963 年公佈一連串的行政命令、行政措施，才遏止非法翻印圖書的行徑，加強取締翻印工作的法源依據，更在 1964 年修改著作權，增列縣市員警機關取締翻印的權力與加重對翻印者的處罰規定，是以臺灣對外國人著作的保護越趨明顯。[103]

　　儘管 1964 年修改後的著作權已賦予行政機關對違反著作權者加以取締干涉的職權，但由於盜印的暴利、對盜印的取締不力及處罰、判決太輕等，盜印事件仍層出不窮，1976 年還成立「中華民國著作權人協會」，期經由集體的力量，以法律為手段，共同抵制盜印、制止盜印的侵權行為，進而促使臺灣當局再次進行著作權權法的修訂。1982 年修訂著作權法進一步廢除了著作權註冊主義，改采創作主義，著作不論登記與否，都能受到著作權保護，而且登記時不得審查著作物的內容。[104]

　　1980 年代後期，美國貿易保護主義興起，加上臺灣與美國貿易順差加大，臺灣盜版仍然嚴重，於是開啟了中美著作權談判。而談判結果是開放翻譯權，並對 1985 年以前的著作采溯及繼往原則。「臺灣內政部」並於 1989 年「中美著作權保護協議」著手進行配合修訂，並於 1990 年完成著作權修訂草案，最後 1993 年通過「中美著作權保護協議」即著作權修正案。至此臺灣的著作權保護可謂完備，翻譯西書必須取得原書授

102《著作權法之立法檢討》[G]. 臺北：行政院研究發展考核委員會 . 1989. p170

103《著作權法之立法檢討》[G]. 臺北：行政院研究發展考核委員會 . 1989. p26-29

104 周明慧：《國家角色與商品網路—臺灣地區圖書出版業發展經驗》[D]. 東吳大學 . 1998. p47-48

權，即是 1994 年有名的「六一二」大限，自此臺灣在市場交易的圖書必是合法，出版業的智財權始得以受到保護。但也埋下科技學科仍需仰賴原文書，目前臺灣的教科書市場，外版書佔有三分之二強的市場，也是臺灣地區經營專業書和教科書非常艱難的情況。

爾後 1996 年中美雙方爭議多時的著作權回溯保護期限，在臺灣當局極欲加入世界貿易組織（WTO）的情況下，「內政部」與政府相關單位會商後，決採取美方「終身加上五十年或五十年回溯保護期間」的建議，這規定於臺灣加入世界貿易組織，世界貿易組織協定在台生效日實施 [105]，2002 年臺灣正式加入。

第二節 臺灣的編印技術發展史

本節從臺灣的出版活動經歷三個歷程來說明社會環境的變遷和運用科技改變了整個出版活動，1. 萌芽階段：稿源來自單篇集結和剪刀漿糊的編輯概念，2. 飛躍成長：透過副刊的大編輯台運作，催生大量的海內外華人作者 3. 成熟穩健期：從單冊書到套書時代，再到書系經營。另再說明裝幀設計的四個歷程：1. 臺灣藝術學系師承自杭州藝專的圖案系，2. 短暫的木刻與日本現代設計，3. 以廣告公司促進設計走向專業化，4. 設計工藝化與電腦應用設計。最後將臺灣的印刷發展史做一個回顧性的說明。

一、出版活動的歷程

（一）萌芽階段：稿源來自單篇集結和剪刀漿糊的編輯概念

---

[105] 出版記事 .1996.1.1-1.31.《書香月刊》[J]55 期 . 1996. p25.

有關出版的定義，許力以先生解釋為：「出版是透過一定的物質載體，將著作製成各種形式的出版物，以傳播科學文化，資訊和進行思想交流的一種社會活動。」[106]臺灣賀秋白學者定義為：「從出版產業的立場看，出版是選編內容成為作品、組織資源將作品內容複製成為複製品、並將這些大量的複製品向社會公眾傳播的一種社會行為。」

內容，是出版產業自人類有出版活動以來的首要的要素，沒有內容就不會有出版活動。而「內容」的製作隨時代而有所不同，在臺灣1950-60年代，以翻印古籍書或西書的複製行為是主要的製作過程，所以這段時期特別著重在印刷技術。除了翻印書之外，而能具出版初期活動的則是文學出版社。由於在戒嚴時期，受出版法限制，出版社不多的情況下，就如水牛出版彭誠晃先生所言，我們不用邀稿、徵稿，稿源都是自來作者主動寄來的。像高雄的大業書局，由賣文藝雜誌的書店，進一步與上門的讀者交流，逐漸構成一文人圈，在讀者、賣書老闆、仲介書店間之交流而產生，讀者變作者，書店老闆變出版人。就如出版文化場域的「交流迴圈」模式一般。

早期由大陸來台的浦家麟先生1949年來台時創立遠東圖書公司，從事參考書專賣店進而因應所需編印教科書，由於出版路線特殊印製過程也比一般圖書要艱辛，浦先生說許多刊誤本，常常要剪刀漿糊手工貼版完成。曾為了《六法全書》，在那個沒有影印機沒有原子筆的年代，他每日陪同抄寫員，攜帶毛筆、墨水匣、十行紙，赴總統府抄錄自1948年起的總統府公報，而印製《六法全書》時所用的indian paper，當時遠圖以「聖經紙」命名，後來變成臺灣慣用的一種辭典版本的「專用語」。因為編印英語教科書，遠東版當時採用K.K.音標的決定，其影響也大後來變成了臺灣的英語教學標音法的主要用法。[107]

---

106 許力以：《出版和出版學.中國大百科全書》[R]. 1992
107 羅眼前：《出版老兵的新潮—遠東圖書向電子出版邁進》[N]. 聯合報讀書人專刊.42版.1995/11/9

　　另一種形態則是皇冠平鑫濤草創皇冠雜誌時的情況，先單篇文章發表，再集結成書，而到了兩大報的副刊文化熱絡起來後，各自都成立出版社「時報文化」和「聯經」，而且訂立規範凡在報社刊登過的文章，報社有優先出版之權利。所以這階段的編輯就是剪刀漿糊，剪報集結成冊，就可以製作成一本書。

（二）飛躍成長：透過副刊的大編輯台運作，催生大量的海內外華人作者

　　臺灣戰後第一代出版人大多是從報社背景轉戰出版業，可以判斷整個出版概念的完形即是在報社的雛形下趨動。在戒嚴時期，報紙有三限：限張（三大張篇幅）、限證、限印。很長一段時間臺灣地區報紙僅維持31家，又在三限的情況下，競爭當然激烈。在時局不安，處處限制的情況，趁韓戰爆發時局動盪不安下，民族晚報率先申請增加一版，做戰時的隨時報導，以安民心為由，1950年7月5日，每日下午增加發行一張，而因為戰爭消息並非每天都有，於是即成了彈性內容，遂變成副刊，其定義版面為「供讀者遊目騁懷，以為娛樂之資。」當時自立晚報、大華晚報和民族晚報，晚報的競爭最為激烈。後來演變晚報所刊登長篇連載小說居多，題材多為反共抗俄的故事，為吸引讀者興趣與注意，更繪以插圖，掀起長篇小說在報紙上的黃金時代。這些連載，日後都擴展盛行於日報，成為報紙副刊的重心。[108]

　　臺灣報紙的廣告收益，從1960年，廣告收入1億230萬元新臺幣，1970年，廣告收入5億1050萬元新臺幣，1977年廣告收入19億4154萬元新臺幣，到了1979年廣告收入已達32億5620萬元，廣告巨額增加，十分驚人，而其中以中國時報（每日120萬發行量）和聯合報（每日144萬發行量）廣告量最大。此時報社便開始展開更新印刷硬體設備更新。

---

108 《中華民國出版事業概況》[R]. 臺北：行政院新聞局 . 1989. p20-33

其實在 1960 年代報社即有派國外特派員或特約撰述人員，1971 年時，中國時報平均兩日一篇海外通訊的記錄。中國時報還成立大陸研究室，對大陸的動態作專門分析研究。50 年代初期副刊主編孫如陵以十二字道出副刊地位「可七可八，可上可下，可有可無。」1966 年高信疆于文化大學新聞系畢業，待退伍後，1968 年進入中國時報任要聞記者，專爆獨家新聞，有個小稱號「新聞界的紅衛兵」，臺灣「內政部」的「新聞公關室」就是在他的爆發力下成立的。1973 年，高信疆接編中國時報人間副刊，他把副刊從報紙附屬地位，拉拔到主角地位。他不僅把編輯從被動變成主動，還從平面走向立體，舉辦了一系列時報文學周、藝術周、文化周、作家講座、學者對談、傳統文化講座、攝影展、畫展、電影展、民歌演唱會等等。知名評論家楊照說：「他（高信疆）懂得如何找到最好作者，逼他們求他們拐他們寫出最好的文章，然後放大這些文章在社會上的影響力。站在作者與讀者之間，甚至是站在社會與讀者之間，編輯有太多可以做，應該做。他改造出一套全新的大編輯理念，編輯找到方法和形式，擴大作者作品對讀者的感動。並且為編輯定位要為這個社會應該被普遍注意的現象，找到作者，創造語彙，打入讀者的心中，和讀者的具體生活生命發生關係。」[109] 聯副的瘂弦亦回憶高信疆說：「他想藉大量邀約海外作家的稿件，使臺灣能成為世界華文文學的中心。」[110]

　　戰後第一代臺灣出版人大多來自報社副刊如純文學的林海音（聯副）、皇冠的平鑫濤（聯副）、九歌蔡文甫（中華日報副刊），世界書局楊家駱（聯副）、姚宜瑛（曾任職掃蕩報和經濟日報文教記者）、周浩正（時報）、詹宏志（中國時報）、蘇拾平（工商日報）等等，以報社工作為出發點確實累積人脈、拓展稿源，是培育新一代出版人的溫床。

109 楊照：懷念一個輝煌的副刊時代．《紙上風雲—高信疆》[M]. 臺北：大塊 2009. p241-243.
110 瘂弦：高信疆與我．《紙上風雲—高信疆》[M]. 臺北：大塊 2009. p107-110.

（三）成熟穩健期：從單冊書到套書時代，再到書系經營

以獨特的編輯視野開拓新一代的編輯人周浩正，自陸軍少校退役後，進入出版界，曾創刊幼獅少年、楓城及長鯨出版社，實學社…、待過時報文化、遠流等等資歷可謂豐富，詹宏志曾說他的編輯概念師承自周浩正。1987 年周浩正發表一篇《「新出版人」誕生了—出版界的動盪與變革》，「新出版與行銷秩序醞釀變化，認為今後出版將分工細緻化、新技術服行業、也開拓因應需要而萌芽…新一代經營出版者的思考內容，要在這個基礎上，行銷觀念的丕變，是關鍵性的突破點。在行銷掛帥的情勢下，形成兩種觀點，一是市場決定論出版內容取決於市場需求；一是自信心的充分表現於「沒有不能銷售出去的書種」。而因應這種客觀背景下的「新出版人」，能兼顧理想與現實，在追求盈利同不忘社會責任，有所為而有所不為的出版家，也在此時此刻由於一份信念的執著，正在出版業誕生。「也提到書市行銷步入體制改革階段，而大眾的速食文化興起，促使分眾時代意識萌芽，未來小型的、專業的、極富個人理想色彩的出版社，便有了生存與茁壯的機會。111

在此一階段帶有濃鬱個人理想性的創業出版人爆炸性成長，皆以經營書系為概念而成立的出版社，在此例舉一炮而紅又具影響力的出版社，但可惜有些非常地短命，如：

1987 年，何飛鵬創立商周文化出版公司（代表性作品：《理財聖經》、《數位神經系統》、《丹諾自傳》、《教養的迷思》、《分子博覽會》、《下一個社會》、《一堂一億六千萬的課》、《維生素全書》、《有個女孩叫 feeling》、《我們不結婚好嗎》）。112（目前已並城邦集團公司）

---

111 周浩正：《新出版人誕生了—出版界的動盪與變革》[N]. 聯合報 . 1987.1.1 第 7 版 .

112 洪穎真：《締造上帝的欽點—專訪商周出版社發行人何飛鵬先生》[J]. 文訊 . 9 月號（2002）：61-62.

　　1991 年，洪美華創立月旦出版公司，以法律書為主，隨後在 1999 年更名新自然主義，以環保風、自然主義為主。新自然主義剛成立時店銷占百分之五十，其餘都是特殊通路，而其中就有企業或公益團體肯定，買去捐贈給圖書館或特殊族群，例如有一個「還我綠色地球」系列，各地的行政單位都會來買，因為書的體系完整，當他們去做觀念宣導的時候可以有許多相印證的地方。[113]

　　1992 年，蘇拾平創立麥田出版社，這時候他分析自己已有十年的新聞工作經驗，以及三年在遠流的實務經驗，認為出版是一個累積的行業，是須要累積經驗，用心經營，它是投入大於投資，他找來陳雨航一起創業，出書策略以編輯為導向，再加上讀者對出版社出書的建議，以無刻意某類型書，隨市場調整將類型書的路線做足量再以時間和銷售市場反應集中主線書系。[114]（目前已並城邦集團）。

　　1993 年張蕙芬成立大樹文化公司，首創以臺灣本土自然為主題，製作團隊由編輯人、作家、攝影家以及美術設計者所共同經營的公司，經典的作品是《臺灣賞樹圖鑑》、《臺灣鳥類圖鑑》、《臺灣野花 365 天》等，以臺灣自然生態為主軸，輔以拍攝實體做圖鑑指南，成功打響品牌。[115]（目前已並天下文化，由天下文化出資，保留原團隊的編輯選書製作權。）

　　1994 年鄭至慧創立女書文化及女書占，位於台大文化圈周遭，計畫出版女性讀物。早在 1982 年鄭至慧與一群關注婦運的朋友共同創立《婦

[113] 黃琪雲：《從法政到心靈成長—專訪新自然主義社長洪美華女士》[J]. 文訊 . 9 月號（2002）：62-63.

[114] 林麗如：《出版是一個投入大於投資的行業—訪麥田出版社發行人蘇拾平》[J]. 文訊 .10 月號（1993）：31-32.

[115] 林麗如：《發展與臺灣命脈息息相關的自然文化—訪大樹文化公司發行人張蕙芬》[J]. 文訊 .10 月號（1993）：35-36.

女新知》，英文名 Awakening，主旨則是「以新知帶動女人覺醒」，這也是女書文化成立的前沿，亦是早期婦運學者所延續的理想實踐。[116]（代表性的作品有：《女性主義的理論與流派》、《覺醒》、《日治以來臺灣女作家小說選讀》、《暗夜中的燈塔》等）[117]

　　1995 年郝碧蓮成立立緒文化，立緒總編輯鍾惠民和創辦人郝碧蓮以前是正中書局的同事，其獨特的出版人想法：「以人的需求來思考和以市場的需求來思考是不一樣的。前者是創造性，後者是跟隨性的，市場上的跟風，就是以市場來思考的結果。」[118] 立緒出版了許多經典優質屬於深閱讀的書系如：《跨越希望的門檻》、《自求簡樸》、《文化帝國主義》、《反美學》、《人的宗教》、《西方正典》、《坎伯生活美學》、《小即是美》等等。

　　1995 年，魏淑貞創立玉山社，魏淑貞原在自立晚報文化出版部任總編輯，報系出版因報社改組關閉，她有感于原來共事的這批作者以及本土化的出版理念仍有繼續經營、延續下去的價值，於是就建立一個專門出版臺灣書的出版社。由於個性使然，魏淑貞說他比較保守，創辦玉山社時，不曾貨款過，以不貨款為經營秘訣。魏淑貞說：「以過去在自立的經驗，臺灣類的東西雖然讀者接受力不錯，在作者、稿源上其實比較缺乏。」為了維持出版社的捐益平衡，另闢「星月書房」以翻譯和繪本書籍，像幾米的《微笑的魚》，謝爾．希爾弗斯坦《失落的一角》等書都

---

116 鄭至慧：《沒有單位到集體發聲，. 楊澤主編 . 狂飆八○—記錄一個集體發聲的年代》[M]. 臺北：時報文化, 1999. p61-72

117 洪穎真：《給女人一本好書，她就能自由飛翔—專訪女書總編輯蘇芊玲女士》[J]. 文訊 . 9 月號（2002）：64-65.

118 陳薇後：《追求簡樸的新成長之途—專訪立緒文化總編輯鍾惠民女士》[J]. 文訊 . 9 月號（2002）：66-67.

為人熟知。不論主流和非主流，魏淑貞對出版品的堅持「我們生產量算是少的，但是我覺得書不只是一個商品而已，販賣的商業機制必須存在，但是書籍裡有思想，會造成身心的影響，它是一文化產品。」（代表性作品《阿媽的故事》、《臺灣詩閱讀》、《臺灣史100件大事》、《愛心樹》、《臺灣舊路踏查記》等）[119]

　　1990年王桂花催生心靈工坊誕生，曾在《張老師月刊》擔任總編輯的王桂花與莊慧秋，當初創立心靈工坊，不以商業利益為目的，純粹為一群身心靈工作者，希望一些相關的好書可以出版，後來集合了醫療、文化、藝術、心理諮商、生命關懷各界的學者專家，組團成立時的好友高達26位，有錢出錢，有力出力，一同孕育這個理想空間，「心靈工坊」的書系非常有特色，例如《當生命陷落時─與逆境共處的智慧》出版半年內已十幾刷，另外還有《晚安憂鬱》、《空間就是權力》、《前世今生》、《西藏生死書》、《轉逆境為喜悅》、《聽天使唱歌》、《疾病的希望》等都是奠定其出版定位的好書。[120]

　　2002年初安民從聯合文學轉任「印刻文學」，印刻以文學出版為主，它和其新成立的出版社不同的是，印刻結合成陽印刷公司的周邊資源，成立一含括出版、發行、印刷不同業務領域的事業體，初安民認為，印刻專注編輯事務，其它單位負責發行印刷，彼此互不隸屬，又有某種程度結合，這是他理想中的出版社。印刻以「閱讀沒有一定標準，單一的價值是錯誤的價值」強調多元的範疇，各書系執掌不同閱讀層面，印刻也將朝向綜合出版社發展。出版的品質正凸顯了出版的使命感，「我對出版一直有興趣的理由，就是希望通過出版品改變時代的氣質，讓社會不會更敗

[119] 陳薇後：《要出版最好的臺灣書─專訪玉山社發行人魏淑貞女士》[J]. 文訊. 9月（2002）：69-71.

[120] 陳薇後：《由文化理想孕育而生的心靈工坊─專訪心靈工坊總編輯王桂花女士》[J]. 文訊. 9月號（2002）：76-78.

壞。」堅守出版者為閱讀守門人的職責所在。代表性作品：《吹薩克斯風的革命者》、《尋找上海》、《蟬》、《想我眷村的兄弟》等等。[121]

二、裝幀設計的歷程

（一）臺灣藝術學系師承自杭州藝專的圖案系

　　1927 年（民國 16 年）蔡元培召開「全國藝術教育委員會」第一次會議時提出《創辦國立藝術大學之提案》中明確提出：美育為近代之骨幹，美育之實施，直以藝術為教育，培養美的創造及鑑賞的知識而普及社會…以中國地域之廣、人口之眾，教育當務之急，應在長江流域設一國立藝術大學以資補救，大學預定為五院：1. 國畫院 2. 西畫院 3. 圖案院 4. 雕塑院 5. 建築院，或將中西畫合併，則 1. 繪畫院 2. 雕塑院 3. 建築院 4. 工藝美術院等四大院，但科目班次、教員均不能裁減。

　　美術學院是五四運動下誕生的新產物，學院主要採用西方現代藝術教育模式，秉承當時教育總長蔡元培「相容並包」的辦學思想。1949 年兩岸分治隨著國民政府來台者鄭月波、廖未林、朱德群、黃榮燦、林聖揚、何明績、席德進等都是從杭州藝專畢業的校友，來台後先後在省立臺灣師範大學藝術系（更名美術系）任教，杭州藝專以「圖案」建立起臺灣現代設計的基礎。其中與臺灣設計發展有關者如以指畫馳名的鄭月波先在師大美術系擔任圖案課程，之後轉至國立藝專美術科任教，建構起臺灣設計教育的基石；廖未林投入在書籍封面、郵票插圖、陶瓷彩繪、博覽會場等設計，開啟臺灣美術設計的門窗；席德進則出入臺灣民俗藝術，影響設計師對於本土文化的反思。從杭州藝專培養的學生來臺灣進入師

---

121 巫維珍：《堅持純文學的編輯手工業—專訪印刻出版社總編輯初安民先生》[J]. 文訊. 9 月號（2002）：78-79.

美術系或之後轉任文化大學、「國立」藝專等校任教，陸續繁衍枝葉在臺灣各個院校成立藝術與設計科系，交織起臺灣設計教育的系譜。[122]

（二）短暫的木刻與日本現代設計影響

　　而杭州藝專其中之一黃榮燦專長為木刻藝術，他曾為台籍左翼作家楊達的短篇小說《送報夫》（1947 年東華書局出版）、及編譯中日文對照版《阿Q正傳》、《大鼻子的故事》擔任封面設計。[123]黃榮燦初抵台時，為設立「新創造出版社」而與在台的日籍畫家立石鐵臣、作家隼雄、池田敏雄、西川滿都有過往來接觸。1946 年「中華全國木刻協會臺灣分會」正式在台成立，一批從大陸來台的木刻家如荒野、麥非、朱鳴岡、黃榮燦、陳庭詩…等，他們用版畫、鋼筆或鉛筆，記錄戰後臺灣社會一般民眾的生活百態。當時「木刻封面畫」風行一時，本刻作品貼近早期民間不識漢字的社會，以純粹的圖像藝術表達藝術之美。但卻因 1947 年的 228 事件涉及，由大陸來台的這些木刻家多被懷疑，具有左傾思想，1948 年底這些木刻家大多數已離開，除陳庭詩和黃榮燦尚留在臺灣。1952 年黃榮燦被冠以「從事反動宣傳」罪名，在馬場町遭槍決身亡，整個臺灣美術圈更是禁若寒蟬，木核版畫遂在臺灣式微。

　　1905 年出生於臺北的立石鐵臣，在日治末期曾為《民俗臺灣》（1941 年創刊）繪製一系列「臺灣民俗圖繪」專欄而獲得極高評價，他也替台籍作家楊雲萍及吳濁流等人設計畫籍封面及扉頁 [124]，是當時專責多種書刊封面版畫及版本裝幀的業界要角，終戰後 1948 年遣返日本，其作品也

---

[122] 林盤聳：《文化設計與設計文化．中華民國發展史—教育與文化篇》[M]，呂上芳 漢寶德編．733-767. 臺北：聯經．2012.

[123] 李志銘：《斷層與暗流—臺灣手繪年代的書封面小志》[J]. 早期文學書封面設計專題．臺北：文訊．2008.

影響之後臺灣人的創作。

　　故戰後臺灣早期書刊封面以名家手書為題者，體裁方面多以雋永抒情，詼諧幽默的雜文小品為宗。書寫內容則大抵不離懷鄉憶舊，感時憂國的敦厚情思，抑或有關民初聞人政要感慨的掌故趣事。

（三）以廣告公司促進設計走向專業化

　　1959 東方廣告與 1961 國華廣告公司相繼成立，廣告事業乃正式成為廣告代理的作業形式。1967 年臺灣廣告公司曾以自己的財力，聘請了當時日本著名的設計大智浩（1908-1973）訪台，且安排至臺灣全省巡迴演講，為當時臺灣的設計家帶來一陣旋風似的影響。其留下的味全公司「五味俱全」標誌作品，更為臺灣商標設計樹立了典範。

　　1960 年代，由於廣告公司陸續的設立，大量需求廣告設計方面的人才，但當時學校並未充分培育出專業的設計人才。因此，許多有美術背景的年輕人，也因興趣而投入廣告設計的工作，使設計美術工作也自然而然地被稱為「美術設計」，而廣告公司則成為培植美術設計人才的場所。

　　為了使「美術設計」的地位提升與設計觀念普及化，由企業家王超光號召，並與當時一群熱愛設計的各界設計菁英楊英風、林振福、蕭松根、簡錫圭、郭萬春…等人共同發起，並借助日籍設計家田村晃、安滕孝一擬訂草案，以及國華、臺灣、東方三家廣告公司的資金贊助，于 1962 年成立了「中國美術設計協會」，首任理事長王超光為當時綠地印刷文化事業公司的負責人，1961 年，他的作品曾入選日本的日宜美展。

---

124 李志銘：《斷層與暗流—臺灣手繪年代的書封面小志》[J]. 早期文學書封面設計專題. 臺北：文訊. 2008.

　　「中國美術設計協會」曾舉辦多項設計活動，如 1981 年結合「日本創作家協會」（JCA）、韓國產業美術協會、香港大一設計學會等亞洲設計團體。共同舉辦第一屆「亞洲設計家聯展」、透過「中國美術設計協會」與「日本創作家協會」的連系與交流，臺灣當時幾位設計家如彭漫、胡澤民，張正成等人，以及變形蟲設計協會。美國設計協會等成員的作品也刊登在「日本創作家協會」的年鑑上，對於中日雙方的設計交流具有實質的意義。125

　　1962 年除了「中國美術設計協會」的成立之外，七位年輕的設計師高山嵐、沈鎧、林一鋒、張國雄、葉英晉、黃華成、簡錫圭等人，以提升國內的設計水準為目的，共同舉辦了臺灣戰後以來的第一次設計展「黑白展」。

　　「裡白展」共展出兩屆，獲得社會熱型的迴響，當時的《中國郵報》（china post）、以及當時在香港發行，且在臺灣甚有知名度的《今日世界》，在雜誌的封底也刊載了「黑白展」成員的作品。「黑白展」除了將設計搬上媒體舞臺之外，也開啟了當時的設計新觀念。

　　1967 年 7 月 1 日，郭承豐及其好友李南衡、戴一義等三人創立了《設計家》雜誌，此雜誌可說是臺灣有史以來第一本現代化的設計雜誌，但出了十期後停刊。1973 年郭承豐又創立了《廣告時代》雜誌，不久也因經費短絀而停刊，1967 年郭承豐創辦《設計家》雜誌，也許是一鼓衝動，但如今看來，卻為中華印刷設計的發展史寫下重要記錄。另一份早在 1956 年創立的《印刷與設計》雜誌，對 1990 年以後臺灣平面設計的發展，有很大的貢獻。創立之時，《印刷與設計》以報紙的形式出刊，並以半贈閱的方式，廣發給各級學校設計相關科系，以及設計與印刷相關業者，

125 林晶章：《俯瞰臺灣平面設計四十年．好樣》[M]. 臺北：積木文化. 2008.

從穩健中求發展，知名度也逐漸上升，到了第 36 期，便以精美印刷的單行本問世，成為臺灣第一份以「設計」與「印刷」結合的專業性雜誌。1991 年起，此雜誌陸續策畫出版《臺灣創意百科》設計年鑑，數十年後，也將成為臺灣設計發展史的珍貴史料，目前這份雜誌已更名為《設計印象》。

　　1970 年代以來，臺灣的社會隨著工商業的快速進展，設計的相關活動也日愈增加。1971 年 11 月，五位曾在廣告公司任職的年輕設計師吳進生、霍鵬程、楊國台、陳輸平、謝義鎗等，在臺北市武昌街的精工畫廊舉辦了「變形蟲設計展」，並借著此項展覽宣告「變形蟲設計協會」的誕生，此五位設計師展出當時的年齡都不超過二十六歲，他們以「變形蟲」自居，尋求純真、原始，以及一切視覺藝術的最基本原創。來年 11 月「變形蟲設計協會」又在臺北精工畫廊推出了「變形蟲觀念展」，這次的展出在臺灣造成更大的震撼，許多媒體透過專家學者們的評論，紛紛加以報導，此後，該協會也陸續分別在韓國、臺灣兩地舉辦多次的展出，進行韓、台現代設計理念的交流。

　　報社副刊的突破與創新，也帶動了當時平面設計的發展，1973 年，高信疆入主中國時報副刊，他大膽地推動副刊革新，重用平面設計人才，使得新的副刊不再是幾篇文章拼湊，再配上一張插圖，而是整體的視覺規劃。圖片與攝影的地位也因此大幅提高。當時從事中國時報人間副刊的美術編輯，是已具知名度的平面設計家兼插畫家—孫密德先生。孫密德曾任職於國華廣告公司，1973 年加入中國時報擔任專業美術編輯，1981 年，中國時報副刊又展開了人間副刊版面設計展，讓建築家、畫家、設計家、雜誌界直接參與版面設計，營建出屬於當代中國人的副刊空間新天地，受到中國時報人間副刊影響。《聯合報》、《新生報》、《中華日報》、《中央日報》等各報也紛紛在副刊上展開一連串的創新與改革，使得版面設計，插畫等受到重視，更因此造就了不少插畫人才。

（四）設計工藝化與電腦應用設計

　　1960 年代主要設計者多是藝專、師大或文化受過專業美術設計的，像龍思良擅長畫插圖，替文星及「幼獅文藝」設計了許多優良封面；沈鐙在廣告公司工作，設計「創作」及「小說創作」類型的封面，高山嵐在美國新聞處工作，並為「今日世界」、皇冠出版社設計封面，同時沈鐙和高山嵐二位也常為聯合報和中國時報設計副刊刊頭，1970 年代開始來自國華廣告公司的如郭承豐、楊國台、王行恭，在華視任職的霍鵬程及霍榮齡，為《婦女雜誌》、《小讀者》及《綜合月刊》擔任美術編輯設計工作。廖未林則為皇冠設計封面，擅長細密畫、古裝人物等。這段時期大都數設計者都熟練印刷技巧。1970 年代進入彩色分色的階段，印刷業整個大轉型，封面設計也面臨轉型。而且 1970 年代的開始以企劃行銷為導向的策劃出版，以套書和書系為經營重點時，專業的出版者及媒體要求專業的設計者，於是報社出身的美編如李男、劉開、翁國鈞等人便投入設計工作，更進一步開設個人工作室。[126]

　　李男，曾經五度獲得雜誌美術設計金鼎獎，還有圖書封面設計獎。自 1980 年代至今一直深受出版界歡迎的封面設計家，他自述年輕時在《中國時報》「練功」多年，也在《天下雜誌》擔任藝術指導的經驗對他影響深遠，當他必須向美術編輯溝通設計時，透過多次的反復的解釋為什麼要這樣設計，說明不同狀況的優缺點，許多在中國時報吸收的設計心得，因此被整理出因果分明的關係，歸納式設計時可以通用的法則，反復再教育了自己。他很感恩的說：「我是中國時報養大的，永遠不會忘記自己是一個時報人。」[127]

---

[126] 王行恭：《從印刷設計看臺灣出版的演變》[J]. 文訊 . 8 月號（1995）：20-24.
[127] 積木文化編輯部：《好樣—臺灣平面設計 14 人》[M]. 臺北：積木文化 . 2008.

　　對李男來說，開始只把設計視為工作，但逐漸在其中發現創作空間和樂趣，於是設計成為一種生活態度的實踐應用：接手一件案子，必定先考慮工作時間及預算，才決定可能具體應用的設計語彙，他領悟生活與設計一樣需要「精確的規劃遠勝過技巧，首先要確定方向，再找出有效的流程及方法，每件事情都要經過仔細地思量。」年輕時曾經去美國及日本短期觀摩《TIME》、《產經新聞》的製作過程，他發現「必須先確定有效率的生產流程，在進行過程中再儘量地加入美感」。他認為設計是一種計算精准的大合響，以吸引讀者喜愛的節奏演出，無論從成本效應或讀者感受，都是設計成功的必要條件之一。

　　在臺灣，因為利潤太低，一二十年來封面設計費幾乎沒有調整多少[128]，大部分人是玩票性質在做，沒有經濟壓力，但對專業設計而言，成本提高，收入卻不敷使用，因此參與封面設計的人口很可能會萎縮。[129]

　　1995 年菊地信義被列為世界十大裝幀藝術家，應臺灣某家出版之邀到台發表新書，其對臺灣的書籍裝幀走向嘩眾取寵甚為歎息，說了一句話：「望遠鏡是眼睛的工具，車是腳的工具，書則是充實心靈的工具。書有比傳達知識更重要的地位，因為書凝聚知識形成概念傳播。一本書的存在，是因為讀者的心靈與之相連，書的封面吸引讀者來看書，更能充分顯示書的性格，如果只求效果醒目，不考慮書本身的特質，結果常常是適得其反。」[130] 在臺灣，書的裝幀一直以商業走向為主流，除了封面設計費偏低外，由出版社主導封面想要的風格也壓仰了設計者的創意思維，菊地信義的一席話突顯臺灣目前裝幀設計很大的問題。

---

[128] 臺灣早期 80 年代書的封面委外設計，封面設計費約 5,000 元，若是剛畢業的學生則封面設計費約 3,000 元，而如今 21 世紀，封面設計費仍維持在這個行情，若作品有得獎或口碑好，則可提高至 1 萬元上下。

[129] 王行恭：《從印刷設計看臺灣出版的演變》[J]. 文訊 . 8 月號（1995）：20-24.

三、印刷的發展史

臺灣早期的印刷廠，活版凸版方面以公營的最多，由大陸遷來臺灣的除世界書局，自上海運台的十數台機器外，以上海人陳安鎮主持的永祥印書館最為完善，平版膠印彩色為主。當時在臺灣的印刷業中可算首屈一指，印刷技師大部分來自上海，因此一般大的企業所需印刷品都在萬華區，只有一間明和美術印廠在中山北路，店東劉登綿接收日本人留下的工廠，這間規模較大，當時已有二色機，且有自己的二層樓廠房，劉登綿本人原來是教師，知識程度比較高，有研究及發展之心，臺灣三大銀行每年的月曆都由他彩色製版承印。[131]

臺灣印刷工業同業公會成立於 1948 年到 1955 年，共有印刷廠 326 間，以活版凸占 80%，平版 17%，其餘為鑄字及製版。凸版印刷除了中台印刷廠外較具規模的有大地、上海、清水、尚德、裕台、榮泰、精華、新生報、大申等、平版的印刷廠則以三都、永大、老共同、明和、和平、昭明社、原色、錦昌、大華等。一般文具類印刷廠則集中在台南如高長、源文等。銅鋅版製作則以臺北銘華製版廠最優，其早期進口海德堡凸版印刷機。在台南秋雨印刷廠，店東林秋雨是以修版人像為著名，以後至九十年代發展至臺北以及海外，在美國洛杉磯設有分廠。

公營事業的印刷廠，以印鈔票為主的中央印製廠為首，當時由羅福林教授引進的最新照相分色技術，首屈一指，其它有臺灣省煙酒公賣局印刷廠。國民黨黨營事業裕台公司興台及中華印刷廠。1954 年有美援專款，各印刷廠均可貸款申請改買新式機器，這對臺灣的印刷業來說是一個轉捩點。

---

130 孟樊：《臺灣出版文化讀本》[M]. 臺北：唐山 . 1997. p102

131 劉冰：《我的出版印刷半世紀》[M]. 臺北：橘子出版 . 2000. p135-146

1952 年，美援會工業委員費驊、李國鼎兩委員，邀請羅福林教授為該會工業組織規劃臺灣印刷工業的美援事項，經羅福林教授考察全島印刷工業實況後認為，當時臺灣印刷工業，都已進入了彩色平版印刷階段，而當時先進國家的印刷工業，都已進入了彩色平版印刷時代。臺灣最大宗的鳳梨罐出口所需的彩色罐貼都是在美國夏威夷印製，僅僅為印刷交貨期不能配合，耽誤了出口船期，造成了許多的困擾；臺灣郵局用的彩色郵票，也都是分別委託瑞士和日本代印，鑒於這種情況，與其是將美援款項分散在落後的技術和設備上，不如將美援款項集中應用，建議創設一座世界標準的中型彩色印刷廠。一、可以就地供應鳳梨罐貼和郵票，既爭時效又可節省外匯。二、與國立藝術專科學校建教合作，吸收美術印刷科畢業學生，培植具有學理基礎的新一代技術幹部。三、公開技術開放，供作示範及印刷同業參觀學習，用以振興全省印刷工業，提高彩色印刷品質。[132]

該次由羅福林教授策劃有效應用美援款項，振興臺灣印刷工業為宗旨的計畫，獲得工業委員贊許，並送經美援會研討，全案通過。

在 1954 年，根據羅教授所設計的美國式的標準彩色印刷廠藍圖，正式籌備中國彩色印刷廠，有臺灣銀行、財政部、美援會、郵政局、煙酒專賣局、出版業、印刷公會等，七個單位組織了中國彩色印刷公司籌備委員會，招考四位到菲律賓學習印刷，四名都是中央印製廠的，有蔣亞民、何煒亮、鮮玉良、美杏生。[133]

1955 年時臺北的印刷廠，凸版印刷的有上海印刷廠，海天印刷廠，榮泰印刷廠；平版印刷的有：三都、原色印刷廠、老原色、永大、明和、和平等印刷廠。當時臺灣的美術印刷廠，就是平版（膠版）印刷機。

132 劉冰：《我的出版印刷半世紀》[M]. 臺北：橘子出版 . 2000. p135-146

133 劉冰：《我的出版印刷半世紀》[M]. 臺北：橘子出版 . 2000. p135-146

1956 年，臺灣成立國立藝術專科學校，設有一個美術印刷科，1957 年，臺灣師範學院設一個工業教育系，有印刷組。

世界書局從大陸帶來了幾部機器，有平版膠印機，還有凸版平臺機、圓盤機、魯林機（德國 Roland 廠製造的），國立臺灣藝術專科學校成立時，羅福林教授擔任美術印刷科主任，就要楊家駱商量，能不能把那幾部舊機器捐給藝術專科學校，作為學生實習用。楊家駱認為這是很好的事，所以讓我把工廠舊的機器點交，捐給了學校。但是學校裡沒有一個老師會用，也沒有經費顧專人安裝，只能用作展示印刷機的分部結構。

早期臺灣印刷業靠著幾個功臣，劉冰先生的《我的出版印刷半世紀》中詡實記錄著印刷的技術如何改進，他在書中述及：1948 年臺灣區印刷工廠僅 335 家，每年生產能力為 405000 令（31"X43"），在我人不斷努力下，使印刷設備及技術亦不斷改進。至 1957 年已增至 730 家，每年生產能力為 1117125 令，迄 1967 年止，印刷工廠已超過一千家，生產能力年產量 4654800 令。一般而言，不論在新式選材之採用方面，彩色印刷之改良方面，印刷器材之製造方面，及印刷教育之推廣均有長足之進步，略述如下：[134]

1. 新式器材之採用：1956 年政府有鑒於印刷業必須扶值，故特設小型工業貨款，以低利貸與各印刷業向國外採購新式機器，故特設小型工業貸款，以低利貸與各印刷業向國外採購新式機器，故各廠設備一時更新，激勵印刷業之飛速進度。生產力隨之提高，生產技術亦銳意改進，其中尤以平版印刷工廠，進步特多，世界各國印刷器材製造廠商，均在台設有代理，以利業者採購。征信新聞報導最近向國外定購的高速彩色輪轉機（Urbanite Offset）新聞印刷又邁進一步。

---

[134] 劉冰：《我的出版印刷半世紀》[M]. 臺北：橘子出版 . 2000. p135-146

2. 彩色印刷之改良：彩色印刷原來僅有手工分色繪版，1953 年起各廠努力研究彩色分色，吸收各種製版方法，1958 年中華彩色印刷公司成立，選派技術人員赴國外學習，各廠紛起效尤。另一方面出版業及廣告業的發達，必須要求高級之印刷品，至今對高級藝術品之印製，該廠亦已能勝任。國外諸如日本。琉球、美國等同業委託我國承印的也不在少數。

3. 印刷器材之製造：1958 年以前，國內印刷機器均靠國外進口，近年來，經業者不斷改進研究，現已能自製輪轉機、平版機、凸版機及其它一切附屬設備，除供國內需要外，行銷國外者已供不應求。

4. 印刷教育之推廣：國立臺灣藝術專科學校美術印刷科，是政府在台設立的第一個培養人材之學校，已有十餘年，畢業學生均就業於各大印刷廠。就各大學亦有印刷課程之開設，中國文化學院在 1963 年設有印刷工業研究所，且附設印刺工業專修科，另有復興工業專科學校，臺北工業職業學校、高雄工業職業學校均有印刷科之設置，培養印刷工業高中級幹部。另有夜間補習班之設立及中華彩色印刷公司開辦之訓練班。以供從業人員之進修。現在我國印刷技術人員，水平均已提高，除供各廠需要外，應聘國外的也日漸增多，除東南亞外，亦已達至美洲、加拿大諸國。

　　1985 年後，中文的電腦排版開始普遍利用，從製版開始，分色統統用電腦做，上印刷機有電子來做，文稿校對後也可以在電腦中改。1980 年代開始，生猛的經濟發展就逐漸為臺灣創造優渥的出版與閱讀市場條件，臺灣地區人民每年花費在教育文化娛樂的消費比例從 1950 年的 6.9% 迅速爬升到 1989 年的 15.38%。單從 1983 年開始短短六年間，每人每年支出金額就翻轉了兩倍，接近一萬六千元台幣。

　　出版業面臨前所未有的榮景，臺灣「財政部」的資料顯示，臺灣和印刷出版有關的事業，1989 年總營業額為 561 億新臺幣，相當於 1950 年全部的國民生產毛額的兩倍。此時一年的出書量近一萬三千種，是 1960 年代的 17 倍。[135] 1980 年代末期臺灣出版業即以進入現代代電腦作業系統，出版業飛速的成長，臺灣知名評論家南方朔形容說：因為書籍市場大量而多元的發展，「不再是一本書淹沒一個時代」，出版的多元，帶動整體社會的繁榮。

第三節 出版環境的內在動因與助力

　　觀察臺灣地區六十年來影響出版品的質與量的綜述以三要點說明：（1）由歷年的臺灣地區出版家數、出版總量變化以及出版品類別的分佈，可觀察出每一個年代它的特殊性和差異性。（2）書評專業化（3）連鎖書店推動新的閱讀世代等。綜述由書評的影響和出版政策的鬆綁，解嚴前後的思潮牽動社會變遷。以及在廢除出版法後，民間的出版業爆炸性的噴出成長，著作權保護權的立法後，出版業步入新的階段。

一、出版家數、出版總量以及出版品種類之變化

　　由歷年的臺灣地區出版家數、出版總量變化以及出版品種類的分佈，可觀察出每一個年代有特殊性和差異性。

　　1950 年代的出版量為 10724 種，這段期間每年逐步成長。而出版社由 138 家，增加到 492 家，成長 3.5 倍。而出版品類別中第一名社會科學類，有 1018 種圖書（占 17.62%），第二名語文類，有 979 種圖書（占

---

135 黎平：《關於閱讀》[J]. 誠品閱讀創刊號 . 1991 年 12 月 . p27

16.95%），第三名史地類，有 722 種圖書（占 12.5%）。（見圖 2-1，圖 2-2）[136]

　　補充說明有關 1952-1956 年間的出版統計，僅以著作／譯作登錄，故無詳細的出版品類別統計。1952 年，共 427 冊（著述 379，譯述 48）；1953 年，共 892 冊（著述 767，譯述 125）；1954 年，共 1380 冊（著述 1275，譯述 105）；1955 年，共 958 冊（著述 845，譯述 113）；1956 年，共 2763 冊（著述 2574，譯述 189）。

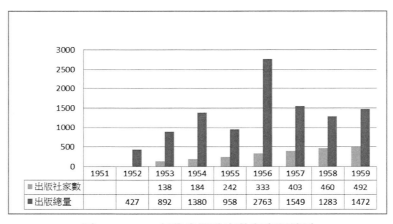

圖 2-1　1950 年代出版社家數和出版總量

---

136 《中華民國出版事業概況》臺北：行政院新聞局 .1989。p145-212。及《全國新書資訊月刊》歷年統計資料。

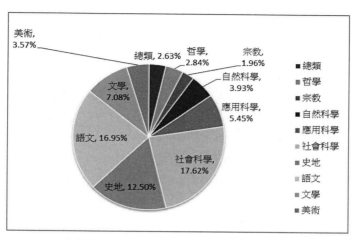

圖 2-2 1950 年代出版品各類分佈情況

表 2-1 1950 年代出版品類別統計

年度	總類	哲學	宗教	自然科學	應用科學	社會科學	史地	語文	文學	美術
1950	…	…	…	…	…	…	…	…	…	…
1951	…	…	…	…	…	…	…	…	…	…
1952	…	…	…	…	…	…	…	…	…	…
1953	…	…	…	…	…	…	…	…	…	…
1954	…	…	…	…	…	…	…	…	…	…
1955	…	…	…	…	…	…	…	…	…	…
1956	…	…	…	…	…	…	…	…	…	…
1957	42	40	53	90	124	280	257	127	409	127
1958	39	62	17	68	102	266	206	481	…	43
1959	71	62	43	69	89	472	259	371	…	36
合計	152	164	113	227	315	1018	722	979	409	206
百分比	2.63%	2.84%	1.96%	3.93%	5.45%	17.62%	12.50%	16.95%	7.08%	3.57%

　　1960 年代的出版總量為 42415 種，已為 1950 年代出版量的 4 倍。出版家數從 1960 的 564 家，到 1969 年的 1226 家，僅成長 2 倍。而出版品類別中第一名總類，有 9931 種圖書（占 24.21%），第二名文學類，有 6583 種（占 16.05%），第三名社會科學類 5596 種圖書（占 13.64）。在 1969 年突然暴增的總類書，由於 1968 年實施九年國教，大量的總類教科書以應教育之用。（見圖 2-3，圖 2-4）[137]

　　自 1949 年國民政府遷播來台後，積極從事經濟建設和社會建設，並於 1967 年推行中華文化復興運動以及 1968 年開啟九年國民教育政策，這二大重要政策都是推升出版業繁榮的至關重要的要素，也是蔣經國先生施政藍圖中，使臺灣地區走向自由民主之際，必先提高人民素養很重要的措施。

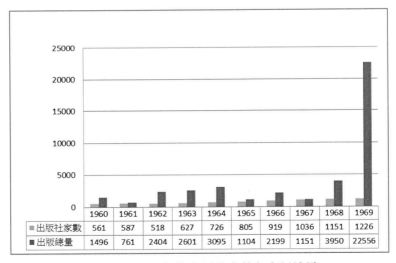

	1960	1961	1962	1963	1964	1965	1966	1967	1968	1969
出版社家數	561	587	518	627	726	805	919	1036	1151	1226
出版總量	1496	761	2404	2601	3095	1104	2199	1151	3950	22556

圖 2-3　1960 年代出版社家數和出版總量

137《中華民國出版事業概況》臺北：行政院新聞局 1989. p145-212；《全國新書資訊月刊》歷年統計資料.

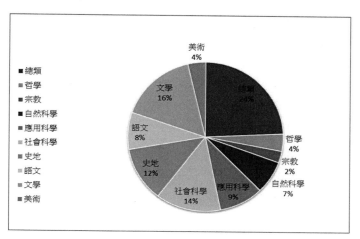

圖 2-4　1960 年代出版品各類分佈情況

表 2-2　1960 年代出版品類別統計

年度	總類	哲學	宗教	自然科學	應用科學	社會科學	史地	語文	文學	美術
1960	…	…	…	…	…	…	…	…	…	…
1961	34	16	20	36	86	173	120	239	…	37
1962	134	61	49	60	132	337	382	70	1135	44
1963	57	93	47	117	211	550	387	125	881	133
1964	73	103	56	137	229	589	558	1082	128	142
1965	31	51	27	83	55	239	216	67	224	111
1966	34	93	67	160	196	524	401	306	238	180
1967	140	72	73	210	236	338	451	132	580	120
1968	313	186	114	269	384	385	1104	269	782	144
1969	9115	861	567	1835	2256	2461	1211	1011	2615	624
合計	9931	1536	1020	2907	3785	5596	4830	3301	6583	1535
百分比	24.21%	3.74%	2.49%	7.09%	9.23%	13.64%	11.77%	8.05%	16.05%	3.74%

　　1970 年代的出版總量為 89050 種，已為 1960 年代出版量的 2 倍。出版家數從 1970 年的 1351 家，到 1979 年的 1858 家，僅成長 1.4 倍。而其中 1974-75 年因為石油危機，紙漿高漲，這二年少了 273 家出版社，可見出版環境的惡劣環境不好經營。而出版品類別中第一名文學類，有 20185 種圖書（占 22.22%），第二名社會科學類，有 16817 種（占 18.51%），第三名史地類 15714 種圖書（占 17.3%），第四名應用科學類，有 12460 種圖書（占 13.72%）。（見圖 2-5，圖 2-6）[138]

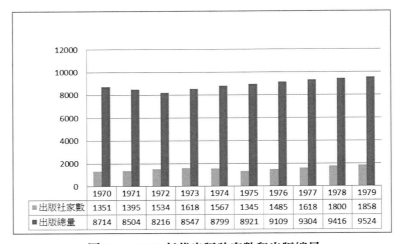

圖 2-5　1970 年代出版社家數和出版總量

138《中華民國出版事業概況》臺北：行政院新聞局 1989. p145-212；《全國新書資訊月刊》歷年統計資料.

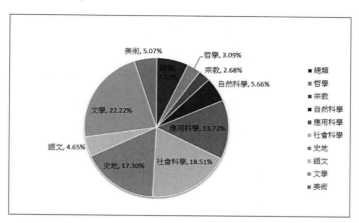

圖 2-6　1970 年代出版品各類分佈情況

表 2-3　1970 年代出版品類別統計

年度	總類	哲學	宗教	自然科學	應用科學	社會科學	史地	語文	文學	美術
1970	350	252	225	334	1129	1901	1974	82	2401	66
1971	295	231	195	367	1167	1894	1894	1863	201	2219
1972	208	241	180	375	1171	1794	1753	235	2180	79
1973	295	236	189	389	1153	1897	1876	212	2214	86
1974	924	263	245	548	1247	1506	1296	276	2118	376
1975	924	268	254	567	1264	1516	1306	284	2138	382
1976	844	314	271	618	1294	1554	1379	304	2195	330
1977	859	324	281	638	1334	1574	1399	314	2235	346
1978	870	335	292	649	1345	1585	1412	325	2246	357
1979	881	346	303	660	1356	1596	1425	328	2257	368
合計	6450	2810	2435	5145	12460	16817	15714	4223	20185	4609
百分比	7.10%	3.09%	2.68%	5.66%	13.72%	18.51%	17.30%	4.65%	22.22%	5.07%

　　1980 年代的出版總量為 100812 種，是 1970 年代出版量的 1.1 倍。
出版家數從 1980 的 2011 家，到 1989 年的 3448 家，僅成長 1.7 倍。而
出版品類別中第一名文學類，有 15737 種圖書（占 15.61%），第二名社
會科學類，有 15693 種（占 15.57%），第三名總類 15838 種圖書（占
15.7%），第四名史地類，有 11777 種圖書（占 11.68%）。（見圖 2-7，
圖 2-8）[139]

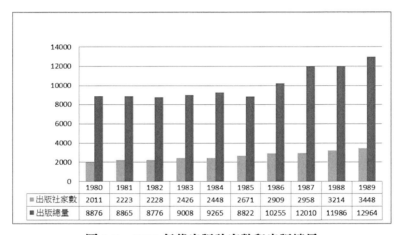

	1980	1981	1982	1983	1984	1985	1986	1987	1988	1989
■出版社家數	2011	2223	2228	2426	2448	2671	2909	2958	3214	3448
■出版總量	8876	8865	8776	9008	9265	8822	10255	12010	11986	12964

圖 2-7　1980 年代出版社家數和出版總量

139《中華民國出版事業概況》臺北：行政院新聞局 1989. p145-212；《全國新書資訊月刊》歷年統計資料.

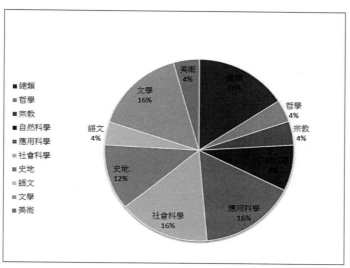

圖 2-8　1980 年代出版品各類分佈情況

表 2-4　1980 年代出版品類別統計

年度	總類	哲學	宗教	自然科學	應用科學	社會科學	史地	語文	文學	美術
1980	766	325	346	692	1303	1362	1334	326	2088	334
1981	764	322	346	699	1314	1365	1324	326	2070	335
1982	781	344	322	723	1203	1316	1425	326	1985	351
1983	859	404	443	725	1435	1320	1082	340	2094	306
1984	1069	388	516	840	1839	1575	612	561	1309	547
1985	728	306	483	875	1754	1745	771	268	1485	407
1986	4115	348	333	591	1303	1416	684	1031	88	346
1987	2640	490	383	930	1770	1376	2289	224	1437	471
1988	2179	528	556	1027	2127	1953	1137	399	1343	733
1989	1937	564	536	1118	2566	2265	1119	352	1838	667
合計	15838	4019	4264	8220	16614	15693	11777	4153	15737	4497
百分比	15.71%	3.99%	4.23%	8.15%	16.48%	15.57%	11.68%	4.12%	15.61%	4.46%

　　1990 年代的出版總量為 151553 種，是 1980 年代出版量的 1.5 倍。
出版家數從 1990 的 3273 家，到 1999 年的 6806 家，成長 2 倍。而出版
品類別中應用科學學躍升至第一名，有 36249 種圖書（占 24%），第二
名語文／文學類，有 31154 種（占 20.62%），第三名社會科學類 23386
種圖書（占 15.48%）。值得觀察的 1994 年「六一二大限」當年度，無
版權的書皆不准在市面上銷售，此時可看出自然科學、應用科學、社科
類書種減少最多，而語言類自創著作增加，有著顯著的差異。（見圖 2-9，
圖 2-10）[140]

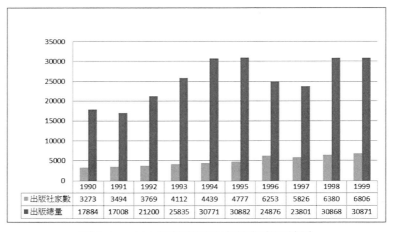

	1990	1991	1992	1993	1994	1995	1996	1997	1998	1999
出版社家數	3273	3494	3769	4112	4439	4777	6253	5826	6380	6806
出版總量	17884	17008	21200	25835	30771	30882	24876	23801	30868	30871

圖 2-9　1990 年代出版社家數和出版總量

[140]《中華民國出版事業概況》臺北：行政院新聞局 1989. p145-212；《全國新書資訊月刊》歷年統計資料.

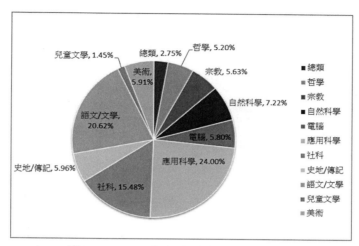

圖 2-10 1990 年代出版品各類分佈情況

表 2-5 1990 年代出版品類別統計

年度	總類	哲學	宗教	自然科學	電腦	應用科學	社科	史地/傳記	語文/文學	兒童文學	美術
1990	515	577	297	2200	0	6036	3117	840	1820	191	563
1991	1924	451	290	1452	0	2853	1794	1765	1338	129	417
1992	200	522	229	1965	0	5757	1994	443	1559	166	701
1993	306	513	392	2114	933	5570	2260	521	1958	598	943
1994	198	864	909	650	787	1847	1883	857	3408	547	766
1995	245	774	1151	503	975	2154	2154	951	3912	252	967
1996	181	924	1263	427	1289	2572	2053	845	3684	174	963
1997	195	949	1325	475	1653	2948	2409	836	4120	169	1145
1998	186	1167	1260	540	1468	3274	2751	952	4638	236	1090
1999	199	1112	1383	576	1653	3238	2971	997	4717	208	1371
合計	4149	7853	8499	10902	8758	36249	23386	9007	31154	2184	8926
百分比	2.75%	5.20%	5.63%	7.22%	5.80%	24.00%	15.48%	5.96%	20.62%	1.45%	5.91%

　　2000 年代的出版總量為 248791 種，是 1990 年代出版量的 1.6 倍。
出版家數從 2000 年的 7093 家，到 2011 年的 14016 家，成長 2 倍。而出
版品類別中第一名語文 / 文學類，有 72120 種圖書（占 28.99%），第二
名應用科學類，有 46318 種（占 18.62%），第三名社會科學類 41409 種
圖書（占 16.64%）。（見圖 2-11，圖 2-12）[141]

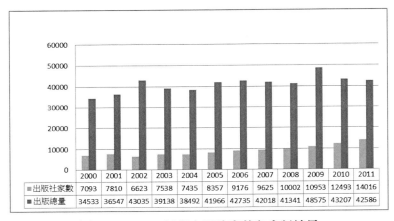

	2000	2001	2002	2003	2004	2005	2006	2007	2008	2009	2010	2011
■出版社家數	7093	7810	6623	7538	7435	8357	9176	9625	10002	10953	12493	14016
■出版總量	34533	36547	43035	39138	38492	41966	42735	42018	41341	48575	43207	42586

圖 2-11　2000 年代出版社家數和出版總量

141《中華民國出版事業概況》臺北：行政院新聞局 1989. p145-212；《全國新書資訊月刊》歷年統計資料.

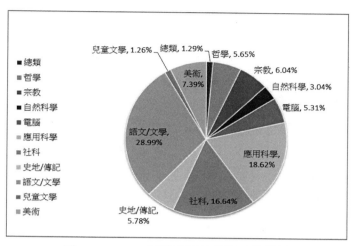

圖 2-12　2000 年代出版品各類分佈情況

表 2-6　2000 年代出版品類別統計

年度	總類	哲學	宗教	自然科學	電腦	應用科學	社科	史地/傳記	語文/文學	兒童文學	美術
2000	238	1 166	1 274	682	1 605	3 626	3020	1 168	5 796	260	1 333
2001	242	1 405	1 359	678	1 791	4014	3455	1398	6718	302	1481
2002	269	1385	1287	789	1688	4269	3 999	1402	8006	276	1589
2003	281	1264	1510	748	1215	4567	3804	1315	7660	202	1680
2004	321	1447	1470	763	1285	4589	3902	1476	7385	247	1748
2005	346	1441	1739	880	1250	5178	4653	1633	8072	382	2096
2006	671	1635	1700	769	1165	5046	4581	1459	7801	449	2055
2007	260	1557	1533	753	1082	5239	4588	1512	7105	355	1971
2008	284	1362	1574	767	1117	4992	4732	1492	6815	348	2182
2009	285	1398	1580	722	1001	4798	4675	1520	6762	318	2262
合計	3197	14060	15026	7551	13199	46318	41409	14375	72120	3139	18397
百分比	1.29%	5.65%	6.04%	3.04%	5.31%	18.62%	16.64%	5.78%	28.99%	1.26%	7.39%
2010	378	1590	1663	693	920	5006	4514	1519	7105	433	2488
2011	576	1492	1762	739	845	5320	4681	1665	7285	498	2531

年度	總類	哲學	宗教	自然科學	電腦	應用科學	社科	史地/傳記	語文/文學	兒童文學	美術
2012	453	1585	1958	750	874	5327	4601	1723	7332	493	2736

　　而從歷年臺灣地區的各產業別的平均薪資結構觀察，更能觀察近四十年來臺灣出版業的盛衰起伏（見表 2-7）。出版業（歸屬於印刷及資訊儲存媒體複製業）於 2002 年開始由盛轉衰的跡象，而此年度正是臺灣正式加入世界貿易組織（WTO），著作權保護法確立，長期仰賴外文書的出版社須支付版稅給國外出版社而營運成本增加的情況下以降低員工的薪資來調節成本，出版業的競爭力核心在於著作權，一旦確立攤提版稅成本後，不惜降低編輯或其它員工的薪酬以因應未來的財務運作，卻不以培育作者和原創的淺碟思維，共和國發行人郭重興先生直言：「在臺灣編輯從來沒有被重視，而編輯確實是出版的核心，投資人不願意把賺來得錢再去培養人才。」一語道破，長期以來出版產業缺乏一套培育出版人才的制度和資金投入。

表 2-7　臺灣地區依產業別平均薪資概況（1973-2011）（新臺幣）

類別 年	印刷及資訊儲存媒體複製業	營造業	住宿及餐飲業	資訊及通訊傳播業	金融及保險業	醫療保健服務業
1973	3,116	2,558	...	...	...	...
1974	4,005	3,700	...	...	...	...
1975	4,654	4,341	...	...	7,731	...
1976	5,351	4,941	...	...	8,299	...
1977	6,105	5,679	4,331	...	9,344	...
1978	6,975	6,228	4,766	...	9,665	...
1979	8,388	6,994	4,777	...	11,210	11,413
1980	10,328	8,309	7,358	13,708	14,103	12,724
1981	11,329	10,764	8,501	15,999	17,467	14,502
1982	11,730	11,415	8,730	16,190	19,269	13,360

類別 年	印刷及 資訊儲存媒 體複製業	營造業	住宿及 餐飲業	資訊及 通訊傳播業	金融及 保險業	醫療保健 服務業
1983	12,752	12,718	9,494	16,362	19,134	14,119
1984	13,841	14,122	10,632	18,111	21,505	16,683
1985	14,678	14,763	10,619	20,481	23,247	17,583
1986	15,730	15,037	10,525	23,187	24,565	19,142
1987	16,475	16,045	11,151	24,686	28,054	20,453
1988	17,810	17,879	12,142	27,544	32,362	22,887
1989	21,231	21,433	13,491	32,565	39,248	25,146
1990	24,830	24,719	15,448	36,866	39,061	29,158
1991	28,229	28,193	17,049	41,579	41,031	32,366
1992	31,181	30,825	18,209	44,518	46,380	35,670
1993	33,896	33,638	18,950	48,781	50,035	37,176
1994	34,867	34,379	20,373	52,229	56,462	39,633
1995	37,300	35,278	22,316	54,649	54,658	41,623
1996	38,647	35,817	22,198	55,873	56,886	44,797
1997	40,183	37,029	23,528	58,831	60,597	47,378
1998	40,495	37,886	24,039	61,421	59,546	48,920
1999	41,553	38,070	25,117	61,260	60,332	51,020
2000	42,094	38,897	26,060	62,759	60,872	53,397
2001	41,689	37,746	25,973	62,100	62,657	54,484
2002	38,022	36,844	25,687	59,239	65,703	53,841
2003	35,698	37,214	24,951	60,292	64,645	55,702
2004	36,833	37,916	24,813	59,417	66,671	55,341
2005	37,715	38,450	25,121	61,381	65,113	55,603
2006	36,716	39,168	24,960	61,134	69,054	55,429
2007	36,368	40,327	25,500	63,756	75,732	56,603
2008	35,489	40,792	26,747	63,888	71,319	58,122
2009	33,782	40,930	27,171	62,013	67,513	57,844
2010	35,302	41,674	27,829	64,425	73,663	57,887
2011	36,353	42,800	29,761	66,588	75,988	59,887

資料來源：臺灣主計處，2012.9.24。

　　因教育普及後，黨營或國營出版事業漸漸無法承受市場競爭的彈性應變，反而民營出版機構富市場靈活運作的實力，憑著洞察社會趨勢與讀者需求快速成長。隨著 21 世紀的臺灣人口零成長，如何穩定持續臺灣目前的出版盛況，將會面臨很大的挑戰，簡志忠先生（圓神），他的管理哲學是讓員工周休二日半，也就是一周工作四天半的，這樣實施已有一二十年，2013 年 3 月圓神出版正式周休三日，一周工作四天，這種人性化的管理理念對臺灣的出版圈影響很大。出版活動，本來就是玩創意的產業，讓編輯人生活在充分扮演人生的多重角色（為人父母、或為人子女、有親情、友情和愛情），創意來自日常生活而縮短工作天數自然工作效率也相對提高，他強調「未來的世界每一個產業，都要有對這個產業有健康或有特別智慧的人來做，也就是對產業有獨到的創見，是很重要的。要用自己邏輯去檢驗，要有思考力，要對這個產業要有新的發現。」現階段臺灣出版業的困境，便是人才的問題，未來的出版能否有轉機其關鍵也在此。

二、出版類媒體和書評的歷程

　　處在文化沙漠階段的臺灣出版業一波是承續大陸的出版模式，另一方向受著臺灣本土精英的日本教育而漸漸發展，如志文出版社張清吉先生，雖然僅有小學畢業，但因為處在日治時代，正逢日本大正年間文學風氣最盛的時期，張清吉回憶說：「那段時間看了許多戰爭故事、連載的時代劇，也有許多日本改編的英美文學，這份心靈視野的灌溉，使我深深覺得老師很偉大，他能給我們知識，也能真正幫助我們茁壯。當時，我唯一的念頭就是要聽老師的話，老師說看課外讀物對我們有幫助，我就拚了命地看。」

　　爾後張清吉在創辦志文出版社的選書時，其參考的方向便如他所述及的：「我自己因為受的是日本教育，投入出版文化事業後，藉語言之便，

日本成為我借鏡取法最方便的國家。每一年我至少去日本一兩趟以上，搜集各種版本、資料，研究其出版方向、風格及經營企劃的手法。例如岩波文庫的書，就讓我心儀不已；每次到日本，二話不說，總是花最多時間在書店裡，同行的朋友，原指望借著我是日文通，可以幫他們導遊玩樂，沒想到我除了書店，還是書店。最後大家還笑我說：「你神經病啊，要看書回家去看，跑出國玩還天天泡書店！」也有人形容我是「臺灣出版界的唐吉訶德」，瘋狂的行徑貽笑大方了。」[142]

新潮文庫的書，在編排上，經常會在正文開始前收集許多作家生平資料圖片，其中岩波、講談社、河出等出版社極具特色的選書、編排、介紹，給我深刻的啟發，我總認為讓讀者多瞭解一些背景資料，將有助於他們喜愛一本書。[143]

「日本岩波文庫從古典到現代，只要有價值的經典，他們就會將之譯介給國人，因為要促成一個國家的現代化，必須從國民文化的視野、心靈開拓，人文與自然科學方面奠立基礎，才能成為一流的世界公民。」[144]

正因為新潮文庫的體例上有個作者生平介紹的整理，使一本書的知識體系架構有著完整性，讀者便能夠很清楚的掌握一本書的思想脈絡，這樣的體例後來也就逐漸擴散促使其它出版人、編輯人的學習。

（一）臺灣地區主要出版類媒體的發展

到了 1970 年代，出版業的家數不斷成長，到了 1979 年已註冊的出版社 1858 家，這時候，確實需要一份介紹出版品的書訊或書評以供讀者來選擇每年逼近一萬的出版量的圖書市場。這段時期首先成立的是《出

---

[142] 向資深出版人致敬―志文出版社張清吉先生 .2002.10.26 採訪稿收錄在《出版思路·文學風華》

[143] 向資深出版人致敬―志文出版社張清吉先生 .2002.10.26 採訪稿收錄在《出版思路·文學風華》

[144] 向資深出版人致敬―志文出版社張清吉先生 . 收錄在《出版思路·文學風華》2002

版界月刊》（1965-？）金陵創辦，主要報導出版新聞及刊登圖書廣告，發行量已達一萬左右，早期算是書訊的主要來源，于1970年代初即停刊。《出版家雜誌》（1973-1977），1973年3月出刊試刊號，同年5月正式創刊，初為48開半月刊，其宗旨為報導出版界消息出版情報、宣導讀書風氣。發行人為林昆雄，創辦人林賢儒、王國華、王希平、蔡錦堂、陳慧英、李明威、王廣平等，當時均為海洋學院學生，由一群熱情的學生回應發起深入報導書訊。之後還有《愛書人雜誌》（1975-1983）。

這份為出版協會所創辦《出版之友》（1976-1990），此刊之後更名《出版人》（1991-2002），主要內容有資訊的動態，設計與印刷知識介紹、出版界的相關活動報報導及出版趨勢探討等。由於是出版協會編印的刊物，所以主要以出版社的功能來設計，以便將訊息傳遞給中盤、書店、甚至讀者，並宣導一個出版人應有的基本觀念及理念。

另一份亦是由出版相關團體的臺北市出版商業同業公會所辦的《出版界》雜誌（1981一至今仍在發行），主要對出版界的經營問題，設定討論主題；配合著作權法、出版法的論述，為業者發聲。專業性及業界橋樑是主要特色。在專業性方面，是以業者立場反映問題，提出解決問題的建議，創造有利的經營環境；在業界橋樑方面，是以公會立場促進業者間之相互瞭解，開闢較權威的專欄，內容則力求公正、詳實。（因此刊是臺灣目前唯一尚在正常出刊的出版專業刊物，故筆者專門一章論述其中的出版問題。）

《精湛》（1986-1997），發行人林訓民，編輯顧問是周浩正，發行所是臺灣英文雜誌社，這份季刊在第四期（1987.10.20）時林訓民發表一篇社論名為「賺錢又受人尊重的行業」說明出版業此時是個明星行業，錢潮、人潮全都聚焦在「出版」這個行業。也就是臺灣宣佈解嚴之際，一片看好出版的聲浪中。這份季刊主要是依讀者的需要出發，透過不同的主題，以生活化的方式，呈現文化出版的各種觀念及影響，以拓展讀

者對出版界的視野。

《書香月刊》由臺灣行政院新聞局出版事業處主辦，提供每月的新書資訊、國內外出版界動態、出版家介紹；並配合出版趨勢分析、新書評論、法律專欄、讀者園地等內容，由於是官方辦的，從讀者需求，以及輔導出版社的立場，出版的報導內容可讀性很高，但可惜很短命不到幾年就停刊。

《出版流通》月刊由農學社主辦，是其為下游書店提供書刊銷售資訊的雜誌。是臺灣准一以及行為主並兼及出版的雜誌，以出版社和書店為主要讀者對象，但也發行沒幾年就停刊了。

《出版情報》由金石堂創辦，內容以讀者需求為主，每期印製約 4 萬份，免費贈送書店會員，主要內容刊登金石堂門市的暢銷書排行榜外，美國及日本的書籍排行榜也會略作介紹，並且每年初會有年度特刊，總結臺灣上年度的出版狀況，並提供金石堂書店全年的年度暢銷書排行榜等，對臺灣出版市場具有重要參考會值。2007 年底已改電子版。[145]

《文訊》雜誌以提供藝文資訊為主，重點在臺灣現當代文化，兼及出版資訊，早期是國民黨文工會出資辦刊，是臺灣有影響力的藝文雜誌，現今仍正常出刊，雖然目前不屬於黨刊，不過若是言論對國民黨有微辭，仍會被潤稿或刪除，也因為有這樣的歷史脈絡，此份雜誌保留較完善的出版有關的資訊。

《誠品好讀》（2000-2008）自創刊號就受讀者好評，其走的是菁英路線，為知識份子選書做書評及介紹歐美日的新書資訊，因為菁英路線銷售狀況不好，2008 年停刊，而其中 2003-2005 年連續三年策劃《誠品報告》頗受市場好評但成本過刊又停辦，2006 年又策劃《誠品閱讀力》

---

[145] 辛廣偉：《臺灣的華文出版業．世界華文出版業》[M]. 臺北：遠流出版 . 2010. p182-213

採訪出版人及總編輯做推薦書單很有特色，2009 年又試辦《誠品學》，也是銷售狀況不好即停刊。誠品辦刊似乎是叫好不叫座，屢屢創刊又停刊，走菁英閱讀風的路線失敗的原因是臺灣閱讀市場與圖書銷售市場是兩回事，真正會拿錢買書的人 1. 是學生群族 2. 是出版圈內的編輯和作者 3. 追求話題的暢銷書讀者群 4. 業餘的專家。通常所謂的菁英或者稱知識份子，他們所閱讀的是通常是專業期刊而非圖書，反而這群族並不購買圖書。

（二）臺灣地區書評的歷程

歷程上述的一些書訊的出現，書訊多了，便漸漸有書評的需求。書籍選評是出版工作的延續，它不僅對讀者（消費者或者閱讀人）有其極大的影響，也是消費者購買圖書與閱讀的指南，也對產制者出版業這端有所影響，被視為是一項宣傳促銷工具，凡在報紙、書刊、廣播、電視、網路、實體書店所發表的書評或選書，皆能有一定的影響力，所以伍傑曾提出：出版工作的範圍應包括：編、印、發、讀、評五個環節的論點，因此圖書評論與選書制度是出版流程中很重要的一環。[146]

書評的定義：簡單的說就是對書籍進行評論，分析、探討書籍的內容—思想性、科學性、藝術性乃至書籍的形式，從而對書籍進行價值判斷，包括對書籍正面的價值判斷與負面的價值判斷。[147] 書評有三個基本特徵：（1）評論性。（2）通報性，報導近期出版的新書。（3）新聞性，書評的物件必須是近期出版的作品，而且發表在報刊等大眾傳播媒體上。[148] 以上對圖書內容有分析、論證，並對書籍全面的介紹及評價，即為書評。

146 伍傑：《讓書評在文化建設中發揮作用》[J]. 中國圖書評論 10（1997）：p8.

147 徐柏容：《書評學》[M]. 瀋陽：遼寧教育出版社. 1993. p19-24

148 孟昭晉：《書評概論》[M]. 南京：南京大學出版社. 1994. p1-8

較具有書評雛型的算是 1980 年代兩份專業讀書雜誌：1972 年由洪建全基金會創辦的《書評書目》，維持出刊了一百期，維持出刊了一百期，終因虧累而於 1982 年 9 月停刊。爾後再由學生書局接辦。另傳記文學出資創辦的《新書月刊》（1983-1985），更只有兩年二十四期的壽命。1987 年臺灣報禁解嚴，平面媒體增張，使得文化課題有了專屬的媒體版面，專有了專屬的版面，自然逐漸發現出專業的新聞輕重判斷。出版，便有了專屬的出版新聞記者《中國時報》（開卷）、《聯合報》（讀書人）、《民生報》（讀書週刊）、《中央日報》（中央閱讀）、《自立早報》（讀書生活），以及一些電視節目如作者羅智成、張大春策劃的「當代書房」、「談笑有聲」、「縱橫書海」，賴國洲主持的「人與書的對話」等節目，目前皆已停版、停播。

孟樊（2004）《日趨專家化的臺灣書評─兼論臺灣書評的演變》闡述臺灣書評歷史的演變約略分三個階段：[149]

第一階段：在 1970 年以前，當時的文藝雜誌也刊登書評文章，但主要的發表管道報紙副刊。當時由高信疆和瘂弦主持的二大報副刊掀起鄉土文學之戰，有了議論，學者專者開始做書評以辯各方觀點。

第二階段：在 1970 年代初至 1980 年初期，分水嶺主要是 1972 年書評書目的創刊，這是臺灣第一本專門性的書評刊物，由於它的出現，使書評進入了系統化發表的階段，書評寫作、書評理論，以及各類批評的觀念開始較為具體的成形，甚至影響 1983 年文訊與新書月刊的創刊（這兩份刊物所開闢的書評專欄亦居相當重要的份量。）相形之下，此一時期的報紙副刊幾乎退出書評舞臺，書評文章很難在副刊版面上出現，序跋文章亦不在副刊刊載。由於這兩個時期書評的對象主要為文學成品，所以書評援引的多為文學概念與理論，換言之，所謂書評，就是文學批評。

---

[149] 孟樊：《日趨專家化的臺灣書評─兼論臺灣書評的演變》[J]. 出版界 . 69（2004）：13-17.

　　第三階段：即是 1980 年代中期以後，報紙的讀書版躍而成為刊載書評的主角，這和 1988 年報禁解除後報紙紛紛增闢讀書或閱讀版面密切相關。新書月刊此時辦了二年即停刊，但也發行逾 200 期，而文訊因報紙解除報紙影響力大增，文訊讀者的吸引力已轉至報刊讀書版。中國時報開卷版，此時進一步體制化，邀集書評家組成選書小組（小組成員每年換），講求嚴格的選書程式，公開向所有出版社征書。書評小組成員成員原先以文人作家為主，後來漸漸有專家學者的加入，也因為書市的文學類書愈來愈多，而科普書籍大量成長，故非文學類的評價、評論已非文人作家可以勝任。此時，文學書出版日趨沒落，致使傳統的文人書評變成英雄無用武之地；而非文學類書的受到矚目，一方面促使書籍的出版日益分科化，一方面也將學院人士引入書評界，於是出現以上所說的專家書評的現象。

　　聯合報讀書人週刊，主編由蘇偉貞擔任，故仍以人文類書評為主，其書評亦多為文人作家執筆，如袁瓊瓊、駱以軍等為該刊撰稿。報紙專版的需稿量大，一些書評快手兼好手如：南方朔、楊照、王浩威、莊裕安等。

　　書評是書籍（作者）與讀者之間溝通的管道，它更是依附其所評論的書籍而存在。在臺灣因為速讀文化的扭曲，反而讀者不願也不耐去讀原書，只挑書評以求速讀，致使書評因書而存在，而原書因書評而消失，書評反客為主的現象已成笑柄。南方朔斷言此一現象說：「臺灣存在著精英文化與大眾文化的斷裂」而二十一世紀，開卷版面愈來愈少，現今也已結束。

三、連鎖書店推動新的閱讀世代

　　臺灣擁有成熟書刊發行管道和銷售網路密集是從 1980 年代金石堂連鎖書店開始的。果子離在一場「這是閱讀最好的時代，也是最累的時代」

中描述：「我們小時候在桃園，那時候在桃園小鎮，沒什麼書店，大概比文具行大一些，若到裡面看書，不買書會被瞪白眼，會被罵。後來到重慶南路書街，開了金石堂書店，非常不得了，金石堂做了一個革命，將書櫃頂到天花板改成和人一般高，給人覺得書店親和力多了，最大的好處是隨便我們看書，後來又加了大門的感應器，所以在店裡看書不再被店員跟著，在書店看書就很舒服。」[150] 這項書店的革新，促使讀者走進書店，隨意翻書，書店的書櫃比較人性化的安排，社區的閱讀活動也跟後推動。1983 年金石堂連鎖書店的成立，象徵著圖書市場的指針性，也代表著閱讀世代的來臨。這個時候的出版特質是輕與薄，是大眾化和大量化。而金石堂也從 1985 年開始為免暢銷書排行榜的文學與非文學類導致閱讀的通俗化，而做了年度風雲出版人物（見附錄 6）和年度風雲作者人物（見附錄 7），以期製造更多的出版議題。

到了 1989 年，誠品書店以「閱讀堂」的概念，結合圖書館與書店的概念。誠品生活，製造一致性主導文化走向。知名評論家楊照先生說：「若我們界定文化霸權的定義，有權決定文化價值的人，那麼誠品早就是臺灣的文化霸權。誠品和傳統書店的不同是後者的理念是把書堆起來便宜賣。」[151] 臺北師大商圈有名的水準書店老闆曾大福說：「逛書店到誠品，買書到水準。」而依誠品的公開財報顯示，誠品生活主要的營收並非來自圖書。政大科管李仁芳教授說：「從統計數字上看，現在的毛利很小，所以大概要從製造經濟走向創意跟美學的加值，從這個方向的轉型」。[152]

而在 2000 年張天立創辦博客來網路書店對臺灣的出版業又經歷了一次的變革，在一場張天立談理想的網路書店時，他這樣說：我本身是學

---

150 筆者自行整理—youtube 視頻 -2012 年「讀冊生活」推動 2012 年閱讀講座—果子離「這是閱讀最好的時代，也是最累的時代」.

151 筆者自行整理自「吳清友—臺灣人物誌」Discovery 2007 年 . Dvd. 45min

152 筆者自行整理自「吳清友—臺灣人物誌」Discovery 2007 年 . Dvd. 45min

工程寫程式的，對於博客來網路書店的形成，當初在寫創業計畫博客來時，只是為了補強實體書店的不足，一直等到 2000 年左右，突然頓悟覺得網路書店將會取代實體書店，其真正關鍵性是消費者對時間的運用，絕大部分的人很難有整天或每天或每週或每月跑書店一趟，我們都是利用片碎時間，更沒有時間在書店裡慢慢看文學書。在有限機會的碰觸點，我們會利用網站，網站天天接觸，天天流覽完全是時間運用的問題。我記得博客來推 66 折時，就像為什麼公車一次來三班，這是機會成本。[153]

時報文化總經理莫昭平表示「紙本書，我們家產品銷售是，博客來第一，誠品第二，金石堂第三名。尤其博客來網路上的即時銷售排行榜」莫昭平生動形容「現在做書，很直接，書出去，一個禮拜，有時不用一個禮拜，就見生死啊，立刻啊，博客來有即時排行榜，如果有一天你連即時榜都上不了…這樣說，一個禮拜，見真章，二個禮拜，見生死。」[154] 這就是現今書的市場週期和週報沒兩樣。

而其實臺灣的圖書分類也因各自的管理而有所不同。一般依圖書申請書號時同時也會申請分類號（CIP）而書籍的分類，臺北的國家圖書館書號中心以賴永祥所編訂的中國圖書分類法，分十類，有 0. 總類，1 哲學類，2 宗教類，3 自然科學類，4 應用科學類，5 社會科學會，6 史地類，7 語文類，8 美術類。然而書店的圖書分類則是以讀者較容易找得到書的情況做分類。「誠品書店」大致上分八類：1. 翻譯文學，2 華文創作類，3 財經商業類，4 人文科學類，5 藝術類，6 心理勵志類，7 健康生活類，8 休閒趣味類。「金石堂」的分類：1 文學，2 財經企管，3 生活藝術，4 親子童書，5 科學人文，6 學習進修，7 心靈健康類。網路「博客來書店」的圖書分類：1 商業理財，2 文學小說，3 藝術設計，4 人文科普，5 語言

[153] 筆者自行整理—YouTube 視頻—張天立談閱讀的好奇心與實踐力—網路書店的價值。
[154] 筆者訪問稿：編號 A18。

電腦，6 心靈養生，7 生活風格，8 親子共用，9 數位閱讀等九大類。也因為類型書的愈來愈多，其實圖書該如何分類，也變為一種很專門的學問。由（表 2-8）[155] 觀察，其實可以瞭解到金石堂、誠品、博客來所上架的書種不外乎應用科學類、社會科學類、語文類，也正應驗近六十年來臺灣出版品分類較為暢銷的亦是此三大類為主軸。其它小眾的書就得靠獨立書店做專屬的圖書服務。

表 2-8　圖書館的圖書分類與三個主要通路的圖書分類一覽表

中國圖書分類法	金石堂	誠品	博客來
0. 總類			
1. 哲學類			
2. 宗教類			
3. 自然科學類			
4. 應用科學類	學習進修 親子童書	健康生活類	生活風格 語言電腦 親子共用
5. 社會科學類	科學人文 財經企管	人文科學類 財經商業類	人文科普 商業理財
6. 史地類			
7. 語文類	文學 心靈健康	翻譯文學類 華文創作類 心理勵志類 休閒勵志類	文學小說 心靈養生
8. 美術類	生活藝術	藝術類	藝術設計
			數位閱讀

---

155 筆者整理：來源自國家圖書館書號中心、金石堂、誠品、博客來網站。

小　結

　　有關出版的制度隨著出版政策和新一代出版人而有所不同，如從戒嚴到解嚴，而新一代出版人從報刊雜誌的編輯轉戰到出版業的人很多，往往帶給出版業新的制度改革，尤其平鑫濤在聯副時代首推的作者月俸制後改善了作者的寫作環境以及稿費還能以「以物易物」，而現在圓神簡志忠推行「周休三日制」給予文化人更多的原創時間，都是臺灣出版制度因時因地制宜的權變之計，這些都是開放市場下自由競爭必要之調整，當出版產業不在受官方保護，隨著市場機制使出版業能正常地成長和裂變成當地特有的人情和風俗等特徵。而在戰後的臺灣所有軟硬體設施皆處在百廢待興狀況，硬體設備不外乎都靠美援增添印刷機器，1963年臺灣文化學院率先成立印刷工業研究所，後有臺灣藝術專校，也因1961年臺灣第一家國華廣告需設計人才，培育了不少商業設計的人才。追溯至民國初年，魯迅高呼把書籍當作藝術品看待、強調書籍裝幀的重要性之後，使得有一批青年畫家、設計家、文人紛紛投入，大膽創作，風格多變，百花齊放，遂更加確立書籍裝幀的現代化。而臺灣承襲日治時期和大陸內地引領的風格，使得書籍的裝幀有了很多的發展。

第三章　運用編碼／解碼分析
出版文化元素

　　早在十九世紀，英國藝術家莫里斯（William Morris）在面對機械設備大量產製出的標準化商品時，便試圖恢復手工藝的製作生產模式。在後資本主義的興起，商品不僅是商品，而是「作品」，一種可以豐富自己生活，讓生活更有品味的「藝術品」，商品的象徵價值與符號價值成了後資本主義市場交易法則的主軸。而書籍是最主要的文化商品。[156] 這個文化商品所具備的文化資本（cultural capital），它包含一種以族群共有的觀念、習慣、信仰與價值存在的超文化價值（extracultural value），即出版文化場域的形成。

　　在「注意力的經濟學」中修辭學家 Richard A. Lanham 所提出的概念其實很簡單：現在是資訊的「後匱乏時代」，我們要談論的經濟學不應該只是在生產與分配，而是轉到人身上。[157] 這也是筆者在做這個主題「出版文化」研究的最重要的核心，在於臺灣從事出版的這些人的出版理念和出版決策其深思的意涵。

---

[156] 邱誌勇：《文化創意產業的發展與政策概觀．文化創意產業讀本》[M]. 臺北：洪葉 . 2010. p5-6
[157] 周易正：《斷掉的椰頭—行人出版社的注意力．臺灣社會學研究論壇》[J] 8（2007）：65-70.

　　本研究採取「定性研究」透過出版人的背景分析，其發展出版業的框架也有所差異。人不是一出生便有了文化，需經過家庭教育、學校教育以及工作環境的社會歷練等培育出在一產業獨特的價值觀。我們深刻體認到，當舊的文化消失了是因為產生它的生活方式不在了，而新的文化方式自然預示著新的生活方式。在這 18 個資深「出版人」的訪問中，采開放式提問在主題的十大項問題裡再追問相關的出版環節與問題，而從這錄音檔逐字整理出來的訪問稿做文本分析。如何描述臺灣的「出版文化」這是很虛幻又無法用具體的對應文字敘述，所以借用霍爾的文化研究理論基礎的編碼／解碼理論，與傳統的大眾傳播研究中所勾勒的「發送者－資訊－接收者」的線性模式不同，霍爾提出的這個編碼／解碼新模式，使闡釋的意義更加多樣 [158]，故此借用此概念來建構臺灣地區出版文化的量化指標。

　　在霍爾的話語實踐（discursive practice）中，當把三維的世界變成了二元的表徵層面時，當然無法意指所有的相關概念。霍爾舉例說明，電影裡的狗可以咆哮，但無法咬人，現實存在於語言之外，但是它重視不斷地經由語言來仲裁：我們想瞭解和想要表達的任何事情都必須通過話語來進行。語話知識在語言中，不是透明的本真表徵形象，而是與真實條件和狀況相關的「語言關聯」（articulation of language）。沒有「零度語言」（degree zero in language），自然主義和現實主義的「保真度」（fidelity）等象徵性的概念，那些描述只不過是語言對現實某種程度上的結果、影響和關聯。這就是話語實踐的結果。[159]

　　根據霍爾的話語實踐概念，筆者將專訪對話的文本試圖以話語中的含意對應到出版文化的十六個元素中，語意對應到各文化元素（見表 3-1，3-2，3-3，3-4），再根據的編號中各自的比重加總為統計資料。

158 武桂傑：《霍爾與文化研究》[M]. 北京：中央編譯出版社 . 2009. p127
159 武桂傑：《霍爾與文化研究》[M]. 北京：中央編譯出版社 . 2009. p126

　　受訪人基本上都是資深工作者經歷三十年以上，「出版人」經歷「交流迴圈」的出版文化場域的薰陶，才能形塑一個地區特有的出版文化場域，展現特有的出版樣貌。依此脈絡以此 18 位資深出版人，做為我研究出版文化的基礎架構。

　　按受訪人基本資料以及服務的單位如下依性別、學歷、學科、公司資本額、出版社類型做一個概括性的統計。出版業的決策者、經營者絕大多數為男性，而女性為職員居多；學歷大致以大學畢業為主占 78%，學科偏向文科居多占 56%，公司資本額以 1,000-5,000 萬新臺幣（約 200-1,000 萬人民幣）居多占 40%，文學類型的出版社資本額偏在 1,000 萬新臺幣以下（約 200 萬人民幣），而數位出版需在資本額 1 億左右（約 5,000 萬人民幣），而出版社類型以大眾類圖書占 60% 為多數。（其中有關資本額的統計因為「國家圖書館」書號中心、法鼓山文化中心和道聲出版社為宗教類未列入臺灣的商業司管理，故無數據統計。）此為受訪者和相關出版社的基本資料情況。

性別	人數	百分比	學歷	人數	百分	系所	人數	百分
男	13	72%	初中	1	5%	文科	10	56%
女	5	28%	大學	14	78%	社科	4	22%
			研究所	3	17%	理科	2	11%
						術科	1	5%

資本額（新臺幣）	家數	百分比	類型	家數	百分比
1000 萬以下	3	20%	少兒	1	6%
1000-5000 萬	6	40%	大眾	10	60%
5000 萬 -1 億	3	20%	宗教	2	11%
1 億以上	3	20%	專業	2	11%
			綜合	1	6%
			數位	1	6%

第一節 出版理念的構面要素分析

　　將出版文化的四個構面：出版經營、出版活動、出版理念、閱讀文化等為其終極價值觀，而出版理念以價值觀為核心，並以此核心層再編碼／解碼列入各元素如出版理念的價值觀以興趣、熱忱、態度、信賴、愉快、審美等六元素構成。

　　在出版理念的解碼中，可以看出，幾乎每個人的分數都相當接近，一般會在出版圈工作的人，首要對這一領域的興趣都很強，而且也覺得在這個工作環境中是可以很愉快的，工作的同時也是一種享受，信賴度是強烈的，出版的制度是建全的，只是在審美的元素上較弱（見圖 3-1）。

　　而明顯編號 A14 的分數低，可以合理推斷，因為是繼承家業，又非自己的專長和興趣，另外編號 A3，A5，A7 都是曾經風光一時，也許過去的某些挫折，使其出版理念不是很明顯的表現出來（見圖 3-2）。

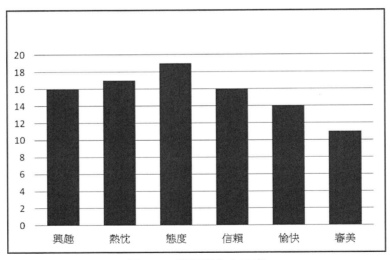

圖 3-1　出版理念六元素

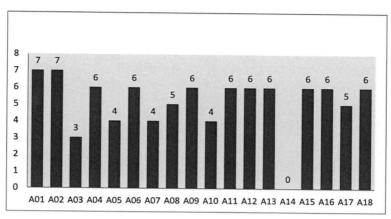

圖 3-2　出版理念構面元素統計

表 3-1　出版理念構面文本編碼／解碼概況

出版理念構面要素
以價值觀為核心概念，而影響的元素有：興趣、態度、熱忱、信賴、愉快、審美（有時是崇高）。

編號 A01	編號 A02	編號 A03
興趣 1 大學時讀中文系，當時即非常熱愛文學，大學時就有創作也寫文章 態度 1 這個產業的特色：他利潤不高，有理想性高於其它產業，尤其在文學出版這一塊 熱忱 2 1 這行業的待遇不好，要花很多心力，而且要不斷地成長，要對文學有品味，要對社會的變化有敏銳度，做書是個很容易出錯的事，因為一本書的製作環節要和很多人配合，而且要訓練自己的邏輯，讓編輯減少錯誤，並且要常	興趣 1 因為覺得親近文字工作像編輯圖書這工作應該不錯 態度 1 像我們知道有些可以大賣得書，我們還是不會做，如另類療法的書 愉快 2 1 這個工作是很愉快，有時會想換工作，但最後都覺得捨不得離開 2 在這個工作領域中，常能從工作中獲得滿足 熱忱 2 1 也可以讓自己的一些理念得以完成它 2 像公司股東每年都會配股，	興趣 1 我是從 1986 年，我 36 歲時才踏入這個行業，我的側重的不是出版的研究，我強調我該要如何經營出版和管理出版的角色 態度 1 有關我之前在城邦，城邦被香港企業購買時，我就不想，若我在臺灣做書，香港若有大老闆來，還得去迎合他，那就沒有個人意識。我做書，不想為企業賺錢。 熱忱 1 我想讓您瞭解我對臺灣出版的看法，我對臺灣出版的一些現象的觀察，還有我自己

寫，對文學的品味，靠自己不斷閱讀，這工作最迷人的地方，就是工作和閱讀結合，是自己的心靈也在享受其中，這是一種理想性的工作，工作時可以閱讀很多不同人的心理。 2 出版書都是別人的，幫助別人完成夢想，我覺得蠻好的， 信賴 1 最重要的是作品要得到別心的信賴，這就是選稿的標準，核心仍是原歸到作品本身 愉快 1 工作和閱讀結合，是自己的心靈也在享受其中 審美 1 不斷地自我成長並培養對作品的鑑賞力	然後配股要買公司的書，去做推廣和送人，為了推廣衛教 信賴 1 以前和作者之間的關係是一種誠信，根本不用合約制定。 審美 0 不會為了要花巧為了門面而改變，公司財務都是務實的經營	從事出版的心得。 信賴 0 愉快 0 審美 0
編號 A04 興趣 1 個人長期觀察、關心臺灣的圖書出版產業（我喜歡稱事業），也先後在大學圖書館及國家圖書館服務。 熱忱 1 從事工作中，觀察臺灣出版產業的特性，包括出版社大多以中小型規模經營、個人或非營利出版單位申請 ISBN 之新書量也非常多。 態度 1 一般總認為圖書館是圖書的典藏場所，知識傳播與服務的機構，但個人也強調圖書館也是可以「出版」。在不考慮市場利益下，圖書館應有出版計畫 信賴 1 認為商業操作下，要富於出版的基本功能 審美 1 在不考慮市場利益下，圖書館應有出版計畫：如國家圖	編號 A05 興趣 1 我那時在工商時報副刊的主編，那時很喜歡這個工作，一直有接觸出版這個行業 熱忱 1 我可以肯定的是我一輩子都會在這個產業，出版業一直都是我唯一會從事的行業。 態度 1 所以我只關注總編輯，讓總編輯權責相符，我在支持成熟的編輯，搭建穩健的出版經營，我現在再做的所有事，就是和總編輯，建構一個夠好的系統可以支撐編輯，他們想做就可以隨時開一個平臺。 信賴 1 讓總編輯的能力能夠發揮，總編輯如何選書，我這裡可以做到當書要出版時才知道書的內容。 愉快 0 審美 0	編號 A06 興趣 1 因為小時候父親常講故事給我聽，很早我就想做與書為伴的工作，尤其做童書編輯應該很有趣 熱忱 1 我會積極參加法蘭克福書展，還有相關的一些國際書展，也會拜訪留美歸國的兒童文學學者請教這方面的最新書訊，也常上圖書館關注童書方面訊息。 態度 1 每個選書人，心中都要有一把尺，身為編輯應該要兼顧不要嘩眾取寵，先以理想的書為要求再去精選行銷買點，先從理想的，再從行銷觀點，有些書是小眾市場，但仍然要顧及，文化公司總要去取得市場的平衡。 信賴 1 現在讀者購書除了選書外也會考慮出版社的品牌

書館於 20 年前特藏古籍走出冷氣房，至近 2、3 年的古籍複刻出版計畫、典藏明信片與古契書的整理與出版計畫，均受到讀者、出版社爭先贊許、出版。		愉快 1 有關做這個行業的收穫，編輯是一直與人接觸，而編輯童書的工作，讓人永遠保持單純的心思，看待這個社會像孩童純真的心，沈浸在快樂編輯人，編輯的工作很愉快。 審美 1 在「溫暖的愛」主題上特別著重，希望能幫助小朋友在身心發展、克服苦難、如何學習愛等的敘述
編號 A07 興趣 0 熱忱 1 現在書的市場太分散，以前談 content is king，現在不是這樣的，現在是 service is king，看哪家出版社服務好。 態度 1 以這個行業來講，我們很自豪，我們真得在本業經營，我們不置產。 信賴 1 臺灣做專業書的都做很久，都很根深蒂固了，大家當初創業的品牌認知都很強 愉快 1 以這個行業來講，我們很自豪，我真得在本業經營 審美 0	編號 A08 興趣 1 那時候一般的書都是八股的。那時候沒什麼書。 熱忱 1 我那時候 .. 空空啊（台語）..那時我還有在教書啊，年輕只憑一股熱情 態度 1 那時候做出版就是只顧耕耘不顧收穫 信賴 1 那時候稿源比較多，都是人家送來的，我也沒有特地去邀稿，那時候作者沒有地方出書，只要有出版社，他們就願意來投稿，作品沒有地方消耗 愉快 1 遇到有些官員有些老長官，見到我，和我說他們都是念水牛的書長大的，聽得就覺得很安慰很有成就。 審美 0	編號 A09 興趣 1 我是 1975 年創遠流 熱忱 1 我的名言：沒有偉大的作家，就沒有偉大的出版家，也沒有好的作品。 態度 1 創造閱讀產業的集體繁榮，不管我現在做的任何事都是在做這件事，但每個人才做的工作方法不一樣。 信賴 1 我在 2004 年寫了一篇《知識創價，其樂無窮》中就是在強調信任、信賴的重要。 愉快 1 書展上巧遇王榮文和貝嶺在聊天聊他的流亡的詩人。 審美 1 整個出版產業或文化創意產業，最主要元素就是以「人才」為本
編號 A10 興趣 1 因為對教育很瞭解所以就很直接投入出版這個一行。 熱忱 1 他覺得兒童教育很重要，一直在深耕兒童教育	編號 A11 興趣 1 世新大學編採科 熱忱 1 重點在教導小朋友對生命教育的認識。像小孩的許多問題，例如自殺，兩性問題這	編號 A12 興趣 1 我是從作者的角度投入到出版業，我當時在士林高商的廣告設計科教書 熱忱 1 創意市集，這個舞臺不需要

態度1 我父親就是以書養書的觀念做出版 信賴0 愉快0 審美1 故宮選粹和日本合作，由日本派攝影師來拍照然後回到日本印製，經故宮授權，這開始了光復的第一套書	類，這系列強調讓小朋友認識生命的真諦並愛惜生命。 態度1 我們就以宣傳福音為主，不以盈利為目的。 信賴1 文字本來就是因宗教而發明，傳福音是我們出版的宗旨及價值。 愉快1 我們以現代的管理來讓我們的書能讓更多人有機會接觸到福音。 審美1 我們的核心主要是選題，也就是「意象」」即是核心、目標的意思，為推動福音的傳遞，讓更多人認識基督教，進而讓人得到幫助，也是提升整體社會的福祉。	大，但卻是很重要的作品與人才的謀合，人才訊息、作品訊息以及作品學習訊息，是個多元又廣泛的平臺。 態度1 出版社其實很簡單，主要的產品和形式是書，真正能打戰的主力就是內容，買的也是內容 信賴1 和印刷廠老闆也熟，於是就可以讓我先印刷等賣完書才來結款。 愉快1 第一和開創性的作品，引領風潮又有助於社會。有影響力又可以獲利的書。 審美1 現在結構都是無法用一種模式來套一個標準來談而是看個人的特質來客制，現在無法做很模式化的方式來做。很像心理諮商師一樣一個個案按一個案做。
編號A13 興趣1 我從小就對生命很疑惑，後來有一次在誠品看到師父的書《禪的生活》，覺得以前的都是世學，永遠學不完，但解決不了生命的問題，接觸到佛法的書後就覺得很不一樣 熱忱1 我在這裡工作我的興趣我的信仰都在這裡，於是就來，做了二年後，確定我要做這個，我就出家了 態度1 我們比較不一樣的是我們重點和使命要弘法，所以我們要兼具市場的需要，市場某部分它代表當代人的需要，我們的核心目的不是為銷售	編號A14 興趣0 熱忱0 態度0 信賴0 愉快0 審美0	編號A15 興趣1 我以前在學校編校刊，大明中學時，我就是寫手，年輕時，住校缺稿就自己寫， 熱忱1 其實書只分二類，一種放倉庫，一種是在讀者家裡，書要有意義是要被讀者發現才會有共鳴，我是為我個人出書，那我去買書就可以，我心目理想的書單目錄是可以滿足一個家庭裡各成員所需要的 態度1 其實我們不用那麼擔心，不要去擔心數位，等到那天到了，我們也會有這個能力去做，我們要知足常樂，要瞭解自己的位置在那裡，不要

而銷售，但為了佛法一定要做出符合市場能接受的產品，這樣才能宣傳佛法，我們有理念和宗旨。 信賴 1 師父有規定他往生後書就不能再出新書，這是作者對文稿的尊重和責任 愉快 1 我在這裡工作我的興趣我的信仰都在這裡 審美 1 我們的整個核心是如何服務信徒，精神領域是不變，如何活化法師的東西，然後再開發新的東西		給自己太多擔心，那很耗身體的能量。 信賴 1 七等生問你是哪一家，我說圓神，他回說怎麼輪到你呢，於是我知道他住在通宵，我後來拎了一瓶玫瑰紅，三十年前，我跑去找他聊到早上四點，我出了他的第一本書 愉快 1 若編輯覺得選題壓力很大，那可能換個角度想，你要給你的讀者一年十種驚喜，人是為了生活而工作，要豐富我們的生活，千萬不要為了工作而生活。 審美 1 周休三天的本意是，每個人都有很多角色，但每個人都被要求在工作上，但人生的每個角色都很重要，應該要兼顧每個角色，而每個角色都是在豐富我們的人生。
編號 A16 興趣 1 因為自己從小從高中就常跑牯嶺街買書、收集書到現在都有幾萬冊。 熱忱 1 所以到國外去收集資料看到國外先進的方法 態度 1 任何載具或科技都要學，已變成類科技化的情況 信賴 1 待人就是待心，讓人感覺得到我們的誠意 愉快 1 他要對這件事有興趣，然後這個人可以融入這個團隊，然後去開創新的 審美 1 漢珍的名稱也是這個意涵，要將漢學資料在海外的遺珍	編號 A17 興趣 1 其實我在高中時期就喜歡編刊物 熱忱 1 希望出版一些有學術價值的學者的著作這是聯經的創立很重要的目標和理想 態度 1 但聯經不是一個學術出版社，我們是綜合性的出版社 信賴 1 這些學術型的書確實都有經過審查 愉快 1 這本書裡有提到，我們覺得滿意的作品。 審美 0	編號 A18 興趣 1 那時是我在中國時報，帶一組人做翻譯，民國 77 我主動提我想當記者，老闆：問你要跑什麼新聞，我就說出版 熱忱 1 要各方去找作者，很有趣的… 態度 1 書本身就是能量俱足的產品，網路上的東西只是材料，書是經過整理 .. 系統化創作的過程，或編輯過程的一個 .. 是個自己就非常能量俱足的產品，這個是非常重要的。 信賴 1 有點像伯樂和千里馬啦…但這千里馬也要願意跑啊 愉快 1 也就是你的書做得足夠好，你的書賣得足夠好，自然而

把它送回臺灣		然就會有業績和獲利，不是為了去追求那個，而你的獲利是結果 審美 1 臺灣的讀書的人口都還在，那是可以培養的，只要我們可以找到他們，只要我們可以做好書，好書很抽象，我們可以做，對讀者有幫助的書。

第二節 出版活動的構面要素分析

　　將出版文化的四個構面：出版經營、出版活動、出版理念、閱讀文化等為其終極價值觀，而出版活動以編輯力和行銷力為核心，並以此核心層再編碼／解碼列入各元素如：出版活動的元素，區分二個軸心，一是編輯力（專業度、論述力、知識的廣度），一是行銷力（積極性、策劃力、獨特性）。

　　依出版活動六元素加總呈現如（圖 3-3），可以看出策劃力和積極性拉高，而知識廣度偏弱，也就是專業面愈深入，知識廣度就明顯不足。

　　而經編碼／解碼後按相應的元素，統計出結果編號 A12 和 A15 在此項的表現是顯著的。也就是這二家公司在出版的活動顯得積極又有活力，若再對應到金石堂的年度風雲出版人，則可洞見，這二位出版人顯然是現在臺灣出版業的標竿人物。而比較不一樣的是編號 A01 和 02 由於是編輯背景，而編號 A14 是專業圖書同時是繼承家業的情況，對於行銷的靈活應用面有待加強（圖 3-4）。

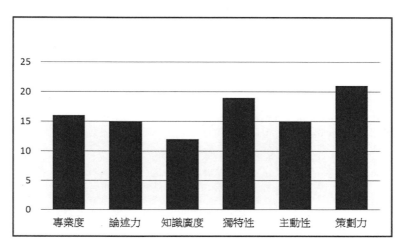

圖 3-3　出版活動六元素

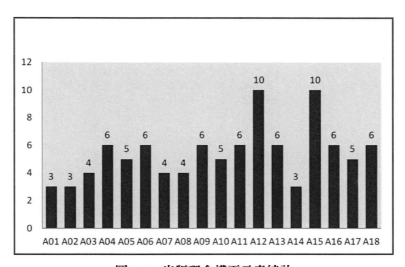

圖 3-4　出版理念構面元素統計

表 3-2　出版活動構面文本編碼／解碼概況

出版活動構面要素		
以編輯和行銷為雙核心概念，而影響編輯力的元素有：專業度、論述力、知識的廣度。影響行銷力的元素有：積極性、獨特性、策劃力。		
編號 A01 編輯力 專業度 1 文學編輯，是要花很多時間和心血，以及也要有耐心去不斷地自我成長並培養對作品的鑑賞力。 要對文學有品味，要對社會的變化有敏銳度， 論述力 1 要看書的厚重，寫出來的作品能否和人溝通 知識廣度 0 行銷力 積極性 0 獨特性 1 大約有幾個元素影響做文學出版這一領域如解嚴、文學出版社、副刊、行銷通路、排行榜、文學獎。 策劃力 0	編號 A02 編輯力 專業度 1 現在是圖像時代曾有一位哈佛醫生預說 2025 年人類三大疾病，一是癌症、二是愛滋、三是精神疾病，這份研究是十年前預測的，這和我們閱讀的形式有很大的影響，閱讀文字的大腦比較不會得精神疾病。 論述力 0 知識廣度 0 行銷力 積極性 1 有一次我懷孕末期，感冒時發燒，都不敢吃藥，怕會影響小孩，後來和醫師溝通才知道正確健康知識，後來我就和總編輯提，我自己的情況於是就企劃一本《準媽媽保健》，記得出版後一二個月，好像沒什麼，但半年、一年後，再追縱發現賣得不錯。 獨特性 1 今年開始在 Facebook 在找人來維持，試作一本書，糖尿病生活百問，這本書就市場反應不錯，書有動起來，最近也有一本書，請他來策劃，辦個小型座談來和讀者互動。 策劃力 0	編號 A03 編輯力 專業度 0 論述力 1 今天要分享，三、出版最珍貴的是編輯。出版社培養一個編輯從不懂到懂可以開發市場和作者談，約三至五年，有誰有在培養人才，臺灣現在的出版社都還在撿便宜，大出版社找人都要找有經驗的，撿現成的，這個現況造成好人才不進出版業，而出版業找不到人才，而解決的辦法就是臺灣應該要有超級出版集團，來培育編輯人才，臺灣的出版三角形結構是不合理的，若市場小，為什麼博客來可以做到三十億，誠品可以做到三十億，所以市場一定有，那為什麼出版人老闆為什麼不好好經營？ 知識廣度 0 行銷力 積極性 1 我不想談臺灣出版史，暫不依擬好的問題回復，我想讓您瞭解我對臺灣出版的看法，我對臺灣出版的一些現象的觀察，還有我自己從事出版的心得。 獨特性 1 若我在臺灣做書，香港若有大老闆來，還得去迎合他，那就沒有個人意識。我做書，不想為企業賺錢。 策劃力 1 很多出版社沒有積累又不敢投資，像我們共和國文化集

		團經營模式是可分二部分，擴展有部分，一是由於新人的擴充，為什麼敢用新人，能夠得到什麼，新人進來，由總部補助薪水，編輯可以抽成，用了新人可以成長，有機會，第一年做幾分之幾，公司有業務、總務，我們業績可以抽成，用了新人可以有公司機會成長，假設，六千萬分16%。三千萬分百份之 13。
編號 A04 編輯力 專業度 1 我主編的《全國新書資訊月刊》每年的選題，多少都會觀察出版思潮而設計一些主題 論述力 1 我觀察解嚴後，綠色執政，強調本土而來的本土熱，及尋根的浪潮，如前衛出版、鄉村出版，還有劉還月的原民出版現已歇業，而學術上則以水牛出版、桂冠出版等 知識廣度 1 我主編的《全國新書資訊月刊》每年的選題，多少都會觀察出版思潮而設計一些主題，我觀察解嚴後，綠色執政，強調本土而來的本土熱，及尋根的浪潮，如前衛出版、鄉村出版，還有劉還月的原民出版現已歇業，而學術上則以水牛出版、桂冠出版等，延續至今像大樹出版的《臺灣賞樹情報》，《臺灣魚類圖鑑》等，大樹現在被天下遠見合併，對了遠流的《臺灣館》也是很有特色。 行銷力 獨特性 1 在生活富裕後，人們就會關注精神的生活，此時宗教類	編號 A05 編輯力 專業度 1 我剛從北京回來，才在百道網上課，一是選題，二是對讀者的掌握，三是書名與版式四成本定價，五編輯要略懂行銷，六是編輯要知道通路結構。 論述力 1 我 2006 年創立大雁出版基地，已六年了，當初是在出版最艱難的時代創立的，現在也是渡過了存活下來，我的經營方式是延續城邦模式，但我減化成是小型的城邦模式。延續的概念是各品牌的經營。 知識廣度 0 行銷力 獨特性 1 我對於如何找一個好的總編輯人才，我有敏感度，但如何選書是由總編輯去做。 積極性 1 在遠流待了三年，就出來創業，1992 年創辦麥田 策劃力 1 出版業沒有所謂的理想環境，它是根本整個產業鏈而發展出來的，若要說則應該要說如何讓出版的條件多元	編號 A06 編輯力 專業度 1 我們和作者、譯者都保持良好的關係，像朋友一樣，每個作者、譯者所擅長不一，有些對情緒方面處理很好，有些對知識面的闡述較好，每個人都有他不同的優缺點，以前對於譯者，比較不重視，將重點放在譯文本身，作品要好，但現在不同了，讀者選版本也會考慮這位元譯者以前的作品品質如何，所以維持一位好譯者的長久關係也變得重要。 論述力 1 我在選題上會著重在文化背景或適合兒童成長歷程的議題，尤其在『溫暖的愛』主題上特別著重，希望能幫助小朋友在身心發展、克服苦難、如何學習愛等的敘述。 知識廣度 1 我會積極參加法蘭克福書展，還有相關的一些國際書展，也會拜訪留美歸國的兒童文學學者請教這方面的最新書訊，也常上圖書館關注童書方面訊息。 行銷力 獨特性 1 直銷產品不同於零售市場，

的圖書，是一大值得關注的類型，而宗教類的書，比較少進入像金石堂或誠品，這類書有它的流通方式，臺灣特有的善書（勸人為善的書或小冊子），一直是民間很流通的出版品。 積極性 1 去年十月號策劃了有關《馬偕的故事》、《越來越立體化的馬偕圖像》、《不鏽壞的歷史足跡-馬偕日記：1871-1901》、《忘了自己，因為愛你—記錄靈醫會會士在台醫療奉獻故事》。 策劃力 1 個人也強調圖書館也是可以「出版」。在不考慮市場利益下，圖書館應有出版計畫。		必須產品從企劃、編輯、包裝、行銷，整個產品架構要設計完整才能進行，所以規劃了五年。 積極性 1 新書的行銷從新書出版之前就已和發行和通路溝通，像誠品、金石堂、博客來等。通常會例行性將一整年度的計畫都先安排好，什麼節慶可推什麼議題的書。 策劃力 1 圖書系列 20 冊，從歐美、日本等圖書書錄上百本中，我們挑選二三十年來做，另外還有兒童文具展，與美國 PAKA 公司影音產品合作，代理美國專門的 DVD，有關父母的教養參考用品。
編號 A07 編輯力 專業度 0 論述力 1 現在書的市場太分散，以前談 content is king，現在不是這樣的，現在是 service is king，看哪家出版社服務好。 知識廣度 0 行銷力 獨特性 1 書坊方面，多元化產品，同學都會去打工一個月可能有一萬元左右，找一些產品像代理餐券如王品、電影票，一年可以賣多少你知道嗎，每天可以賣到一千份，但毛利很低。 積極性 1 我早上還剛跑去華碩洽談，希望在書坊裡可以代理華碩 3C 商品，短期希望可以轉型。 策劃力 1 校園書坊的經營比較不一樣的是，寒暑假時怎麼辦，我	編號 A08 編輯力 專業度 1 王尚義的書，很多都是他寫在筆記本，然後我們自己整理，他剩下的書和筆記本，我們謄錄起來，然後編輯出書 論述力 0 知識廣度 0 行銷力 獨特性 1 那時都不算成本，有稿子來，有人做就出版。 積極性 1 我認為你這個書店比較大一點，我們去拜訪他，不過只要是大一點的，我們都有往來。每個區域總是會有個一二家，剛開始也沒幾家啦..現在也是每個區域也沒什麼書店。 策劃力 1 我都在中央日報登廣告，登廣告，書會賣得比較好。我還留著以前的劃撥單。	編號 A09 編輯力 專業度 1 我的名言：沒有偉大的作家，就沒有偉大的出版家，也沒有好的作品。 論述力 1 今天在臺灣我們受到很多因素的限制，我們的人民或國家若受到思想的禁錮，那我們就不會有偉大的作家，像白色恐怖，思想自由時的八十狂飆時代，每個時代都有它的特色，若合起來看這個出版發展史那就很有趣，它受教育、政治、經濟等皆影響整個出版業。 知識廣度 1 臺灣的出版史我用產銷一體來看，產品和通路來看。有時候「產品開展了通路，有時候通路限制了產品」， 行銷力 獨特性 1 臺灣的出版最發達的時期，

們在人力資源配置上充份靈活，我們會做書展，而到了開學的第一個月，訂書量是超級大，現金量也要很充足。		就是通路四條路徑全開（店銷通路、郵購通路、直銷通路和學校通路），我特別重視通路上的「產銷交流史例」。 積極性 1 就找他來，先從外包編輯，再進來編輯，變成總編輯再到總經理，合作十幾年過程算是遠流最有創造力的時候，那時候出版很好做 策劃力 1 整個出版產業或文化創意產業，最主要元素就是以「人才」為本，但每個人都有他的優點，講起來很不科學，不管理，但因為這個人才會有這本書和這件事，所以通常我會「因人設事」。
編號 A10 編輯力 專業度 1 對教育很瞭解所以就很直接投入出版這個一行 論述力 0 知識廣度 1 因為光復和日本的關係很好，所以，主要由日本來啟發我們新書的開發，光復也辦了二、三場書展，我們和日本講談社關係很好，當時中光復辦書展開啟了國際的視野，由於日本參展，接著美國、英、德法就接著參展。 行銷力 獨特性 1 當初學日本的學習研究社專門做直銷的，營業額比講談社還要大，於是也學他們引進套書《光復兒童百科圖鑑》（10 冊）以直銷方式來做，還被員工笑責這麼貴誰要買啊，結果市場反應很成功。 積極性 1 剛開始由日本引進大陸的書，	編號 A11 編輯力 專業度 1 我們的核心主要是選題，也就是」意象」即是核心、目標的意思，為推動福音的傳遞，讓更多人認識基督教，進而讓人得到幫助，也是提升整體社會的福祉。 論述力 1 隨著科技的變化，整個產業改變，像發行、編輯、流通全都改變。編印發整個生態都改變，甚至連作者的作品發表也改變，透過網路就可以發表，每個人自由發表的情況大大改變，這個行為改變了人的溝通，訊息一下子都改變，這讓出版整個不同了。也因為沒有了編輯這個守門人，網路促成粗糙文化的大量產生，大多數人都是看資訊，內容多半是片斷，沒有邏輯思考的架構，這會影響讀者領受知識和深度思考的能力。 知識廣度 1	編號 A12 編輯力 專業度 1 我是從作者的角度投入到出版業，我當時在士林高商的廣告設計科教書 論述力 2 1 除了滿足盈利模式又可以利他，作品利人又利已，共同的特徵是由三采率先第一個做的，第一和開創性的作品，引領風潮又有助於社會。有影響力又可以獲利的書。 2 若以邏輯思維來看這個問題，基本上盈利模式也就是心中的理想含有一定的盈利藍圖這樣才容易使理想可能開花，假設心中只有理想但沒有盈利模式，那麼也無法經營下去。 知識廣度 1 我找了一百多專家進來幫忙做事。 行銷力 獨特性 1 其實通路的回饋是根據過去

後來也從歐美引進很多書，像DK的書應是我們光復首先引進的，我父親在產品的規劃都太過超前。

策劃力 1

以前臺灣的交通不方便，所以就設計由自己配送，因為大部頭書很貴，所以率先以書款分期付款，最多可以分期到二年，所以客戶可以很輕鬆購書。

一個好的作品需要一個編輯將它內化成好的作品，這才是好作品的價值，出版的宗旨所在。

行銷力

獨特性 1

我們有特有的發行零售店像公館的校園書坊、忠孝東路的以琳書坊等全臺灣約有四十幾家是專門經營這類書的書坊。然而海外像馬來西亞、新加坡、北美等世界各地華人區我們也有通路。

積極性 1

我們會去找國外和基督教有關的出版社資料，如ECPA是美國基督教協會做了有關基督教方面書籍的暢銷書排行榜。

策劃力 1

我們的市場相對穩定，我們採用企業管理來讓福音有效的傳播。我們希望更多人可以看到我們的出版品，雖然相關穩定，但還是會受到大環境衝擊，旺季像復活節、耶誕節、一些節慶會影響，會比較好。

的經驗，而出版得掌握的是未來的事，若聽市場報告來推廣那是走入紅海市場，應以未來為主，可以用百分之三十為參考通路，而用百分之七十來為未來鋪陳，才是藍海的經營。

積極性 1

其實通路的回饋是根據過去的經驗，而出版得掌握的是未來的事，若聽市場報告來推廣那是走入紅海市場，應以未來為主。

策劃力 4

1 重點書不是我們主觀給他的而是經市場測試出來的，比以前客觀多了。

2 小公司的總編輯和大公司的總編輯不同，大公司的總編輯不能在編書，而是選書，只管事不做事。管對事才能做對事。

3 現在作者是有實力但可能沒有什麼想法，他需要出版社幫他做一個選題、企劃和整個行銷計畫，幫作者做一個很好的商品。

4 現在是出書前後各有它的推廣活動，出書前要提案時，對這書的優點和對市場的影響和未來性即要去對書店如博客來、金石堂、誠品瞭解並產生信心，如果他們認為是重點書他們會開始去寫軟體去佈局整合企劃，約三個月前就要讓他們瞭解。

編號 A13 編輯力 專業度 1 我是六年前，才接觸書的概念，一個編輯出版概念，另一核心是佛法，我們的核心是推廣佛法闡揚佛法，所以編輯其實是技術問題，我們	編號 A14 編輯力 專業度 1 專業圖書的出版，靈魂在社長，由社長來決定出書和未來方向 論述力 0 知識廣度 1	編號 A15 編輯力 專業度 1 出版不是出版人單方面的想法，書要送到讀者手上才有意義 論述力 1 要把心靈活動的記錄讓讀者

編輯很難找，因為要懂佛法才行。

論述力 1

我還兼任這個中心的總編輯的位置。我們中心有產銷存三個處，我是中心主要管理者。由於我之前做過採編可能世學比較豐富些，所以中心就交給我處理，反正會就做，不會就學。

知識廣度 1

會就做，不會就學。

行銷力

獨特性 1

我們的通路，有：分院（法鼓山行院館）有二十幾家，還有內部書店（結合臺灣內地分院，像農禪寺去禮佛的人，要買書這類），外部通路書店，像何嘉仁書店，誠品，另外有直銷（B to C），自己做項目，我們會寄書訊給會員，另外還有網路書店，還有一個很重要的內部體系，服務我們內部的，例如有老菩薩往生，信眾要買 500 本送人，這類的團體。

積極性 1

另有結緣系統，做一些結緣小書，成本低，讓更多人可以拿到，因為每個人通路的觸角不同、接觸的管道不同，為了廣發和更多人可以接觸佛法

策劃力 1

一個金字塔客群來看，看學術書，微乎其微少，人生知識性很少，經典系列的也少，接下來是文學文化的，再下來通俗人間系列，再下來影音，再下來禮品類，再延伸下來是生活用品，最下面就是食品，我們的商品策略是一般消費者接觸我們的東西

我們的醫學專科書都是跟著歐美步伐走

行銷力

獨特性 1

我們自己有通路，專門負責門市，反而與老師的關係不是那麼密切，也是我們一直想去突破的。

積極性 0

策劃力 0

共鳴買回去，不是一個人想，要經過很多人的配合

知識廣度 1

我心目中理想的書單目錄是可以滿足一個家庭裡各成員所需要的，也就是阿公阿媽想要看到，爸爸媽媽甚至小朋友想要的我這份書單都可以滿足他們，這就是最美好的理想出版狀況。

行銷力

獨特性 2

1 談到我們的選書，我們公司很專業，我們選書像做大聯盟的選書，是右打還是左打，壘上有人被打擊率多少，好球率多少，壞球率多少，客場打擊率又是多少，這是很細的，而且非常清楚、具體，選題首要議題大家有興趣的，第二是論述議題的人的能力是最棒的，論述的能力很重要，若文章很八股那就沒有人看，好看可以有怎麼的好看程度，我們分得很細。

2 內容元素又可分親情、愛情、友情、喜、怒..生活元素都放在其中，其實現在看書的比以前多，從我們賣得量可以看得出，只是若你內容不夠好時，沒有人要買，

積極性 1

要有雙核心，因為出版業是內容產業，那您要如何和他們互動，像我們有項目企劃，行銷企劃，整個宣傳都要自己做，那時首創，我們項目企劃新書出版三個月前到金石堂做報告，

策劃力 4

1 我的書能讓大家接受，為大眾而出

2 我覺得若是這是個好的作品，這個好的作品是對各個

是食品，因為食品的門檻最低，這是進入佛法的大門，最容易接觸，例如推廣環保筷，慢慢吸引他們。		層次都好，像理財的書，重點是觀念好，敘述生動，就可以，不過通常股票的書不是第一本書就賣得好，而是時機對了 3 果你出的書夠好，其實，我做出版這麼久還沒有一本書是這書夠好，我買，不是，很奇怪吧，真正好書為什麼不賣？是包裝有問題，是販賣過程有問題 4「7-11」剛開始賣書，我設計一個籃子，若可以，放書，只要放箭牌口香糖，櫃檯旁邊再放書，鐵籃子放三個月就給你們，後來他們為了可以有鐵籃子就放了。
編號 A16 編輯力 專業度 1 「臺灣百年寫真」，將地理資訊 GIS 給應用在資料庫，也是一種創新，像北投溫泉，一百年前是什麼樣的地貌，而現在又是如何，透過不同時代的攝影作品可以比較地貌的不同。 論述力 1 因為漢珍定位在教育，在研究單位，在圖書館，而且在海量的資料庫，所以除了資料庫外，還需要與出版商合作，共同建置資料庫，以 BtoB 的方式經營，當然先立足臺灣，再將產品往臺灣以外的地方推廣 知識廣度 1 產業界限現在變得很模糊，像 apple，google. 手機平板或電子商務等等 .. 全部都走入內容產業，產業界限不明確，全球性競爭，還有隨時會有技術性的殺手間，這個產業已變成類科技化了。任何載	編號 A17 編輯力 專業度 1 學術型的書確實都有經過審查，聯經當初成立就有成立編輯委員會。 論述力 1 不能說 50 年代的出版品比較講究理想化，現在就商品化，不是如此。而且暢銷書也不是可以運作出來的，它有很多各種不同因素 知識廣度 1 大家會選擇不同的出版品來好好經營，我也不相信經典的像紅樓夢在臺灣就不賣，它還是有讀者的。經典的書是在聯經出版也是相當可觀的，它沒有時效性的，但有它的市場。 行銷力 獨特性 1 聯經當初 1974 年創立時，很重要的就是想取代大學出版社的功能，希望出版一些有學術價值的學者的著作這是聯經的創立很重要的目標和	編號 A18 編輯力 專業度 1 要維持一個好的品質，好的品質，好的質和好的量，才能有好的業績和獲利，也就是你的書做得足夠好，你的書賣得足夠好，自然而然就會有業績和獲利 論述力 1 我覺得這就是出版業的責任了，因為網路的東西是很零散、很片斷、沒有技巧，所以才要出書，書才是完整的有系統的，有邏輯，書本身就是能量俱足的產品 知識廣度 1 應該這樣說現在的環境變化太大，讀者的閱讀習慣改變太大，那時候報紙沒有張數的限制，而且那時網路也不像現在，從網路愈來愈盛後讀報紙的人愈來愈才，到現在，可以說是最不好的時候，因為大家搶的不再是出版社互相競爭而是整個產業都在搶讀者時間，是每個產業都

具或科技都要學，已變成類科技化的情況。 行銷力 獨特性 1 漢珍成功在專注和聚焦，時間有限，要聚焦在自己的專業領域。漢珍的產品在臺灣研究和古籍是領先和最好的。 積極性 1 待人就是待心，讓人感覺得到我們的誠意 策劃力 1 我們產品多只是不把蛋放在同一籃子裡，分散風險，也是最安全的方式。	理想 積極性 0 策劃力 1 比較大的改變是隨著市場的成熟，運作的成熟，競爭的激烈，出書量愈來愈大，因此您的宣傳和發行，必須都要配合整個發展，才能符合市場需求。	在搶，例如電視 24 小時，遊戲，或者網路資料，娛樂 行銷力 獨特性 1 其實臺灣現在翻譯書占百份之七十，所以覺得原創書相當重要，我們覺得臺灣有很多好的素材和非常好的作者，應該可以好好去開發 積極性 1 我就激發了他寫作的興趣。他後來就很自律，離開醫院晚上就一直寫寫 .. 策劃力 1 覺得自己像星探 .. 也像星媽

第三節 出版經營的構面要素分析

　　將出版文化的四個構面：出版經營、出版活動、出版理念、閱讀文化等為其終極價值觀，而出版經營以管理為核心，以此核心層再編碼／解碼列入各元素如管理的元素為：對科技的關注、對組織的統合力、對自身成功案例的支持面以及最重要的對產業的願景期待。

　　從出版經營四元素加總合計後，可以看出在科技的係數很弱，統合力和願景都不強，可以觀察出臺灣的出版文化人對於科技、統合力偏弱和產業前景不樂觀的情況。（圖 3-5）

　　而經編碼／解碼後按相應的元素，統計出結果編號 A15 在此項的表現是亮眼的。可見其經營較之其它家來得突出。而在這個構面可以窺見，出版圈內對對科技的關注和學習是偏低的，在實踐面的成功案例是比較醒目，也就是大多數靠經驗累積來判斷出版經營的決策。（圖 3-6）

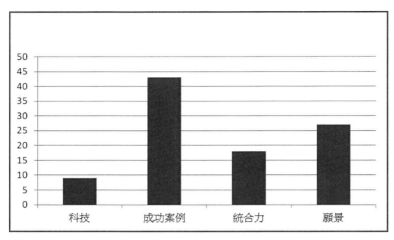

圖 3-5 出版經營四元素

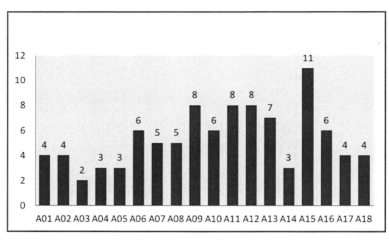

圖 3-6 出版經營構面元素統計

表 3-3　出版經營構面文本編碼／解碼概況

出版經營構面要素		
以管理為核心概念，而影響的元素有：科技、成功案例、統合力、願景		
編號 A01 科技 0 成功案例 2 1. 朱少麟的《傷心咖啡酒店》當初評估不是二千本，就是二十萬本。 2. 佛教心靈的書剛好符合那個時代受壓抑的人的口味，文學的書，就是要感動人心。林清玄那時策劃要叫紫色菩提，原本蔡先生還懷疑菩提能賣嗎？結果卻大賣。 統合力 1 做書是個很容易出錯的事，因為一本書的製作環節要和很多人配合，而且要訓練自己的邏輯， 願景 1 五四文學編輯獎是臺灣首次對編輯的肯定和給與編輯的鼓勵，能在瘂弦之後得獎，覺得很光榮，肯定編輯的努力。	編號 A02 科技 1 今年開始在 Facebook 在找人來維持，試作一本書，糖尿病生活百問，這本書就市場反應不錯，書有動起來 成功案例 2 1. 我自己的情況於是就企劃一本《准媽媽保健》，記得出版後一二個月，好像沒什麼，但半年、一年後，再追縱發現賣得不錯。 2. 找出與甲狀腺有關的文章集結出書《甲狀腺疾病》，讓書的定位更明確後反而這本書就賣得很好， 統合力 1 今年開始在 Facebook 在找人來維持，試作一本書，糖尿病生活百問，這本書就市場反應不錯，書有動起來，最近也有一本書，請他來策劃，辦個小型座談來和讀者互動。 願景 0 1 我覺得現在是舊制度崩解，新制度還未形成，出版這個產業，利潤很微薄，我不會建議我的小孩來從事這個行業 2 出版社很難將作者的好作品傳達給需要的讀者。	編號 A03 科技 0 成功案例 0 統合力 1 我想讓您瞭解我對臺灣出版的看法，我對臺灣出版的一些現象的觀察，還有我自己從事出版的心得。我對臺灣出版很關鍵的幾個問題的提出，1. 是臺灣出版產業的結構像金字塔，2. 出版為什麼不能成為超級出版業？ 願景 1 我強調我該要如何經營出版和管理出版的角色。
編號 A04 科技 1 近年來申請 ISBN 之圖書總種數，在出版分類上仍以語言文學類、社會科學類、應用科學類居多。而自民國 78 年至 101 年底，總共申請的書號的單位有二萬六千多家，	編號 A05 科技 0 成功案例 0 統合力 1 因為我是學商的，在遠流時大致瞭解整個出版的運作，創了麥田算是我第一次當老闆，因為是新公司，很多事	編號 A06 科技 0 成功案例 3 1 當時我就策劃從紐博端得獎小說中選作品拿到版權才出書，一年出 12 本，5 年出了 48 本書，有計劃的出版美國少年小說

而其中六千多件屬於個人出版情況。個人出版占四成的比重

成功案例 0

統合力 1

從「量」和「質」的變化中，的確有牽動出版類別與社會思潮，產生一些關聯。

願景 1

所幸，個人出版「POD」出版及自由的「個人出版」風氣，在不考慮成本下，可以改變一些，不是長久之計國去臺灣特別在兒童繪本上，有驚人的成果，如何鼓勵原創，走向國際化，正是各界要關心的議題。

都是和自己預設的不同，所以從編輯人到發行人，這是一個漸進的過程，有一些想法會修正，尤其是出版的節奏，一直在摸索，城邦又是一個新的經驗，它是多品牌的概念，在一個平臺上，我是城邦第一任總經理，港資是城邦成立三四年後才進入的。

願景 2

1 出版業什麼情況都有，臺灣最可貴的在於多元，它是經歷了很多階段，才能有這個多元的結果。

2 我可以肯定的是我一輩子都會在這個產業，出版業一直都是我唯一會從事的行業。

2 則是嬰幼兒成長寶盒，年齡層在零至三歲。這是在臺灣麥克策劃的

3 去年操作算是成功的案子，博客來周年慶要找一本主題書來促銷，博客來會從配合廠商的五至六家提案中再精挑一家做主打書，我們策劃一本《小老鼠奇奇去外婆家》搭配送小老鼠走迷宮，成功獲博客來選上搭配主打書

統合力 1

直銷產品不同於零售市場，必須產品從企劃、編輯、包裝、行銷，整個產品架構要設計完整才能進行，所以規劃了五年，圖書系列 20 冊，從歐美、日本等圖書書錄上百本中，我們挑選二三十年來做

願景 2

1 有一本叫做《第一份聖誕禮物》，是描述父親對小孩的愛，背景有涉及基督教，因主題可能局限在小眾，但我們仍然要去出版，以照顧到不同的閱讀人口。

2 現在出版處在微利時代，但因特性不同，更應該抱以正面的想法。

編號 A07

科技 2

1 在手機上可以看到各大報新聞，現在用手機，用平板，什麼載體都有，以前的人寧可餓肚子也要買一本書，現在的人不是這樣了。

2 像我們現在除了賣書也賣 3C 產品

成功案例 2

1 王振寰、瞿海源主編的《社會學與臺灣社會》、《社會工作概論》是社會學系必修課目，也就是大一大二的通識科目的教科書，這個市場

編號 A08

科技 0

成功案例 4

1 大林國語辭典，這個不容易，..那個時候很少有字典，而且很少有字典在頁緣有打洞，另外內文有套紅字的。

2 中國思想史（上下冊）

3 王尚義的野鴿子的黃昏，一套七本。

4 童軍教育的書才是最賺

統合力 0

願景 1

做出版就是只顧耕耘不顧收穫，那時我就知道有價值的

編號 A09

科技 1

現在共同的出路是在走「數位的路」

成功案例 4

1 單冊書時期，像《拒絕聯考的小子》，《微微夫人》，還有三毛的《娃娃看天下》每一本各別的書都要有一本是暢銷書。

2 套書時期開始，做李敖的《中國歷史演義全集》（全 31 冊）（1979 年），柏楊的《資治通鑑》還有吳靜吉《大眾心理學叢書》系列，這是

量才會大一些，《性別向度》在兩性教育的基礎課，也會用。另外還有江寶釵、範銘如主編的《島嶼妏聲》、雷蒙威廉斯（Raymond Williams）《關鍵語-文化與社會的詞彙》等，都是當今學術界相當重量級的作品。 2 我們代理餐券像王品、電影券，四間店來銷售，我們仲介賺了 900 萬多元。 統合力 0 願景 1 以後一定是從外面的產業進到出版做變革，因為我們一直在這個產業很難跳脫這個思維除了賣書還能賣什麼，得從不同視野的人來改革這個行業。	書，不見得好賣，盈利，不要以盈利為主。	和每個大作家合作。 3 詹宏志真正的貢獻是在幫我把我買到的四十本做成大眾心理學全集的出版延伸書系，以「書系經營」。 4 後來在「臺灣館」投入很多心力花很多資金。 統合力 2 1 我的那篇《臺灣出版事業產銷的歷史、現況與前瞻-一個臺北出版人的通路探索經驗》，我那時候的創見還是很好 2 出版社每年都要有一些高潮或重要的產品推出，這樣就可以經營的好和穩定，這是出版的特色。 願景 1 「創造單一產業的集體繁榮」
編號 A10 科技 1 像和 DK 買一片光碟要 400 萬，一次買七八片。 成功案例 2 1 光復和故宮合作與日本合作出版的機緣，所以就開啟了故宮選粹和日本合作，由日本派攝影師來拍照然後回到日本印製，經故宮授權，開始了光復的第一套書。 2 引進套書《光復兒童百科圖鑑》（10 冊）以直銷方式來做，還被員工笑責這麼貴誰要買啊，結果市場反應很成功。 統合力 1 以前臺灣的交通不方便，所以就設計由自己配送，因為大部頭書很貴，所以率先以書款分期付款，最多可以分期到二年，所以客戶可以很輕鬆購書，像一套書二萬四，分 24 期，每個月一千元，那很方便，購書很容易。	編號 A11 科技 0 成功案例 6 1. 殷穎認為，出版社必須自給自足，應當有 85% 的書是人喜愛讀的書，15% 是人應當讀的書，於是 1972 年開始推出『百合文庫』開始了與非教徒的接觸之路。 2.1968 年開始『人人叢書』面向的領域更廣。 3.1975 年推『少年文庫』由顏路裔主編 4.《標竿人生》作者華理克（Rick Warren），英文版，在國外售銷幾千萬本，臺灣也賣了 40-50 萬冊，還延伸出《標竿人生之每日靈糧》、《直奔標竿》、《新人新心奔標竿》、《脫胎換骨奔標竿》等。 5. 兒童生命教育系列』是繪本書系。 6. 還有《簡明聖經》，像這本《漫畫主禱文》簡體版，	編號 A12 科技 1 整個大環境的智慧手機帶動改變我們的生活習慣 成功案例 3 1 第一本書是有關，因為我出版的一些美術設計類實用性強的書在高職學校還賣得不錯，後來就提練有關比較實用性強的書 2 是 POP（約 1990-1995 年）—早期大多用大字報或毛筆寫字，後來藉由 POP 書系而帶動美術工作者採用 3 是創意市集（約 2006 年-至今），又衍生插畫市集，這比較屬於 Mook 的書，它不像書也不像雜誌，搭起尋找人才和創作作品的平臺或舞臺，即是創意謀合的平臺。 統合力 1 我從一個人做到現在一百多個人，我就不能再做以前的事，我找了一百多專家進來幫忙做事，我就不能再做事，

願景2 1我們還辦過兒童日報，做了十年，也虧了十年，每個月虧四百多萬，他很固執，他覺得兒童教育很重要，一直在深耕兒童教育。 2.1990年光復企業集團資本額擴增為一億五千萬元新臺幣，並開放公司兩年以上資歷員工認購股票。	專門售銷給馬來西亞、新加坡地區，專門服務看簡體的華人市場。 統合力1 臺灣地區，經常性出書的約有二三十家基督教出版社。還組成一個中華基督文字協會，我還是前任理事長。我們的市場相對穩定，我們採用企業管理來讓福音有效的傳播。 願景1 出版在影響一個人對生命的認識和探索，文字本來就是因宗教而發明，傳福音是我們出版的宗旨及價值。	就像總編輯不能再去編書，總編輯應該去管今年編輯的營業額，編輯的書選進來是否能捉到好書或有市場的書等。 願景3 1出版社其實很簡單，主要的產品和形式是書，真正能打戰的主力就是內容，買的也是內容，書和紙張只是形式。 2出版的經營過去和現在，整個結構完全不同。 3出版業是服務業，什麼叫好書，若無法洞察社會趨勢，做出符合社會所需求的書，沒有市場性的書又如何？
編號A13 科技1 文化中化整合產、銷、存這個概況，產含（雜誌、書、影視、商品、文宣），銷售、存。 成功案例2 1.一是像每年主題年會掛春聯，從師父著作品的一百多本，找相對文章來編輯 2.策劃「禪修follow me」。 統合力1 我們出版社是變多元的，為了因應社會趨勢從開發新系列，有外譯書、高僧小說、有青少年的、有圖文書的、也有食譜，再上活化師父的作品，我們還有影音，也有佛曲，也有學術書，我們出版社是比較多元的。 願景3 1整個核心是如何服務信徒，精神領域是不變。 2我們的核心目的不是為銷售而銷售，但為了佛法一定要做出符合市場能接受的產品，這樣才能宣傳佛法，我們有理念和宗旨。	編號A14 科技0 成功案例1 市場定位很明確，產經銷的佈局很完整，只做醫療健康方面的書。 統合力1 專業圖書的出版，靈魂在社長，由社長來決定出書和未來方向。 願景1 都是長銷書。我們著作權法前就有一千多種書，之後現在有二三千種書，專業書是長銷書，大多都比較平均，開學時就有一些資金進來，不用靠單一幾本來銷售，我們是均量的銷售。	編號A15 科技0 成功案例5 1一直到第五本書龍應台的野火，突然賣起來。 2我記得我打電話給七等生約，七等生問你是哪一家，我說圓神，他回說怎麼輪到你呢，於是我知道他住在通宵，我後來拎了一瓶玫瑰紅，三十年前，我跑去找他聊到早上四點，我出了他的第一本書，我推薦他的書到自立早報成就獎，我記得獎金有四十萬獎金。 3經過圓神的手，連普通的書都可以變得很暢銷，這就是圓神的核心，像《秘密》，這本書在臺灣賣到100萬本。 4日本這本《不生病的生活》在日本賣了100萬，但到臺灣賣了四、五十萬本，日本人嚇死了像佐賀超級阿嬤也可以賣超過50萬本 5做林清玄那本《打開心內的門窗》、《走向光明的所在》那時候我做了郵購（算是一個里程碑），找了一些育達

3 我們在發展我們的部分是服務多元和永續的概念。		剛畢業的小朋友來，那時候做了二套，我就就知道不行了，那時這二套只做郵購，我簽了八千萬廣告，後來賣了二十萬套，大約賣了七億，之後我就不做郵購，當時我就知道不行，因為投資和報酬不成比例，那時候社會和郵購的力量我把它引爆了 <u>統合力 2</u> 1 我覺得書應該為廣大讀者而不是個人趣味的事 2 當出版社變成 33 個人時，才是一個完整的出版，這個時候你就可以為作者做事 <u>願景 4</u> 1 我要把我的出版公司變成很完整的專業公司，我可以為我們作者服務，能夠把他的作品很流暢很有效率的到讀者手上。這就是為什麼我可以有資格和作者約書。 2 經過圓神的手，連普通的書都可以變得很暢銷，這就是圓神的核心 3 我心目中理想的書單目錄是可以滿足一個家庭裡各成員所需要的，也就是阿公阿媽想要看到，爸爸媽媽甚至小朋友想要的我這份書單都可以滿足他們，這就是最美好的理想出版狀況。 4 產業生態就是適者生存這麼簡單，出版業不要老是想政府的解決之道。
編號 A16 <u>科技 1</u> 那時約 1960-70 年代，那時儲存大量資料的載體是 microfilm，後來做生意有機會到美國受訓。 <u>成功案例 3</u> 1 我們就代理 CD-row，我們是第一個引進光碟機，那時	編號 A17 <u>科技 0</u> <u>成功案例 2</u> 1.十年前這些暢銷書數量相當龐大，也就是使聯經可以有盈餘來投入學術性出版之餘 2.1974 到現在，累積近四十年，我們累積的學術作品，	編號 A18 <u>科技 0</u> <u>成功案例 2</u> 1 我有一個作者李維揚，.他寫了一篇文章，寫的很好，看了都掉眼淚…就邀他看看有沒有什麼可以寫的 ... 後來他就開始寫作 2 另一個這個老師叫劉克任，

臺灣根本就沒有，那時就委託美國矽谷的朋友若從美國回來就幫忙帶回來，每次帶一台二台，一年帶個五台。逐步後來臺灣才有，雖然成本比較高，但勇於引進新的產品。

2 成立編輯部，主要就是將臺灣自己有的東西先做好，所以先從「臺灣日日新報」，是臺灣被日本佔領時五十年來重要的官方報紙，這其中資料量非常地龐大，雖然曾經有紙本，但反應印刷本模糊不佳，於是我們花了很多人力、物力、資金，將 1895-1945 年間，重要的臺灣歷史給數位化，這樣有助於大量的學者、學生做這期間的研究

3 再來就是「臺灣百年寫真」，將地理資訊 GIS 給應用在資料庫，也是一種創新，像北投溫泉，一百年前是什麼樣的地貌，而現在又是如何，透過不同時代的攝影作品可以比較地貌的不同。

統合力 1
代理也是一種傳播，也是一種發行，知識有需求也有供應，我們產品多只是不把蛋放在同一籃子裡，分散風險，也是最安全的方式。

願景 1
出版社核心的部門，要思考的是你要做的內容是否與眾不同，或者品質，而我們漢珍的標竿產品，只要一出擊就是最好的，既要內容有差異化也要品質有保證。

雖然有些書銷售少也些銷售大，但大部分的學術作品都還能銷售，反而這些學術作品是聯經目前穩定的收入來源，這是別人不知道的

統合力 1
不是所有產品都從產銷觀念來看，很多產品是我們在做策略觀察或市場觀察後再來決定要推什麼產品，然後透過什麼樣的行銷手段界入市場。

願景 1
這些學術作品是聯經目前穩定的收入來源

是台大管理學院的老師，我後來回台大上 EMBA 的課，他能夠把財報說的跟故事一樣，其實，同時具備文筆，同時又有寫作意願和有那個時間的教授不是那麼多，後來他就開始寫

統合力 1
網路上的東西只是材料，書是經過整理 .. 系統化創作的過程，或編輯過程的一個 .. 是個自己就非常能量俱足的產品，這個是非常重要的。

願景 1
我覺得自己很喜歡的作品然後又賣得特別好的時候。

第四節 閱讀活動的構面要素分析

　　將出版文化的四個構面：出版經營、出版活動、出版理念、閱讀文化等為其終極價值觀，而閱讀活動以閱讀為核心，並以此核心層再編碼／解碼列入各元素如閱讀活動指行事這個行業是否本身有閱讀力以及接觸讀者瞭解產品所需，和是否具國際視野，以及對新資訊的洞察是否掌握。

　　在關讀活動的四元素加總得知，對於接觸讀者和國際觀都是處於高點，而對新知訊息和生活面的多樣性，就明顯偏弱。新訊息的偏低更是突顯本身閱讀的頻率不高。（圖 3-7）

　　在這個閱讀活動的討論裡，發現其實出版人實際接觸讀者的情況並不多，而且在國際觀要素不高，對新資訊的洞察也是偏弱的，這個構面可以探測臺灣的出版圈的開放系統如何，顯然是很封閉的，突出的編號 A9 和編號 A13，原因是一個為現任的臺北書展基金會董事長，一位是宗教團體，可見臺灣宗教團體的力量是很大的。（圖 3-8）

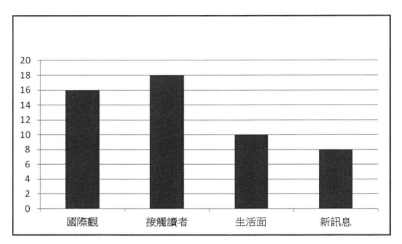

圖 3-7　閱讀活動四元素

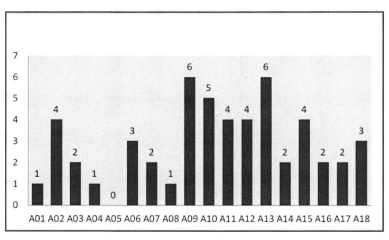

圖 3-8　閱讀活動構面元素統計

表 3-4　閱讀活動構面文本編碼／解碼概況

閱讀活動構面要素		
以閱讀力為核心概念，而影響的元素有：國際觀、接觸讀者、生活面多樣性、新知力		
編號 A01 國際觀 0 接觸讀者 1 文學一直都走小眾市場，文學本來就是學生時代和某一階層會看的。 生活面 0 新知力 0	編號 A02 國際觀 1 現在是圖像時代曾有一位元哈佛醫生預言說 2025 年人類三大疾病，一是癌症、二是愛滋、三是精神疾病，這份研究是十年前預測的 接觸讀者 1 今年開始在 Facebook 在找人來維持，試作一本書，糖尿病生活百問，這本書就市場反應不錯，書有動起來，最近也有一本書，請他來策劃，辦個小型座談來和讀者互動 生活面 1 我們透過雜誌來維持和作者之間的長期關係 新知力 1 閱讀文字的大腦比較不會得精神疾病。以前圖是輔助的，文字仍是主要的文本，但現在已變成圖是主要呈現，文字反而是點綴而已。	編號 A03 國際觀 1 談出版仍離不開知識份子，臺灣算是比較多元的社會，我們來看看日本、美國的文化非常地多元，光是大眾文化就市場很大 接觸讀者 1 像澳洲平均每個人讀十本書，臺灣平均每個人讀三本書，我們的書，是否有人願意買來讀這是我最關注的 生活面 0 新知力 0
編號 A04 國際觀 0 接觸讀者 1 宗教類的圖書，是一大值得關注的類型，而宗教類的書，比較少進入像金石堂或誠品，這類書有它的流通方式，臺灣特有的善書（勸人為善的書或小冊子），一直是民間很流通的出版品。 生活面 0 新知力 0	編號 A05 國際觀 0 接觸讀者 0 生活面 0 新知力 0	編號 A06 國際觀 1 我會積極參加法蘭克福書展，還有相關的一些國際書展，也會拜訪留美歸國的兒童文學學者請教這方面的最新書訊，也常上圖書館關注童書方面訊息 接觸讀者 1 我在選題上會著重在文化背景或適合兒童成長歷程的議題 生活面 1 我們和作者、譯者都保持良好的關係，像朋友一樣，每個作者、譯者所擅長不一 新知力 0

編號 A07	編號 A08	編號 A09
國際觀 0	國際觀 0	國際觀 3
接觸讀者 2	接觸讀者 0	1 書展上巧遇王榮文和貝嶺在聊天聊他的流亡的詩人。
1 以前的人寧可餓肚子也要買一本書，現在的人不是這樣了。還有一點，以前的閱讀市場都是與出版社有關，但現在所有和出版無關的人、產業全都跳進來做數位閱讀的市場。	生活面 1	2 你的責任，就是..我在韓國學到一句話，「創造單一產業的集體繁榮」，
	我現在正在看一本書，腦內革命，只要我們時常有快樂幸福的感覺，這樣我們的生命才會長壽	3 我今天做臺北書展基金會董事長
2 再加上現在二手書的市場也很龐大。	新知力 0	接觸讀者 1
生活面 0		要創造閱讀產業的集體繁榮，不管我現在做的任何事都是在做這件事
新知力 0		生活面 1
		臺灣的出版就是在多元多樣，臺灣出版的文化，反應了臺灣的創造文化
		新知力 1
		我看了林載爵那篇文章，我先批評一下，他那篇文章沒有交待完成沒有交待日本時間在臺灣的出版若從地域的空間，1895-1945 這個五十年間的臺灣出版史都沒有交待，那時候的臺灣出版史研究很缺乏。
編號 A10	編號 A11	編號 A12
國際觀 2	國際觀 1	國際觀 1
因為光復和日本的關係很好，所以，主要由日本來啟發我們新書的開發，光復也辦了二、三場書展，我們和日本講談社關係很好，當時由光復辦書展開啟了國際的視野，由於日本參展，接著美國、英、德法就接著參展。	主要在傳福音，稿源和作者，主要和基督教的訊息有關的，所以我們會去找國外和基督教有關的出版社資料	創意謀合的平臺，也像日本人的特刊，以不定期的方式出版。這個舞臺不需要大，但卻是很重要的作品與人才的謀合，人才訊息、作品訊息以及作品學習訊息，是個多元又廣泛的平臺。
	接觸讀者 1	接觸讀者 1
除了買國外版權，也有跨國合作	在時代的出版潮流中，保持與教徒的密切接觸，並持續出版勵志書籍，向非教徒讀者傳達激勵的訊息	新書發表會只是在服務讀者或為作者辦活動，那只是一種額外的服務，不會因此而讓書比較好賣。
接觸讀者 1	生活面 1	生活面 1
因為大部頭書很貴，所以率先以書款分期付款，最多可以分期到二年，所以客戶可以很輕鬆購書，像一套書二萬四，分 24 期，每個月一千	每個人自由發表的情況大大改變，這個行為改變了人的溝通，訊息一下子都改變，這讓出版整個不同了。	總編輯覺得對出版的未來不要悲觀，我覺得張總的特色是從出版圈以外的視野在觀
	新知力 1	
	訊息一下子都改變，這讓出	

元,那很方便,購書很容易。 **生活面 1** 我父親因為在教育廳工作,所以有一個機會,記得1970前後,王雲五去日本大板參加萬國博覽會,我父親也有參與其中,那時臺北故宮在日本展覽,也因為這個機會,所以就有光復和故宮合作與日本合作出版的機緣 **新知力 1** 剛開始由日本引進大陸的書,後來也從歐美引進很多書,像DK的書應是我們光復首先引進的,我父親在產品的規劃都太過超前。	整個不同了。也因為沒有了編輯這個守門人,網路促成粗糙文化的大量產生,大多數人都是看資訊,內容多半是片斷,沒有邏輯思考的架構,這會影響讀者領受知識和深度思考的能力。	察,重新給出版新思維。 **新知力 1** 張總的思維是一直在變,隨著社會脈動而調整
編號 A13 **國際觀 1** 佛研所一年約出版4-5本書,都是大部頭的書,佛研所有提供有獎學金,論文甄選是面向全球的。 **接觸讀者 3** 1 第二個是資源,很重要的人的資源,我們可以牽引一些專業和有志之士,多半來這裡的人,都是有理念的 2 再來資源的第二個是教團的資源,我們是在整個團體之內的,像各地分院,或者如果辦活動,會水漲船高,有很多支持,就會有人捐一千本書 3 結緣系統,做一些結緣小書,成本低,讓更多人可以拿到,因為每個人通路的觸角不同、接觸的管道不同,為了廣發和更多人可以接觸佛法 **生活面 1** 中心概念,一個金字塔客群來看,看學術書,微乎其微少,人生知識性很少,經典系列的也少,接下來是文學	**編號 A14** **國際觀 1** 醫學專科書都是跟著歐美步伐走。 **接觸讀者 1** 我們自己有通路,專門負責門市。 **生活面 0** **新知力 0**	**編號 A15** **國際觀 1** 今年日本出版社,對臺灣出版界的概述,就略述圓神是一家出版的書都是暢銷書。 **接觸讀者 1** 其實現在看書的比以前多,從我們賣得量可以看得出。 **生活面 1** 內容元素又可分親情、愛情、友情、喜、怒..生活元素都放在其中。 **新知力 1** 我公司周休二天半,執行到現在已有十五年,2013年我們開始周休三天,發行系統我們可以輪值啊,只要配合的廠商找得到人就可以,我們每年都辦員工國外旅行,每年會給同事寫一封信,在臉書上,你可以去上頭看看。周休三天的本意是,每個人都有很多角色,但每個人都被要求在工作上,但人生的每個角色都很重要,應該要兼顧每個角色,而每個角色都是在豐富我們的人生。

文化的，再下來通俗人間系列，再下來影音，再下來禮品類，再延伸下來是生活用品，最下面就是食品，我們的商品策略是一般消費者接觸我們的東西是食品，因為食品的門檻最低，這是進入佛法的大門，最容易接觸，例如推廣環保筷，慢慢吸引他們。 新知力 1 我們不會自己做個電子書平臺，是采多元授權的方式，現在授權出去的有 hami，udn 電子書，另外我們自己有做師父網站，有個法鼓全集的一百多本的資料庫，在網上全部免費使用		
編號 A16 國際觀 1 我是第一個引進珍藏在海外的臺灣資料，賣給學術研究機構 接觸讀者 0 生活面 0 新知力 1 產業界限現在變得很模糊，像 apple，google. 手機平板或電子商務等等 .. 全部都走入內容產業，產業界限不明確，全球性競爭，還有隨時會有技術性的殺手間，這個產業已變成類科技化了。任何載具或科技都要學，已變成類科技化的情況。	編號 A17 國際觀 1 它能否成為暢銷書有它的各種不同因素，例如國際知名度問題，像我們現在很多暢銷小說是國際知名已是暢銷書 接觸讀者 1 1990 年代末期又有奇幻小說，可以說臺灣的閱讀人口愈來愈大，口味愈來愈廣，臺灣閱讀市場開始出現。 生活面 0 新知力 0	編號 A18 國際觀 1 他們的蠻實務，叫做專業出版研究，在 Stanford 舉辦，這是很實務的課，是 profession course，他們邀出版社，雜誌社啊，各個不同領域的像美編部門、行銷部門、編輯部門 .. 大約二三周的課，他比較像 seminars，邀實務界的人才上這個課 接觸讀者 1 現在大家對大環境比較無力，所以個人的書比較當道，什麼養身的書，或職能的增強，什麼個人成長類的書，像 33 歲以上要完成什麼，我的第一桶金這類的。 生活面 1 其實臺灣現在翻譯書占百份之七十，所以覺得原創書相當重要，我們覺得臺灣有很多好的素材和非常好的作者，應該可以好好去開發，這些書都有得到年度好書。 新知力 0

小　結

最後按綜評統計得分觀察（圖 3-9），分數最高的是編號 A15，第二編號 A12，第三是編號 A9，其次編號 A13 和 A11 相差不多。A15 和 A12 顯然是現在臺灣出版界具標竿的企業，而且都在出版經營和出版活動的構面上有優異的表現。A13 和 A11 相差不多，都是宗教方面的出版體系，有它們成熟的運作模式。

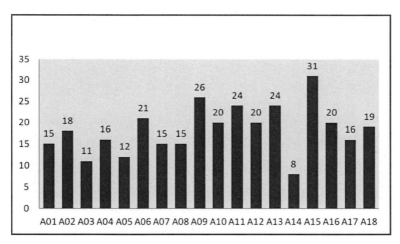

圖 3-9　出版文化元素綜評

最後發現在這 18 個案例文化研究的編碼／解碼後的研究結果呈現：

1. 新一代的出版人在出版活動的市場機制運作靈活度。更多結果顯現多是從業務背景投入出版業，而非傳統的文人背景。例如編號 A15。其展現的出版變革是出版公司將是很完整的專業公司，可以為作者服務，能夠把他的作品很流暢很有效率的到讀者手上，透過出版公司，每一本書都是暢銷書。而編號 A15 也是率先實

施周休三日制，讓從事出版的人好好過生活，才能好好好做文化的事。

2. 組織再造，透過出版流程改善而成新一代的出版事業體。編號 A12 由獨特的創意美學老師背景投入出版並瞭解圖文視覺美感的完美呈現，交由專家顧問設計組織再造而使小公司到現在具規模的出版事業體，用美學與創意做出版，透過標準出版流程管理，使得出版品完成和以前不同，融入讀者生活必需品中。

3. 文字的創造始於人的信仰，而為了傳播於是有了出版。在編號 A13 的文化中心體系，架構了一個完整的傳播體系，不僅為傳播更遠弗屆而且還有永續經營的概念，臺灣宗教團體的出版體系，實在是民間很大的一股力量，傳播善知識，使人可以遠離世俗的紛擾，這個特有的出版文化，實在是一個重要的發現。

4. 家襲制的出版業如編號 A07 和 A14，大多屬於專業教科書，穩定的教科書市場，只求穩定對出版的開創局限不大，而且個人對出版的理念和管理能力都偏弱。

第四章　影響臺灣地區出版產業
　　　發展的因素

　　自 1999 年出版法廢除後，有關出版單位的官方主管僅能以鼓勵取代戒嚴時的管理角色；面對臺灣地區登記有一萬多家出版社，出版事業如此發達的地方，既在出版自由又市場開放的情況下，首當有關行業間的規則、制度、紀律等，就應該交由民間的行業公、協會，充分利用民主自治的方法，使在這個地方的產業能有一個自由競爭又和諧進步的發展，然而，以目前臺灣僅有一份《出版界》雜誌作為出版業的專業刊物，而且公協會之多，意見無法凝聚。另一方面，自 1975 年開始的官方版《出版年鑑》，一直以來都是以圖書館學背景的學者撰寫，與實際出版產業的調查需求不同，筆者認為應設立「臺灣出版產業研究中心」，才能輔導和促進臺灣傳統出版的轉型與提高原創產品的產能。本章以四方面說明：（一）臺灣出版公協會早期的作用與影響；（二）從《出版界》雜誌觀察臺灣出版現況；（三）臺灣《出版年鑑》之資料的真實性；（四）對出版專業人才培育的漠視。

第一節 臺灣出版公協會早期的作用與影響

　　臺灣最早成立出版產業組構的是「中華民國圖書出版事業協會」於
1973 年成立，而其成立的要旨便是促進中華文化復興，團結圖書出版機
構，研究改進出版事業，開拓圖書出版前途為宗旨。其會員必須是經營
出版事業的發行人或代表人，早期還必須是國民黨員始可入會。

　　而另一個「臺北市出版商業同業公會」成立於 1975 年 7 月，是依照
臺灣商業團體法之規定向「臺北市政府」申請設立「臺北市圖書出版商
業同業公會」（後更名為「臺北市出版商業同業公會」，簡稱「公會」）。
成立之初原隸屬在「臺北市圖書教育用品公會」後從其分立出來，最早
由翰墨林出版公司侯志成所發起[160]，於 1975 年成立，迄今 38 年，其宗旨：
「歷經每屆理監事及許多熱心同事鼎力扶持，並廣納出版精英、青年才
俊與資深業者共同為臺灣出版業一點一滴的營造有利的生存環境，並以
傳播文化為宗旨，期望臺灣不僅能創造經濟奇跡，更肩負發揚中華文化
之重任。公會與會員溝通的管道除了傳達政令，作為政府與業者的溝通
橋樑，並針對業界所關心的話題定期舉辦講座、研討會，幫助業界解決
困難，提升產業競爭力。」

　　在戒嚴時期成立的組織機構，大多有政治力的介入，擔任該公協會
的理事幾乎都具國民黨黨員背景。例如從公會的第一屆的理事長：李德
隆（立達出版社）常務監事：張連生（臺灣商務印書館）。第二屆理事長：
蕭宗謀（世界書局）常務監事：熊鈍生（臺灣中華書局）。第三屆理事長：
蕭宗謀（世界書局）常務監事：張連生（臺灣商務印書館）。其中熊鈍
生還曾任內政部出版事業處第一任的處長，可見以這樣的有影響力的人
主導公會，可以想見在公會的早期對出版業界是有影響力的。

---

160 張子須：《談發揮公會服務功能的一些構想》[J]. 出版界雜誌 . 1982. 8-9 期 . p4-5

　　《出版界》雜誌是在公會第二屆的理事長蕭宗謀先生的策劃下誕生[161]。其要旨說明雖當時出版產業一片前景看似繁榮，而其實潛在的危機很大如讀書風氣不佳、教育環境、盜印問題、出版融資問題，認為諸多不利的出版環境都有待凝聚共識解決和改善，於是理監事們出錢出力贊助的情況下創辦了《出版界》。而公會當時居無定所，經蕭宗謀為理事在位時期四處奔走，辦書展，節儉並妥善管理財務，於是買下目前位於和平東路古亭捷運站旁的辦公大樓，使得公會有了一個固定的居所[162]，大致上前幾任的理事們還算有權威性，也為出版界做了具體的貢獻，但近年似乎對出版產業的建樹就乏善可陳。

第二節 從《出版界》雜誌觀察臺灣出版現況

（一）《出版界》雜誌主題分佈情況

　　《出版界》雜誌由臺北市出版商業同業公會（簡稱公會）出版發行，創刊於 1980 年 1 月，至今已 33 年，是目前臺灣地區唯一一部出版業專業刊物。《出版界》為季刊，截至 2012 年 5 月已發行 96 期，共刊載文章 920 篇。[163]《出版界》雜誌沒有刊號，因為公會認為它是為臺北市出版人服務的刊物，並不對外銷售，故不必申請刊號。《出版界》每期發行約一千冊，通常靠固定幾家造紙廠（如永豐餘紙業）贊助紙，並由五

---

[161] 蕭宗謀先生小檔案：1904 年生，畢業于南開大學化學系，曾任江西省立科學館館長，禾川中學校長暨大專院校教授，1949 年隨蔣中正遷居臺灣，受聘輔仁書院教務長，爾後又赴馬來西亞任永平中學校長，1964 年，臺北「世界新專」增設「夜間部」成為我校長特聘蕭先生為夜間部主任。來年 1965 年擔任世界書局總經理。1978 年擔任出版公會理事連任三任，第三屆任期間即幫公會結存兩百多萬，於是買了一間公會永久性可辦的居所，此為蕭先生對公會最大的德政。而後任期中過世，享壽 80 歲。

[162] 馬之驌：《悼念蕭宗謀先生》[J]. 出版界 11-12（1984）：24-25.

[163] 《出版界》雜誌創刊號至 2012 年 96 期，共 920 篇，詳見附錄 5。

洲印刷等幾家印刷廠印刷，或者靠刊登廣告收取少量廣告費來支付印刷、發行等費用，可見其經營不易。

　　而該刊最大的問題是稿源的稀缺。在臺灣，從事出版門檻極低，也沒有職業認證的要求，而出版社大多是獨資創業所以社長大多低調，編輯人員也受工作合同約束不能對外發表有關公司的事務，所以，稿源極缺正是導致臺灣地區出版專業刊物短命的致命緣由。因此《出版界》的稿源來自：1 學者，2 出版社社長，3 出版新聞記者，4 相關學門的學生，5 業餘專家，6 著作權的律師。此刊基本上是臺北市出版同業公會會員的內部流通，某種意義上也代表一段時期內圈內人士所關注的問題，雖然出版社社長不寫文章，但仍會翻閱該刊，所以，為瞭解臺灣出版業的歷史與現狀，研究此刊有其必要性。

表 4-1　出版活動構面文本編碼／解碼概況

篇名	作者	卷期	年代	主題
金庸研究的新起點	王榮文	15	1986	副刊書評
臺灣出版事業產銷的歷史、現況與前瞻——一個臺北出版人的通路探索經驗	王榮文	28	1990	出版史料
遠流博識網 YLib 向您報到——在數位時代建構一個博學多智的百科知識庫	王榮文	51	1997	出版經營
華文出版市場 VS. 臺灣競爭力的 Q&A	王榮文	54	1998	出版經營
我們一些發展歷程與方向—時報出版的參考經驗	郝明義	47	1996	出版經營
我們的黑暗與光明—臺灣出版產業未來十年的課題	郝明義	82-83	2008	出版史料
現階段我們需要圖書按定價銷售的理由	郝明義	92	2010	出版環境
國內圖書市場整體環境的趨勢元素	詹宏志	15	1986	出版環境
數位出版研究論壇	祝本堯	93	2011	數位出版
出版與思潮	林載爵	67	2003	出版理念

　　筆者對其至今刊登的 920 篇文章進行了梳理，共有 465 位作者發文，發表文章前十名：邱各容（20 篇）、萬麗慧（16 篇）、王乾任（14 篇）、陳信元（13 篇）、王岫（12 篇）、吳興文（12 篇）、林良（11 篇）、林訓民（10 篇）、曾繁潛（8 篇）和謝詠涵（8 篇）。其中有 325 位作者，僅投稿一篇，占七成比例。邱各容先生的二十篇文章，除了紀要的文章，大多為兒童文學方面的報導，由於邱各容先生長期關注兒童文學領域，目前是《出版界》雜誌的總編輯，邱各容總編輯對於兒童出版史有非常專精的研究，由於臺灣在出版方面的稿源非常地稀缺他只好為了維持此份刊物的穩定自己捉刀寫稿。稿量第二名的萬麗慧女士因為于 2002-2006 年擔任《出版界》雜誌的採訪編輯，此段時間發表的文章以採訪稿居多。

　　比較有知名度的出版人像遠流出版社董事長王榮文先生發表 4 篇，大塊文化出版人郝明義發表 3 篇，趨勢大師詹宏志發表 1 篇，城邦集團的祝本堯先生發表 1 篇，聯經出版人林載爵先生發表 1 篇，而城邦集團 CEO 何飛鵬先生則一篇也沒有發表（見表 4-1）。臺灣地區的出版人不發表有關出版產業的文章，很明顯對整個出版環境的影響就不足。據此來看，臺灣出版人並未對臺灣出版業產生影響。

　　針對 920 篇文章，筆者歸納出十六項主題（見表 4-2）。其中，出現頻率較高的主題為出版環境（145 篇）、華文出版（127 篇）、出版史料（119 篇）、出版經營（98 篇）和智慧財產權（86 篇）（見圖 4-1）。

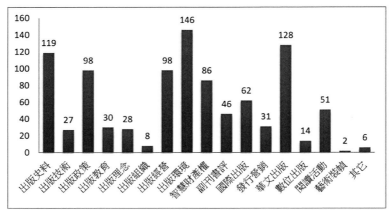

圖 4-1　《出版界》雜誌各篇按主題歸類出現頻率統計

表 4-2　《出版界》雜誌各篇主題分類

編號	出版主題	主題範疇
1	出版史料	出版紀事、出版人物、出版年鑑、出版社、出版人
2	出版環境	出版大事件、書展、趨勢
3	出版理念	出版人、理念、觀點、編輯
4	出版經營	產業管理、財務分析、產業鏈、經紀人、選題策劃、盈利模式、資料包告
5	出版技術	科技、產業標準、品質管制、生產管理
6	出版政策	出版政策、補助計畫、禁書、限制級書、出版法、各種出版獎項如金鼎獎
7	閱讀活動	讀書會、閱讀推廣、文化中心活動
8	副刊書評	圖書推薦、暢銷書、書評
9	智慧財產權	著作權問題、版權貿易
10	裝幀藝術	印刷美學、美術設計、版面規劃、封面設計
11	發行行銷	書店、中盤商、網路書店、二手書店
12	數位出版	數位出版、電子書、iPad、Kindle、閱讀載具、資料庫、數位典藏（指倉儲庫）

編號	出版主題	主題範疇
13	出版教育	出版學教育、專業認證、培訓課程
14	出版組織	出版公會、協會、同業公會、非營利組織如洪建全基金會、信誼基金會
15	華文出版	兩岸出版交流、港澳出版、全球中文出版交流
16	國際出版	日本出版、韓、美、德等國際出版議題

注：本表分類為作者按出版研究領域範疇來分類，兩岸出版以華文出版為主題。

　　由此可以看出，出版業對出版環境關注最多，且多表達出版環境不好，不好經營；其次是關注大陸的華文出版市場。而在有關行業公會和組織的主題方面，很少報導行業公會是如何順應臺灣出版環境的，且在出版政策上也很少著墨勾勒，未來的方向很不明朗，很明顯看出臺灣出版業沒有形成增強出版產業凝聚力的共識。正如前面所說，臺灣出版人未對出版業產生影響，臺灣出版業沒有行業領袖，難以樹立行業再造的權威地位。

　　而最少談及的是關於出版理念、行業組織及裝幀藝術的主題。可以看出，臺灣的出版絕大部分圍繞商業運作，出版人不重視出版理念和出版的社會價值，致使出版行業缺乏共識而無法聚集力量，只著墨出版環境愈來愈難經營，而無法採取有效的應對措施。在臺灣沒有出版法致使出版完全自由的情況下，行業公會應發揮它的功能，偵測出版環節出了什麼問題，採取措施讓行業健康地發展，但在有關出版組織的 8 篇文章中，沒有一篇是對行業提出建議和應對措施的，與出版強國的美國和日本相比，臺北的行業公會要努力的空間非常大。

（二）出版業相關公協會眾多，卻無法凝聚出版共識

　　臺灣的出版產業大致上是追隨著美日的步伐，行業公會很早就建立，可惜在戒嚴的社經背景下成立，早期和現今的組織架構有了很大的轉變。在出版自由的市場競爭下，筆者認為臺灣出版業應擬訂同業行規，保障

產業的健康運營，尤其在全球出版市場競爭下，更應該有行規可以依從，並以建立健康的出版產業為目標。但是很可惜，臺灣的出版公會、協會，甚至近年一連串的相關組織成立，為個人團體牟利，臺灣缺少為整體大局擬訂方針的大出版家，使得官方也無法瞭解出版業的一致訴求是什麼，各公協會皆為它自身的利益相矛盾。

表 4-3　臺灣地區出版產業相關公協會

成立日期	現任理事長	出版相關公協會
1973.04.30	陳恩泉	中華民國圖書出版事業協會
1993	楊克齊	中華民國圖書發行協進會
1975.07.26	李錫敏	臺北市出版商業同業公會
2010.08.25	沈榮裕	臺灣兩岸華文出版品與物流協會
1974.11.12	沈　禎	中華民國漫畫學會
1998.06.26	夏中惠	中華動漫出版同業協進會
1997.05.20	鐘孟舜	臺北市漫畫從業人員職業工會
2003.09.13	杜謝梅	臺灣動漫畫推廣協會
2005.09.30	李錫東	中華出版倫理自律協會
2001.02.16	黃志湧	中華亞太漫畫文化教育發展協會
2004.02.25	王榮文	財團法人臺北書展基金會
1996.12.18	洪善群	臺北市雜誌商業同業公會
2008.07.07	何飛鵬	臺灣數位出版聯盟
2008.07.30	高志明	臺灣數位出版聯盟協會

來源：2012 出版年鑑

　　然而臺灣出版企業眾多，而又以家族經營、獨資企業為主，鞏固自身的利益無可厚非，但若產業圈內人本身無法團結，便會導致出版政策的藍圖無法研訂。香港陳萬雄先生早在 1993 年滬港出版年會上即真知灼見一語道出臺灣出版業的困境，1980 年代初至 1990 年中期，臺灣的圖書市場已達飽和狀態，「雖然臺灣號稱世界出版量最大的，但如果撇開

買版權或從大陸引進的中文圖書，其實臺灣本土的出版量很少。」[164] 臺灣出版業開發原創作品的動力和資金不足，也導致新進的編輯人員薪資結構比二十年前還要低，導致人才不願意從事出版，沒有新人輪替的產業自然便成了夕陽產業。

第三節 臺灣《出版年鑑》之資料的真實性

臺灣地區政府部門向來不重視出版產業，據《出版年鑑》的報告臺灣地區的出版產業僅有四百億新臺幣，而且還逐年下降，以這樣的產值難怪官方漠視，但是有關出版的從事人員，若以目前登記有一萬多家出版社，而真正有營運的三、四千家推估，起碼出版業服務的人員少則有十萬人口以上，而又以居住大臺北市地區為主，就這樣就業人口規模來看，應要喚起當權者的重視才對。在互聯網環境下全球企業競爭尤其著重軟實力的表現，而出版業就是軟實力的基底，對於出版產業很重要的指標－《出版年鑑》，筆者認為不得不開始重視它的重要性，因為它是偵測這個產業的健康發展和政策施政的根據，臺灣出版業發展環境存在諸多問題，該節即以臺灣地區的出版年鑑的主要問題提出：1. 主管部門不瞭解出版業真實狀況，政策脫離實際；2. 數位內容產業發展補助計畫輕率、不專業等二方面影響出版業發展環境的重要的問題論述。

（一）主管部門不瞭解出版業真實狀況，政策脫離實際

臺灣早期國民黨黨政時期，因為「新聞出版」原為政府喉舌，所以國民黨在施政和用人佈局上都依黨政體系來管理新聞出版。在五六十年

---

[164] 陳萬雄：《九〇年代的海外出版趨勢》[C]. 滬港出版年會論文集. 香港三聯書店出版. 1998 年：p315-346.

代的戒嚴時期，臺灣主流媒體的負責人，如《聯合報》的王惕吾先生和《中國時報》的余紀忠先生皆有黨政軍人背景，甚至正中書局、中華書店等皆是黨營機構，由於產業壟斷，新聞出版行業利潤極為豐碩。在此背景下，1999 年臺灣出版法廢除之前的官版《出版年鑑》，可信度也較高。

　　隨著解嚴和出版法廢除之後，臺灣地區有關出版的管理單位原為「新聞局出版事業處」（於 2012 年 5 月 20 日裁撤併入「文化部」），在出版法廢除之後，此單位因沒有實權而改以獎勵和輔導為主要功能，故歷任政務官則由沒有新聞出版相關專業背景的人員擔任，以國家考試為任職管道，對出版行業缺乏真正瞭解，主要依靠官方的出版產業調查探尋出版業現在的產業情況並制定政策。而官方沒有常設的出版研究機構，《出版年鑑》中的產業報告通過招標委辦，問題重重，如臺灣「文建會」曾委由出版公會策劃 1999-2001 年的「臺灣圖書出版市場研究報告」連續三年，由於此份報告專業度和產業調查都不理想，於是改由圖書館學者委任編寫或委外招標的方式由外包方式完成。

　　其實 1999 年臺灣出版法廢除之前的官方版《出版年鑑》，可信度較高，而出版公會屬商業性質的團體，其會員是出版發行人利益相衝突在所難免，難以公正和具權威人士來領導策劃產業報告調查，尤其出版法廢除之後，出版的產業調查研究報告，就存在諸多的問題例如：「新聞局」不再負有出版登記之責，而是改以向經濟部商業司申請「公司登記」或「商業登記」之營業專案有「圖書發行」等之相關業者即被稱為廣義的「圖書出版社」，而根據財政部之資料反映了此一特性，而為當年度實際課稅收之企業、公司進行資料登錄，2011 年的財政部資料顯示臺灣圖書出版營業總收入為新臺幣 352.44 億元。[165] 此部分在出版年鑑上均未具體說明。因無專責出版管理部門改以招標方式發給私部門處理，其權威性受

---

[165] 邱炯友，林瑞慧：《臺灣圖書產業調查與出版學系所解讀報告》臺北：2012 年第十一屆海峽兩岸圖書資訊學學術研討會論文集 A 組．p147-153.

爭議，而該有的範式體例、行業產值排名都沒有。所以，1999 年以後的出版產業調查研究存在以下問題：1. 臺灣出版產業調查研究政府執行單位不一；2. 招標執行單位有所更替；3. 出版產業調查編目格式不一；4. 缺乏專責、專業的出版產業研究調查機構；5. 產業問卷調查之回收與效度不彰 [166]。

表 4-4　臺灣官方圖書產業調查之執行與出版沿革

執行年	報告名稱	委託機構	執行單位
1998	1997 年臺灣圖書出版市場研究報告	行政院文化建設委員會	臺北市出版商業同業公會
1999	1998 年臺灣圖書出版市場研究報告	行政院文化建設委員會	臺北市出版商業同業公會
2000	1999 年臺灣圖書出版市場研究報告	行政院文化建設委員會	臺北市出版商業同業公會
2001	2000 年臺灣圖書雜誌出版市場研究報告	行政院文化建設委員會	中國圖書館學會
2003	2002 年圖書出版產業調查研究報告	行政院新聞局	中華征信所
2004	2003 年圖書出版產業調查研究報告	行政院新聞局	中華征信所
2005	2005 年圖書出版產業研究報告	行政院新聞局	中華征信所
2007	2007 年圖書出版及行銷通路業經營概況調查	行政院新聞局	全國意向
2009	2008 年圖書出版產業調查	行政院新聞局	全國意向
2011	2010 年圖書出版產業調查報告	行政院新聞局	全國意向

（二）數位內容產業發展補助計畫輕率、不專業

數位出版是出版業發展的未來方向。臺灣的數位出版政策卻由圖書館學背景的教授執行策劃，以知識的公共化為前提來制訂數位出版變成數位出版倉儲的錯誤政策，導致臺灣數位出版無法產業化而是公共化面

---

[166] 邱炯友 2012 年 8 月 29 日于南京大學全國暑期學校出版轉型與發展趨勢研究中就臺灣圖書出版產業政策與其新興議題發表說明。

對數位出版轉型困難重重。

　　2000 年，臺灣官方即籌備面向數位時代的產業結構調整，施以政策輔導。當初提出的數位內容產業草案竟沒有列入出版業，為此引起臺灣出版界的譁然抗議，此時主辦單位才趕緊編列一項數位出版典藏計畫。官方認為臺灣沒有一位具有權威性的出版學者，故而找了圖書館學的學者來擔任計畫的推動者，數位出版產業也就名不正言不順地在數位出版典藏這一條目下進行。臺灣的「經濟部工業局」承辦數位出版產業發展策略及行動計畫，因不瞭解出版產業環節的困境所在，於是聽從臺灣出版人何飛鵬的建議，開始「點火計畫」，希望臺灣出版業儘快加速電子書的發展，讓傳統出版業轉型。自 2008 年起實施的點火計畫，每年投入一億新臺幣（約 2,000 萬人民幣），先培植三至五家大型領航者，然後帶領小出版社轉型至數位出版。而在筆者參與審查投標廠商的計畫書評估指標時，發現指標竟由智慧藏學習科技股份有限公司、聯合線上數位閱讀網等幾家廠商來編列，而不是廣納相關出版從業人員的意見，筆者發現政府在相關的出版政策上總是選擇遠流、聯合線上、城邦等這三家輪替為政策的執行單位，投注的經費和資源也獨厚少數幾家，實屬的不公平現象。

　　首先，按照規定，投放計畫案以爭取經費的出版商其資本額不低於 3,000 萬新臺幣（約 600 萬人民幣），臺灣出版商家眾多，其中九成資本額在 1,000 萬新臺幣以下，故此指標實質上就是在獨厚少數的幾家出版商如遠流、聯合線上、城邦等出版集團，臺灣一般出版社憑藉小資本根本無法爭取到經費開展數位出版。而數位出版必然是大資本的運作下，面對臺灣的小市場很難用民營機構的力量去推動，譬如臺灣最早投入電子書產業的先驅的是已故的溫世仁先生，他自 2003 年在英業達（臺灣知名的電子公司）投注十幾億元、近十餘年時間研發的「電子書」平臺計畫宣佈停止，因為使用者必須另外購買終端和軟體，還要隨身攜帶這二

者才可閱讀，再加上版權的取得困難，溫世仁感歎地說，電子書已死。連最懂得電子商務的電子公司英業達以龐大的資本去試運電子書平臺都無法成功又如何要傳統的小資本出版業去面對數位出版的未來，而點火計畫又被這少數顧問占了官方的資源去運作各自公司的數位化，而不著眼於整體的出版環境改善。

第四節　對出版專業人才培育的漠視

　　不論是發達國家還是發展中國家，儘管各國的社會制度不同，文化背景、價值觀念存在差異，但絕大多數都重視對人的素質的提高和出版專業人才的教育培養是共同的。從 1970 年代以來，各國出版商對出版專業人員自身發展給予更大的關注，而在臺灣於 1963 年中國文化學院設立印刷工業研究所，1969 年世新大學創立印刷攝影學系，後改名稱為圖文傳播暨數位出版學系，不過始終未以出版為核心；1996 年的南華大學正式以出版學設立，2012 年又廢止了出版這個核心學門，改以文創為核心。臺灣產官學界長期以來對出版專業人才培育的漠視，是對出版產業很嚴重的傷害。

（一）外國出版教育與培訓概況

　　世界各國出版教育的發展儘管很不平衡，但它的興起是各種因素相互作用、相互影響的結果。隨著社會變革和經濟、文化、科技的迅猛發展，特別當出版業進入動態變化時期，圖書市場處於瞬息方變和劇烈競爭的態勢之中，出版商為了提高經濟效益和競爭能力，需要訓練有素的更多瞭解和熟悉出版業務技能的人。出版專業人才的培養，提高人的素質，是企業生存發展的重要條件，尤其是出版產業，是走向成功的關鍵。從瞭解美國、英國、法國、日本和韓國的出版教育的概況，藉此可瞭解重

視出版專業人才的培育，對出版產業的整體提升和未來的發展是必須的。

1. 美國

美國，在 1977 年由出版協會教育委員會發表了一份題為《出於偶然的專業人員》的報告，充分闡述了發展出版教育的必要性與重要性，並要求其成員單位增加對出版教育的投入。該委員原主席塞廖爾·瓦安在報告中指出：「以前，我們出版界新手是通過學徒式的方法學習出版理論、編輯理論和出版技巧的。這種學習得來的知識是支離破碎的，因此，建立正規的出版教育已迫在眉睫。」故從 1970 年代以來，美國許多大學相繼開設專業或出版課程舉辦學術研究班和出版研究班，多樣化的美國出版教育形式，使長期的正規的出版教育與短期的實用性的培訓相結合，從而形成了頗具特色的出版教育體系。[167]

目前美國開設有出版專業與培訓的有：哈佛大學、斯坦福大學、芝加哥大學、丹佛大學、加州大學、伊莫利大學、錫拉丘茲大學、俄亥俄大學、皇后大學、紐約大學、紐約市立大學、喬治·華盛頓大學、赫佛斯特拉大學、佩斯大學、霍華德大學、拉德克利夫學院、北卡羅萊納大學等，每年都培訓了不少出版專業人士，投入出版產業。

2. 英國

很早就掌握了發達的近代印刷技術並有很多印刷學校，出版方面的研究教育開始是以印刷工藝與實際應用為其前提。出版技能的訓練，大多由一些大型出版公司或有關團體以培訓班的形式自行組織安排。1926 年，英國著名出版家斯坦利·昂溫所著，享有「出版聖經」聲譽的《出版實況》（中文版譯作《出版概論》）一書，先後被譯成 14 種文字，在許多國家廣為流傳。這本書的出版，也為英國開展出版實務和技能訓練奠

定了基礎。1975 年由斯坦利·昂溫基金會提供資助，旨在「促進全世界各個地方印刷、出版、發行和銷售圖書方面人員的商業教育」的英國圖書出版培訓中心的成立，成推動出版人才的教育培訓起了重要的作用。然而，隨著英國經濟科技的迅速發展，一些大學相繼開辦了出版專業的課程，1928 年，英國牛津布魯克斯工藝學院專門為牛津大學出版社的編輯開設了編輯出版課程，1961 年該學校更名為牛津技術學院，正式頒發學制為三年的出版專業全日制文憑。1983 年學校又更名為牛津理工學院，頒發出版專業學士學位，而後又於 1988 年設立出版專業研究生課程，頒發高級研修文憑。1994 年牛津出版研究中心在升格後的牛津布魯克斯大學成立，開始形成較為完整的出版專業高等教育體系，以培養出版碩士為目標，設置出版專業學科，授與出版專業學士學位和碩士學位以及出版專業研究生證書。[168]

自 1970 年代起至今，英國目前約有十所高等院校相繼開設了出版專業，其中包括朗伯羅夫大學、普利萊斯大學、斯特林大學、那比亞工商大學以及倫敦印刷學院等等，但所學科歸於圖書館學或傳播學的專案下，並沒有授與文憑的出版學項目。

3.　法國

法國出版界自 1970 年代起，為適應法國社會和文化教育體系的變化，為出版業職工開設大量培訓課程，代替法國政府認可的職業證書，一些大學的課程安排也逐步轉向為出版業創造就業機會方面。波爾多第三大學除設置新聞、圖書館、文獻、廣告、視聽傳播技術等專門研究學科外，還開設了圖書製作和出版專業，培訓未來的書商、出版商和圖書銷售員，而最早向教育部和出版界建議設立出版學和出版技術博士學位，使學員有能力進入出版界的則是巴黎第十三大學。1984 年法國文化部圖

---

[168] 陸本瑞：《出版往事》[M]. 北京：中國書籍出版社 . 2012. p600-629.

書與閱讀局主辦、由巴黎第十三大學和波爾多第三大學教授羅伯特·愛·斯蒂瓦爾斯組織了一次包括所有出版商、書商代表和研究人員參加的會議，導致了對圖書貿易、大學課程尤其是出版培訓的重新評估，認為出版商作為專家需要有關技術、印刷、經濟和法律方面的知識至關重要。由於法國出版業對人才需求的變化，圖書出版界現行的培訓課程被另兩種新專業課程計畫所代替。即一個是圖書銷售與市場為專業的課程，培養，培養對像是未來的銷售商、書商和發行商；另一個是在獲得博士學位之後的高級出版專家的研究證書，旨在培圳從事編輯、策劃、圖書生產和多種媒介出版產品的製作和銷售等方面的出版商。

法國目前的出版專業培訓單位有：波爾多第三大學、巴黎第十三大學和法國出版人員培訓中心。

4.　日本

自 1960 年代開始，隨著經濟的高速成長，社會結構的變化，迫使人們有效地進行重新學習和繼續教育，於是日本一些大學、書籍協會等為出版從業人員提供各種學習場所，日本編輯出版學校也應運而生，一些大出版社紛紛開辦訓練班，使學員既能擴大出版基地知識，又能學到形成該知識的方法。日本開始在一些大學裡的社會、法律、文藝等專業學生開設了出版課程，這些課程一般都屬於出版方面的史和論，其中有出版概論、出版文化論、出版史、著作權法、編輯技術論、雜誌論、出版技術論、出版流通等等，其出版課程的宗旨大致為三點：1. 作為一般文化修養的出版知識教育，也就是向讀書人傳授有關出版的一般教養知識，如日本出版專家松謙二郎所說：「好的出版人出自好的讀者，好的讀者培養好的出版人。」2. 作為培養出版工作者的出版職教育，培養確定出版專業的自覺意識和規劃主題的能力，訓練自覺的表現能力以及閱讀理解文章和修辭的表現能力和規劃主題的能力。3. 作為培養出版研究者和輔助其它學科研究的出版理論教育，也就是向具有出版研究課題的人廣

開門路，扶持自主研究和共同研究，廣泛開展出版及有關出版企業的交流與合作。[169]

　　日本目前的出版專業培訓單位有：上智大學、帝塚山大學、關西學院大學、共立女子短期大學、東洋大學、法政大學、相模女子大學、成城大學、專修大學、東海大學、青山學院大學、跡見學園短期大學、築波大學等等。

　　5.　韓國

　　1970 年代韓國開始實施出版教育，進入 1980 年代，出版學和學會通過討論，認為必須由受過專門教育的人來從事出版工作。在這一出版觀念和意識的支配之下，強調出版教育和專業設置的必要性，最早由彗田專科大學開設出版專業，直到 1980 年代末，在新丘、大田、釜山、大邱等幾所大學相繼開設了出版專業或出版學課程，使出版教育開始走向了正規。[170]

　　目前韓國共有 1 所大學和 7 所專科大學設置了出版學科，5 所大學院有出版與雜誌專業，培訓新參加工作的編輯和初級編輯，以及出版管理人員。編輯培訓班學制為 6 個月，出版管理培訓班學制為 5 個月。韓國開設出版專業培訓的學校有：光州大學、彗田專科大學、新丘專科大學、大田專科大學、釜山專科大學、大邱專科大學、瑞逸專科大學、百濟專科大學、中央大學新聞廣播大學院、東國大學情報產業大學院、西江大學語論大學院和延世大學言論弘報大學院。

（二）出版教育的國際交流

　　1960 年代，聯合國教科文組織開始關心發展中國家的出版業時，為

---

[169] 陸本瑞：《出版往事》[M]. 北京：中國書籍出版社 . 2012. p600-629.
[170] 陸本瑞：《出版往事》[M]. 北京：中國書籍出版社 . 2012. p600-629.

出版業提供正規培訓的想法得到支持。1966 年在東京召開的亞洲國家專家第一次大會，曾向發展中國家的政府建議對本國的出版業給予重視和支持。這個建議特別提出為出版業人員組織研究班、培訓班、實習班等，旨在提高亞太地區出版印刷水準，促進各或出版界的相互瞭解與合作。1980 年代在喀麥隆的杜阿拉舉辦過非洲國家版權培訓班，有 22 個國家參加。通過培訓，促使各國建立全國性機構，保護作者的經濟權利和精神權利。171

　　1990 年兩大出版教育國際組織相繼宣佈成立：一個是國際出版教育協會（IPEA），另一個是歐洲書商與出版商培訓組織協會（ABTOE）。1989 年 4 月，來自加拿大、美國、英國、法國和澳大利亞的教育工作者和出版商在加拿大召開了首屆國際出版教育大會，經過醞釀協商，於1990 年，正式成立國際出版教育協會，其宗旨是促進和加強同教育、圖書出版有關個人、學術機構專業組織之間的資訊交流。該協會於 1991 年5 月、1993 年 8 月分別在溫哥華和紐約召開了第二屆和第三屆國際出版教育大會，與會者充分交流了開展出版教育的經驗，研討了發展出版教育的必要措施和途徑。172

　　國際出版教育是全球出版戰略發展的大趨勢，出版教育的國際化，從某種意義上說，有利於國際出版業資訊交流開拓對方業務領域，尤其在國際出版組織的培訓對吸收他國的出版管理經驗和出版制度的瞭解，是非常重要的。

（三）臺灣地區有關出版專業人才培育概況

　　出版產業研究調查本應有專屬的研究機構，有關臺灣地區的出版產

171 陸本瑞：《出版往事》[M]. 北京：中國書籍出版社 . 2012. p600-629.
172 陸本瑞：《出版往事》[M]. 北京：中國書籍出版社 . 2012. p600-629.

業專業人才的養成教育，目前有正規和非正規之專業研習班，但都不是重點培育，更是缺乏出版產業研究單位。以往在正規教育學校體制的出版學，以附屬的方式歸於新聞學系、大眾傳播學系和印刷學系，自 1996 年南華大學首開設出版學研究所授與碩士學位，但因為所在位置偏遠，外加僅是碩士層級的的研究人員，難以做深入又廣泛的出版產業調查研究（見表 4-5）。

　　而在非正規之專業研習方面，則以研討會、座談會和研習班的方式，「新聞局」自 2000 年開始，陸續委託民間單位辦理出版專業人才培；委由政治大學公企中心承辦實務出版研習活動，包括「數位出版研習營」、「出版業策略成本管理研習營」、「華文出版研習營」、「出版業整合與創新研習營」等，此研習營恰巧筆者都有參與，主講授課老師以學者為主，不在實務上的探討，這些學者都不是出版學專家，可想而知受益不多，更張顯出政府因無相關法令可以管理也未重視出版對整體社會的影響力，而使臺灣出版業只能各憑本事，去創建自己的出版版圖。

表 4-5　臺灣地區主要開設出版專業相關課程之大學系所 [173]

創始年	大學名稱	系所名稱	隸屬學院	學位授與	備註
1968	文化大學	資訊傳播學系	新聞暨傳播學院	學、碩士	原「印刷工程學系」；1983「造紙與印刷研究所；2002 年為為現名
1969	世新大學	圖文傳播暨數位出版學系	新聞傳播學院	學、碩士	原名「印刷攝影學系」，1995 更名「平面傳播科技學系」，2004 改為現名

---

[173] 邱炯友，林瑞慧：《臺灣圖書產業調查與出版學系所解讀報告》臺北：2012 年第十一屆海峽兩岸圖書資訊學學術研討會論文集 A 組 . p147-153.

創始年	大學名稱	系所名稱	隸屬學院	學位授與	備註
1971	淡江大學	資訊與圖書館學系	文學院	學、碩士	原名「教育資料科學系」，2000 年改為今名。2012 年另成立「數位典藏與出版數位學習碩士在職專班」
1996	南華大學	文化創意事業管理學系	管理學院	碩士	原「出版學研究所」；2003 年更名為「出版事業管理研究所」；2007 年更名為「出版與文化事業管理研究所」；2012 年 8 月起更名為現名
2003	政治大學	出版高階經營管理碩士學分班	政大公企中心	無	開設於 2003-2008 年由「新聞局」委託辦理
2012	淡江大學	數位出版與典藏數位學習碩士在職專班	文學院	碩士	專班簡稱「數位出版與典藏網碩專班」

小　結

　　以上從作者和主題兩方面對《出版界》雜誌的 920 篇文章的梳理，某種程度上反應出臺灣出版業的過去與現況，從中瞭解到，臺灣出版人很少關注出版理念，而是更多地關注智慧財產權、大陸出版市場，以及國際出版市場；而史料方面，人物專訪居多，對於出版人才培育投入精力很少，可見臺灣出版的商業行為以利潤為前提是唯一的選項。

　　全球競爭的環境下，臺灣地區雖然出版自由，但面臨華文繁體市場小，臺灣出版人各自為戰，難以達成共識來共同解決出版產業的問題日益突顯。在出版經營方面，更多地著眼於實踐、市場行銷方面，提出許多方案，力求爭取更多的官方資源，像購書減稅、建置流通平臺、圖書

與公平交易法等等，提出自己的看法很多，但多停留在泛談的層面上，行業公會沒有提出具體解決方案，這就導致出版產業的主事者凝聚力不夠，臺灣出版業的整體發展相對滯後。

臺灣地區雖然出版自由，市場開放，但也面臨市場小，競爭激烈，以及難以對抗資本運作模式下的市場全球化的困境，一個地區的出版業是當地文化的風向球，是需要凝聚同業間的共識來維護健康的出版環境，診斷臺灣地區的出版業，實在需要官方以及民間更大力度的努力。在一個缺乏出版產業調查和不瞭解出版市場的出版政策下，也不重視出版專業人才培育的情況下，正如水牛出版社前任社長彭誠晃直言：「在臺灣，出版社是個自生自滅的行業。」隨著 2012 年臺北重慶南路書街吹起熄燈號，臺灣出版業所面臨的數位時代挑戰是巨大的壓力。

第五章　出版文化場域的交流迴圈

　　近年來媒體與文化研究領域中，有關商業與產業議題的框架理論，大多沿用葛蘭漢（Nicholas Garnham）所呼籲的以文化產業概念為基礎的文化分析。二十世紀以來從阿多諾（Theodor Adorno）與霍克海默（Max Horkheimer）所提出的「文化工業」批判觀點，從單數演變成複數，著重在描述性的「文化產業」概念。而有關文化生產可借從布迪厄（Pierre Bourdieu）的「場域（field）」來闡釋。

　　所有場域都有自己所特有的內在法則邏輯，但它們都遵循一項共同的法則：那些佔據主要位置的場域為了保住自己的地位，必然會採用防禦的和保守的「保護策略」。而與此相反，新興的場域卻會運用「顛覆策略」以試圖推翻統領場域的各種規則，並同時承認場域的合法性。這實際上就是進入任何場域的前提，是對通行價值和批評限度的認可。因此，所有場域內部的競爭最終都只能導向局部的而非全面的革命，這種行動會破壞現存的等級秩序而不會動搖遊戲本身。例如，藝術領域的變革會以便純粹的藝術、電影或文學的名義挑戰既有的定義和實踐，「撼動」場域結構卻讓其合法性毫髮無損。[174]

---

174 [英] 阿蘭·斯威伍德著，黃世權譯：《文化理論與現代性問題》[M] 北京：中國人民大學出版社 . 2013. p98

藉由羅伯特‧達恩頓（Robert‧Damton）的交流迴圈（communication circuit），通過作品的生產、發行和消費等事務，將作者、作者、出版社、發行商、書店、讀者連接成一體的網路，依出版文化場域的迴圈成螺璿狀的演進。若從出版文化場域來看此一交流迴圈，則可分成第一階段的讀者變作者、賣書兼出書；第二階段由於文藝政策下催生文人做出版的現象；第三階段則進展到專業出版人與專業作者興起；第四階段則受文化工業化影響，暢銷書排行榜使得閱讀世代大量崛起；第五階段受著後現代主義的影響，由誠品生活象徵著品味和個人獨特性的閱讀偏執出現。依此脈絡可清楚看出臺灣出版文化場域的交流迴圈，做為富而好禮，殊而不同的品味至上的閱讀氛圍。

第一節 第一階段：讀者變作者、賣書兼出書

臺灣早期資訊不發達，以農業為主並有著文化沙漠的惡名，1950 年代除了教科書和八股的書外，沒什麼可看的書籍，索性北、南各有一家民營文學出版社，臺北有明華書局的利守宜先生，他和夏濟安原是大學同學，來台後二人合作發行《文學雜誌》，雜誌從 1956 年經營到 1960 年，其間透過雜誌再整理選集出版，例如《短篇小說選》掛名文學雜誌社印行》也包括非文學的書與美國文化相關的翻譯書，傳記方面如《傑佛遜傳》、《美國歷任總統傳》，文化方面有《美國文化史網》、《美國怎樣選總統》等，直到 1961 年才結束營業。而臺灣南部則是大業書店，創辦人陳暉是四川人，曾上海的出版社工作，跟巴金同事。1950 年在高雄市大勇路開一家小書店，賣書籍文藝雜誌，以後附近彙集成商圈人潮，生意愈做愈好，當時南臺灣居住了不少作家及眷屬，台南有瘂弦、司馬中原，左營有墨人、彭邦楨、朱西寧，高雄有尹雪曼、王書川，嘉義有丹扉、羊令野、郭良蕙，屏東有艾雯等等。作者們常來逛書店，逛著聊著，

大家識識之後，第二年便從「坐而言」到「起而行」，著手進行書店的出版業。[175]

　　還有就是志文出版的張清吉，他回憶說：我最初以「長榮書店」當店名，一本舊書進不到五角錢，卻可以賣十多元，賺好多倍呢，很多年輕學生來買書，最早在臨沂街，後來在和平東路、羅斯福路和中華路都開過，一度開到同時有三家店，我因為賣舊書，而認識許多人，尤其是年輕學生，往往互相介紹其它的同學來，民國五十三年間，當時就讀台大醫學院的林衡哲因買書和我結緣，他對我說：光只出這種書，沒意思，除了賺錢之外，看不出別的太大意義，你應該出一些具有水準的書，對社會有益、有正面影響的書，俗語說「人死留名，虎死留皮」嘛！他前前後後說了好多次，我細想覺得很有道理，正巧那時遇到文星書店要關門了（和我的長榮書店隔鄰而居），結束營業大拍賣，店裡的人擠得人山人海，這番景象也使我「見賢思齊」，想要出一些真正的好書。正好，林衡哲先生手頭有三本翻譯書，其中兩本就成了新潮文庫的第 1 號和第 2 號作品，也就是《羅素回憶錄》和《羅素傳》。這兩本書一出，得到的迴響非常大，陳鼓應、殷海光雖然平日不識，都因為出了書，而得到他們親自到書店給我肯定。林衡哲先生得知書獲得好評，也是興奮得不得了，「再出啊！」他興奮的喊，並一口氣著手規劃了十多本書，也介紹許多同學一起加入翻譯的行列，廖運範、鄭泰安、賴其萬、林克明、葉頌壽、文榮光等，都是當時的年輕朋友。[176]

　　林衡哲前後出了大概八本書左右，後來面臨到要出國留學，他是新潮文庫第一階段名副其實的推手，這時譯者除了前面提到的台大醫學院學生，有金溟若、劉大悲、徐進夫、李永熾、方瑜、孟祥森、宋碧雲、

[175] 應鳳凰：《封面的天光雲影—1950 年代文學出版社與封面設計》[J]. 文訊 早期文學書封面設計專題 . 2008

[176] 出版思路《文學風華—出版新思路研討會 向資深出版人致敬專刊》[R]. 臺北：臺北市文化局 . 2002.

陳惠華等。1970 年間，曹永洋為我們譯介《黑澤明的電影世界》編入 91
號，此書已絕版多年，他當時在士林高中教書，也曾介紹名作家鍾肇政
（趙震）、葉石濤、鄭清文、楊耐冬、孔繁雲為我們譯書，他的妻子鍾
玉澄女士也譯介了《居禮夫人傳》、《卓別林自傳》、契柯夫、歐亨利、
瑪拉末等小說集。[177]

　　我自己因為受的是日本教育，投入出版文化事業後，藉語言之便，
日本成為我借鏡取法最方便的國家。每一年我至少去日本一兩次以上，
搜集各種版本、資料，研究其出版方向、風格及經營企劃的手法。例如
岩波文庫的書，就讓我心儀不已；每次到日本，二話不說，總是花最多
時間在書店裡，同行的朋友，原指望借著我是日文通，可以幫他們導遊
玩樂，沒想到我除了書店，還是書店。最後大家還笑我說：「你神經病啊，
要看書回家去看，跑出國玩還天天泡書店！」也有人形容我是「臺灣出
版界的唐吉訶德」，瘋狂的行徑貽笑大方了。

　　新潮文庫的書，在編排上，經常會在正文開始前收集許多作家生平
資料圖片，其中岩波、講談社、河出等出版社極具特色的選書、編排、
介紹，給我深刻的啟發，我總認為讓讀者多瞭解一些背景資料，將有助
於他們喜愛一本書。

　　張清吉最後說道：「日本岩波文庫從古典到現代，只要有價值的經
典，他們就會將之譯介給國人，因為要促成一個國家的現代化，必須從
國民文化的視野、心靈開拓，人文與自然科學方面奠立基礎，才能成為
一流的世界公民。」由張清吉主持而又有一批台大學生主動翻譯的「新
潮文庫」（見附錄 4 新潮文庫書目）確實帶給臺灣當時思想上西潮的前
進力量。

---

[177] 出版思路《文學風華—出版新思路研討會 向資深出版人致敬專刊》[R]. 臺北：臺北市文化局 . 2002.

第二節 第二階段：文藝政策下催生的文人出版

這個階段可以對應 1960-70 年代出版品類別上文學類圖書的一支枝獨秀情況，也順應臺灣當局的文藝政策—「中華文藝獎金委員會」此時奏效，一群非農村的人，閑來沒事搞文藝創作，作品沒處可出版便只好自己做出版人出版去。最典型的是林海音女士，自己是作家，又在聯副做主編，下了班做「純文學出版社」的編務，這時幾乎大多數的文人都是兼著做出版的經營。如白先勇的「晨鐘」（出版《臺北人》）、柏楊的「平原出版社」（出版《異域》、《柏楊選集》）、梅遜的「大江出版社」（出版《美術叢集》）、楓紅的「水晶出版社」（出版《川端康成小說選》、《從卡夫卡到貝克特》）、王藍的「紅藍出版社」（出版《藍與黑》），陳紀瀅的「重光文藝出版社」（出版《冬青樹》、《荻村傳》）。

訪問者編號 A15 說：「早期要想辦出版社幾乎都與政治有些關係，我出來時是二大報的時代，只要在二大報登過有優先出版權，那時中華日報也有出版社，那時聯合和中國時報把好文章都先拿走，蔡文甫是中華日報副刊主編，早上在報社，晚上則編自己的出版社，姚宜瑛也是，爾雅的隱地是書評書目，轉出來的，五小，市面上活躍的原因，以前新聞沒什麼好看，只有副刊可看，誇張到只要副刊一登像林海音的《城南舊事的序》一登，書店一二周都是在銷售這篇，過一個禮拜，他再找個人來寫個《我看城南舊事》，又可以再賣一周，文人那時的風氣是互相吹捧，那時大家都是國民黨的那個調，互相拉台形成那種氣圍，那由國家的力量在做，那當然看起來很興盛，國家是可以改歷史的。」

林玫芳《解讀瓊瑤愛情小說》調查 1960 年代作家群的背景及組成成份，以一份 270 人的作家名單做分析，並歸納出 1960 年代最具聲望的小說家排行和最多產小說家排行，而這 270 位作家在性別、省籍、組織歸屬（以曾經任職的單位）上的分佈可看出，1960 年代作家大部分是外省

男性，70% 的作家是外省籍男性（188 位），外省籍女性占 16%（42 位），
本省籍男性 12%（33 位），本省籍女性只有 2%（2 位）。若只以省籍而
論，85% 是外省人（230 位），15% 是本省人（40 位），所以作者人口中，
很明顯幾乎是外省籍的文人圈所構成。[178] 而也難怪乎這個階段的購書群
是除了學生外，便是軍人。[179]

表 5-1　1960 年代最具聲望的小說家 [180]

NO	姓　名	省籍	性別	組織歸屬	NO	姓　名	省籍	性別	組織歸屬
1	白先勇	外省	男	民	17	葉石濤	本省	男	民
2	王文興	外省	男	民	18	鄭清文	本省	男	無
3	鍾肇政	本省	男	民	19	季　季	本省	女	無
4	黃春明	本省	男	民	20	施叔青	本省	女	無
5	七等生	本省	男	民	21	彭　歌	外省	男	官
6	陳映真	本省	男	民	22	王默人	外省	男	官
7	林海音	本 / 外	女	民	23	蔡文甫	外省	男	官
8	歐陽子	本省	女	民	24	孟　瑤	外省	女	無
9	朱西寧	外省	男	官	25	邵　僩	外省	男	無
10	司馬中原	外省	男	官	26	子　於	外省	女	無
11	李　喬	本省	男	民	27	司馬桑敦	外省	男	無
12	王禎和	本省	男	無	28	隱　地	外省	男	官
13	張系國	外省	男	無	29	王鼎鈞	外省	男	官
14	楊青矗	本省	男	無	30	張曉風	外省	女	無
15	李　昂	本省	女	無	31	林懷民	本省	男	無
16	於梨華	外省	女	無					

[178] 270 位元作家名單資料來自《文訊》14-15 期，由這份資料再參考《中華民國作家作品目錄》，以得
知作家的生平簡歷。《文訊》的這份 1960 年代作家名單選擇標準是凡是曾在 1960 年代出版過書籍
的均列入，因此是客觀、齊全的名單，不考慮作家的流派、風格、評價之好壞。

[179] 黃魯：《從李敖賣牛肉麵談起—論寫作的動機、目的與對社會的影響》出版界月刊 [J] 3，3（1966）：
5-7.

[180] 林芳玫：《解讀瓊瑤愛情王國》[M]. 臺北：臺灣商務印書館 . 2006. p40

表 5-2　1960 年代的多產小說家 [181]

NO	姓　名	省籍	性別	組織歸屬	NO	姓　名	省籍	性別	組織歸屬
1	郭良蕙	外省	女	無	16	楚　軍	外省	男	民
2	郭嗣汾	外省	男	官	17	畢　珍	外省	男	官
3	繁　露	外省	女	無	18	鍾肇政	本省	男	民
4	南宮博	外省	男	民	19	黃　海	外省	男	官
5	孟　瑤	外省	女	無	20	薑　貴	外省	男	官
6	墨　人	外省	男	官	21	南　郭	外省	男	官
7	田　原	外省	男	官	22	臧冠華	外省	男	官
8	吳東權	外省	男	官	23	蕭　白	外省	男	官
9	徐　速	外省	男	官	24	費　蒙	外省	男	無
10	司馬中原	外省	男	官	25	姜　穆	外省	男	官
11	瓊　瑤	外省	女	無	26	徐蕙藍	外省	女	無
12	盧克彰	外省	男	官	27	朱西寧	外省	男	官
13	高　陽	外省	男	無	28	林海音	外/本	女	民
14	張漱菡	外省	女	無	29	呼　嘯	外省	男	官
15	童　真	外省	女	無	30	蕭傳文	外省	女	民

第三節 第三階段：專業出版人與專職作家興起

　　這階段要算瓊瑤崛起的關鍵人物平鑫濤先生，他堂伯平襟亞先生是《萬象》的發行人，平先生的上海成長帶給他靈活的出版運作頭腦。1954 年 6 月平先生創立皇冠雜誌，夥同三位朋友，湊出二萬元，以宿舍做辦公室，自寫、自譯、自畫（插圖和封面）、自編、自校、自盯印刷、自騎腳踏車做發行地辦雜誌。三期過後，貨金用罄，朋友鳥獸散，他想起成立雜誌社前試譯的《麗秋表姊》，賣得很不錯，覺得做出版也許更為可行，或可解決雜誌社的財務危機，於是他出版了第一種叢書《原野

---

181 林芳玫：《解讀瓊瑤愛情王國》[M]. 臺北：臺灣商務印書館 . 2006. p40

奇俠》（費禮譯），於是皇冠出版社就此成立。而平先生非常洞悉市場，皇冠雜誌原是 32 開本，120 頁，定價 5 元新臺幣，發行 100 期後改為 330 頁，定價策略調為 15 元，101 期開始，則找沈鎧設計封面。後來《聯合報》副刊主編林海音辭退，1963 年 6 月平先生接任。1964 年 10 月，平先生瞭解稿源的重要，成立皇冠基本作家制度，一口氣簽下當時年輕有潛力的創作者 26 位，每月供給生活費，使之衣食無虞，而後再把稿子交付聯副或皇冠發表。作家朱西寧追憶與皇冠的關係就提到：在 1960 年代作者與副刊間的關係並不合理，主編的強勢甚至到了可以拿回扣的地步，稿費合理化是由平鑫濤開始，而在雜誌方面，他也提升作家地位，將他視為雜誌的衣食父母，朱西寧家的第一台冰箱，是平鑫濤首創「以物易物」換來的，那時物資缺乏，平鑫濤預付稿費或電器，作家再慢慢地分期償稿。而後基本作家制成立，那些作家群後來皆發光發熱。[182]

　　另一則陳若曦回憶當初遠景出版沈登恩與他約稿時追憶其情景深刻描述：

　　一九七三年底，我全家離開中國大陸，在香港住了一年。移民溫哥華前，應明報月刊主編胡菊人之邀，投了一篇描寫中共文化大革命的小說《尹縣長》。小說獲得熱烈迴響後，我又從溫哥華投稿中篇小說《耿爾在北京》。臺灣的中央日報未打招呼就轉載了《尹縣長》，對文字擅自取捨外，也對一些詞語冠以引號或以「X」取代，如毛主席變成「毛XX」。我輾轉獲得一份剪報後，曾去信抗議，但沒有回應。多年後才從朋友處得知，當時主管編輯的人以施恩兼教訓的口吻下達指令：「給她登文章了，還敢抱怨，下次不理她！」其時黨報的傲慢、跋扈可見一斑。

　　中國時報人間副刊主編高信疆就不一樣了，他設法找到捨下的電話，先來電徵求《耿爾在北京》的轉載權，並熱情地約稿。與此同時，他委

---

182 鍾淑貞：《皇冠文學四十年—臺灣大眾文學的重鎮》書香月刊 [J]. no. 57（1996）：13-17.

婉地透露，臺灣的新聞檢查十分恐怖，編輯動輒得咎，因此選稿和編稿都是謹慎加謹慎，唯恐一不小心就被警備總部「約談」，自己倒楣外還可能牽累報社。

「做編輯的，人人心中都有個小警總呢！」

都因兩岸政治高度敏感，他表示，為了防範于未然，有時不得不更動些字眼或加引號，例如毛主席加個引號，但是一定先徵求作者同意。

生長於臺灣，我對國民黨統治下的白色恐怖並不陌生；自己不正是由於不滿臺灣的高壓政治，才去投奔「社會主義祖國」嗎？我很瞭解並且同情編輯的處境，當下自動放棄審核權。

「你不用先問我了，」我說，「你看著辦就好。只要設身處地為作者著想，將心比心就行了。」

高主編的苦心很快就顯現出來。短篇〈查戶口〉裡有個情節，是女主角起早趕市集，向農民買一隻雞打牙祭。臺灣長年宣傳中國大陸人民處於「吃草根啃樹皮」的苛政之下，怎麼突然能吃起雞來了呢？當天就有讀者打電話向報社質問。好在人副早有準備，次日就刊出一篇香港儒學大師錢穆夫人的大作，說明大陸人民偶而吃只雞的稀奇和例外情形，用以平衡吃雞的衝擊力。主編用心之良苦，令我感佩不已！

高壓必然激起反抗，臺灣已經集結了一批「黨外」民主人士，透過辦雜誌（譬如〈大學雜誌〉）爭取言論自由，屢遭查禁但前僕後繼，生機旺盛。我漸漸接觸到「黨外」人士，也看到一些這類雜誌，明白政府箝制言論，和中國大陸是「五十步笑百步」，對報紙副刊的編輯更是同情有加。

第二年，沈登恩經高信疆介紹，來電表示有意結集出版我寫文革的幾篇小說。他強調自己是「冒險」出版我的小說，隨時準備被警總約談，

而且書印出來了也可能被查抄，但有把握會銷售得好，並且會付我臺灣最高的版稅。

這是第一個向我邀書稿的人，雖然素昧平生，但覺此人有膽識有魄力，談話也謙恭有禮，當下感動複感激，電話裡就一口答應了。

一周後，接到出書合約，是一張印刷的制式版本，出版社欄下，有手寫的遠景出版社和沈登恩大名，字跡清秀有力，版稅部份寫了書價的「百分之十五」。書名《尹縣長》也預先手寫好了，而作者欄則空白，由我自己填寫。大致如此，因事隔久遠，我幾次搬家，合約早丟了。只記得有「永久出版」字樣，以為是臺灣威權時代的慣例，不敢改動，但是考慮到若有機會出選集，又該如何處理呢？正好沈來電話，問我收到合約否，就順便提出來。

「沒問題，」他答應得很爽快，「你事先告訴我一聲就行了。」

我於是簽了名，當天付郵。

此後合作愉快，他每印一版就寄版稅來，每版以兩千本計算。

《尹縣長》出書後，反應良好，警總並沒有查抄，於是出版社紛紛找上門來。其中老朋友任職的聯經出版社拉稿最力，建議出版我尚未結集的小說加上《尹縣長》的部份短篇（據說這樣較有號召和銷路），以「選集」形式出版。能出書當然是好事，我欣然應允。該社很快代我找出「現代文學」雜誌社發表的小說，我自己挑了《尹縣長》裡一個短篇，相信這樣當無損于原書的銷路才是。

收到選集的合約時，發現和遠景出版社有些不同，出版有年限，並無「永久」字眼。同時收到臺灣朋友的電話，說明作者有權增刪條款。驚詫之餘，終於明白，「永久」云云乃沈登恩的獨家創造，並非全台一致的制式合約。想到他是「冒險」出版拙作，按大陸流行語「沒有功勞

也有苦勞」，怎麼也當感謝他，自也不必計較了。

　　話說收到選集時，我又吃了一驚。原來我定的書名被改為《陳若曦自選集》，令人惶愧不已。論年齡，我剛人到中年；論著作，不過大學畢業時出版過一本英文小說，現在加上《尹縣長》，也就區區兩本書而已，有何資格出版「自選」的集子呢？不知情的讀者，恐怕要笑作者狂妄自大吧！

　　我日夜都想著回臺灣，只有這一刻很高興自己遠在加拿大，否則如何面對文壇人士？

　　我覺得出版社太自作主張了，但是老朋友任職的公司，又能說什麼？何況木已成舟，埋怨也無濟於事了，唯終身遺憾而已。

　　接到沈登恩電話才算解了謎。

　　「喂，陳小姐，我向聯經抗議，《尹縣長》出書還不算久，怎麼就被挖去一篇小說了？人家說是你自己挑選的，不能怪他們呢！」

　　「對不起，對不起，我忘了徵求你的意見！」

　　我這才猛然想起，選用小說要先打招呼的口頭約定。

　　雖然犯了規，但他待我仍然謙恭有禮，每次來電都讓人備感溫馨。我的第三部長篇小說《遠見》也由遠景出版。妙的是，這回的合約自動訂了十年的出版年限，我尊重出版社的意思，未加改動。由於《尹縣長》出了幾個外文版，合約條文大同小異，我很高興臺灣在這方面和國際完全接軌了。

　　《尹縣長》出了十幾版後，有朋友自臺灣來，以為我靠它發了大財，得知實際的版數後，不免將信將疑。

　　「在臺灣，幾乎人手一冊哪！」

　　我笑笑，視為禮貌性的讚語，從來沒放在心裡。後來有個讀者送我本他兒子當兵時的軍中讀物，赫然是《尹縣長》！書的封底印了發行者，乃國防部總政治作戰部，由黎明公司翻印，還注明「軍中版，非賣品」。

　　一九七九年十二月，臺灣高雄發生了「美麗島事件」。次年元月初，我飛回睽違十八年的家鄉，為被捕的「黨外」民主人士向蔣經國總統求情。在台僅逗留短短五天，除了晉見總統，也匆匆見了幾位新老朋友，包括沈登恩。沈見面笑咪咪的，言談爽直又謙恭，十分可親可愛；穿著尤其簡便樸素，白布上衣和卡其褲外，背了一個登山用布袋，活像個大學生，給我留下很好的印象。

　　這次返台，有機會見到政戰主任王升和他的部下。後來再回來時，碰到王將軍的一位部下，寒暄中忽然想起軍中版的拙作。我忍不住問起。

　　「軍中出版《尹縣長》，作者都不知道，這…算不算盜印呢？」

　　「別的我不知道，但是臺灣的出版物，我們一定打招呼，還付費用！」

　　他一副信誓旦旦的模樣，令人反駁不得，無論如何，即使盜印也是一種推廣，何況是國軍有用，權當作者報國之道吧，我並無追究之意。

　　有一次返台，見到沈登恩了，我想起這件事，隨口提起軍中「盜印版」。他既不否認也不確認，竟是顧左右而言它。我猜想，政戰部多少付了些費用，只是他不想和我談平分版稅的事而已。

　　我居住美國，丈夫一手挑起養家責任，個人的稿酬和版稅屬副業性質，絕不忍為一點版稅和人計較。這時《尹縣長》出版較稀，但遠景卻業務興旺，有人說是臺灣最大的新興出版社。沈曾送我一套諾貝爾文學獎叢書，收到洋洋幾十本精裝書時，不禁為遠景的大手筆讚歎不已。然而很快就聽說，臺灣一家出版社也出這套大部頭叢書，惡性競爭下，造

成遠景資金大出血，甚至還流傳「一蹶不振」的說法。

一九八七年，《尹縣長》出廿七版，以後長達十七年未再版。我自九五年返台定居，跑了幾家書店都買不到拙作。頭兩年在大學教書，每次學生問起，我都請他們直接去問出版社。

大約是返台後兩年吧，沈約我到老樹咖啡店敘談。這是我們最後一次見面。

相識十多年了，他還是同樣穿著打扮，仍是不顯年紀的大學生模樣。給我的名片印了新加坡地址，原來是赴新國開書店去了，臺北僅留連絡處。他送我一套叢書，是香港某商報的社論和評論。我居港期間是該報讀者，也見過作者，知道著述針對香港經濟，臺灣一般讀者多半沒有興趣；遠景出版真有魄力。想到《尹縣長》的情況，若有贊助，也許可以再版才是。

「讀者反映，書店幾年買不到《尹縣長》了，」我委婉提起，「還有再版的計畫嗎？」

「不是我不出版，沒有任何書店來增訂嘛！」他撇清責任後，還豪邁地表示，「只要有一家書店來增訂，遠景馬上再版，沒問題！」

聽說遠景財務相當困難，如今口氣卻大方得出奇，猜想是攸關顏面，當下也不忍辯駁。我常買書送人，一次至少廿本，若找個書店指名訂購，難道遠景會為廿本書再版嗎？不但沒反駁，連贊助出版的話說不出口，還努力替他開脫。

「大陸從八十年代就進入改革開放，連大陸人都要忘記文革了，何況是臺灣讀者？《尹縣長》再版相信也沒銷路，遠景不出版我完全可以理解。」

我說的是實話、也真的忘掉再版的事。

　　新世紀進入倒數計年了，我開始碰到選編的問題。先是駱駝出版社要出一系列馬森主編的「現當代名家作品精選」，每位元作者一本選集。主編希望我不要漏過文革時期的代表作，我便選了《尹縣長》中的兩篇，因電話連絡不上，便寫信兼傳真去通知沈登恩。

　　等到選集《清水嫂回家》出書時，接到沈的傳真回信，洋洋灑灑數落了我一番，用詞尖酸刻薄，怒氣穿透紙頁，相比以往的溫文恭謹，前後判若兩人。他強調作者不守合約，完全不提我有選編的權利，還揚言要控告駱駝出版社。我已屆花甲之年，記性很差，又找不到合約，只好請他拷貝一份寄來。

　　我拿了合約找一位懂著作權的朋友過目。朋友笑我「誤上賊船」，還「老實可欺」，沒把口頭約定及時化為文字附上合約，這一點是吃虧到底了。

　　天呀，我又栽個跟鬥了！原來探索出版社剛剛出版了兩本拙作，我原循例要求作者享有「部份作品」的版權，卻被編者苦苦哀求放棄，一再強調「老闆同意了，需要時你打聲招呼就行，但合約不要這樣訂才好」。回想一生重然諾，老來竟碰上「口說無憑」的年代，時哉？運哉！

　　「不過，遠景十幾年不出書了，你若上法庭要求取回版權，未必全無希望，趕快找個好律師吧！」朋友還出點子，「合約沒提簡體字，可以到大陸出書嘛，市場更大！」

　　他當場介紹了一位律師。我一向反對訴訟，這一點倒不為心動。

　　好在也沒聽說遠景和駱駝打官司，心想沈雖然脾氣壞，到底是明理的人。

　　知法守法是本份事，以後碰到選編事，我一律要對方找沈商量，可惜多有不順。

　　譬如中正大學有學者要編女性主義的輔助教材，想選用《尹縣長》書中一篇，限於經費，只能付出版社和作者各兩千元酬勞。我表示贊助公益，自己分文不取，但要遠景同意才行。結果沈不同意，理由是轉載費太低。不同意不打緊，事後還來信罵我「賤賣版權」，簡直令人哭笑不得。[183]

　　此文深刻描繪在 1970 年代臺灣出版人對稀有書稿的搶稿情景，有關著作合約和稿費的給付等等，專業出版人和專業作者此一階段已形成。

第四節　第四階段：文化工業化——
暢銷書排行榜趨動大眾文化

　　1983 年 1 月 20 日，高砂紡織公司以其原先廠房改建住宅大樓的地下室，由於靠近臺北市南區的公館商圈，每天固定經過此地的上班族，及附近學區的青年學生，占公館地區流動人潮的主力，於是參考日本東京都會區的大型書店，成立臺灣第一家大眾化新型書店—金石堂文化廣場。同時首創暢銷書排行榜、新書品評會及作家演講等動態性活動。尤其是暢銷書排行榜，在推出後的來年即達到發展和引爆爭議，學者和專業對暢銷書排行榜與文化工業的反應，即指示這不只是一個狹窄的文學或出版的問題，而是配合著一個全面性的社會現象——一種消費文化的成形。而這消費文化的成形，特別是有關書報雜誌支出，也是 1990 年代臺灣的大型連鎖書店組合的成形。

　　從金石堂 1990 年 13 家，1991 年 17 家，1992 年 24 家，1993 年 31 家，1994 年 41 家，1995 年已到 51 家，約占全省大型連鎖店營業面積的五分

183 陳若曦. 尹縣長出版前後，應鳳凰主編：《嗨！再來一杯天國的咖啡—沈登恩紀念文集》[M]. 臺北：遠景.2005. p149-163

之二，而其營業額 1990 年 8 億元新臺幣，1991 年 10 億元新臺幣，1993 年 15 億元新臺幣，1994 年 20 億元新臺幣，1995 年達到 25 億元新臺幣，約占全臺灣書店通路總收入的 12%。據統計年臺灣每戶每人在書報雜誌支出 1983 年為 2,028 元，1990 年增至 4,594 元，1993 年又上升至 5,267 元。而從 1989 年金石堂引爆的「暢銷書 100」分析，上榜的文學暢銷書，與正統文學漸行漸遠。[184] 可以看出整個文學出版生態逐漸走向通俗化的趨勢，反而是一種類型書像與勵志、感情與婚姻的兩性題材、佛法與禪、笑話，加上暢銷的小說多半與電視、電影等主流媒體的議題或改編有關。[185]1994 年臺灣知名評論家楊照還指出「更糟糕的是，幾位暢銷作家（指劉墉、林清玄、侯文詠等）本身創作功力是頗旺盛，然而作品的多元企圖卻顯然付諸闕如。」[186] 這種「暢銷書排行榜」即是注意力經濟原理造成出版市場的「紅者恒紅，慘者恒慘─暢銷書慣有定律」。[187]

出版便走向掌握「品牌原則」、「強力促銷原則」、「不擇手段先登上暢銷書排行榜原則」。

第五節 第五階段：後現代主義來臨─
閱讀的品味與個性化

隨著暢銷書排行榜所帶來的文化工業化，將書種區分「文學類」與「非文學類」，激發更大族群的潛在讀者群，也激勵誠品書店走出另類

184 吳興文：《從暢銷書排行榜看臺灣的文學出版─以九〇年代金石文化廣場暢銷書排行榜為例》書香月刊 [J]. no. 56（1996）：19-24.

185 陳雨航：《思索變與不變的現象─79 年文學類圖書概況評析》出版情報八周年紀念特刊 [J] 2 月號（1991）：69.

186 楊照：《八十三年度文學書解讀：蔑視文體複雜性的社會代價》出版情報十二周年紀念特刊 [J] 2 月號（1995）：P58.

187 鄭林鐘，崔靜萍：《八十年暢銷書排行榜分析》出版情報十周年特刊 [J] 2 月號（1992）：P48.

的連鎖書店定位，拜自由市場的競爭使產業做更多元的變化以適應市場。於是不一樣的誠品生活誕生。吳清友說：誠品敦南店當初以「閱讀堂」為概念，結合圖書館與書店的概念。誠品書店塑造成「臺灣現代文化和智慧財產的象徵。」

　　而這個書香帝國起於很簡單的概念，吳清友因賣廚具而致富，那時就覺得生命中不該只有賺錢，身為藝術收藏家又博才多學的他，分享對書的喜愛。其實開書店或誠品的成立，就是一個自我發現跟探索的過程。透過閱讀讓您發現自己的不同，然後開始建構自己，你對自我存在的一種自信。1980 年敦南商圈是臺北商業中心，誠品在此區覓得一地，1988年籌備，1989 年 3 月成立了敦南誠品書店。廖美立說：「剛開始每月營業額新臺幣 60 萬左右，後來全年光一個月就沖上千萬元營業額，早期的幾年是誠品的黃金期。」

　　吳清友是個注重細節、知人善用，找了知名設計師陳瑞憲設計誠品書店，陳設計師說當初最原始的概念想將人埋在書海的感覺。誠品的每家連鎖店的設計都不同，但設計都很好。誠品利用空間設計，強調連鎖店的空間不複製，兼顧藝術與買書實在不容易。在臺灣，1980 年代出書量是 5000 冊左右，1990 年代出書量 15000 冊，到了 2000 年新書量則 35000 冊，每十年以二至三倍速度增加，出版事業的欣欣向榮可想而知。

　　吳清友生於台南馬沙溝，小時候家境清貧，工專學機械工程，畢業後就工作，當時努力工作只求得全家人溫飽。在 1970 年代臺灣正從農業走向工業時代，高工畢業後先在專營飯店餐廚設備與咖啡機的誠建公司當業務員，31 歲接下誠建的全部股權，成為誠建公司的老闆。事業穩定，賺了不少錢。1989 年經過三次的心臟手術，突然覺得每個生命來到這世界都有它必須完成的功課。「一枝草，一枝露」就讓生命歸零，「誠品的孕育來自一次生死交關的經驗」於是創立誠品的想法就此誕生，這是很個人的一種對生命的好奇或是對生命的探索，是必須從自己能力所及

可以觀照到所謂人文、藝術、創意，然後融入生活裡面。政大科管李仁芳教授說：「從統計數字上看，現在的毛利很小，所以大概要從製造經濟走向創意跟美學的加值，從這個方向的轉型」。[189]

2001 年納莉颱風重創北臺灣水淹臺北，誠品也在這個時期遇到最大的瓶頸的財務危機，經過各家合作廠商支持渡過難關。現在有句話說「到臺北故宮看古人的文化生活，到臺北誠品看現代文化生活」誠品已是臺灣地區人們現代文化生活的代表。

然而有些個性書店，如晶晶書店、女書店等，他們認為誠品、金石堂、博客來這些大財團經營上占盡優勢，常常個性書店要向中盤商批貨常都批不到貨源。小蝦米很難和大鯨魚競爭。也有人說誠品生活，製造一致性主導文化走向。知名評論家楊照先生說：若我們界定文化霸權的定義，有權決定文化價值的人，那麼誠品早就是臺灣的文化霸權。誠品和傳統書店的不同是後者的理念是把書堆起來便宜賣。臺北師大商圈有名的水準書店老闆曾大福說：「逛書店到誠品，買書到水準。」這早就是讀者在網路上的傳說。

吳清友認為書店是款待人，是個安頓身心，是個你自己在閱讀中可以跟自己獨處，一個比較自在的地方。然後能夠從閱讀中得到啟發、想像，或者說安住自己心情的一個場所。像呂樸實有一件藝術作品，從 1954 年到 1988 年才完成，將近四十年的才完成一件藝術品，那麼我們誠品才十年二十年，又算什麼。在紐約著名第五大道，或者是香舍裡榭（Champs-Elysees），亦或表參道（Dmotesando），都看不到有書店的影子，唯有臺北的敦化南路大道上，臺北 101 的信義路上有了這樣的誠品書店，這足以代表臺灣的人文基礎的基盤還算不錯。吳清友很自豪地說：「誠品公司這個小利，面對整體社會大帳的大利，我難免也會阿 Q

---

[189] Discovery. 臺灣人物誌—吳清友 . 臺灣人物誌 . 45min：Discovery. 2007.

認為，這本小帳賠了錢，但我自己大概會自我安慰，那這本大帳應該賺了錢」。[190]

小　結

臺灣的「出版」從管制期的「讀者和書店」的出版文化場域，進展到「作者自己辦出版」的自營自銷出版生態，而再因暢銷書排行榜，趨動非文學的類型書的大眾市場，再到創新與美學的體驗式出版文化場域，出版已不再是以往的單線思考「純為一本好書而出版」，出版是專業公司為服務讀者、服務作者的需求，並使出版的這內容透過創新的包裝和行銷使達到每個讀者的手上。出版應改變過去的學徒制，它需要有多的內涵和技能，從臺灣的出版生態猶如《法國文化工程》這本書所構思的文化體系的規則，過去純然的文人做出版，將不敵現在整個出版生態圈的嚴謹、多元又競爭的環境，取而代之是更周密的行銷策略，也就是從構思一本書時，即要納入所有出版環節的元素，整體打造出版從源頭到終端的所有知性和感性的服務。

---

[190] Discovery. 臺灣人物誌—吳清友 . 臺灣人物誌 . 45min：Discovery. 2007.

第六章　21 世紀以來臺灣數位出版的進展

　　2010 年臺灣「經濟部」訂為電子書元年，可見主管機關決定努力推動電子書產業。而其中以政府出版品為臺灣地區最多的數位出版內容產品。電子書起源可追溯至 1971 年的「古騰堡計畫」（Project Gutenberg），然而真正撼動出版業界的主因是在 2007 年美國 Amazon 網路書店推出 Kindle 電子書閱讀器，成功地開創新的經營模式，不僅帶動了數位閱讀型態，開始挑戰及改變人們的閱讀習慣，也讓出版業界掀起數位出版的風潮，2009 年 Apple 推出 iPhone，2010 年推出 iPad 平板電腦，於是臺灣官方便認為此是電子書成熟的契機，於是稱之臺灣的電子書啟動元年。然而臺灣的數位出版的進展卻在官方積極，而民間觀望的緩步下亦步亦趨，綜論三點：（1）臺灣推動數位出版轉型點火計畫，（2）具備數位出版的市場還不充足，（3）數位出版的內容價值決定是否該數位化。

第一節 臺灣推動數位出版轉型點火計畫

　　早在 2000 年時臺灣即已擬定籌備面向數位時代的產業結構調整，並

施以政策輔導。2002 年「挑戰 2008：國家發展重點計畫」中即列入「數位內容產業」和「文化創意產業」為推動重點計畫。2005 年由經濟部工業局補助建立「數位版權認證與交易流通平臺」，2008 年更進一步承辦新興產業旗艦計畫中的「數位出版產業發展策略及行動計畫」[191]，而當時經濟部工業局找了城邦集團執行長何飛鵬先生做諮詢經徵詢後覓得幾家具規模的相關出版產業做此計畫施行辦法的顧問（見表 6-1），期望臺灣出版業儘快加速電子書的發展，讓傳統出版業得以轉型。自 2008 年起實施的點火計畫，每年投入一億新臺幣，先培植三至五家大型領航者，然後以帶領小出版社轉型至數位出版，投放計畫案規定參與申請的出版商其資本額不低於 3000 萬新臺幣，然而臺灣出版商家眾多，其中九成資本額在 1000 萬新臺幣以下，故此條件限制有獨厚少數幾家出版集團之嫌疑，讓臺灣眾多出版社圈內人認為政策不公平的情況下，更增添政策執行的障礙。

表 6-1　臺灣推動數位出版轉型點火計畫的顧問名單（2008 年）[192]

單位名稱	職稱	姓名
智慧藏學習科技股份有限公司	董事長	王榮文
聯合線上數位閱讀網	營運總監	周暐達
貓頭鷹出版社	社長	陳穎青
益思科技法律事務所	所長 / 律師	賴文智
臺灣數位出版聯盟	秘書長	葉君超
中華電信研究所多媒體研究室	主任	何業勤
臺北市出版商業同業公會	理事長	李錫東

---

191 臺灣經濟部工業局新興產業旗艦計畫書 [R]. 臺北 . 2008.

192 邱炯友 2012 年 8 月 29 日于南京大學全國暑期學校出版轉型與發展趨勢研究中就臺灣圖書出版產業政策與其新興議題發表說明。

　　而另一方面在 2002 年時由臺灣「中研院」王汎森院長主持推動「數位典藏計畫及數位學習」為期十年的計畫，編列約 2,000 億元新臺幣預算執行。在 2012 年 12 月 20 日第 12 屆東亞出版人會議上王汎森說：「數位典藏與數位學習計畫實施十年為了是知識公共化，而最近幾年臺灣文創產業發聲希望可以有盈利，這二個主題是茅盾，社會的要求是要產業化，而學術界是想要知識的公共化，傳統書籍和書的未來，在數位書籍，還沒看到一個共同點，這是我執行數位計畫很困惑的地方。加拿大的一間學校的圖書館改名為學習中心，這是否是解決這內在和外在的問題，希望書籍可以找到平衡點。」

　　以上二項足以說明目前臺灣的出版業所面臨數位轉型的困境，從政策面來講似乎官方尚未充分調查清楚出版產業每年雖有四萬多種新書上市，但到底有多少是能夠授權轉成電子書，沒有統籌瞭解出版產業究竟對數位出版的需求是什麼？而另一方面由圖書館學界或學者來推動「數位出版」其立基點為了是知識的公共化，那麼也就變成了數位典藏計畫傾向利用公共圖書館採購此產品再提供給大眾使用而沒有形成市場上的產值，也就沒有數位出版產業的未來。雖然數位典藏（大陸稱數字倉儲）有它的價值，但對出版業來講是兩刃刀，圖書館學界擁有來自政府的龐大預算推動數位典藏，不需自負盈虧，而出版業在市場機制下得有利基才能做數位出版經營。所以在臺灣由上而下（官→學→產）施行數位出版過程是值得商榷的。而由臺北圖書圖書館專案推動數位典藏而培育的本土的資料庫公司：華藝和凌網。因為臺灣市場小，亦面臨經營上的困難，從凌網的公開財報上目前是虧損的情況 [193]，數位出版之路，臺灣的整體佈局尚未到位。

---

[193] 根據臺灣奇摩財經網站上查得該公司凌網（5212）的財報 2013.5.21 止，上半年每股盈餘（-1.43），但不代表以後的營運狀況。同日，時報文化（8923）財報上半年每股盈餘（0.5）。

第二節 具備數位出版的市場還不充足

　　網路須面臨全球白熱化競爭的現實，迫使內容商品創制的規模與構思必須強力升級，並具備突創性，作品主題義理的取材與敘事運鏡的周密度巧思，須由在地經驗的反思與寫照，提升到「提供多元族群的大眾生命中一段無可替代的故事張力、文字駕馭能力與心靈律動」的層次，這即是現今內容產業運作價值之核心所在，但卻必須有相當經濟條件與資源的組織來貫徹。[194]

　　圓神簡志忠說道：「其實我公司從 4 個人到 8 個人，當變成 12 個人的時候，我面臨一個問題，我在掙扎…我的核心要是什麼，要增加到 18 還是 33 人，到一個要五臟具全的出版專業公司？」於是他選擇一步到位，目前擁有七十多位員工，讓圖書從策劃、生產到行銷，以及發行，全部俱足。這也象徵著在互聯網下的數位出版產業必須是，透過其強大的配銷管道擴散至世界各地，豐富其文化產品的面貌及利潤，才能有規模效益，故此目前臺灣較具規模的出版社大多採取做一本書若沒有 5000 本的基本銷售，則不會考慮出版以此做管控風險。這種科層規模龐大的出版集團也順著從工業時代轉進到後工業時代的步伐，依照彈性專殊化準則，調整原本統制式的產制銷運作。它們運用資金與資源的優勢，以「相對創作自主」的原則，採取垂直性的分工模式，與具備高創意的企制團隊合作（選題策劃製作通常都是委外給專業能力強、執行靈活度高、規模較小的公司或工作室），創制產業結構鏈裡，核心的「原稿作品」，經由企業自身以「效益計算與控管」的方式，將其進行大量而有系統地複製，並負責行銷發行與市場販賣的佈局，以適時有效地補捉變化無窮的大眾，為能達成補捉大眾的目的，在原稿作品的創制亦衍發出幾個慣用

---

194 邱誌勇：《文化創意產業的發展與政策概觀．文化創意產業讀本》[M]. 邱誌勇．臺北：五南．2010.
　　p4

的策略。

　　首先，內容必須加以影音媒體產業的原創使成本高再製成本低，投資風險高，但也可能有超乎意料的利潤，而這便得藉由大量且多樣原稿作品的開發創制來實現，企圖在量化作品中創造令人驚豔的熱門產品（blockbusters），來抵銷眾多失敗的案例。這即是俗稱的「散彈原理（Bulk Theory）」。[195]

　　其次，原稿作品的量產需要予以公式、明星、類型、系列等模組化的設計；公式化的產制規則代表了較為可預測的獲利模式；符號表徵化的明星（具備形似過往的皇族嬪妃、神話英雄、宗教先知的光韻）是為博取消費者認同投射的最佳手段；類型化是建構消費者對作品內容預期的快捷方式；系列化更是針對成功的作品做有系統的複製，進而成為一種「品牌」，可以確保收益的穩定。類似模組化的設計，數位元內容的超文字和影音媒體之間的巨文本現象亦是因應風險管控而衍生的策略。為了建立觀眾的認同投射與預期性，愈來愈多暢銷書或影音產品題材來自大眾熟悉的社會議題，或者取材自其它媒體形式中既成的作品，或是依循成功的前例做再創制。

　　在原稿作品創制後，數位內容產業亦會傾力運用自身資源與規模經濟的優勢，予以「商品化」，並在商品發行流通的各個階段，透過慣常機制，儘量降低其可能確保收益的穩定，以達到在市場獲得最大的經濟效益。

　　根據以上原理，臺灣在數位出版方面，有能力上或具市場規模而推動數位出版反而是出版社以外的產業，因為臺灣出版社大多資本額偏低，臺灣最早投入電子書產業先驅的是已故的溫世仁先生，他在 2003 年英業達投注十幾億元、近十餘年時間研發的「電子書」平臺計畫宣佈停止，

---

[195] 李天鐸：《文化創意產業的媒體經濟觀．文化創意產業讀本》[M]，邱誌勇．臺北：五南．2010. chater 3-1

因為使用者必須另外購買平臺和軟體，還要隨身攜帶這二者才可閱讀，再加上版權的取得困難，溫世仁感歎地說：電子書已死。[196]

後來到了 2008 年 12 月實體出版業者開始籌組推動數位出版聯盟，結盟網路、硬體、電信業者共同加入，希望為臺灣開創新局，於是成立「臺灣數位出版聯盟」和「臺灣數位出版聯盟協會」，就相關議題與政府、業界一起研商對策。2009 年有關電子書產業的討論一直延燒至今，而由中華電信製作「Hami 電城」，號稱有萬冊以上電子書，但卻被消費者埋怨加入後或購買後發現可看的書實在太少。因為臺灣出版社大多采低成本的製作方式，買翻譯書故根本沒有多少書可授權轉為電子書銷售，換言之，因 2002 年加入 WTO 受著作權保護下能夠數位授權的書實在少得可憐。臺灣的電子書市場發展相當緩慢外，也因數位閱讀和電子書市場尚未成形。

第三節 數位出版的內容價值決定是否該數位化

若論及數位內容的商品化，則應藉由經濟學上的「使用價值（use-value）」和「交換價值（exchange-value）」，是如何在產品（product）中產生轉換而成為商品（commodity），並為資本體系實現剩餘價值（surplus value），從而開創利潤，這是馬克斯《資本論》裡重要理念。[197] 由資本體系產制出的各類商品，其價值都是由這兩者所構成的。一件商品的使用價值在於它能夠滿足消費者的需求（human needs），這個需求可以是基本的生理性功能，也可以是社會性的心理欲求，是每件商品的必須特質；換句話說，沒有使用價值的東西是無法吸引消費者的。一件

---

196 李武，魏秋宜：《政府出版品發展電子書之策略作法與展望》[J]. 研考雙月刊 1. no. 2011.2（2011）：34-48

197 Marx, Karl. Captial：A Critique of Political Economy[M]. Moscow: Progress Publishing. 1954. p78

商品的交換價值則是來自等價物、抽象勞力的相對衡量及製造勞動時間等因素，商品在交換的過程中，其價值須經過比較和詮釋，而這通常其訂定的原則是「以量制價」，而較非「以質制價」。商品的交換價值反映在它們的價格，即在消費行為之中消費者所付出的金額。

　　數位內容的商品是一種象徵性財貨，如果它的使用價值只是「具備超凡創意巧思與撼動多元族群心靈之美學素質」的一部好作品，是絕對不夠的，因為在網路社會數位內容超級市場裡，同時好的作品多得是；它也不能像早些年工業發展時代的媒體角色，「提供社會大眾，在工商勞動餘暇，一段動感的休閒娛樂」，因為現今具備類似功能的選擇同樣也有得是。這些都只針對了消費者的初級需求，卻沒有勾引消費者對產品做高附加的描繪，建立一種神話層次的價值體系。依照巴特（Roland Barthes），神話是一種文人外延意義的言說（connotative speech）。[198] 透過這個神話層次的價值體系，消費者對產品萌生一股社會性的群體預期（anticipations），從而產生焦慮性的渴望（wants），意欲「放下手頭的工作、挪出生活中的時間、付出相當的金額（交換價值），將其編採到自身生命記憶的洪流中」。

　　圖書產品的資本累積是建立在一個極其簡單的交換體制上，出版產業集注人力資金創制出高原創性的符號系統（而非用生理機能去使用），這個機制有二個吊詭之處，一是，內容產業資本累積的首要，在於消費者付出的定額，定額付出之後，閱讀或視聽感知體驗的好壞倒是次要，內容產品一旦經感知體驗後，其「稀有性（scarceness）」基本上便已耗盡，是不能退換的。至於閱讀感知體驗的好壞，在今日多元商品充斥的數位內容超級市場裡，一項商品的生命週期平均約只有二、三個星期，消費者體後的「口碑」擴散影響力，已不復以往。這便是為什麼，以現

---

198 Susan Sontag. ed. A Barthes Reader[M]. New York: Hill and Wang. 1982. p 93

今好萊塢為例，他們在評估一部影片的發行佈局時，70% 的考慮會根據觀眾對於該片故事（戲劇、喜劇、動作冒險、浪漫等）元素的預期張力，其餘的 30% 是影片的內涵寓意會帶給觀眾什麼樣的心靈啟示。這同樣的操作也運用在暢銷書的製作上。[199] 在受訪人時報莫昭平就直言：現在書的市場週期只有二周便見生死。博客來網路書店的新書即時排行榜，加速了書在市場上的能見度。

二是，「價值恆大於價格」的加法原理。數位內容產品的製作成本高風險大，但是每位消費者付出的定額非常地少，而在市場裡同類競爭的產品卻非常多，因此這又需要產業結構鏈裡的「行銷發行」環結，透過促銷、行銷、廣告、品牌等告示性與加值性的神話言說，創造出一種社會集體性的價值（預期、渴望、奇觀等等），誘發出極大數量的消費者，然後再將每一個消費者付出的定額加總起來，實現可觀的利潤。真正驅動消費者在眾多影音商品中做出選擇的力量，是言說附加的價值，不是價格。在「後工業社會」的型態中，資本體系的運作重心早已從「工業社會」的大量生產與製造，轉移到研發與行銷的現實。同是數位內容的一環如電影製片人王中軍說道：「現在拍一部電影不難，找觀眾難；資金不缺，缺市場。」而製作一本書，同樣的策劃一本書很容易，但拓展書的市場相對困難。[200]

現在已是發行導向（distribution-led）的機構，它們與敏銳度較強的創制（production-led）群體做分工互補，並整合多樣創意產業的類目，做社會性的擴張。目前數位科技的突變複雜化了產業結構鏈裡「圖書販賣」的型態，多重化了圖書的通路視窗（release windows），延展了商品的使用與交換價值。這使得圖書產業的運作，除了整合跨媒體與跨國

[199] Holt, John J. Lee Jr. and Rob. The Producer's Business Handbook[M]. Burlington MA: Focal Press, 2006. p8

[200] 李天鐸：《文化創意產業的媒體經濟觀》文化創意產業讀本 [M]. 邱誌勇 . 臺北：五南 . 2010.

平臺通路作為基本競爭條件之外，還必須如前所述，創制出具備超凡創意巧思與撼動多元族群心靈之美學素質的內容，透過行銷發行環結的加值，一方面取得最有效範疇的零售冊數，獲取即時的資本累積，另一方面要能經得起時間沉澱，轉化為「庫藏（library）」，非庫存概念，進行重複又重複的租借使用，保持經年性的資本累積。[201]

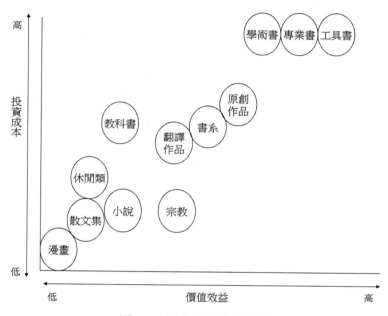

圖 6-1　圖書商品內容價值

若以圖書內容屬性來區分可以從（圖 6-1）的圖書商品內容價值分析，有關學術、專業書以及工具書，相較於其它類型的圖書，學術書這類的投資成本不僅較龐大，其製作的時間也較長，自然風險較高，但由於「庫藏（library）」時效長，所帶來的價值效益也是較其它書類較高的。

---

[201] 李天鐸：《文化創意產業的媒體經濟觀》文化創意產業讀本 [M]. 邱誌勇．臺北：五南．2010.

也就是資料庫產業相較於數位出版來講是比較可行的方案。以受訪者聯經發行人林載爵表示：「現在支撐聯經的很大的獲利來源是長期而穩定的學術書銷售」。

　　目前籍由圖書館推動數位典藏和數位學習計畫，投入大筆經費採購的資料庫主要的臺灣廠商有四家（見表6-2）。誠如筆者訪問漢珍朱小瑄先生說道：「代理也是一種傳播，也是一種發行，知識有需求就有供應，我們產品有代理的也有自己出版或合作出版的，是不要把蛋放在同一籃子裡，分散風險，也是最安全的方式。目前臺灣做代理的廠家不多。而像漢珍這樣每年持續開發自己的數位出版品做出特色的也一直是我們的目標。」以筆者觀察漢珍是目前在臺灣經營數位內容走出自己的特色，並也因臺灣市場小必然要兼顧代理國外資料庫，公司的經營才能穩健，走得長遠。

表 6-2　臺灣主要資料庫經營商的比較

	華藝	凌網	遠流	漢珍
成立背景	2000 年成立，以故宮線上成功躍起，後因台大醫圖館長支援展開第一家綜合資料庫授權的公司，如華藝線上圖書館	早期以承接國家圖書館遠距服務起家，漸漸發展成 hyread 綜合資料庫為近五年的事，以發展 hyread ebook 服務圖書館的電子書租借為重心	以出版金庸系列建立公司品牌，後又推電子版的金庸機，另成立智慧藏公司，架設 TAO 臺灣學術線上，以整合遠流出版優勢及綜合型資料庫	1981 年成立，原以代理歐美高等教育、科技報告、微縮資料及光碟資料庫，一方面也以主題式精選建置臺灣特色的資料庫，如臺灣商學企管資料庫，臺灣醫學健康知識庫
資料庫類型	綜合型	綜合型	綜合型	主題式
經營方式	B to BL to C	B to BL to C	B to BL to C	B to B to L
銷售模式	租賃	租賃	租賃	租賃或買斷
授權方式	專屬或非專屬	專屬或非專屬	專屬或非專屬	非專屬

	華藝	凌網	遠流	漢珍
權利金給付方式	依被使用次數抽權利金	依被使用次數抽權利金	依被使用次數抽權利金	依被使用次數抽權利金 或一次性支付
智財權的灰色地帶	若是銷售資料庫以租賃形式，則每一個下載全文的動作都是買斷的行為，應僅能線上閱讀才對	若是銷售資料庫以租賃形式，則每一個下載全文的動作都是買斷的行為，應僅能線上閱讀才對	若是銷售資料庫以租賃形式，則每一個下載全文的動作都是買斷的行為，應僅能線上閱讀才對	基於臺灣國內圖書館的採購法希望能夠達到數位典藏，故此有非專屬一次性授權，即是非專屬買斷，但許可權僅在資料庫的合理使用範圍，不能再轉授權

來源：筆者整理。

第四節 數位出版與著作權的法律問題

　　當前數位出版業的生態，已非過去作者、出版社、印刷廠、裝訂廠與實體書店的組合，而是出版業者，結合著作財產權人、資訊軟體商、網路平臺商、電信通訊業者、3C硬體製造商等多元的跨業結盟。數位元元出版的商業模式，必須有賴上述相關業者透過契約的約定，規範彼此間的權利義務關係，其法律關係較以往紙本出版產業，更加錯綜複雜。

　　周天律師說道：「過去，出版業者獲得作者授權，從事紙本出版品的出版發行，並透過實體書店等行銷通路，與消費者締結買賣契約，消費者支付買賣「價金」，以取得該著作合法重制物的所有權。現在，數位出版業者，透過交易平臺與消費者所發生之法律關係，其性質並非買賣契約，而是數位出版品的「再授權」利用的契約，消費者所支付之金額，並非買賣價金，而是再授權利用的對價；消費者所取得之權利，並非物理的所有權，而是數位出版品的非專屬利用權，該利用權並受再授權契約相關條件的限制，因此著作財產權的授權利用與再授權利用，是發展

數位出版產業之法律關係中的核心關鍵。」

出版業者若想從事數位出版，不僅須獲得紙本出版品的授權，亦要經著作財產權人的同意，缺一則不得利用該著作從事數位出版。因此，出版業者必須向著作財產權人，取得數位出版所需的合法授權，才可從事數位出版品的製作，並且必須取得著作財產權人之同意，以便將數位出版品，上網再授權交易平臺業者或消費者加值利用。由於作者對於數位出版品易遭非法重制的疑慮、或由於業者與作者重新洽談數位出版授權的不易，使得數位出版業者在取得授權上，遭受重大挫折。

臺灣由於早期要嚴治翻印、盜印的出版惡習，祭出侵權有刑事責任的過重罰則，其實侵犯著作權的重點，是指侵犯原作者的智慧財產權，若能改以罰金讓作者得到該有的財產，就可以解決，內容數位化過程往往因找不到原作者而無法進行。例如臺灣早期 1960-1970 年代的「文星叢刊」或《大學雜誌》，及《自由中國》等著作，是瞭解臺灣民主過程的重要文獻，卻因為著作權的刑事罰則過重，使這些重要文獻因作者難覓而滯礙了推行數位化加值成資料庫做學術用途。筆者查找歐美等國尊重著作權的相關規定，若侵權時的罰則也不過是以侵犯財產權以罰金來解決著作權的問題，臺灣地區的著作權實在需要適時修訂，以符合產業的需要和潮流的趨勢。

數位出版產業鏈之相關當事人，可分為上、中、下游不同的階段，各有其相互間的法律關係：（1）上游階段，為數位出版內容的原創來源，亦即創作數位內容的著作人或擁有其著作財產權之人，與數位出版業者間相互的法律關係；（2）中游階段，為數位元出版業者與交易平臺業者間相互的法律關係，由交易平臺業者負責數位出版品的銷售；（3）下游階段，則為消費者分別與交易平臺業者、電信業者、閱讀載具軟、硬體業者，各別相互間的法律關係。202

　　前述上、中、下游不同的階段中，相關當事人間的法律關係，如（圖6-2）：

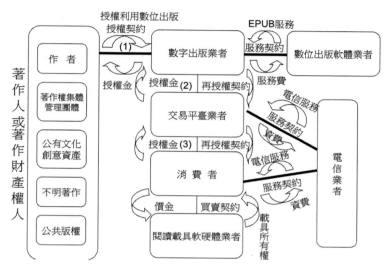

圖 6-2　數位出版的著作權法律關係圖 [203]

　　現階段臺灣的數位出版產業發展的瓶頸，在於「只見電子不見書」的窘境，亦即在臺灣的出版市場上，數位出版品的種類與數量，與歐美日韓等家相較明顯不足，致使讀者縱然已經具備行動閱讀載具像 iPad，亦無從獲得足夠的繁體中文版電子書，大多數以電子雜誌和新聞為主要的數位閱讀，如此很難推動臺灣地區的數位出版產業，而台中市立圖書館推向臺灣全地區的讀者，只要讀者申請一組帳號，即可上網借閱或流覽數位內容，如此加深出版業的擔憂紙本書根本不必銷售，作者也拿到

202 周天：《數位出版與著作權的法律關係》[J]. 出版界雜誌 98 期 . 2012. p54-60。
203 周天：《數位出版與著作權的法律關係》[J]. 出版界雜誌 98 期 . 2012. p54-60。

稿費，目前除了必須以解決數位內容不足的困境，數位出版的商業模式更要儘早確立，圖書館以推動數位閱讀為由，卻扼煞出版業的生產端的原創產業。

　　當前臺灣出版業的數位出版品的製作與發行，緩不濟急。傳統的出版業者，欲將原有的紙本書轉檔成電子書銷售，尤其是暢銷的外文翻譯書，包括小說類、商管類及科普類，但皆因未獲得原作者的數位出版授權而作罷，或在洽談新書出版時，因無法同時獲得紙本書與電子書的出版授權，而無法同步推出紙本書與電子書的上市，或因洽談授權的人力與資金成本相當可觀，大多數的出版業者仍持觀望態度，有的尚在評估階段，或有的正在逐一洽談中，如何加速突破授權取得的困境，換句話說，數位出版的版權管理、授權談判和數位元元商業模式建立，是攸關數位出版能否成功的關鍵。

小　結

　　六十年來，全球資本生產體系的結構急速地從工業化轉移到後工業的型態，傳統人類學的文化意涵與表徵實踐在這個轉移的進程中，也急遽地向文化經濟的範疇挪移，納入理性化與系統化的產業運作，形塑出一種新的生產關係與價值體系。

　　對於現今的全球競爭激烈的情況下，倒不是在「在既有的營運規模與效益上，做加值性的提升」，出版政策應導向積極於「調整產業結構與健全營運模式」。馬克思早就指出，資本主義是一種取決於預期性積累的生產模式，而這種積累是生產體系藉由「計劃性」的擴展以及對社會性網路的掌握，進而促使商品能持續在社會上流通及使用，從而實現相關的價值，並確立利益。創意產業脈絡下的圖書產業亦然。

　　以創意概念為主的出版產業，其運作關鍵是在於產業鏈「原創構思
→作品創制→行銷發行→上市販賣→社會附加」的掌握。此產業鏈是以
創意為主體，生產關係是由創意群體、專業技術群體、經管群體、發行
通路等，不同的參與者連接起來，通過協同合作，把原創的構思轉換成
具市場價值的商品，又以市場價值的商業為實現過程，將美學創意融入
出版文化場域，成為出版文化體系的一環。

結　語

　　每一個世代都有不同的觀念，社會影響出版而出版反應社會，每個世代的出版品隱含著當時人們的意識和想法，透過閱讀，推動者和傳播者共同創造一個世代的思想氣候，藉由梳理臺灣的各個年代的出版特徵體現出各年代的共同意識（common sense），其出版思潮從存在主義到現代化，再向後現代主義轉向。一般都認為解嚴前後對出版影響甚巨，但筆者卻發現在教育未普及之際，適度的計劃性和政策上的輔導是必須的，為鞏固基礎文化奠基，目前很多營運達三十年以上的臺灣老出版社都是靠著當初的政治禁錮期而奠定它們的出版事業基礎；而當教育普及化，加上著作財產權的保護法令健全後，始促進臺灣走向現代化出版之二個重要關鍵點。出版，在於傳播思想；出版文化，在於張顯出版品從生產、發行、接受和與當地文化的社會關係，各時代的出版文化特徵皆有不同。

　　若從作者版稅的變化來觀察出版制度的改變，例如以往戒嚴前期臺灣出版不易，作者只求有個平臺可以紓發己志，通常不拿稿酬，只求出書，後來隨著報社雄厚財力推展副刊，並提供專屬一次性給付稿酬，才開始建構版權制度的雛型，隨著臺灣經濟起飛及解嚴後，作者稿酬則變成專屬五年每本抽版稅 10 ～ 15%，21 世紀的數位出版時代，則又轉變為非專屬授權，觀其版稅的制度之沿革變遷可以觀察出版文化中作家族群

的改變。

　　戰後新一代出版人王榮文先生他回憶過去一路走來的出版，提說當初拿下金庸的暢銷書就是在企劃書中就主動提版權頁蓋章，那是臺灣初期作者對出版的不信任才會有的作法。臺灣的版權頁蓋章的文化就是從這個時候開始的。至今在發行銷售的冊數上藉由連鎖書店的銷售自動回報，應可大致解決圖書銷售冊數真實數字統計的根本問題，版稅回饋于作者，才能激勵並鼓勵更多人去從事「原創」。

　　王榮文進一步強調說：出版是「人才為本，或以人為本」，每個行業都一樣，但每個人才做的工作方法不一樣，像每個編輯喜歡的書不一樣，他的專才也不一樣，臺灣的出版就是在多元多樣，臺灣出版的文化，反應了臺灣的創造文化，閱讀文化，作者是什麼水準，出版社就是負責比他更好的水準，因為出版社要再包裝嗎，作品的是多人集體完成的。

　　走過臺灣一甲子的彭誠晃先生（水牛出版前發行人）直言道出臺灣出版業的心酸說：「出版業在臺灣是個自生自滅的行業，當年年輕懷有抱負，一頭栽進出版業，其實一直在賠錢，直到後來做童軍教科書，才將過去所積累的債全都償清。」出版行業真是理想與現實中不斷交戰的奇特產業。

　　筆者深度訪查了十八個臺灣資深出版人，實感覺得到臺灣出版業的多元，每個受訪者都是這麼獨特又存在其差異性（見附錄 10 出版人及總編輯專訪錄音整理），每一筆採訪記錄都可再延伸另一個出版文化的支流探討，充分展現了臺灣地區出版自由和市場競爭下民營出版機構的靈活彈性表現，而其中最欽佩圓神出版社發行人簡志忠先生，他雖然才中學畢業但他以實踐的精神，「強調出版不是出版人單方面的想法，要把心靈活動的記錄讓讀者有共鳴並買回去，是要經過很多人的配合，他認為做出版這麼久還沒有一本書是這書夠好，於是我買，不是，很奇怪吧，

真正好書為什麼不賣？是包裝有問題，是販賣過程有問題，這個產業很奇怪，是文人經營的，最講究情感，但我就是要把我的出版公司變成很完整的專業公司，我可以為我們作者服務，能夠把他的作品很流暢很有效率的到讀者手上。這就是為什麼我可以有資格和作者約書」。他經營的出版公司實施周休三日，以生活為扮演多重角色而非只有工作的人生理念，用他實際的生活哲學帶給 21 新世紀講究原創的內容產業一個不一樣的管理視角更加人性化，誠如他說：「未來的世界每一個產業都要有對這個產業有健康或有特別智慧的人來做，也就是對產業有獨到的創見，是很重要的。要用自己邏輯去檢驗，要有思考力，要對這個產業要有新的發現。」

隨著後現代化時代浪潮，據臺灣書號中心調查發現自出版法廢除後大量的個人出版是一趨勢，也就是出版一本書很容易，但要讓一本書有它的市場地位和社會價值，就不是一個人可以完成的事。以往臺灣多半是文人辦社，只要出個好書，就有基本的銷售量和讀者，但如今是主流和非主流的講究品味的閱讀分眾市場，「社會影響出版，出版反應社會」面對去中心化的社會，更需要以靈活的市場行銷策劃，出版社已不是傳統的出版思維，而是服務于作者、讀者的內容產制的專業出版公司。順著時代的潮流，洞悉社會人群的閱讀市場的變化，出版的實踐比學院派鑽研學術理論來得重要。這也就是後現代主義把文化研究帶入新的境界，「解除中心」，特別強調差異性和多樣性，走一趟誠品書店或個性書店可以明顯感受五花八門的出版品，正綻放這個時代的人們思想的多元和多樣的生活體現。

參考文獻

中 文

期刊

1. 包遵信：《哲學史和思想史怎樣分家？重讀《中國思想通史》箚記之二》[J]. 讀書．1981（12）．

2. 包遵信：《比較‧交流‧發展—文化史比較研究淺談》[J]. 讀書．1984（7）．

3. 不　詳：《臺北文物合訂本—臺北市政的回顧 [J]. 臺北文物 42（?）：69-72.

4. 蔡盛琦：《戰後初期臺灣的出版業（1945-1949）》[J]. 國史館學術集刊 9（2006）：145-181.

5. 陳銘磻：《四十年來臺灣的出版史略—上》[J]. 文訊 32（1987）：259-268.

6. 陳銘磻：《四十年來臺灣的出版史略—下》[J]. 文訊 33（1987）：243-250.

7. 陳薇後：《要出版最好的臺灣書—專訪玉山社發行人魏淑貞女士》[J]. 文訊．9 月（2002）：69-71.

8. 陳薇後：《由文化理想孕育而生的心靈工坊—專訪心靈工坊總編輯王桂花女士》[J]. 文訊．9 月號（2002）：76-78.

9. 陳薇後：《追求簡樸的新成長之途—專訪立緒文化總編輯鍾惠民女士》[J]. 文訊．9 月號（2002）：66-67.

10. 陳雨航：《思索變與不變的現象—79 年文學類圖書概況評析．出版情報八周年紀念特刊》[J] 2 月號（1991）：69.

11. 崔明明：《從戒嚴到開放臺灣出版五十年》[J]. 圖書館工作與研究 138（2007）：45-47.

12. 傅維信：《科普出版品的引進與興趣》[J]. 書香月刊．57（1996）：5-6.

13. 傅維信：《尋找一個書的概念—書系的開發與經營》[J]. 書香月刊．no. 53（1995）：2-4.

14. 郝明義：《我們的黑暗與光明—臺灣出版產業未來十年的課題》[J]. 出版界．82/83（2006）．

15. 洪穎真：《締造上帝的欽點—專訪商周出版社發行人何飛鵬先生》[J]. 文訊. 9 月號（2002）：61-62.

16. 洪穎真：《給女人一本好書，她就能自由飛翔—專訪女書總編輯蘇芊玲女士》[J]. 文訊. 9 月號（2002）：64-65.

17. 胡　梓：《打破禁忌的野火現象—龍應台的野火集》[J]. 書香月刊. 57（1996）：11-12.

18. 胡　梓：《回顧出版界的八 年代—圖書出版的黃金十年》[J]. 書香月刊. 1 月號. 55（1996）：12-17.

19. 黃　魯：《從李敖賣牛肉麵談起—論寫作的動機目的對社會的影響》[J]. 出版界月刊 3. 3（1966）：5-7.

20. 黃琪雲：《從法政到心靈成長—專訪新自然主義社長洪美華女士》[J]. 文訊. 9 月號（2002）：62-63.

21. 雷碧秀：《當前臺灣地區出版業發展環境三問題》[J]. 現代出版. 5 月號（2013）：73-75.

22. 雷碧秀：《王靜欣. 從出版界雜誌看臺灣地區出版研究》[J]. 出版科學 1 月號（2013）：104-107.

23. 黎　平：《關於閱讀》[J]. 誠品閱讀創刊號. 12（1991）：27.

24. 李武育，魏秋宜：《政府出版品發展電子書之策略作法與展望》[J]. 研考雙月刊 1. 2（2011）：34-48.

25. 林麗如：《出版是一個投入大於投資的行業—訪麥田出版社發行人蘇拾平》[J]. 文訊. 10 月號（1993）：31-32.

26. 林麗如：《發展與臺灣命脈息息相關的自然文化—訪大樹文化公司發行人張蕙芬》[J]. 文訊. 10 月號（1993）：35-36.

27. 林淇瀁：《場域·權力與遊戲：從舊書重印論臺灣文學出版的經典再塑》[J]. 東海中文學報. 21（2009）：263-286.

28. 林訓民：《成為 WTO 會員對臺灣出版業的衝擊與效應》[J]. 全國新書資訊月刊. 1 月號（2002）：3-4.

29. 呂麗容：《輕薄短小的文學出版年代》[J]. 書香月刊. 58（1996）：14-15.

30. 馬之驌：《悼念蕭宗謀先生》[J]. 出版界 11-12（1984）：24-25.

31. 孟　樊：《合縱連橫抑或分制繁殖？—臺灣出版社的分與合》[J]. 文訊. 9 月號（2002）：48-51.

32. 孟　樊：《日趨專家化的臺灣書評—兼論臺灣書評的演變》[J]. 出版界. 69（2004）：13-17.

33. 沈雲龍：《沈雲龍先生遺稿：二二八事變的追憶》[J]. 歷史月刊 3. 4（1988）：4-9.

34. 臺北市出版商業同業公會《出版界》[J]. 1-96，臺北：臺北市出版商業同業公會. 1981-2012.

35. 王榮文：《臺灣出版事業產銷的歷史、現況與前瞻—一個臺北出版人的通路探索經驗》[J]. 出版界 28（1990）：9-15.

36. 王思迅：《圖書出版業進入 EDI 時代—圖書出版業 EDI 計畫的推廣與測試》[J]. 書香月刊. 60（1996）：13-16.

37. 王行恭：《從印刷設計看臺灣出版的演變》[J]. 文訊. 8 月號（1995）：20-24.

38. 王余光，李天英：《出版文化初探》[J]. 出版發行研究 . 12（2001）：12-15.

39. 翁　齊，張　岩：《臺灣文化的空間發展過程》[J]. 熱帶地理 12. 2（1992）：170-177.

40. 翁　翁：《流光書影─在螢幕裡翻開舊時書封》[J]. 文訊 早期文學書封面設計專題（2008）.

41. 伍　傑：《讓書評在文化建設中發揮作用》[J]. 中國圖書評論 10（1997）：8.

42. 吳銘能，張錦郎：《評介辛廣偉著臺灣出版史》[J]. 書目季刊 34. 4（2004）：63-87.

43. 巫維珍：《堅持純文學的編輯手工業─專訪印刻出版社總編輯初安民先生》[J]. 文訊 . 9 月號（2002）：78-79.

44. 吳興文：《從暢銷書排行榜看臺灣的文學出版─以九〇年代金石文化廣場暢銷書排行榜為例》[J]. 書香月刊 . 56（1996）：19-24.

45. 吳雅慧：《書籍裝幀淺談 [J]. 文訊 早期文學書封面設計專題（2008）.

46. 肖東發，楊琳，楊屹東：《出版媒介的演變與社會文化的走向》[J]. 編輯學刊 . 3（2006）：40-43.

47. 協　中：《美國朝野對於臺灣翻印西書的強烈反應》[J]. 出版界月刊 1. 2（1965）：33-42.

48. 楊　照：《八十三年度文學書解讀：蔑視文體複雜性的社會代價》[J]. 出版情報十二周年紀念特刊 . 2 月號（1995）：58.

49. 應鳳凰：《封面的天光雲影─1950 年代文學出版社與封面設計》[J]. 文訊 早期文學書封面設計專題（2008）.

50. 曾堃賢：《近十年來臺灣圖書出版事業的觀察─以 ISBN 及 CIP 資料庫為基礎》[J]. 文訊 . 9 月號（2002）：52-58.

51. 張錦郎，吳銘能：《評介辛廣偉著臺灣出版史》[J]. 書目季刊 34. 4（2001）：63-87.

52. 張　默：《綻放稚拙素樸之美─臺灣早期新詩集封面構成采微》[J]. 文訊 早期文學書封面設計專題（2008）.

53. 鄭林鐘，崔靜萍：《八十年暢銷書排行榜分析 . 出版情報十周年特刊》[J] 2 月號（1992）：48.

54. 鄭培凱：《從出版史到出版交流史》[J]. 書城 . 2（2009）：16-21.

55. 鄭貞銘：《看中外出版事業》[J]. 出版界月刊 1. 1（1965）：3-7.

56. 鍾淑貞：《皇冠文學四十年─臺灣大眾文學的重鎮》[J]. 書香月刊 . 57（1996）：13-17.

57. 鍾淑貞：《回顧出版的純文學時代》[J]. 書香月刊 . 55（1996）：13-18.

58. 鍾淑貞：《回首翻譯書的青澀年代─邁入三十年的志文出版社》[J]. 書香月刊 . 60（1996）：17-21.

59. 周　天：《數位出版與著作權的法律關係》[J]. 出版界雜誌 . 98 期 . 2012. p54-60.

60. 周易正：《斷掉的椰頭─行人出版社的注意力》[J]. 臺灣社會學研究論壇 8（2007）：65-70.

學術研討會

1. 陳隆昊：《出版界對當前臺灣知識生產狀況的意見》[C]. 2007 亞洲華人文化論壇：當前知識狀況 台社論壇. 蘇淑冠陳光興編. 臺北：唐山. 2007. p115-120.
2. 陳萬雄：《90年代的海外出版趨勢》[C]. 第四屆滬港出版年會. 香港：學林出版. 三聯書店. 1993. p335-346.
3. 陳萬雄：《90年代中文出版的趨勢—中文出版世界的整合》[C]. 第二屆滬港出版年會. 深圳：學林出版. 三聯書店. 1990. p105-114.
4. 董秀玉：《臺灣出版新情況和合作出版的前景》[C]. 第一屆滬港出版年會. 上海：學林出版社. 三聯出版. 1990. p68-75.
5. 雷碧秀整理：2012年12月20日在臺北舉辦第十二屆東亞出版人會議講義
6. 林載爵：《出版與思潮》[C]. 圖書館談推動閱讀. 臺北. 2001. p175-181.
7. 邱炯友，林 慧：《臺灣圖書產業調查與出版學系所解讀報告》[C]. 臺北：第十一屆海峽兩岸圖書資訊學學術研討會論文集A輯. 2012. p147-153
8. 王志弘：《翻譯的文化政治與品管問題》[C]. 文化研究的回顧與展望研討會. 臺北：巨流. 1999. p128-131.

學位論文

1. 蔡崇安：《張元濟經營商務印書館之研究》[D]. 淡江大學. 2009.
2. 蔡其昌：《戰後（1945-1959）臺灣文學發展與國家角色》[D]. 臺灣東海大學. 1996.
3. 蔡顯星：《戰後臺灣文化政策變遷歷程研究—歷史結構分析》[D]. 台南大學. 2001
4. 陳俊斌：《臺灣戰後中譯圖書出版事業發展歷程》[D]. 南華大學. 2002.
5. 陳可欣：《「重慶南路書店街」之變遷研究》[D]. 臺灣師範大學. 2005.
6. 陳 恕：《從《民報》觀點看戰後初期（1945-1947）臺灣的政治與社會》[D]. 臺灣大學. 2002.
7. 陳怡岑：《書籍裝幀設計與讀者偏好關係之研究—以文學類書籍為例》[D]. 銘傳大學. 2008.
8. 陳雨嵐：《臺灣原住民圖書出版歷程之研究（1980-2007）》[D]. 南華大學. 2007.
9. 陳正然：《臺灣五〇年代知識份子的文化運動—以「文星」為例》[D]. 臺灣大學. 1984.
10. 戴華萱：《臺灣五〇年代小說家的成長書寫（1950-1969）》[D]. 臺灣輔仁大學. 2005.
11. 丁希如：《出版企劃的角色與功能》[D]. 臺灣南華大學. 1999.
12. 封德屏：《國民黨文藝政策及其實踐（1928-1981）》[D]. 淡江大學. 2009.
13. 郭曉梅：《臺灣圖書出版業之變遷探討：以正中書局為例》[D]. 世新大學. 2002.
14. 韓錦勤：《王雲五與臺灣商務印書館（1965-1979）》[D]. 臺灣師範大學. 1999.

15. 何力友：《戰後初期臺灣官方出版品與黨國體制之構築（1945-1949）》[D]. 臺灣師範大學. 2007.

16. 胡文玲：《從產制者與消費者的立場—分析暢銷書排行榜的流行文化意義》[D]. 碩士學位論文. 世新大學. 1999.

17. 黃玉蘭：《臺灣五〇年代長篇小說的禁制與想像—以文化清潔運動與禁書為探討主軸》[D]. 臺北師範大學. 2005.

18. 簡弘毅：《陳紀瀅文學與五〇年代反共文藝體制》[D]. 靜宜大學. 2003.

19. 李福蓉：《臺灣地區圖書出版之研究主題分析—以出版界季刊為例》[D]. 淡江大學. 2001.

20. 李志銘：《追憶那黃金年代—戰後臺北舊書業變遷之研究》[D]. 臺灣大學. 2005.

21. 廖梅馨：《圖書出版產業類型之探析》[D] 臺灣中國文化大學. 1999.

22. 林淇瀁：《文學傳播與社會變遷之關聯性研究—七〇年代臺灣報紙副刊的媒介運作為例》臺灣中國文化大學. 1993.

23. 林薇瑄：《書籍評選機制之研究—以誠品書店為例》[D]. 南華大學. 2003.

24. 劉筱燕：《從出版趨勢看編輯角色的轉變》[D]. 臺灣南華大學. 2003.

25. 蘇世賢：《我國著作權政策的結構分析：臺灣經驗對新興工業化國家的意涵》[D]. 中興大學. 1988.

26. 王乾任：《臺灣社會學書籍出版研究史—1951-2000 年》[D]. 臺灣大學. 2002.

27. 王雅珊：《日治時期臺灣的圖書出版流通與閱讀文化—殖民地狀況下的社會文化史考察》[D]. 成功大學. 2011.

28. 翁淑慧：《依達在「現代」與「傳統」之間：臺灣六〇年代本省籍現代派小說家的「鄉土」想像》[D]. 臺灣清華文學. 2007.

29. 吳秋霞：《出版人的事業歷程之研究：六個本土案例》[D]. 臺灣南華大學. 2008.

30. 蕭阿勤：《國民黨政權的文化與道德論述（1934-1991）：知識社會學的分析》[D]. 臺灣大學. 1991.

31. 徐苔玲：《學院印書文化：臺灣社會科學社群的案例. 1949-2000》[D]. 臺灣大學. 2009.

32. 楊琳：《商務印書館出版文化研究（1897-1949）》[D]. 北京大學. 2006.

33. 袁孝康：《臺灣勵志書籍的系譜（1950-1990）》[D]. 政治大學. 2005.

34. 張海靜：《文化與商業的巨網—商業機制下出版人抉擇行為研究》[D]. 臺灣南華大學. 2000.

35. 張俐璿：《兩大報文學獎與臺灣文壇生態之形構》[D]. 成功大學. 2007.

36. 張文彥：《20 世紀 80 年代我國叢書出版研究》[D]. 北京大學. 2010.

37. 張智皓：《品牌認同打造流程分析—以「原型」為基礎》[D]. 政治大學. 2006.

38. 周明慧：《「國家角色」與「商品網路」：臺灣地區圖書出版業發展經驗》[D]. 東吳大學. 1998.

圖書

1. 蔡明諺：《燃燒的年代—七〇年代臺灣文學論爭史略》[M]. 台南：臺灣文學館. 2012.

2. 陳本瑞：《出版往事》[M]. 北京：中國書籍出版社. 2012. p600-629.

3. 陳蒼多：《書·翻譯·性》[M]. 臺北：水芙蓉. 1984.

4. 陳恩泉策劃：《兩岸交流二十年》[M]. 臺北：台陽書局. 2008.

5. 陳光興主編：《文化研究在臺灣》[M]. 臺北：巨流. 2001.

6. 陳康芬：《斷裂與生成—臺灣五十年代的反共與戰鬥文藝》[M]. 台南：臺灣文學館. 2012.

7. 陳　希：《社會意識與思識—165 問》[M]. 臺北：漢湘文化. 2004.

8. 陳向明：《質的研究方法與社會科學研究》[M]. 北京：教育科學出版社. 2008.

9. 陳怡君：《隱地及其出版事業研究》[M]. 臺北：爾雅. 2012.

10. 陳以新，謝明珊，楊濟鶴譯：《從批判理論到後馬克思主義》[M]. 臺北：韋伯文化. 2011.

11. 陳玉璽：《臺灣的依附型發展—依附型發展及其社會政治後果：臺灣個案研究》[M]. 段承璞譯. 人間臺灣政治經濟叢刊 5. 臺北：人間出版. 1992.

12. 陳政彥：《跨越時代的青春之歌—五十和六十年代臺灣現代詩運動》[M]. 臺北：臺灣文學館. 2012.

13. 誠品編輯部：《誠品報告 2003》[M]. 臺北：誠品. 2004.

14. 誠品編輯部：《誠品報告 2004》[M]. 臺北：誠品. 2005.

15. 誠品編輯部：《誠品報告 2005》[M]. 臺北：誠品. 2006.

16. 誠品好讀編輯小組：《閱讀力年度之最》[M]. 臺北：誠品股份有限公司. 2007.

17. 戴華萱：《鄉土的回歸—六十和七十年代臺灣文學走向》[M]. 台南：臺灣文學館. 2012.

18. 方鵬程，王學哲：《勇往直前—商務印書館百年經營史（1897-2007）》[M]. 臺北：商務印書館. 2007.

19. 封德屏主編：《臺灣人文出版社 30 家》[M]. 臺北：文訊雜誌社. 2008.

20. 傅月庵：《生涯一蠹魚》[M]. 臺北：遠流. 2003.

21. 高希均：《閱讀救自己—50 年學習的腳印》[M]. 臺北：天下文化. 2009.

22. 高信譚等：《紙上風雲—高信疆》[M]. 臺北：大塊文化. 2009.

23. 高宣揚：《布林迪厄》[M]. 臺北：生智. 2002.

24. 高宣揚：《流行文化社會學》[M]. 臺北：揚智文化，2002.

25. 賀德芬：《著作權與出版事業. 中華民國出版事業概況》[M]. 臺北：「行政院新聞局」. 1989.

26. 洪文瓊：《臺灣圖書畫發展史—出版觀點的解析》[M]. 臺北：博文出版. 2004.

27. 侯瑞夏提葉，謝柏暉譯：《書籍的秩序—歐洲的讀者 作者與圖書館（14-18 世紀）》[M]. 臺北：聯經. 2012.

28. 黃俊傑：《臺灣意識與臺灣文化》[M]. 臺北：台大出版中心，2011.

29. 積木文化編輯部：《好樣—臺灣平面設計 14 人》[M]. 臺北：積木文化 . 2008.

30. 蔣安國：《出版政策的探討 . 中華民國出版事業概況》[M]. 臺北：行政院新聞局 . 1989.

31. 焦　桐：《臺灣文學的街頭運動（1977—世紀末）》[M]. 臺北：時報 . 1999.

32. 經典雜誌編著：《臺灣人文四百年》[M]. 臺北：經典雜誌，2006.

33. 李懷宇：《知識人—臺灣文化十六家》[M]. 桂林：灕江出版社 . 2012.

34. 李家駒：《商務印書館與近代知識文化的傳播》[M]. 北京：商務印書館 · 2005.

35. 李歐梵：《上海摩登：一種新都市文化在中國（1930-1945）》[M]. 毛尖 譯 . 北京：北京大學出版社 · 2001.

36. 李文卿：《想像帝國—戰爭時期的臺灣新文學》[M]. 台南：臺灣文學館 . 2012.

37. 李亦園：《若干文化指標的評估與檢討 . 民國 77 年度「中華民國」文化發展之評估與展望》[M]. 33-74. 臺北：「行政院文建會」. 1989.

38. 李志銘：《斷層與暗流—臺灣手繪年代的書封面小志》[J]. 早期文學書封面設計專題 [J]. 臺北：文訊 . 2008.

39. 李志銘：《裝幀臺灣—臺灣現代書籍設計的誕生》[M]. 臺北：聯經 . 2011.

40. 梁容譯，克勞德·莫拉爾著：《法國文化工程》[M]. 臺北：麥田 . 2002.

41. 林芳玫：《解讀瓊瑤愛情王國》[M]. 臺北：臺灣商務印書館 . 2006.

42. 林晶章：《俯瞰臺灣平面設計四十年 . 好樣》[M]. 臺北：積木文化 . 2008.

43. 林盤聳：《文化設計與設計文化 .「中華民國發展史」—教育與文化篇》[M]. 呂上芳 編 漢寶德 . 臺北：聯經 . 2012.p733-767.

44. 林載爵：《出版與閱讀：圖書出版與文化發展 .「中華民國發展史」—教育與文化篇》[M]. 呂上芳 漢寶德編 . 臺北：聯經 . 2012. p479-502.

45. 林志忠譯，泰瑞·伊格頓著：《文化的理念》[M]. 臺北：巨流 . 2002.

46. 劉　冰：《我的出版印刷半世紀》[M]. 臺北：橘子出版 . 2000.

47. 劉維公：《生活文化 . 中華民國發展史—教育與文化篇》[M]. 呂上芳編 漢寶德 . 595-620. 臺北：聯經 . 2012

48. 羅世宏：《傳播理論—起源·方法與應用》[M]. 臺北：時英 . 1992.

49. 馬克·J·史密斯，張美川譯：《文化—再造社會科學》[M]. 長春：吉林人民出版社 . 2005.

50. 孟　樊：《後現代併發症：當代臺灣社會文化批判》[M]. 臺北：桂冠 . 1989.

51. 孟　樊：《臺灣出版文化讀本》[M]. 臺北：唐山 . 2002.

52. 孟昭晉：《書評概論》[M]. 南京：南京大學出版社 . 1994.

53. 潘家慶：《傳播·媒介與社會》[M]. 人人文庫特 701. 臺北：臺灣商務印書館 . 1970.

54. 潘　煊：《相信閱讀—天下文化 25 年的故事》[M]. 臺北：天下文化 . 2007.

55. 彭　歌：《愛書的人》[M]. 純文學叢書 . 臺北：純文學 . 1974.

56. 彭　歌：《新聞圈—雙月樓雜記第二集）》[M]. 仙人掌文庫 13. 臺北：仙人掌 . 1968.

57. 彭俊玲：《印刷文化導論》[M]. 北京：印刷工業出版社. 2010.

58. 彭明輝：《中文報業王國的興起—王惕吾與聯合報系》[M]. 臺北：稻鄉出版. 2001.

59. 彭瑞金：《臺灣文學運動四十年》[M]. 高雄：春暉出版. 1997.

60. 平鑫濤：《逆流而上》[M]. 臺北：皇冠文化. 2004.

61. 邱各容：《臺灣圖書出版年表 1912-2010》[M]. 臺北：萬卷樓. 2013.

62. 邱誌勇：《文化創意產業的發展與政策概觀. 文化創意產業讀本》[M]. 臺北：洪葉. 2010.

63. 沈清松：《解除世界魔咒》[M]. 臺北：臺灣商務. 1998.

64. 史為鑑：《禁》[M]. 臺北：四季. 1981.

65. 師曾志：《現代出版學》[M]. 北京：北京大學出版社. 2006.

66. 施政榮：《第四種全球化模式》[M]. 臺北：大塊文化. 2000.

67. 松永正義，劉進慶，若林正丈：《臺灣百科（增訂版）》[M]. 臺北：克寧出版. 1995.

68. 蘇拾平：《文化創意產業的思考技術—我的 120 道出版經營練習題》[M]. 臺北：如果. 2007.

69. 陶東風：《社會轉型與當代知識份子》[M]. 上海：上海三聯書店. 1999.

70. 天下文化策劃：《出版人的對話—關於兩岸出版發行的論述》[M]. 臺北：天下文化. 1999.

71. 萬榮水主編：《出版產業發展與管理》[M]. 臺灣嘉義：中華出版產業發展促進協會. 2008.

72. 王甫昌：《當代臺灣社會族群想像》[M]. 臺北：時報文化. 2002.

73. 王乾任：《臺灣出版產業大未來—文化與商品的調和》[M]. 臺北：生活人文出版社. 2004.

74. 王士朝：《文學圖書印刷設計之演變—光復五十年來書的妝扮之初探. 臺灣文學出版》[M]. 臺北：「行政院」文化建設委員會. 1996.

75. 王壽南：《金鼎獎與圖書出版事業. 金鼎獎二十周年特刊》[M]. 臺北：「行政院新聞局」. 1996.

76. 王壽南編著：《臺灣精神與文化發展》[M]. 通識叢書. 臺北：臺灣商務印書館. 2001.

77. 汪淑珍：《九歌繞梁 30 年—見證臺灣文學（1978-2008）》[M]. 臺北：九歌. 2008.

78. 汪淑珍：《文學引渡者—林海音及其出版事業》[M]. 臺北：秀威. 2008

79. 王振，溫肇東：《百年企業·產業百年—臺灣企業發展史》[M]. 臺北：政治大學與巨流圖書股份有限公司合作發行. 2011.

80. 威廉斯：《文化與社會》[M]. 吳松江. 張文定. 譯. 北京：北京大學出版. 1991.

81. 文訊雜誌社：《臺灣文學出版—50 年來臺灣文學研討會論文集三》[M]. 臺灣「行政院」文化建設委員會. 1996.

82. 武桂傑：《霍爾與文化研究》[M]. 北京：中央編譯出版社. 2009.

83. 蕭阿勤：《回歸現實—臺灣一九七○年代的戰後世代與文化政治變遷》[M]. 臺北：中央研究院社會學研究所. 2010.

84. 蕭孟能：《出版原野的開拓》[M]. 臺北：文星書店 . 1965.

85. 蕭新煌：《臺灣社會文化典範的轉移—臺灣大轉型的歷史和宏觀記錄》[M]. 臺北：立緒 . 2002.

86. 辛廣偉：《世界華文出版業》[M]. 臺北：遠流出版 . 2010.

87. 辛廣偉：《臺灣出版史》[M]. 河北石家莊：河北教育出版社 . 2001.

88. 徐柏容：《書評學》[M]. 瀋陽：遼寧教育出版社 . 1993.

89. 許琇禎：《臺灣當代小說縱論：解嚴前後（1977-1997）》[M]. 臺北：五南 . 2001.

90. 許 遜：《文星？問題？人物？》[M]. 臺北：雙喜圖書出版 . 1983.

91. 徐正光，宋文裡：《臺灣新興社會運動》[M]. 臺北：巨流 . 1994.

92. 塩澤實信，林真美譯：《日本的出版界—出版文化的周邊》[M]. 臺北：臺灣東販 . 1991.

93. 楊 玲：《為什麼書賣這麼貴》[M]. 臺北：秀威 . 2011.

94. 楊 澤主編：《狂飆八〇—記錄一個集體發聲的年代》[M]. 臺北：時報文化 . 1999.

95. 楊 澤主編：《七〇年代理想繼燃燒》[M]. 臺北：時報文化 . 1994.

96. 楊 照：《文學社會與歷史想像—戰後文學史散論》[M]. 臺北：聯合文學 . 1995.

97. 葉石濤：《一個臺灣老朽作家的五〇年代》[M]. 臺北：前衛出版 · 1991.

98. 隱 地：《出版心事》[M]. 臺北：爾雅 . 1994.

99. 應鳳凰：《光復後臺灣地區文壇大紀要》[M]. 臺北：行政院文化建設委員會 . 1985.

100. 應鳳凰：《五〇年代文學出版顯影》[M]. 臺北：臺北縣政府文化局 . 2006.

101. 應鳳凰，鐘麗慧：《書香社會》[M]. 臺北：行政院文化建設委員會 . 1984.

102. 應鳳凰主編：《嗨！再來一杯天國的咖啡—沈登恩紀念文集》[M]. 臺北：遠景 . 2005.

103. 游勝冠：《臺灣文學本土論興起與發展》[M]. 臺北：群學 . 2009.

104. 游淑靜：《出版社傳奇》[M]. 臺北：爾雅 . 1981.

105. 余昭玫：《從邊緣發聲—臺灣五十和六十年代崛起的省籍作家群》[M]. 台南：臺灣文學館 . 2012.

106. 章宏偉：《出版文化史論》[M]. 北京：華文出版社 . 2002.

107. 張豔芬：《詹姆遜文化理論探析》[M]. 上海：上海世紀出版集團 . 2009.

108. 鄭明萱：《多向文本》[M]. 文化手邊冊 33. 臺北：揚智 . 1997.

109. 中華百年圖書出版史編輯委員會：《中華百年圖書出版史》[M]. 臺北：中華民國圖書出版事業協會 . 2011.

110. 周紹明：《書籍的社會史》[M]. 何朝暉 . 譯 . 北京：北京大學出版社 . 2009:245.

111. 周有光：《靜思錄》[M]. 北京：人民文學出版社 . 2012.

中譯圖書

1. [加] 阿爾維托·曼谷埃爾著，吳昌傑譯：《閱讀史》[M]. 北京：商務印書館 . 2002.

2. [英] 阿蘭·斯威伍德著，黃世權 桂琳譯：《文化理論與現代性問題》[M]. 北京：中國人民大學出版社 . 2013.

3. [美] 巴勒特著 . 趙伯英，孟　春譯：《媒介社會學》[M]. 北京：社會科學文獻出版社 . 1989.

4. [波] 彼得什托姆普卡著，林聚任譯：《社會變遷的社會學》[M]. 社會科學譯叢 . 北京：北京大學出版社 . 2011.

5. [日] 大塚信一著：《追求出版理想國：我在岩波的四十年》[M]. 臺北：聯經 . 2012.

6. [英] 大衛·芬克爾斯坦等，何朝輝譯：《書史導論》[M]. 北京：商務印書館 . 2012.

7. [美] 丹尼爾裡夫等著，稽美雲譯：《內容分析法—媒介信息量化研究技巧》[M]. 2 ed. 北京：清華大學出版社 . 2010.

8. [法] 費夫賀·瑪律坦著，李鴻志譯：《印刷書的誕生》[M]. 桂林：廣西師範大學出版社 . 2006.

9. [美] 弗雷德里克·巴比耶著，劉　陽譯：《書籍的歷史》[M]. 桂林：廣西師範大學出版社 . 2005.

10. [法] Hell. Victor. ，翁德明譯 ：《文化理念》[M]. 臺北：遠流出版公司 . 1995.

11. [英] 凱特·麥高恩著，趙秀福譯：《批評與文化理論中的關鍵問題》[M]. 北京：北京大學出版社 . 2012.

12. [英] 路易士·科塞著，郭方等譯：《理念人》[M]. 北京：中央編譯出版社 . 2000.

13. [美] 露絲·本尼迪克特：《文化模式》[M]. 北京：社會科學文獻出版社 . 2009.

14. [法] 羅伯特·達恩頓著，呂健忠譯：《屠貓記—法國文化史鉤沉》[M]. 北京：新星出版社 . 2006.

15. [法] 羅伯特·達恩頓著，葉　桐，顧杭譯：《啟蒙運動的生意》[M]. 北京：三聯書店 . 2005.

16. [英] 奈傑爾·瓊安娜著，鮑雯妍，張亞輝譯：《社會文化人類學的關鍵概念》[M]. 北京：華夏出版社 . 2009.

17. [法] 皮埃爾·布迪厄著，劉暉譯：《藝術的法則—文學場的生成和結構》[M]. 北京：中編譯出版社 . 2001.

18. [波] Rober Escarpit，葉淑燕譯：《文學社會學》[M]. 臺北：遠流 . 1990.

19. [韓] 宋丙洛著：《全球化和知識化時代的經濟學》[M]. 北京：商務印書館 . 2003.

20. [日] 佐藤卓己著，諸葛蔚東譯：《現代傳媒史》[M]. 北京：北京大學出版社 . 2004.

政府公報及年鑑

1. 經濟部工業局 . 新興產業旗艦計畫書 [R]. 臺北 . 2008，

2. 簽請准接收三和印刷所—歸由本會且按監理由 . 臺灣省政府檔案—宣委會接收印刷廠所 . 第一宗 編號 2647 檔號 2671/5.

3. 臺北市文化局出版思路 文學風華—出版新思路研討會 向資深出版人致敬專刊 [R]. 臺北：臺北市「文化局」. 2002.
4. 臺灣省行政長官公署宣傳委員會辦事細則. 臺灣省行政檔案—宣傳會辦事細則 [R]. 第一宗. 檔號 072.2/43. 編號 125.
5. 臺灣省行政長官公署官制官規. 臺灣省行政長官公署宣傳委員會辦事細則. 臺灣省行政長官公署公報 [R]. Vol. 1946 年秋字型大小第 53 期. 1946.
6. 魏道明. 在安定中求繁榮. 魏主席言論集之一—在安定中求繁榮 [R]. 臺灣省政府新聞處 1947.
7. 文化部. 2012 出版年鑑 [G]. 臺北：「文化部」. 2013.
8. 謝吉松. 數位出版技術開發指導手冊—數位出版的技術與價值流程 [G]. 臺灣「經濟部工業局」. 臺灣：「經濟部工業局」. 2010.
9. 行政院新聞局. 中華民國出版事業概況 [G]. 臺北：「行政院新聞局」. 1989.
10. 行政院新聞局. 2007 圖書出版及其行銷通路業經營概況調查 [G]. 臺北：「行政院新聞局」. 2007
11. 宣傳委員會任免人員請示單. 臺灣省行政長官公署檔案—宣委會人員任免 [R]. 第一宗 編號 184 檔案 0324/12.
12. 宣傳委員會任免人員請示單. 臺灣省行政長官公署檔案—宣委會人員任免 [R]. 第一宗 編號 1814 檔號 0324/12.
13. 著作權法之立法檢討 [G]. 臺北：「行政院」研究發展考核委員會. 1989.

報紙

1. 金　星：挽回讀書好風氣 [N]. 公論報. 2/10 1948.
2. 羅眼前：出版老兵的新潮—遠東圖書向電子出版邁進 [N]. 聯合報讀書人專刊. 1995.
3. 莫昭平：一場禁忌的遊戲 [N]. 中國時報. 1980.9.21 1980.
4. 我們都是看這些書長大的—四十年來影響我們最深的書籍 [N]. 中國時報. 開卷版. 27 版. 1980.9.21
5. 周浩正：新出版人誕生了—出版界的動盪與變革 [N]. 聯合報. 1987.1.1 1987.

網路及資料庫

1. 果子離：這是閱讀最好的時代，也是最累的時代： http://irethink.tw/2012/05/taaze-bookshow-1.html.
2. 臺灣工商資料網站：http://gcis.nat.gov.tw/pub/cmpy/cmpyInfoListAction.do
3. 臺灣行政院主計處網站：http://www.dgbas.gov.tw/
4. 薛榕婷：臺灣宗教與善書導論 [R] 4-1-4-4. 臺北：漢珍數位圖書公司. 2008.
5. 遠流王榮文作品集：http://www.ylib.com/club/boss/job01.htm

6. 張天立：理想的網路書店：http://irethink.tw/2012/05/taaze-bookshow-1.html.

光碟

1. Discovery. 臺灣人物誌—吳清友 . 臺灣人物誌 . 45min：Discovery. 2007.

西　文

期刊

1. Love, Harold . Early Modern Print Culture:Assessing the Models. Parergon 20, no. 1（2003）: 45-64.

圖書

1. Farley, John E. Sociology[M]. Englewood Cliffs: Prentice. 1990.

2. Greenspan Ezra and Jonathan Rose. Introduction. In Book History[M]. 1998.

3. Hesmondhalgh, David. The Cultural Industries[M]. 2 ed. London: Sage. 2008.

4. Holt, John J. Lee Jr. and Rob. The Producer's Business Handbook[M]. Burlington MA: Focal Press. 2006.

5. Kaser, David. Book Priation in Taiwan[M]. Philadephia, US: Univ. of Pennsylvania Press. 1969.

6. Macionis, John J. Sociology[M]. Englewood Cliffs: Prentic Hall. 1987.

7. Marx, Karl. Captial: A Critique of Political Economy[M]. Moscow: Progress Publishing. 1954.

8. Persell, Caroline Hodges. Understanding Society[M]. New York: Harper & Row. 1987.

9. Ritzer, George, Kammeyer, Kenneth C. and Yetman, Norman R. Sociology:Experiencing a Changing Society[M]. Boston: Allyn and Bacon. 1987.

10. Susan Sontag, ed. A Barthes Reader[M]. New York: Hill and Wang. 1982.

11. Weber, R.PH. The Arts and Cultural Indicators:The Coming Revolution in Content Analysis[M]. Cambridge: Harvard University. 1979.

學位論文

1. Chiu Jeong-Yeou（ 邱 炯 友 ）. Publishing and Treade Book in Taiwan since 1945[D]. University of Wales. 1994.

報紙

1. Leah, Price. The Tangible Page[N].London Review of Book. 10/31 2002.

附　錄

附錄 1　臺灣戒嚴時期的禁書書目（禁，1984-1988 年）

雜誌類勒令停刊者	
刊　名	停刊日
自由中國	1960 年 9 月起永久停刊
時與潮	1965 年 4 月起一年（未復刊）
文　星	1965 年 12 月起（未復刊）
人間世	1977 年 5 月起一年（第三次停刊）
夏　潮	1979 年 2 月起一年（未復刊）
長　橋	1979 年 6 月起一年

傳統文化與思想之批判			
書　名	作　者	年　代	出版社
厚黑學	李宗吾		
厚黑學四部批判	黃夢冊	1971	昌　言
中國文化的展望	殷海光	1966 年 1 月	文　星
中國文化的診斷	張化民	1975 年 10 月	自　印
傳統與現代化	韋政通	1968 年 3 月	水　牛
中國學術之趨勢	李宗吾	1971 年 2 月	藍　燈
文化論集	彭道淋	1966 年 8 月	自　印
中國現代化問題	彭道淋	1968 年 1 月	自　印
傳統下的獨白	李　敖	1965 年 12 月	文　星
文化論戰丹火錄	李　敖	1965 年 3 月	文　星

上下古今談	李　敖	1965 年 10 月	文　星
教育與臉譜	李　敖	1966 年 2 月	文　星
歷史與人像	李　敖	1965 年 11 月	文　星
為中國思想趨向求答案	李　敖	1965 年 2 月	文　星
孫逸仙與中國西化醫學	李　敖	1965 年 11 月	文　星
烏鴉又叫了	李　敖	1966 年 11 月	自　印
兩性問題及其它	李　敖	1966 年 11 月	自　印
李敖寫的信	李　敖	1966 年 11 月	自　印
也有情書	李　敖	1966 年 11 月	自　印
孫悟空與我	李　敖	1966 年 11 月	自　印
不要叫罷	李　敖	1966 年 11 月	自　印
玉雕集	柏　楊	1965 年 3 月	平　原
怪馬集	柏　楊	1965 年 3 月	平　原
保壘集	柏　楊	1963 年 4 月	平　原
聖人集	柏　楊	1965 年 6 月	平　原
鳳凰集	柏　楊	1963 年 8 月	平　原
紅袖集	柏　楊	1965 年 6 月	平　原
立正集	柏　楊	1965 年 8 月	平　原
魚雁集	柏　楊	1966 年 7 月	平　原
高山滾鼓集	柏　楊	1965 年 3 月	平　原
道貌岸然集	柏　楊	1965 年 3 月	平　原
前仰後合集	柏　楊	1964 年 8 月	平　原
聞過則怒集	柏　楊	1964 年 6 月	平　原
神魂顛倒集	柏　楊	1968 年 7 月	平　原
鬼話連篇集	柏　楊	1967 年 11 月	平　原
大愚若智集	柏　楊	1965 年 4 月	平　原
死不認錯集	柏　楊	1967 年 9 月	平　原
柏楊語錄	孫觀漢	1967 年 8 月	平　原
鼻孔朝天集	柏　楊	1968 年 6 月	平　原
雲遊記	柏　楊	1968 年 7 月	平　原
現代社會制度改革之議	陳永存	1974 年 3 月	滄　海
文人與無行	吳魯芹等	1971 年 3 月	仙人掌
宗吾論學書	李宗吾	1965 年 1 月	雲　耀

| 知識人的出路 | 洪三雄 | 1973 年 5 月 | 新　生 |

臺灣史類

書　名	作　者	年　代	出版社
臺灣史志	陳常綱	1965 年 7 月	中華文教
臺灣史	馬銳	1960 年 3 月	自　印

傳記類

書　名	作　者	年　代	出版社
七十回憶	楊金虎	1968 年 10 月	自　印
實庵自傳	陳獨秀	1967 年 9 月	傳記文學
周佛海日記	周佛海	1976 年 10 月	藍　燈
射鵰英雄傳	金　庸	1959 年 11 月	光　明
陳獨秀自傳	陳獨秀	1968 年 3 月	王　家

哲學類

書　名	作　者	年　代	出版社
人生哲學教授李石岑情變萬言書	許晚成	1964 年 3 月	龍　文
家庭貯藏的要義		1974 年 3 月	摩門教會
哲學基本知識	張得源	1967 年 8 月	自　成
中國哲學講話	李石岑	1958 年 1 月	啟　明
人類的命運	羅素著、黃興雷譯	1967 年 5 月	正　文
排灣聖詩		1967 年 4 月	長老教會

經濟類

書　名	作　者	年　代	出版社
富裕社會	葛爾希拉特著、湯新揗譯	1970 年 7 月	今日世界
富裕的社會	葛爾希拉特著、吳幹·鄧東賓譯	1970 年 6 月	臺灣銀行

美術戲劇類

書　名	作　者	年　代	出版社
護生畫集		1969 年 2 月	鳴　李
電影新潮	但漢章	1975 年 2 月	時報文化
林絲緞影集		1965 年 7 月	文　星

國學類

書　名	作　者	年　代	出版社
國學概要	李日剛	1953 年 3 月	勝　利

| 國文趣味 | 江建都 | 1953 年 3 月 | 正　中 |
| 文心雕龍研究專號 | 饒宗頤 | 1972 年 2 月 | 明　倫 |

歷史類

書　名	作　者	年　代	出版社
民國政黨史	謝　彬	1962 年 6 月	文　星
辛壬春秋	尚秉和	1962 年 6 月	文　星
八二三炮戰回憶錄	陳進寶	1960 年 6 月	庚　子
中國共產黨史稿	王健民		自　印
孤軍二十五		1947 年 1 月	百　新
山河歲月	胡蘭成	1975 年 5 月	遠　景
竹幕八月記	張國興	1950 年 5 月	自由中國
閩變研究與文星訟案	李　敖	1967 年 3 月	文　星
清洪幫考釋	陳國屏	1975 年 4 月	時代海員月刊社

政法類

書　名	作　者	年　代	出版社
到那裡去看民主	李聲庭	1965 年 5 月	自由太平洋
民權法治民主	李聲庭	1964 年 1 月	文　星
我志未酬	李聲庭	1965 年 1 月	文　星
惡法錄及其它	陸嘯釗	1965 年 1 月	文　星
中國革命問題	黃公偉		帕米爾
中國人民之路	李望如	1967 年 6 月	
一個不拜偶像的事件	郭玉德	1966 年 10 月	
新的認識與奮鬥	范成宇	1957 年	帕米爾
怎樣向官僚開刀	溥　霖	1962 年 1 月	昌　言
官僚販賣記	溥　霖		鳴　宇
官僚面面觀	溥　霖	1962 年 1 月	昌　言
李聲庭評錄	張乃凡	1974 年 5 月	星　光
百姓們需要為官僚點眼藥（向官僚開刀）	溥　霖	1973 年 2 月	鳴　宇
招親兵法反攻論	顧蔭堂	1978 年 3 月	求　益
慶祝總統當選連任專輯		1972 年 3 月	啟聰雜誌社
如此德政	王克銓	1970 年 2 月	聲　友
全球的恐怖份子	J. B. Bell 著、張艾茜譯	1977 年 4 月	成　文

三〇年代作品集

書　名	作　者	年　代	出版社
生與死	徐　籲	1974 年 5 月	

翻譯文學類

書　名	作　者	年　代	出版社
教父教父		1972 年 7 月	國際翻譯社
世界短篇小說精華	柳無忌譯	1955 年 5 月	正　風
在敵人後方戰鬥	波利亞科夫著、劉亞夫譯	1955 年 8 月	光　華
畢業生		1971 年	林白、新世紀、魯山黑馬、正文大人、華象
胡志明的私生女	蘭巴著、左松靈譯	1974 年 7 月	新理想
初戀	屠格涅夫著、豐子愷譯	1974 年 4 月	開　明
午夜牛郎		1971 年	天人、黑馬、林白文化生活
異活巡禮	約翰傑克著、王遜譯	1967 年	中　行
巴黎最後的一支探戈		1974 年 1 月	地　球
最後一場電影	李永平譯	1975 年 6 月	桂　冠
天生的掠奪者	鍾　玲譯	1976 年 6 月	奧斯卡
查泰萊夫人的情人	D.H 勞倫斯	1976 年 8 月	
性的世界記錄	姚雄譯	1975 年 5 月	德　昌
米露埃雨兒胥	巴爾箚克著、高名凱譯	1951 年	海　燕
十日清淡	薄加丘	1966 年	大　眾

青少年讀物

書　名	作　者	年　代	出版社
生死神		1974 年 1 月	志　成
跳槽的學生	雁　翔	1978 年 4 月	聯　亞
中學生一〇一花招	石渡利康著、方外人譯	1978 年 5 月	武　陵

現代文學、雜文類

書　名	作　者	年　代	出版社
無花果	吳濁流	1971 年	林　白
波茨坦科長	吳濁流	1977 年 9 月	遠　行

將軍族	陳映真	1975 年 10 月	遠 景
心 鎖	郭良蕙	1963 年	大 業
脫軌的老大	韓 雨	1966 年 5 月	巨 龍
叛幫的小老麼	吳祥輝	1977 年 6 月	遠 流
帝王生活的另一面	劉心皇	1977 年	聯 亞
門外小品	胡汝森	1966 年 6 月	文 星
紅土印象	劉大任	1970 年 10 月	志 文
性愛女人	楊光中	1974 年 5 月	水芙蓉
一個旅客的話	謝定華	1968 年 6 月	農光雜誌
悲愴的榮譽	蔡丁進	1977 年 3 月	德威印刷
愛人拾夢記	秦德謙	1976 年 2 月	
在野人	林寬報	1977 年 11 月	台光文化
醒 雷		1976 年 5 月	文 豪
飲食男女事典		1977 年 2 月	四 季
三十六記引例	陳宜君	1975 年 8 月	今 日
說話的藝術		1973 年 1 月	文 全
人生之錦囊妙計	孫 武	1974 年 10 月	天 人

附錄 2　1960 年代「文星叢刊」書目
（文星書店，1963-1971 年）

書　名	作　者	出版年	叢書名
秋室雜文	梁實秋	民 52[1963]	文星叢刊 1
民主的理想與實踐	蔣勻田	民 52[1963]	文星叢刊 2
平凡的我	黎東方	民 52[1963]	文星叢刊 3
左手的繆思	余光中	民 52-56[1963-67]	文星叢刊 4
傳統下的獨白	李　敖	民 52[1963]	文星叢刊 5
詩的欣賞	陳紹鵬	民 52[1963]	文星叢刊 6
婚姻的故事	林海音	民 52[1963]	文星叢刊 7
一朵小白花	聶華苓	民 52[1963]	文星叢刊 8
歸	於梨華	民 52[1963]	文星叢刊 9
迷　惑	愛丁登（Edginton May）等撰、沉櫻譯	民 52[1963]	文星叢刊 10
知識份子的十字架	陶百川	民 52[1963]	文星叢刊 11
子水文存	毛子水	民 52[1963]	文星叢刊 12
民國政治人物	吳相湘	民 52[1963]	文星叢刊 13
西洋景	張隆延	民 52[1963]	文星叢刊 14
生於憂患	王洪鈞	民 52[1963]	文星叢刊 15
不按牌理出牌	何　凡	民 52[1963]	文星叢刊 16
圓明園興亡史	劉鳳翰	民 52[1963]	文星叢刊 17
紫　浪	張菱舲	民 52[1963]	文星叢刊 18
鐵　漿	朱西甯	民 52[1963]	文星叢刊 19
加拉猛之墓	司馬中原	民 52[1963]	文星叢刊 20
西瀅閒話	陳西瀅	民 53[1964]	文星叢刊 21
議會論叢	楊幼炯	民 53[1964]	文星叢刊 22
書和人	梁容若	民 53[1964]	文星叢刊 23
愚人愚話	龔德柏	民 53[1964]	文星叢刊 24
狂瞽集	錢歌川	民 53[1964]	文星叢刊 25
人權·法治·民主	李聲庭	民 53[1964]	文星叢刊 26
未埋庵短書	周棄子	民 53[1964]	文星叢刊 27

書　名	作　者	出版年	叢書名
葉曼隨筆	劉世綸	民 53[1964]	文星叢刊 28
陌生的皺紋	胡汝森	民 53[1964]	文星叢刊 29
德國小說選	歌撰、宣誠譯	民 53[1964]	文星叢刊 30
文學因緣	梁實秋	民 53[1964]	文星叢刊 31
為人權法治呼號	陶百川	民 55[1966]	文星叢刊 32
掌上雨	余光中	民 53[1964]	文星叢刊 33
詩的創造	陳紹鵬	民 53[1964]	文星叢刊 34
歷史與人像	李　敖	民 53[1964]	文星叢刊 35
多少英倫舊事	徐鍾珮	民 53[1964]	文星叢刊 36
十月小陽春	鍾梅音	民 53[1964]	文星叢刊 37
滄波文選	程滄波	民 53[1964]	文星叢刊 38
社會與人	龍冠海	民 53[1964]	文星叢刊 39
中國的社會與文學	勞　幹	民 53[1964]	文星叢刊 40
寸心集	居浩然	民 53[1964]	文星叢刊 41
赫爾曼與陀羅特亞	歌德撰、周學普（Chou Hsueh-Pu）譯	民 53[1964]	文星叢刊 42
傅孟真先生年譜	傅樂成	民 53[1964]	文星叢刊 43
文學與報學	林友蘭	民 53[1964]	文星叢刊 44
時代的絆腳石	徐詠平	民 53[1964]	文星叢刊 45
歐洲假期	朱耀龍	民 53[1964]	文星叢刊 46
莫拉維亞小說選	莫拉維亞撰、宋瑞譯	民 53[1964]	文星叢刊 47
細說明朝	黎東方	民 53[1964]	文星叢刊 48
胡適研究	李　敖	民 53[1964]	文星叢刊 49
胡適評傳	李　敖	民 53[1964]	文星叢刊 50
偏見集	梁實秋	民 53[1964]	文星叢刊 51
百衲集	黃雪邨	民 53[1964]	文星叢刊 52
宋教仁：中國民主憲政的先驅	吳相湘	民 53[1964]	文星叢刊 53
搔癢的樂趣	錢歌川	民 53[19643]	文星叢刊 54
仲夏夜夢（Amidsummer night's dream）	莎士比亞撰、梁實秋譯	民 53[1964]	文星叢刊 55-1
朱利阿斯·西撒	莎士比亞撰、梁實秋譯	民 53[1964]	文星叢刊 55-2

書　名	作　者	出版年	叢書名
安東尼與克利奧佩特拉（Antony and cleopatra）	莎士比亞撰、梁實秋譯	民 53[1964]	文星叢刊 55-3
脫愛勒斯與克萊西達（Troilus and cressida）	莎士比亞撰、梁實秋譯	民 53[1964]	文星叢刊 55-4
維洛那二紳士（Two gentlemen of verona）	莎士比亞撰、梁實秋譯	民 53[1964]	文星叢刊 55-5
考利歐雷諾斯（Coriolanus）	莎士比亞撰、梁實秋譯	民 53[1964]	文星叢刊 55-6
羅蜜歐與茱麗葉（Romeo and juliet）	莎士比亞撰、梁實秋譯	民 53[1964]	文星叢刊 55-7
無　事　自　擾（Much ado about nothing）	莎士比亞撰、梁實秋譯	民 53[19643]	文星叢刊 55-8
惡有惡報（Measure for measure）	莎士比亞撰、梁實秋譯	民 53[1964]	文星叢刊 55-9
冬天的故事（Winter's tale）	莎士比亞撰、梁實秋譯	民 53[1964]	文星叢刊 55-10
哈　姆　雷　特（The tragedy of hamlet）	莎士比亞撰、梁實秋譯	民 52-56[1963-1967]	文星叢刊 55-11.
馬克白（Macbeth）	莎士比亞撰、梁實秋譯	民 53[1964]	文星叢刊 55-12
奧賽羅（Othello）	莎士比亞撰、梁實秋譯	民 53[1964]	文星叢刊 55-13
李爾王（King lear）	莎士比亞撰、梁實秋譯	民 53[1964]	文星叢刊 55-14
威尼斯商人（The merchant of venice）	莎士比亞撰、梁實秋譯	民 53[1964]	文星叢刊 55-15
如願（As you like it）	莎士比亞撰、梁實秋譯	民 53[1964]	文星叢刊 55-16
暴風雨（The tempest）	莎士比亞撰、梁實秋譯	民 53[1964]	文星叢刊 55-17
第十二夜（Twlefth night）	莎士比亞撰、梁實秋譯	民 52-56[1963-67]	文星叢刊 55-18
亨利四世（Henry The Ⅳ）	莎士比亞撰、梁實秋譯	民 53[1964]	文星叢刊 55-19
文星叢刊 55-20			
也是秋天	於梨華	民 53[1964]	文星叢刊 56
藍色記憶	何毓衡	民 53[1964]	文星叢刊 57
蓮的聯想	余光中	民 53[1964]	文星叢刊 58
為中國思想趨向求答案	李　敖	民 53[1964]	文星叢刊 59

書　名	作　者	出版年	叢書名
從異鄉人到失落的一代	王尚義	民 53[1964]	文星叢刊 60
紐約客談	喬志高	民 53[1964]	文星叢刊 61
美國總統選舉與民主政治	楚崧秋	民 53[1964]	文星叢刊 62
悶局與新機	馬空群	民 53[1964]	文星叢刊 63
現代文學散論	胡品	民 53[1964]	文星叢刊 64
0 與 1 之間	何秀煌	民 53[1964]	文星叢刊 65
留歐記趣	王鎮國	民 53[1964]	文星叢刊 66
文壇窗外	彭　歌	民 53[1964]	文星叢刊 67
也是愚話	龔德柏	民 53[1964]	文星叢刊 68
文化論戰丹火錄	李　敖	民 53[1964]	文星叢刊 69
半個美國人	陳香梅	民 53[1964]	文星叢刊 70
心路歷程	許倬雲	民 53[1964]	文星叢刊 71
廣祿回憶錄	廣　祿	民 53[1964]	文星叢刊 72
近代史事論叢	吳相湘	民 53[1964]	文星叢刊 73
扶桑漫步	司馬桑敦	民 53[1964]	文星叢刊 74
教育與臉譜	李　敖	民 53[1964]	文星叢刊 75
失去的金鈴子	聶華苓	民 53[1964]	文星叢刊 76
我看各國司法	張文伯	民 53[1964]	文星叢刊 77
中國音樂往哪裡去？	許常惠	民 53[1964]	文星叢刊 78
詹森傳：（美）詹森	懷特撰、毛樹，謝雄玄同譯	民 53[1964]	文星叢刊 79
高華德傳：（美）田華德（Goldwater Barry，1909-）	伍德，史密士同撰、黃宣威（黃沙譯）	民 53[1964]	文星叢刊 80
少年游	夏　菁	民 52-56[1963-67]	文星叢刊 81
晚清宮庭與人物	吳相湘	民 53[1964]	文星叢刊 82
袁世凱與戊戌政變	劉鳳翰	民 53[1964]	文星叢刊 83
第八個月亮	勞德（LordBette）撰、何毓衡譯	民 53[1964]	文星叢刊 84
做人的欲望	李亞當等撰、胡品譯	民 54[1965]	文星叢刊 85
我志未酬	李聲庭	民 54[1965]	文星叢刊 86
反奴役之路	蔣勻田	民 54[1965]	文星叢刊 87
吳稚暉先生傳記	張文伯	民 54[1965]	文星叢刊 88

書　名	作　者	出版年	叢書名
罕可集	錢歌川	民 54[1965]	文星叢刊 89
藝文談片	黎烈文	民 54[1965]	文星叢刊 90
個人的覺醒與民主自由	徐　籲	民 54[1965]	文星叢刊 91
呂光法學譯著	呂　光	民 54[1965]	文星叢刊 92
惡法錄及其它	陸嘯釗	民 54[1965]	文星叢刊 93
人生觀察	王鼎鈞	民 54[1965]	文星叢刊 94
刨根兒集	方師鐸	民 54[1965]	文星叢刊 95
談古論今	包喬齡	民 55[1966]	文星叢刊 96
科學與哲學	沈國鈞	民 54[1965]	文星叢刊 97
荳蔻年華	戴西亞　馬瑞民（Dacia Maraini）原著、郭功雋譯	民 54[1965]	文星叢刊 98
出版原野的開拓	蕭孟能	民 54[1965]	文星叢刊 99
文星雜誌選集	蕭孟能	民 54[1965]	文星叢刊 100
胡適選集	胡　適	民 55[1966]	文星叢刊 105-117
傅斯年選集	傅斯年	民 56[1967]	文星叢刊 118
蔡元培選集	蔡元培	民 56[1967]	文星叢刊 119-124
林森紀念集	胡適等	民 55[1966]	文星叢刊 126
蔣廷黻選集	蔣廷黻	民 54[1965]	文星叢刊 127
孫中山自由民主言論彙編	孫中山	民 54[1965]	文星叢刊 129
孫中山新思想類編	孫中山	民 54[1965]	文星叢刊 130
關於孫中山的傳記和考證	王瑛琦	民 54[1965]	文星叢刊 131
孫中山先生感憶錄	鄭照等	民 54[1965]	文星叢刊 132
孫文主義論集	戴季陶	民 54[1965]	文星叢刊 133
孫中山和共產主義	崔書琴等	民 54[1965]	文星叢刊 134
研究孫中山的史料	姚漁湘等	民 54[1965]	文星叢刊 135
國父的高明光大	羅香林	民 54[1965]	文星叢刊 136
孫逸仙先生：中華民國國父	吳相湘	民 54[1965]	文星叢刊 137
孫逸仙和中國西化醫學	李　敖	民 54[1965]	文星叢刊 138
藝苑春秋	虞君質	民 55[1966]	文星叢刊 139
無所不談	林語堂	民 55-56[1966-67]	文星叢刊 140
現代繪畫散論	莊　喆	民 54[1965]	文星叢刊 141

書　名	作　者	出版年	叢書名
當代智慧人物訪問錄	尼爾遜（James Nelson）著、林哲雄譯	民 55[1966]	文星叢刊 142
門外小品	胡汝森	民 55[1966]	文星叢刊 143
市村自傳	市村 撰、丁策譯	民 55[1966]	文星叢刊 144
中國小說史	孟　瑤	民 55[1966]	文星叢刊 145
聯合國與外太空	李其泰	民 55[1966]	文星叢刊 146
遊美小品	杜蘅之	民 55[1966]	文星叢刊 147
平心論高鶚	林語堂	民 55[1966]	文星叢刊 148
我的模特兒生涯	林絲緞	民 54[1965]	文星叢刊 149
中國戲曲史	孟　瑤	民 54[1965]	文星叢刊 150
傾尊叢談	徐白	民 54[1965]	文星叢刊 151
中國現代畫的路	劉國松	民 54[1965]	文星叢刊 152
不得已集	張九如	民 54[1965]	文星叢刊 153
楚卿小說選	胡楚卿	民 54[1965]	文星叢刊 154
浪漫的與古典的	梁實秋	民 54[1965]	文星叢刊 155
我對歷史的看法	黎東方	民 54[1965]	文星叢刊 156
又是愚話	龔德柏	民 54[1965]	文星叢刊 157
西笑錄	錢歌川	民 54[1965]	文星叢刊 158
燭芯	林海音	民 54[1965]	文星叢刊 159
溫妮的世界	魏懼儀	民 54[1965]	文星叢刊 160
朱夜小說選	朱夜	民 54[1965]	文星叢刊 161
沒有觀眾的舞臺	蔡文甫	民 54[1965]	文星叢刊 162
還魂草	周夢蝶	民 54[1965]	文星叢刊 163
現代電影導演散論	饒曉明	民 54[1965]	文星叢刊 164
為中國現代畫壇辯護	黃朝湖	民 54[1965]	文星叢刊 165
荊齋八十年: 賈士毅（1887-1954）	吳李惠，徐蔭祥同編	民 54[1965]	文星叢刊 166
消遙遊	余光中	民 54[1965]	文星叢刊 167
現代社會與現代人	何秀煌	民 54[1965]	文星叢刊 168
批評中的歷史	劉鳳翰	民 54[1965]	文星叢刊 169
到奴役之路	海耶克撰、殷海光譯	民 54[1965]	文星叢刊 170
哈代評傳	李田意	民 54[1965]	文星叢刊 171

書 名	作 者	出版年	叢書名
康廬散文集	謝 康	民 54[1965]	文星叢刊 172
歷史的剖面	李宗侗	民 54[1965]	文星叢刊 173
河上人語	宋希尚	民 54[1965]	文星叢刊 174
電腦和你	范光陵	民 54[1965]	文星叢刊 175
陳香梅時間	陳香梅	民 54[1965]	文星叢刊 176
人造花	胡 品	民 54[1965]	文星叢刊 177
海耶克和他的思想	殷海光等	民 54[1965]	文星叢刊 180
第三個夢	楊 羊	民 54[1965]	文星叢刊 181
毛姆小說集	毛 姆	民 54[1965]	文星叢刊 182
中國近代史話.初集	左舜生	民 55[1966]	文星叢刊 183
三國雜談	宋郁文	民 55[1966]	文星叢刊 184
丁香遍野	林太乙	民 55[1966]	文星叢刊 185
思果散文選	思 果	民 55[1966]	文星叢刊 186
暴雨驟來	王敬羲	民 55[1966]	文星叢刊 187
第一聲早安	孫 怡	民 55[1966]	文星叢刊 188
批評的視覺	李英豪	民 55[1966]	文星叢刊 189
菲律賓縱橫談	吳景宏	民 55[1966]	文星叢刊 190
民俗學論叢	羅香林	民 55[1966]	文星叢刊 191
童年與同情	徐 籲	民 55[1966]	文星叢刊 192
韓福瑞和他的思想	陳香梅	民 55[1966]	文星叢刊 193
中國文學史	李鼎彝	民 55[1966]	文星叢刊 194
思與感	徐 籲	民 54[1965]	文星叢刊 195
免于偏見的自由	戴杜衡	民 54[1965]	文星叢刊 196
變	於梨華	民 54[1965]	文星叢刊 197
臨摹.寫生.創造	劉國松	民 55[1966]	文星叢刊 198
我對國際問題的看法	蔣勻田	民 55[1966]	文星叢刊 202
細說民國	黎東方	民 55[1966]	文星叢刊 203
文藝史話及批評	左舜生	民 55[1966]	文星叢刊 204
剖視修正主義	王少嵐	民 55[1966]	文星叢刊 205
賢不肖列傳	胡耐安	民 55[1966]	文星叢刊 206
傾尊再談	徐 白	民 55[1966]	文星叢刊 207
認識美國	王世憲	民 55[1966]	文星叢刊 208

書　名	作　者	出版年	叢書名
中國家庭在美國	楊安祥	民 55[1966]	文星叢刊 209
作客美國	林海音	民 55[1966]	文星叢刊 210
美國與美國人	杜蘅之	民 55[1966]	文星叢刊 211
沉下去的月亮	趙　雲	民 55[1966]	文星叢刊 212
這樣好的星期天	康芸薇	民 52-56[1963-67]	文星叢刊 213
載走的和載不走的	劉靜娟	民 55[1966]	文星叢刊 214
坑裡的太陽	江　玲	民 55[1966]	文星叢刊 215
地毯的那一端	張曉風	民 55[1966]	文星叢刊 216
小齒輪	邵　僩	民 55[1966]	文星叢刊 217
一千個世界	隱　地	民 55[1966]	文星叢刊 218
葉珊散文集	王　獻	民 55[1966]	文星叢刊 219
出走	梁光明	民 55[1966]	文星叢刊 220
席德進的回聲	席德進	民 55[1966]	文星叢刊 221
一個中國人在歐洲	史惟亮	民 55[1966]	文星叢刊 222
旅印散記	司　琦	民 55[1966]	文星叢刊 223
中東鱗爪	張仁堂	民 55[1966]	文星叢刊 224
我的環球奇遇	范光陵	民 55[1966]	文星叢刊 225
遊歐小品	杜蘅之	民 55[1966]	文星叢刊 226
席德進看歐美藝壇	席德進	民 55[1966]	文星叢刊 227
生平二三事	盧月化	民 55[1966]	文星叢刊 228
細說元朝	黎東方	民 55[1966]	文星叢刊 229
燈　船	王　獻	民 55[1966]	文星叢刊 230
海神塑像下的祭情	謝家孝	民 56[1967]	文星叢刊 231
歲時漫談	婁子匡	民 56[1967]	文星叢刊 232
無花的上海	周榆瑞	民 52-56[1963-67]	文星叢刊 233
山洪暴發的時候	司馬桑敦	民 56[1967]	文星叢刊 234
九歌中人神戀愛問題	蘇雪林	民 56[1967]	文星叢刊 235
試看紅樓夢的　面目	蘇雪林	民 56[1967]	文星叢刊 236
人生三部曲	蘇雪林	民 56[1967]	文星叢刊 237
秀峯夜話	蘇雪林	民 56[1967]	文星叢刊 238
最古的人類故事	蘇雪林	民 56[1967]	文星叢刊 239
閒話戰爭	蘇雪林	民 52-56[1963-67]	文星叢刊 240

書　名	作　者	出版年	叢書名
我論魯迅	蘇雪林	民 56[1967]	文星叢刊 241
眼淚的海	蘇雪林	民 56[1967]	文星叢刊 242
文壇話舊	蘇雪林	民 56[1967]	文星叢刊 243
我的生活	蘇雪林	民 56[1967]	文星叢刊 244
陳香梅通訊	陳香梅	民 56[1967]	文星叢刊 245
人物刻劃基本論	丁樹南譯	民 56[1967]	文星叢刊 246
五陵少年	余光中	民 56[1967]	文星叢刊 247
龔稼農從影回憶錄	龔稼農	民 56[1967]	文星叢刊 248
顧影餘談	鄭炳森	民 56[1967]	文星叢刊 249
美國電影史	杜雲之	民 52-56[1963-67]	文星叢刊 250
世界電影欣賞	魯稚子	民 56[1967]	文星叢刊 251
澄輝集	林文月	民 56[1967]	文星叢刊 252
閑花集	任畢明	民 56[1967]	文星叢刊 253
美國瑣談兼論中國	呂俊甫	民 56[1967]	文星叢刊 255
孤　雲	吉　錚	民 56[1967]	文星叢刊 256
謫仙記	白先勇	民 56[1967]	文星叢刊 258
龍天樓	王文興	民 56[1967]	文星叢刊 259
青色的蚱蜢	水　晶	民 56[1967]	文星叢刊 260
那長頭髮的女孩	歐陽子	民 52-56[1963-67]	文星叢刊 261
戲劇縱橫談	俞大綱	民 56[1967]	文星叢刊 262
中國近代史話 . 二集	左舜生	民 56[1967]	文星叢刊 263
留美經驗談	張潤書	民 56[1967]	文星叢刊 264
吳敬恒選集	吳敬恒	民 56[1967]	文星叢刊 265-272
康同的歸來	王敬義	民 56[1967]	文星叢刊 273
曹禺論	劉紹銘	民 59[1970]	文星叢刊 279
李賀論	周誠	民 60[1971]	文星叢刊 281
台獨真相	劉添財	1975	文星叢刊 305

附錄 3　1960 年代「仙人掌」書目
（仙人掌出版社，1968-1969 年）

書　名	作　者	出版年	叢書名
書香：「雙月樓雜記」第一集	彭　歌	民 57[1968]	仙人掌文庫 1
都是夏娃惹的禍	亞摩（ArmourRichard Willard1906-）撰、陳紹鵬譯	民 58[1969]	仙人掌文庫 2
哭　牆	張曉風	民 57[1968]	仙人掌文庫 3
遲鴒小築	蔣　芸	民 57[1968]	仙人掌文庫 4
兩記耳光	康芸薇	民 57[1968]	仙人掌文庫 5
遊園驚夢	白先勇	民 57[1968]	仙人掌文庫 6
春風與寒泉	張　健	民 57[1968]	仙人掌文庫 7
奈何天	雷馬克（RemarqueErich Maria1898-1970）撰、彭歌譯	民 58[1969]	仙人掌文庫 8
從流亡到歸國	易君左	民 57[1968]	仙人掌文庫 9
新刻的石像	王文興	民 57[1968]	仙人掌文庫 10
尋找中國音樂的泉源	許常惠	民 57[1968]	仙人掌文庫 11
為現代畫搖旗的	何　索	民 57[1968]	仙人掌文庫 12
新聞圈	彭　歌	民 58[1969]	仙人掌文庫 13
白駒集	於梨華	民 58[1969]	仙人掌文庫 14
葉曼散文集	劉世綸	民 58[1969]	仙人掌文庫 15
十一個短篇	隱　地	民 58[1969]	仙人掌文庫 16
存在主義導論	梅加利·葛琳著，何欣譯	民 58[1969]	仙人掌文庫 17
非渡集	楊牧	民 58[1969]	仙人掌文庫 18
羅生門	芥川龍之介著，葉笛譯	民 58[1969]	仙人掌文庫 19
電影藝術縱橫談	魯稚子	民 58[1969]	仙人掌文庫 20
蟬	林懷民	民 58[1969]	仙人掌文庫 22
萊茵河之旅	彭　歌	民 58[1969]	仙人掌文庫 24
邏輯究竟是什麼	殷海光	民 60[1971]	仙人掌文庫 25

書　名	作　者	出版年	叢書名
河童	芥川龍之介撰、葉笛譯	民 58[1969]	仙人掌文庫 26
人類的喜劇	薩洛揚（Saroyan, William）撰；柳無垢譯	民 60[1971]	仙人掌文庫 27
兒子的大玩偶	黃春明	民 58[1969]	仙人掌文庫 28
前言與後語	宋淇	民 57[1968]	仙人掌文庫 29
地獄變	芥川龍之介著；葉笛譯	民 58[1969]	仙人掌文庫 30
懷璧集	徐籲	民 58[1969]	仙人掌文庫 31
霧中雲霓	蔡文甫	民 58[1969]	仙人掌文庫 32
文學心路	王熙元	民 58[1969]	仙人掌文庫 33
等待果陀	撒姆爾·貝克特著；劉大任，邱剛健合譯	民 58[1969]	仙人掌文庫 34
夢穀集	聶華苓	民 59[1970]	仙人掌文庫 35
書癡的樂園	楮冠等著	民 60[1971]	仙人掌文庫 36
東京之行	魯稚子	民 59[1970]	仙人掌文庫 39
鄉土集	李輝英	民 59[1970]	仙人掌文庫 43
與我同舞	蔣芸	民 59[1970]	仙人掌文庫 45
艾思本遺稿	詹姆斯	民 58[1969]	仙人掌文庫 46
賭徒	杜斯妥也夫斯基著；邱慧璋譯	民 59[1970]	仙人掌文庫 53
雪之臉	詩宗社編	民 59[1970]	仙人掌文庫 57
黑暗之心	康拉德著；陳蒼多譯	民 59[1970]	仙人掌文庫 58
花之聲	詩宗社編		仙人掌文庫 61

附錄4　1970年代「新潮文庫」書目
（志文出版社，1970-1979年）

編號	書　　名	作　者	譯　者
1	羅素回憶集	羅素	林衡哲
2	羅素傳	艾倫伍德	林衡哲
3	（空號）		
4	沙特自傳	沙特	譚逸
5	卡拉馬助夫兄弟們	杜思妥也夫斯基	耿濟之
6	廿世紀智慧人物的信念	愛因斯坦等	林衡哲
7	讀書的藝術	叔本華等	林衡哲、廖運範
8	出了象牙之塔	廚川白村	金溟若
9	（空號）		
10	（空號）		
11	讀書的情趣	培根等	林衡哲
12	馬克吐溫名作選	馬克吐溫	雷一峰
13	詩人朱湘懷念集	秦賢次等編	
14	上帝之死	尼采	劉崎
15	與當代智慧人物一夕談		林衡哲
16	美麗與悲哀	川端康成	金溟若
17	智慧之路	雅思培	周行之
18	佛洛伊德傳	佛洛伊德	廖運範
19	毛姆寫作回憶錄	毛姆	陳蒼多
20	蛻變	卡夫卡	金溟若
21	沙特小說選	沙特	陳鼓應
22	鄭愁予詩選集	鄭愁予	
23	美麗的新世界	赫胥黎	李黎等
24	瞧！這個人	尼采	劉崎
25	愛的藝術	佛洛姆	孟祥森
26	羅生門·河童	芥川龍之介	金溟若
27	地獄變	芥川龍之介	鍾肇政等
28	叔本華論文集	叔本華	陳曉南
29	審　判	卡夫卡	黃書敬

編號	書　　名	作　者	譯　者
30	白　牙	傑克‧倫敦	吳憶帆
31	非理性的人	威廉‧白瑞得	彭鏡禧
32	瘟　疫	卡　繆	周行之
33	廿世紀代表性人物		林衡哲編譯
34	黑暗的心	康拉德	王潤華
35	彷徨少年時	赫　塞	蘇念秋
36	中國現代文學側影	陳子善	
37	逃避自由	佛洛姆	莫灑滇
38	自我的追尋	佛洛姆	孫　石
39	日常生活的心理分析	佛洛伊德	林克明
40	教育的藝術	柏拉圖	廖運範
41	懷海德對話錄	懷海德	黎登鑫
42	悲愴的靈魂	索善尼津	黃導群
43	愛的饑渴	三島由紀夫	金溟若
44	金閣寺	三島由紀夫	陳孟鴻
45	悲劇的誕生	尼　采	劉　崎
46	鄉　愁	赫　塞	陳曉南
47	（空號）		
48	性學三論：愛情心理學	佛洛伊德	林克明
49	（空號）		
50	杜思妥也夫斯基	紀　德	彭鏡禧
51	（空號）		
52	心靈的歸宿	赫　塞	吳憶帆
53	精神分析入門	洛斯奈	鄭泰安
54	夢的精神分析	E‧佛洛姆	葉頌壽
55	自卑與超越	阿德勒	黃光國
56	生命之歌	赫　塞	吳憶帆
57	少女杜拉的故事	佛洛伊德	文榮光
58	誘惑者的日記	齊克果	孟祥森
59	廿世紀命運與展望	羅素、史懷哲	黎蘊志
60	聖潔的靈魂	杜思妥也夫斯基	蔡伸章
61	禪與心理分析	佛洛姆、鈴木大拙	孟祥森
62	禪與生活	鈴木大拙	劉大悲

編號	書　　名	作　者	譯　者
63	尋求靈魂的現代人	楊　格	黃奇銘
64	美麗的青春	赫　塞	陳曉南
65	藝術家的命運	赫　塞	吳憶帆
66	白　夜	杜思妥也夫斯基	邱慧璋
67	叔本華選集	叔本華	劉大悲
68	禪學隨筆	鈴木大拙	孟祥森
69	東方之旅	赫　塞	蔡進松
70	漂泊的靈魂	赫　塞	吳憶帆
71	人生的智慧	叔本華	張尚德
72	泰戈爾論文集	泰戈爾	蔡伸章
73	瑪律泰手記	裡爾克	方　瑜
74	魂斷威尼斯	湯瑪斯曼	宣　誠
75	諾貝爾獎短篇小說集	泰戈爾等	蔡進松、楊君玲
76	我思故我在	笛卡兒	錢志純
77	（空號）		
78	（空號）		
79	夢的解析	佛洛伊德	賴其萬、符傳孝
80	（空號）		
81	（空號）		
82	小丑眼中的世界	盤　爾	宣　誠
83	蘇格拉底傳	泰　勒	許爾堅
84	生活之藝術	安德列·莫洛亞	秦雲、陳曉南
85	巴黎的憂鬱	波特賴爾	胡品清
86	生之掙紮	梅寧哲	符傳孝等
87	書與你	毛姆	方　瑜
88	煙草路	柯德威爾	文　祺
89	文明的哲學	史懷哲	鄭泰安
90	小說面面觀	佛斯特	李文彬
91	（空號）		
92	白鳥之歌	亞伯特·坎恩	林宣勝
93	翻譯與創作		顏元叔譯著
94	精神分析術	梅寧哲	林克明
95	法國文學巡禮	黎烈文	

編號	書　名	作　者	譯　者
96	法國短篇小說選	卡繆、左拉	黎烈文
97	愛與生的苦惱	叔本華	陳曉南
98	名曲的故事		趙震編譯
99	屋頂間的哲學家	梭維斯特	黎烈文
100	文明的故事	威爾斯	趙　震
101	冰島漁夫	畢爾·羅迪	黎烈文
102	侏　儒	拉格維斯特	張伯權
103	先知的花園	紀伯侖	聞　璟
104	（空號）		
105	自卑與生活	阿德勒	葉頌姿
106	少女與吉普賽人	勞倫斯	王立立
107	薛西弗斯的神話	卡　繆	張漢良
108	荒野之狼	赫　塞	施智璋
109	一生的讀書計畫	費迪曼	李映萩
110	傳記文學精選集	史特拉屈等	林衡哲編譯
111	（空號）		
112	意志與表像的世界	叔本華	劉大悲
113	理性的掙繫	佛洛姆	陳璃華
114	圖騰與禁忌	佛洛伊德	楊庸一
115	哲學與生活	奧德嘉·賈塞特	劉大悲
116	愛因斯坦傳	菲利浦·法蘭克	張聖輝
117	居禮夫人傳	伊芙·居禮	鍾玉澄
118	雨果傳	莫洛亞	莫洛夫
119	原始森林的邊緣	史懷哲	余阿勳
120	少年維特的煩惱	歌　德	周學普
121	可愛的女人	契訶夫	鄭清文
122	契訶夫傳	辛格雷	范　文
123	西洋文學欣賞	鍾肇政編著	
124	德國文學入門		李映萩編譯
125	焦慮的現代人	荷　妮	葉頌壽
126	知識與愛情	赫　塞	宣　誠
127	莎士比亞的故事	蘭　姆	陳文瑞
128	西洋近代文藝思潮	廚川白村	陳曉南

編號	書　　名	作　者	譯　者
129	歌德自傳	歌　德	趙　震
130	憨第德	伏爾泰	方渝等
131	兩兄弟	莫泊桑	黎烈文
132	雙重誤會	梅裡美	黎烈文
133	十二個太太	毛　姆	周行之
134	傻　子	契訶夫	鍾玉澄
135	屠格涅夫傳	莫洛亞	江　上
136	法國文學與作家		孔繁雲編譯
137	莫泊桑傳	高爾德	蕾　蒙
138	自我的掙紮	荷　妮	李明濱
139	（空號）		
140	西洋音樂故事	赫菲爾	李哲洋
141	西洋神話故事		林崇漢編譯
142	心靈守護者	莎　岡	胡品清
143	夕陽西下	莎　岡	莊勝雄
144	卡爾曼的故事	梅裡美	趙震等
145	勞倫斯散文集	勞倫斯	葉頌姿
146	普希金小說選	普希金	陳文瑞
147	瞬息的燭火	赫胥黎	嵇叔明
148	（空號）		
149	音樂家軼事		邵義強編譯
150	約翰生傳	包斯威爾	羅珞珈、莫洛夫
151	愚神禮贊	伊拉思摩斯	李映萩
152	歷史人物的回聲	曹永洋	
153	希臘神話	金尼斯	趙震
154	非洲故事	史懷哲	趙震
155	狂人日記	果戈理	李映萩
156	永恆的戀人	普希金	鄭清文
157	芥川龍之介的世界		賴祥雲譯著
158	讀書隨感	赫　塞	李映萩
159	史懷哲傳	哈格頓等	鍾肇政
160	司馬遷的世界		鄭梁生編譯
161	諾貝爾傳	伯音格林	鄭良

編號	書　　　名	作　　者	譯　　者
162	導演與電影	劉森堯編著	
163	史記的故事	司馬遷原著	鄭梁生編譯
164	卓別林自傳	卓別林	鍾玉澄
165	再訪美麗新世界	赫胥黎	蔡伸章
166	失落的愛	莎　岡	蕾　豪
167	文學評論精選	威爾森	蔡伸章
168	動物農莊	歐威爾	孔繁雲
169	非洲行醫記	史懷哲	林妙鈴
170	蘋果樹	高爾斯華綏	張健
171	高原老屋	柯德威爾	何欣
172	讀書與人生	小林秀雄等	洪順隆
173	音樂與女性		邵義強編譯
174	（空號）		
175	巴爾箚克傳	褚威格	陳文雄
176	天才與女神	赫胥黎	蔡伸章
177	文學欣賞的樂趣	莫洛亞	李永熾
178	海涅抒情詩選	海　涅	陳曉南
179	婚姻生活的幸福	托爾斯泰	鄭清文
180	威賽克斯故事	哈　代	黃玉珊
181	女人的一生	莫泊桑	徐文達
182	名著名片		李幼新編著
183	波法利夫人	福樓貝	胡品清
184	（空號）		
185	哲學與現代世界	李維	譚振球
186	脂肪球	莫泊桑	黎烈文
187	決　鬥	契訶夫	鍾玉澄
188	愛的精靈	喬治桑	青　欣
189	心靈的夢魘	蕾妮等	葉頌壽
190	聖經的故事	山室靜	沈黑潮
191	音樂家的羅曼史	哈　登	張淑懿
192	黑天使	莫理亞克	張南星
193	（空號）		
194	電影趣談		胡南馨等編譯

編號	書　　　　名	作　者	譯　者
195	高加索故事	托爾斯泰	林嶽
196	電影就是電影	羅維明等	
197	坎特伯利故事集	喬叟	王驥
198	（空號）		
199	影壇超級巨星	李幼新編著	
200	浮士德	歌德	周學普
201	惡魔之軀	哈迪格	張南星
202	（空號）		
203	寓言故事	史蒂文生	譚繼山
204	賭　徒	杜思妥也夫斯基	邱慧璋
205	塞瓦斯托堡故事	托爾斯泰	林嶽
206	泰戈爾短篇小說集	泰戈爾	楊耐冬
207	秘密情報員	毛姆	胡南馨
208	古典音樂欣賞入門	結城亨	張淑懿
209	大仲馬傳	蓋安多	陳秋帆
210	文學與鑑賞		洪順隆編譯
211	名片的故事		趙震編譯
212	世界名片百選		羅新桂編譯
213	苦悶的象徵	廚川白村	林文瑞
214	卡繆雜文集	卡繆	溫一凡
215	卓別林的電影藝術	戎·米提	杜贊貴
216	文藝復興的奇葩	瓦沙利	黃翰荻
217	卡夫卡的朋友	伊撒·辛格	楊耐冬
218	魔鬼奏鳴曲	史特林堡	石朝穎
219	如果麥子不死	紀德	孟祥森
220	名著的故事	鍾肇政編著	
221	事情的真相	格林	嵇叔明
222	法國十九世紀詩選		莫渝編譯
223	我的讀書經驗	龜井勝一郎	陳淑女
224	走向十字街頭	廚川白村	青欣
225	（空號）		
226	勝利者一無所有	海明威	楊耐冬
227	沒有女人的男人	海明威	楊耐冬

編號	書　名	作　者	譯　者
228	老人與海	海明威	羅珞珈
229	夢幻劇	史特林堡	林國源
230	西洋哲學故事	威爾·杜蘭	陳文林
231	沙特隨筆	沙　特	張靜二
232	沙特文學論	沙　特	劉大悲
233	電影生活	劉森堯	
234	轉動中的電影世界	黃建業	
235	現代潮流與現代人	索羅金	蔡伸章
236	禪的故事	李普士	徐進夫
237	魔　沼	喬治桑	黎烈文
238	二重奏	葛雷德	胡品清
239	台　風	康拉德	沙沖夷
240	美國短篇小說欣賞	愛倫坡、霍桑等	嵇叔明
241	蝴蝶與坦克	海明威	楊耐冬
242	尼克的故事	海明威	楊耐冬
243	莫里哀故事集	莫里哀	青　欣
244	（空號）		
245	西洋傳奇故事	本多顯彰	譚繼山
246	名曲與巨匠	福原信夫等	林道生編譯
247	世界電影新潮	羅維明等	
248	電影的語言	馬斯賽裡	羅學濂
249	威尼斯、坎城影展	李幼新	
250	（空號）		
251	危機時代的哲學	羅素等	葉頌壽
252	三個故事及十一月	福樓貝	李映萩、無勃
253	馬克吐溫短篇精選	馬克吐溫	譚繼山
254	磨坊文箚	都　德	莫　渝
255	地糧·新糧	紀　德	華桂榕
256	西蒙·波娃回憶錄	西蒙·波娃	楊翠屏
257	密西西比河上的生活	馬克吐溫	齊霞飛
258	（空號）		
259	（空號）		
260	100個偉大的音樂家	服部龍太郎	張淑懿

編號	書　　　名	作　者	譯　者
261	電影的奧秘	佐藤忠男	廖祥雄
262	50 位偉大藝術家	梅　爾	黃翰荻
263	（空號）		
264	枯葉的故事	愛羅先珂	徐曙、吳昉
265	異鄉人	卡　繆	莫　渝
266	人生論	武者小路實篤	梁祥美
267	伊爾的美神	梅裡美	黎烈文
268	死的況味	曹永洋編著	
269	莫泊桑短篇精選（之一）	莫泊桑	蕭逢年
270	愛迪生傳	約瑟夫遜	桂　明
271	論戰與譯述	徐複觀	
272	餓	克努特·哈姆孫	吳燕娜
273	拉曼邱的戀愛	畢爾·羅狄	黎烈文
274	存在主義	松浪信三郎	梁祥美
275	史坦貝克小說傑作選	史坦貝克	楊耐冬
276	莫泊桑短篇全集（之二）	莫泊桑	蕭逢年
277	世界名鋼琴家	小時忠男	林道生編譯
278	歡悅的智慧	尼　采	余鴻榮
279	電影與批評	劉堯森	
280	禪的世界	蘭絲·羅斯	徐進夫
281	馬奎斯小說傑作集	馬奎斯	楊耐冬
282	索忍尼辛短篇傑作集	索忍尼辛	楊耐冬
283	荷馬史詩的故事	荷馬原著	齊霞飛
284	（空號）		
285	（空號）		
286	（空號）		
287	改變歷史的經濟學家	海爾布魯諾	蔡伸章
288	（空號）		
289	（空號）		
290	（空號）		
291	（空號）		
292	（空號）		
293	羅素短論集	羅　素	梁祥美

編號	書　名	作　者	譯　者
294	莫泊桑短篇全集（之三）	莫泊桑	蕭逢年
295	耶教與佛教的秘密教	鈴木大拙	徐進夫
296	比利提斯之歌	彼埃·魯易	莫渝
297	百年孤寂	馬奎斯	楊耐冬
298	（空號）		
299	（空號）		
300	（空號）		
301	懷疑論集	羅素	楊耐冬
302	流浪者之歌	赫塞	徐進夫
303	禪海之筏	陳榮波	
304	人類的將來	羅素	杜若洲
305	（空號）		
306	日本電影的巨匠們	佐藤忠南	
307	（空號）		
308	（空號）		
309	三島由紀夫短篇傑作集	三島由紀夫	余阿勳、黃玉燕
310	伊豆的舞娘	川端康成	余阿勳等
311	契訶夫短篇小說集	契訶夫	康國維
312	莫泊桑短篇全集（之四）	莫泊桑	蕭逢年
313	名曲鑑賞入門	野宮勳	張淑懿
314	孤獨者之歌	赫塞	蔡伸章
315	最後理想國	石川達三	陳曉南
316	印度現代小說選	泰戈爾等	許章真
317	希臘羅馬神話故事	愛迪絲·赫米爾敦	宋碧雲
318	（空號）		
319	鈴木大拙禪論集：歷史發展	鈴木大拙	徐進夫
320	（空號）		
321	（空號）		
322	豪華大旅館	克羅德·西蒙	李映萩
323	五號街夕霧樓	水上勉	吳浩正
324	電影的一代	梁良	
325	美的探索	葉航	
326	安妮的日記	法蘭克	張淑懿

編號	書　　名	作　者	譯　者
327	鈴木大拙禪論集：開悟第一	鈴木大拙	徐進夫
328	雪　鄉	川端康成	蕭羽文
329	千羽鶴	川端康成	蕭羽文
330	古　都	川端康成	蕭羽文
331	史懷哲的世界	陳五福等	
332	走入電影天地	曾西霸	
333	電視導播的圖框世界	趙　耀	
334	伊索寓言	伊　索	吳憶帆
335	休姆散文集	休　姆	楊適等
336	蒙田隨筆集	蒙　田	辛見、沈暉
337	真與愛	羅　素	江　燕
338	歐亨利短篇傑作選（之一）	歐亨利	鍾玉澄
339	（空號）		
340	四季隨筆	吉　辛	李霽野
341	（空號）		
342	茵夢湖·遲開的玫瑰	施托姆	葉文等
343	三色紫蘿蘭·美的天使	施托姆	梁平甫
344	蜜月	曼斯·菲爾	文潔若等
345	海市蜃樓·橘子	芥川龍之介	文潔若
346	一九八四	歐威爾	董樂山
347	查泰萊夫人的情人	D.H. 勞倫斯	陳惠華
348	小王子	聖修伯理	宋碧雲
349	寬　容	房　龍	迮衛等
350	漫談聖經	房　龍	施旅等
351	人類的故事	房　龍	劉緣子
352	西蒙·波娃傳	弗蘭·西斯等	全小虎
353	世界名曲 100 首	藤井康男	張淑懿編譯
354	（空號）		
355	史懷哲自傳	史懷哲	梁祥美
356	第二性：形成期	西蒙·波娃	歐陽子
357	第二性：處境	西蒙·波娃	楊美惠
358	第二性：正當的主張與邁向解放	西蒙·波娃	楊翠屏
359	（空號）		

編號	書　　　名	作　者	譯　者
360	關於雷奈／費裡尼電影的二三事	李幼新	
361	男同性戀電影	李幼新	
362	伊利亞隨筆	蘭　姆	孔繁雲
363	日本短篇小說傑作選	夏目漱石	曹賜固
364	紅　字	霍　桑	侍　桁
365	小婦人	奧科特	黃文範
366	人為什麼而活	托爾斯泰	許海燕
367	傻子伊凡	托爾斯泰	許海燕
368	月亮與六便士	毛　姆	傅惟慈
369	剃刀邊緣	毛　姆	秭佩
370	莫泊桑短篇全集（之五）	莫泊桑	蕭逢年
371	茶花女	小仲馬	王振孫
372	歐亨利短篇傑作選（之二）	歐亨利	徐進夫
373	卡夫卡短篇傑作選	卡夫卡	葉廷芳
374	黑貓·金甲蟲	愛倫坡	杜若洲
375	高老頭	巴爾扎克	傅雷
376	愛的教育	亞米契斯	田雅青
377	基督山恩仇記	大仲馬	齊霞飛
378	西線無戰事	馬雷克	朱　雯
379	海　狼	傑克·倫敦	裘柱常
380	世界名著導讀 100 本	約翰·坎尼編	徐進夫、宋碧雲
381	史懷哲愛的腳蹤	陳五福等	
382	神曲的故事／地獄篇	但　丁	王維克
383	神曲的故事／淨界篇	但　丁	王維克
384	神曲的故事／天堂篇	但　丁	王維克
385	海明威短篇傑作選	海明威	齊霞飛
386	烏托邦	托瑪斯·摩爾	戴鎦齡
387	反烏托邦與自由	薩米爾欽	吳憶帆
388	金色夜叉	尾崎紅葉	金福
389	聽聽屍體怎麼說	上野正彥	蕭逢年
390	伊凡·伊裡奇之死	托爾斯泰	許海燕
391	克洛采奏鳴曲	托爾斯泰	許海燕
392	人生論	托爾斯泰	許海燕

編號	書　　　名	作　者	譯　者
393	家有貓狗趣事多	恰佩克	吳憶帆
394	貝洛民間故事集	貝　洛	齊霞飛
395	人類面臨的挑戰	阿德勒	劉樂群
396	巨人的故事	拉伯雷	吳憶帆
297	嘔　吐	沙　特	桂裕芳
398	莫泊桑短篇全集（之六）	莫泊桑	蕭逢年
399	面對問題兒童的挑戰	阿德勒	劉樂群
400	死的藝術	威諾森	吳憶帆
401	山椒魚戰爭	卡雷爾·恰佩克	吳憶帆
402	克雷洛夫寓言全集	伊凡·克雷洛夫	張學曾
403	格林民間故事全集	格林兄弟	齊霞飛
404	阿夏家的沒落	愛倫坡	杜若洲
405	天路歷程	約翰·班揚	西　海
406	一位陌生女子的來信	褚威格	張玉書
407	湖濱散記	梭　羅	孔繁雲
408	托爾斯泰一日一善（春）	托爾斯泰	梁祥美
409	托爾斯泰一日一善（夏）	托爾斯泰	梁祥美
410	托爾斯泰一日一善（秋）	托爾斯泰	梁祥美
411	托爾斯泰一日一善（冬）	托爾斯泰	梁祥美
412	卡夫卡傳	布勞德	葉廷芳、黎奇
413	高爾基短篇傑作選	高爾基	許海燕
414	小灰驢與我	希梅內茲	梁祥美
415	先　知	紀伯倫	宋碧雲
416	一個女人的二十四小時	褚威格	張玉書
417	非洲叢林醫生史懷哲	喬·曼頓	梁祥美編譯

附錄 5　出版界雜誌篇目
（臺北市出版同業公會，1980-2012 年）

編號	篇　　名	作　者	期	年代	主　題
1	雜誌圖書金鼎獎評議	李　畊	1	1980	出版政策
2	論大部頭書	林　良	1	1980	出版環境
3	談科技中文化	趙大慶	1	1980	出版理念
4	圖書館與出版事業	王振鵠	1	1980	出版環境
5	教科書問題之檢討	柯樹屏	1	1980	出版環境
6	偉大出版家王雲五先生	徐有守	1	1980	出版史料
7	我國保護著作權問題的剖析	王洪鈞	1	1980	智慧財產權
8	增訂〈辭海〉雜感	鈍　生	2	1980	副刊書評
9	書展今昔談	何必問	2	1980	出版環境
10	大廣告主義—出版事業的廣告負荷	林　良	2	1980	出版經營
11	〈中國歷史圖說〉編後語	蘇振申	2	1980	副刊書評
12	科技圖書出版工作甘苦談	趙大慶	3-4	1981	出版經營
13	制訂交換用中文標準碼之研究	陳舜齊	3-4	1981	出版技術
14	出版業不是「倉卒工業」—談「倉卒付梓」	林　良	3-4	1981	出版經營
15	談論中美各種制度的異同（政治、教育、經濟、出版各制度）	戴啟燕	5	1981	國際出版
16	訪熊鈍先生談著作權法	丁偉華	5	1981	智慧財產權
17	唐宋時代的出版同業	李玉璂	5	1981	出版史料
18	如何出版好書	馬之驌	6-7	1982	出版理念
19	古今教科書漫談	張子須	6-7	1982	出版環境
20	「讀者服務中心」的構想	林　良	6-7	1982	出版經營
21	談發揮（臺北市圖書出版）公會服務功能的一些構想	張子須	8-9	1982	出版組織
22	國民中小學教科書問題的商榷	戴啟燕	8-9	1983	出版環境
23	讓人知道你：談出版物的傳播媒體	林　良	10	1983	出版經營
24	出版界對知識份子的責任	鄭惠宇	10	1983	出版理念
25	小型電腦與出版業	趙大慶	10	1983	出版環境
26	由「書展」到「書集」	林　良	11/12	1984	出版環境
27	國內圖書市場整體環境的趨勢元素	詹宏志	15	1986	出版環境

編號	篇　名	作　者	期	年代	主　題
28	金庸研究的新起點	王榮文	15	1986	副刊書評
29	析論紙價	林明珠	15	1986	出版環境
30	如何因應「智慧財產權」之保護浪潮	陳俊安	15	1986	智慧財產權
31	出版品價值的導向	林維章	15	1986	出版理念
32	訪熊鈍生先生談西書翻印與翻譯問題	湛美玉	16	1987	智慧財產權
33	中華民國 75 年兒童文學大事紀要	邱各容	16	1987	出版史料
34	漫談翻譯權	林　良	18	1987	智慧財產權
35	著作權法的理解及實例	王全祿	18	1987	智慧財產權
36	中華民國 76 年兒童文學大事紀要	邱各容	18	1987	出版史料
37	中美翻譯權問題初探	蕭雄淋	18	1987	智慧財產權
38	也談翻譯權	于智勇	18	1987	智慧財產權
39	一個出版業者對圖書館的期望	楊　俊	18	1987	出版環境
40	PR 在文化界的魅力	林明珠	18	1987	出版經營
41	關於「大英百科全書中文版」版權問題問答篇	熊鈍生、湛美玉	19	1987	智慧財產權
42	認識中美著作權協定問題	雪　公	19	1987	智慧財產權
43	從中美著作權問題看今後雙方文化交流的發展	李瑞麟	19	1987	智慧財產權
44	由中美著作權協議草案談未來中美翻譯權關係	蕭雄淋	19	1987	智慧財產權
45	文風與國運	張植珊	19	1987	出版環境
46	中美著作權保護協議草案		19	1987	智慧財產權
47	談談「有聲圖書」	朱承天	20	1988	出版技術
48	漫談國內「直接行銷」的發展現況	李屏生	20	1988	出版經營
49	漫畫無處不飛花	林明珠	20	1988	出版環境
50	報禁開放後雜誌所面臨的困境	徐鳳慈	20	1988	出版環境
51	開放大陸出版品法令問題初探	蕭雄淋	20	1988	華文出版
52	兒童圖畫書共同出版的未來與方向	高明美	20	1988	出版環境
53	文學類兒童讀物市場探討	邱各容	20	1988	出版經營
54	中華民國七十六年兒童文學大事記要—（10 月 17 日至 12 月 31 日）	邱各容	20	1988	出版史料
55	賣產品？知識？還是賣關愛？：談兒童讀物的銷售	徐鳳慈	21	1988	出版經營
56	複印圖書是不道德行為也是違法行為	馬之驌	21	1988	智慧財產權

編號	篇　名	作　者	期	年代	主　題
57	淺談大陸兒童讀物	邱各容	21	1988	副刊書評
58	非計畫出版	林　良	21	1988	出版環境
59	文化解嚴後對出版界的影響	瘂　弦	21	1988	出版環境
60	引導兒童欣賞圖書的插畫之美	鄭明進	21	1988	閱讀活動
61	中華民國七十七年兒童文學大事記要（元月1日至6月30日）	邱各容	21	1988	出版史料
62	中美著作談判權：翻譯權剖析	江一德	21	1988	智慧財產權
63	大陸的兒童文學	陳嘉欣	21	1988	華文出版
64	八十年代大陸圖書出版概況	陳信元	21	1988	華文出版
65	海峽對岸的孩子看什麼書？	湛美玉	22	1988	閱讀活動
66	海峽兩岸出版交流之法律實務	呂榮海	22	1988	智慧財產權
67	出版事業國際化的一時與千秋：從新聞局鼓勵出版界參加國際書展說起	陳明哲	22	1988	出版環境
68	出版人看大陸第二屆北京國際圖書博覽會雜記	陳俊安	22	1988	出版環境
69	中華民國七十七年兒童文學大事記要〔7月1日至11月15日〕	邱各容	22	1988	出版史料
70	如何因應出版爆炸危機	楊森喜、陸以愷、朱承天、王曙芳	23	1989	出版經營
71	出版界的困境與突破〔座談會〕		23	1989	出版經營
72	中美著作權保護協議	王全祿	23	1989	智慧財產權
73	八十年代大陸的叢書熱	陳信元	23	1989	出版環境
74	屬於中國兒童的「中華兒童百科全書」		24	1989	副刊書評
75	網羅百家、囊括大典—「中華百科全書」之編纂		24	1989	副刊書評
76	淺談國際出版合作與談判	林訓民	24	1989	國際出版
77	知識的典範—中文版「簡明大英百科全書」		24	1989	出版理念
78	我國翻譯事業之過去與未來：兼論如何因應目前國際資訊氾濫之情勢	周增祥	24	1989	出版環境
79	字斟句酌、千錘百煉的「幼獅少年百科全書」	陳婉容	24	1989	副刊書評
80	公關業在出版界可以扮演的角色	朱承天	24	1989	出版經營
81	童話因緣與編輯	易采芃	25	1989	閱讀活動
82	最具代表性的兒童書展—BOLOGNA書展	鄭明進	25	1989	出版環境
83	商務印書館憶往	衡　門	25	1989	出版史料

編號	篇　名	作　者	期	年代	主　題
84	我看全球國際書展	林訓民	25	1989	出版環境
85	光復·東方·富春滿書香—我在出版業的三階段	邱各容	25	1989	出版史料
86	中共著作權法令簡介	蕭雄淋	25	1989	智慧財產權
87	談四庫全書	衡　門	26	1990	副刊書評
88	琳琅滿目的兒童英語教材		26	1990	副刊書評
89	我看[無名氏著]《紅鯊》	張植珊	26	1990	副刊書評
90	藏書談「南瞿北楊」	衡　門	27	1990	副刊書評
91	欲行萬裡路之導師—旅遊書籍		27	1990	副刊書評
92	日本人如何出版翻譯書籍		27	1990	國際出版
93	大陸出版現況及兩岸合作契機	郭震唐	27	1990	華文出版
94	臺灣著作權保護概況	蕭雄淋	28	1990	智慧財產權
95	臺灣出版事業產銷的歷史、現況與前瞻——一個臺北出版人的通路探索經驗	王榮文	28	1990	出版史料
96	湖州四家藏書憶住	衡　門	28	1990	出版史料
97	大陸著作權保護概況	沈仁幹	28	1990	智慧財產權
98	大陸著作權法		28	1990	智慧財產權
99	大陸出版概觀	許力以	28	1990	華文出版
100	大陸出版社的隸屬關係、著作權保護和付酬辦法	朱明遠	28	1990	華文出版
101	評中共新著作權法	蕭雄淋	29	1991	智慧財產權
102	紙上寶石話書票	高　巍	29	1991	閱讀活動
103	出版業的定位與自我期許	王洪鈞、林訓民	29	1991	出版理念
104	論出版法規定中的傳遞優待	尤英夫	30	1991	出版政策
105	漫談圖書出口管理	陳俊安	30	1991	出版政策
106	從著作權法修正之方向—談出版界對著作權應有之認識	王全祿	30	1991	智慧財產權
107	從大陸書展·書市看圖書市場	丁文治	30	1991	出版環境
108	共建出版事業的資訊情報中心	林訓民	30	1991	出版環境
109	外文書的進口與管理	陳淑美	30	1991	出版經營
110	出版業能否建立物流化？	顏國民	30	1991	出版經營
111	文化建設的實質問題與建議之2—加強圖書館的功能與服務品質	林訓民	30	1991	出版經營
112	「兩岸出版文化交流座談會」紀要		30	1991	華文出版

編號	篇　名	作　者	期	年代	主　題
113	談蘇州藏書家—黃丕烈	衡　門	30	1991	出版史料
114	解開窠臼向前走—談出版企業文化待建立	青　樺	31	1991	出版理念
115	淺談大陸出版品的發行制度	葉君超	31	1991	華文出版
116	探索臺灣文字出版業的企劃風格	高　平	31	1991	出版理念
117	從憲法出版自由探討我國現行出版法制	尤英夫	31	1991	出版政策
118	知己知彼 雙向交流—兩岸合作出版問題略述	朱明遠	31	1991	華文出版
119	改革開放以來的大陸出版事業	潘國彥	31	1991	華文出版
120	出版、發行與散佈之權利爭議	張　靜	31	1991	出版環境
121	文化建設的實質問題與建議之3—減免反智的知識稅	林訓民	31	1991	出版政策
122	國際書展—我來、我見、我悟	沙永玲	32	1992	出版環境
123	參觀書展的多元目標	余治瑩	32	1992	出版環境
124	企劃編輯流程	邱各容	32	1992	出版經營
125	文化盛宴誰作東—對臺北國際書展的看法與建議	林訓民	32	1992	出版環境
126	翻譯權強制授權申請及許可辦法草案（第一稿）	蕭雄淋	32	1992	智慧財產權
127	親子圖書的時代意義	邱各容	33	1992	閱讀活動
128	談親子圖書的創作與出版	鄭明進	33	1992	閱讀活動
129	談出版法中之更正登載	尤英夫	33	1992	出版政策
130	臺北國際書展的定位與規劃	蘇清霖	33	1992	出版環境
131	淺談圖書直銷	邱志賢	33	1992	出版經營
132	重建出版與行銷秩序，打開潛在的讀書市場	李錫敏	33	1992	閱讀活動
133	要做販仔？還是專業的直銷工作者？	楊森喜	33	1992	出版經營
134	兒童書的大讀者	林　良	33	1992	閱讀活動
135	良心事業	王佩琳	33	1992	出版理念
136	回憶與檢討—略述第三屆臺北國際書展	楊森喜	33	1992	出版環境
137	人治重於法治，航向彼岸能否安乎？—大陸地區有關圖書出版法規之介紹	張　靜	33	1992	華文出版
138	一起來關心童書出版問題	賴惠鳳	33	1992	出版環境
139	談美國的書籍設計		33	1992	國際出版
140	醜小鴉與天鵝的約會—談活動與童書行銷	黃瑞美	34	1992	閱讀活動
141	臺灣書如何開拓大陸市場	陳日升	34	1992	華文出版

編號	篇 名	作 者	期	年代	主 題
142	臺灣出版業未來發展與台、港、大陸中文出版業的整合方向	林訓民	34	1992	華文出版
143	臺灣出版產銷通路的點線面	朱玉昌	34	1992	出版經營
144	掌握時代脈動·開創生活新象—新學友的昨日·今日·明日		34	1992	出版史料
145	最具多元開放、積極創意性的臺灣資深出版企業—臺灣英文雜誌社有限公司		34	1992	出版史料
146	現代溶合傳統·西洋揉入中國—敦煌書局		34	1992	出版史料
147	淑馨和珠海—以服務社會讀書人為主導的出版公司		34	1992	出版史料
148	推廣讀書風氣，加強文化輸出—聯經出版事業公司		34	1992	出版史料
149	時報出版—尊重智慧與創意的文化事業		34	1992	出版史料
150	致力科技中文化促進工業升級—全華科技圖書股份有限公司		34	1992	出版史料
151	青年文化的撚燈者—幼獅文化事業公司		34	1992	出版史料
152	注重出版商譽·尊重出版權益—光復書局企業股份有限公司		34	1992	出版史料
153	兩岸著作權法的立法差異及其衍生問題	蕭雄淋	34	1992	智慧財產權
154	兩岸發行制度之差異	葉君超	34	1992	華文出版
155	兩岸出版交流存在的問題	陳信元	34	1992	華文出版
156	兩岸出版交流回顧與前瞻	吳興文	34	1992	華文出版
157	兩岸出版交流大事記（1987年7月至1992年6月）	方美芬	34	1992	出版環境
158	沒有圍牆的學校—遠流出版公司		34	1992	出版史料
159	更忠於原味—消費者閱讀趨勢的探討	林清玄	34	1992	閱讀活動
160	出版行銷企劃	若比鄰	34	1992	出版經營
161	出版企劃愈形重要	郭震唐	34	1992	出版經營
162	法蘭克福書展側記	郭震唐	35	1992	國際出版
163	GATT「烏拉圭回合」談判對著作權之規範及其對出版業之影響	謝銘洋	35	1992	國際出版
164	一棒揮進出版市場—出版界刮起棒球旋風	李俊達	35	1992	出版環境
165	公平交易法與著作權法	蔡明誠	35	1992	智慧財產權
166	出版業資訊應用現況調查	廖啟玫	35	1992	出版環境
167	加強合作出版、促進文化交流—概述國際合作出版促進會	常振國	35	1992	出版環境

編號	篇　名	作　者	期	年代	主　題
168	兩岸出版合作交流研討會紀錄	黃慧敏	35	1992	出版環境
169	兩岸著作權問題的探討	陳信元	35	1992	智慧財產權
170	淺談台、港、大陸合作出版的經驗	桂台華	35	1992	華文出版
171	從北京到廣州—開拓大陸圖書市場之評估	陸又雄	35	1992	華文出版
172	兩岸出版應有更寬廣的道路—開放圖書出版投資及發行管道的探討	陸又雄	35	1992	華文出版
173	印象九：臺灣出版概況	曾繁潛	35	1992	出版史料
174	出版業電腦化概要（1）	蕭豐正	35	1992	出版技術
175	大陸著作權之旅	蕭雄淋	35	1992	華文出版
176	閩台出版交流與合作展望	於樂人	36	1993	華文出版
177	臺灣兒童文學概況	林　良	36	1993	出版環境
178	臺灣大型書店的經驗與發展	廖蘇西姿	36	1993	出版經營
179	台閩出版合作前景探討—推動「出版文化園區」	陳達弘	36	1993	華文出版
180	福建出版業概況及圖書出版特色	張黎洲、顏南沖	36	1993	華文出版
181	評析著作權法第 36 條	尤英夫	36	1993	智慧財產權
182	出版業電腦化概要（2）	蕭豐正	36	1993	智慧財產權
183	出版業資訊應用現況調查	廖啟玟	36	1993	出版環境
184	文化交流—國立中央圖書館的出版品國際交換工作	汪雁秋	36	1993	閱讀活動
185	「兩岸出版業合作發行的現況與存在問題的探討」座談會紀錄		36	1993	華文出版
186	臺灣圖書出版品如何進軍大陸	劉文忠	37-38	1993	華文出版
187	翻譯出版宏觀國計民生雜感	劉雲適	37-38	1993	出版環境
188	台閩出版交流合作座談會節錄		37-38	1993	華文出版
189	著作權法漫談	陳家駿	37-38	1993	智慧財產權
190	探討「書籍附加稅」所帶來的衝擊	劉鳳儀	37-38	1993	出版政策
191	從「假日書市」、「出版傳真」談到「新書分類」廣告	丁文治	37-38	1993	出版環境
192	近十年大陸的港臺版文藝圖書熱潮之研析	徐　學	37-38	1993	華文出版

編號	篇　名	作　者	期	年代	主　題
193	兩岸出版交流與著作權保護	蕭雄淋	37-38	1993	智慧財產權
194	出書·選書·藏書—從美國國會圖書館談起	鄭恒雄	37-38	1993	國際出版
195	出版業電腦化概要（3）：進銷存管理系統	蕭豐正	37-38	1993	出版技術
196	出版界赴大陸投資座談會節錄		37-38	1993	出版環境
197	中美著作權保護協議暨禁止真品平行輸入對出版界的影響	馮震宇	37-38	1993	出版政策
198	談新著作權法實施後之出版變革		39	1994	智慧財產權
199	福建圖書市場現狀與展望	林景惠	39	1994	華文出版
200	著作權的經營要點	林內特·歐　文	39	1994	智慧財產權
201	淺談「電子書」	吳明昌	39	1994	數位出版
202	多元發展的中國百科全書出版事業	高　巍	39	1994	華文出版
203	加入 GATT 前後，日本著作於我國所受之保護	雷憶瑜	39	1994	國際出版
204	出版業電腦化概要（4）：書店老闆的迷思—如何利用 POS 來結合書局和出版社作業	蕭豐正	39	1994	出版技術
205	六一二翻譯書大限的法律問題	蕭雄淋	39	1994	智慧財產權
206	大陸期刊出版發展軌跡	章宏偉	39	1994	華文出版
207	細說大陸「協作出版」與「買賣書號」問題	陳信元	39	1994	華文出版
208	柏楊的治史歲月	顏國民	39	1994	副刊書評
209	關於出版學的建構問題	吉田公彥	40-41	1994	出版教育
210	談日本人著作的保護	蕭雄淋	40-41	1994	智慧財產權
211	媒介競爭時代的青少年媒介環境與讀書文化	李正春	40-41	1994	閱讀活動
212	規劃電子出版品新事業	吳明昌	40-41	1994	數位出版
213	海峽兩岸圖書出版業交流的大障礙—直排與橫排，簡體與繁體	丁文治	40-41	1994	華文出版
214	兩岸三地中文出版業的發展趨勢與整合方向	陳信元	40-41	1994	華文出版
215	我們需要什麼樣的一本詞典	曾泰元	40-41	1994	出版經營

編號	篇　名	作　者	期	年代	主　題
216	出版業走入書籍電子化的探討	黃森明	40-41	1994	出版技術
217	日本的性表現的現狀與問題所在—論性表現的自由與傳播媒介的倫理	清水英夫	40-41	1994	國際出版
218	中國出版對外貿易總公司—在改革開放中不斷開拓發展		40-41	1994	華文出版
219	一九九四美國 ABA 書展巡禮	馬勵	40-41	1994	國際出版
220	漢字改革的神話與現實	劉遠懷	42	1994	出版史料
221	圖書出版與公平交易法實務	呂榮海	42	1994	出版政策
222	經典作品的再創作—談少年小說	陳思婷	42	1994	副刊書評
223	評著作權法有關出版方面的修正	蕭雄淋	42	1994	智慧財產權
224	規劃電子出版品新事業	吳明昌	42	1994	數位出版
225	探討電子出版的策略	李超倫	42	1994	數位出版
226	從法蘭克福書展看電子出版	蔡嘉朕	42	1994	數位出版
227	從「阿輝的心」到「少年噶瑪蘭」—談少年小說的出版與展望	馬景賢	42	1994	出版理念
228	兩岸兒童文學的交流與實務	謝武彰	42	1994	華文出版
229	我國配合 TRIPS 修正著作權法對出版業之影響	馮震宇	42	1994	智慧財產權
230	冬盡春來，新芽初露—談臺灣少年小說概況	余治瑩	42	1994	出版環境
231	一九九四北京國際電子出版研討會記要	何志韶	42	1994	華文出版
232	談公共財產著作的回溯保護問題	蕭雄淋	43-44	1995	智慧財產權
233	對「好書大家讀」活動之期許與建議	鄭雪玫	43-44	1995	閱讀活動
234	圖書通路的開發	林訓民	43-44	1995	發行行銷
235	電腦繪圖在未來出版所扮演的角色	蔡嘉朕	43-44	1995	出版技術
236	電子書的出版規畫	吳國立	43-44	1995	數位出版
237	期待一個有交有流的國際書展	陳淑惠	43-44	1995	出版環境
238	兩岸出版合作的新模式	陸又雄	43-44	1995	華文出版
239	別讓好書寂寞—訪張湘君談「好書大家讀」評選活動		43-44	1995	閱讀活動

編號	篇　名	作　者	期	年代	主　題
240	佛光大學出版學研究所簡介	龔鵬程	43-44	1995	出版教育
241	出版市場大翻身，人才出頭天	蘇清霖	43-44	1995	出版教育
242	廿世紀末臺灣出版行銷趨勢分析	翁啟燦	43-44	1995	發行行銷
243	內地音像電子出版業發展的現狀和前景	謝明清	43-44	1995	華文出版
244	大陸出版企業集團的掘起	陳信元	43-44	1995	華文出版
245	「趨勢專家」靠邊站	郭震唐	43-44	1995	出版環境
246	營造兩岸出版合作與交流的新局面	孫偉華	45	1995	華文出版
247	臺灣圖書直銷經營理論與實務	林訓民	45	1995	出版經營
248	臺灣經濟奇跡的演進	謝正一	45	1995	出版環境
249	臺灣書市出版趨勢	楊淑娟	45	1995	出版環境
250	圖書行銷的理論與實務	楊　俊	45	1995	出版經營
251	電子書的現況與展望	蔡嘉朕	45	1995	出版環境
252	經營管理理論與實務	張俊敏	45	1995	出版經營
253	經銷商管理發行與實務	陳日升	45	1995	出版經營
254	臺灣百科全書事業之困境及其因應之道	張之傑	45	1995	出版環境
255	新著作權法的基本認識	蕭雄淋	45	1995	智慧財產權
256	新型的商品流通及銷售管道	尤少銘	45	1995	出版經營
257	海峽兩岸中國文字統合研究之道	丁文治	45	1995	華文出版
258	書店經營管理	陳　斌	45	1995	發行行銷
259	版權代理面面觀	黃珞文	45	1995	發行行銷
260	拓展海外市場實務	吳興文	45	1995	發行行銷
261	兩岸出版合作交流趨勢	許鐘榮	45	1995	華文出版
262	出版嘉年華、書香千萬裡—第六屆香港國際書展後記	蔡敏麗	45	1995	出版環境
263	出版概況簡介	許秋煌	45	1995	出版史料
264	五十年來臺灣出版界的觀察與省思	林景淵	45	1995	出版史料
265	中小學教科書供應業務現況簡介	吳正牧	45	1995	出版環境
266	大陸人民著作在臺灣被侵害的刑事保護	蕭雄淋	45	1995	華文出版
267	1995 年美國 ABA 書展震盪	吳孟樵	45	1995	國際出版

編號	篇　名	作　者	期	年代	主　題
268	讀書月有請眾伯樂「金鼎獎」堂堂邁入二十年	黃俊泰	46	1996	閱讀活動
269	學術乎？市場乎？—學術論著的困惑	劉學銚	46	1996	出版環境
270	蓄勢待發：一九九六年國際重要書展一覽表	新聞局	46	1996	出版環境
271	與書為友·天長地久—歡喜迎接「讀書月」	編輯室	46	1996	閱讀活動
272	臺灣書展五十年	吳興文、丁文治、郭震唐	46	1996	出版環境
273	臺灣地區古典詩詞出版品的回顧與展望	彭正雄	46	1996	出版史料
274	臺灣心·古早情—「慶祝臺灣光復 50 周年全國圖書展」記詳	饒恢中	46	1996	出版史料
275	當東方遇見西方—「第五屆臺北國際書展」開始發燒	李佩齡	46	1996	出版環境
276	從讀者到作者—專訪聲寶企業董事長陳盛沺	張瀚菁	46	1996	出版史料
277	書展滄桑話當年—憶首屆「全國書展」	郭震唐	46	1996	出版史料
278	行數百萬裡路、看數百萬本書—史學大師黃大受與書同行	顏國民	46	1996	出版史料
279	有朋自遠方來—喜迎「福建省出版印刷訪問團」	張瀚菁	46	1996	出版史料
280	企業人與書香社會—企業能為出版界做什麼？	周俊吉	46	1996	出版理念
281	白頭宮女話天寶—回顧「當代女作家書展」	丁文治	46	1996	出版史料
282	他們在開書店—分眾書店走一回	編輯室	46	1996	發行行銷
283	以書為友·天長地久—歡喜迎接「讀書月」		46	1996	閱讀活動
284	中華民國圖書版業推動出版品分級實施規約	編輯室	46	1996	出版政策
285	二十八年前的一席滿漢全餐	吳興文	46	1996	出版史料
286	一九九五年兩岸出版交流紀實	陸又雄	46	1996	出版史料
287	「棠雍書店」創意看得見	林淑儀	46	1996	發行行銷
288	「捉迷藏童書店」與唇邊玩遊戲	張瀚菁	46	1996	發行行銷
289	「性靈書坊」是塵囂絕緣體	陳茹萍	46	1996	發行行銷
290	「分眾書店」的崛起	何志昭	46	1996	發行行銷
291	「女書店」讓集體的夢想實現	章嘉凌	46	1996	發行行銷
292	「四大聖哲」—影響我最深的一本書	傅佩榮	46	1996	副刊書評
293	韓國出版學研究的概況	閔丙德	47	1996	國際出版
294	謝瑞智藏書：實用優先	顏國民	47	1996	閱讀活動
295	零售—世界書局前進美國	張瀚菁	47	1996	發行行銷

編號	篇　名	作　者	期	年代	主　題
296	發行—臺灣的出版業如何共同開發海外市場	陳慶文	47	1996	出版經營
297	第七屆理監事名單		47	1996	出版組織
298	第七屆委員會組織名單		47	1996	出版組織
299	海外市場的開拓性	陳慶文、鄭美玉	47	1996	出版經營
300	旅人桃花源—專訪雅途旅遊書店	陳茹萍	47	1996	出版史料
301	美國國會及州邵圖書館參觀記	馬之驌	47	1996	出版史料
302	我們一些發展歷程與方向—時報出版的參考經驗	郝明義	47	1996	出版經營
303	宏觀的出版學—「圖書出版的藝術與實務」	王錫璋	47	1996	副刊書評
304	如何面對臺灣加入 WTO 以後的版權交易	林美珠、張靜	47	1996	國際出版
305	多媒體與著作權保護	高凌瀚	47	1996	智慧財產權
306	古籍整理—珍視中華民族的文化遺產	丁文治	47	1996	出版史料
307	北京「中文多媒體出版專家研討會」側記	何志韶	47	1996	華文出版
308	出版業人員進修管道—幾個英美的出版研習課程	王岫	47	1996	出版教育
309	出版—皇冠出版公司的香港經驗	林淑儀	47	1996	出版經營
310	出版的大未來—新產品、新趨勢、新挑戰	Risher, Carol A.	47	1996	出版環境
311	日本出版流通與庫存管理體系	上瀧博正	47	1996	國際出版
312	大陸電子出版產業化	梁祥豐	47	1996	華文出版
313	大陸電子出版的發展狀況	何志韶、梁祥豐、高凌瀚	47	1996	華文出版
314	簡評「行政院新聞局」《中華民國出版年鑑》—以一九九五年版為例	吳興文	48	1996	副刊書評
315	韓國出版界的概況	尹炳鬥	48	1996	國際出版
316	談兩岸出版交流		48	1996	華文出版
317	網路書店	馮偉才	48	1996	發行行銷
318	網路上的出版資源	王宏德	48	1996	發行行銷
319	福建投資環境與跨世紀發展戰略	方曉丘	48	1996	華文出版
320	福建出版業務概況及優勢	林愛枝	48	1996	華文出版
321	福州書展展況報導—談福建省「首屆臺灣書展」	林良	48	1996	華文出版
322	圖書業競爭的新利器—EDI	吳庭瑜	48	1996	出版技術

編號	篇　名	作　者	期	年代	主　題
323	解嚴後大陸文學在臺灣出版的狀況	陳信元	48	1996	華文出版
324	港臺書展回顧	黃安國	48	1996	華文出版
325	書癡列傳：重收藏，更重實用—專訪將就居主人阿盛	顏國民	48	1996	出版史料
326	書香文化廣場資訊網話從頭	曾瑾瑗	48	1996	出版經營
327	倫敦的懷舊之旅—百年的神秘主義書店 Watkins Books	黃小華	48	1996	國際出版
328	架起文化橋樑，溝通海峽兩岸—籌備福建省首屆臺灣書展感言	陳毓本	48	1996	出版環境
329	武漢大學研習營	編輯室	48	1996	出版教育
330	本會閩贛訪問團紀行	李素秋	48	1996	出版史料
331	出版資訊與趨勢探討—數位圖書館的昨日、今日與明日	林中明	48	1996	數位出版
332	出版界如何利用網路	林嘉瑗	48	1996	出版技術
333	出版交流—福州書展專題報告：閩台出版交流的前瞻與回顧	張黎洲	48	1996	華文出版
334	大陸圖書市場需求走勢簡析	羅紫初	48	1996	華文出版
335	大陸出版資源及開發潛力	李瑞良	48	1996	華文出版
336	大陸出版業概況及有關法規	潘國彥	48	1996	華文出版
337	大眾傳播業電腦處理個人資料管理辦法	編輯室	48	1996	出版技術
338	新閱讀時代—出版資源的管理與運用	李定陸	48	1996	閱讀活動
339	國際性的圖書獎—「桐山太平洋邊緣區域圖書獎」	王岫	48	1996	出版政策
340	光復書局蓄勢待發	陳茹萍	49	1997	出版經營
341	＜臺灣＞書香新通路—博客來網路書店	陳茹萍	49	1997	發行行銷
342	讓讀書成為共同的語言—專訪新聞局新任出版處鄧元孝處長	張瀚菁	49	1997	閱讀活動
343	樂在天馬行空—專訪黃家驌	顏國民	49	1997	出版史料
344	網路書店走一回	陳茹萍、鍾芳玲、曹永煌、馮偉才	49	1997	發行行銷
345	評《辭源》（修訂本）插圖	揚之水	49	1997	副刊書評
346	善用網路開創出版新資源	沈賢林	49	1997	出版技術
347	海南漫談	許振江	49	1997	其它
348	弱勢的出版業者，誰來關心？！	彭正雄	49	1997	出版環境

編號	篇　名	作　者	期	年代	主　題
349	洪范二十周年「隨身書」的低價策略	吳興文	49	1997	出版經營
350	東立出版社	范萬楠	49	1997	出版史料
351	交流與合作—記湖南圖書展覽在臺灣	劉國瑛	49	1997	華文出版
352	出版專業人才培訓刻不容緩	陳達弘	49	1997	出版教育
353	出版不寂寞—第四十八屆法蘭克福書展側記	俞壽成	49	1997	國際出版
354	世界藏書票書導覽	吳興文	49	1997	閱讀活動
355	六十年，六十本書，六十便士	王　岫	49	1997	副刊書評
356	大陸地區圖書分銷管道概述	文　碩	49	1997	華文出版
357	一九九六臺北古書拍賣會		49	1997	閱讀活動
358	「圖書分級制度」對出版的影響—尖端出版有限公司	黃鎮隆	49	1997	出版政策
359	「圖書分級制度」對出版的影響	黃鎮隆、范萬楠、丁文治	49	1997	出版政策
360	「圖書分級制度」座談檢討會	丁文治	49	1997	出版政策
361	「新學友媽媽合唱團」音樂發表會		49	1997	其它
362	Internet 電子交易與臺灣發展現況	高承億、賴洋助	49	1997	出版史料
363	＜香港＞華文網上出版社與網上書店	馮偉才	49	1997	華文出版
364	＜美國＞網路上身書香傳千里	曹永煌	49	1997	國際出版
365	＜美國＞首要搜尋書訊的網路—「書線」	鍾芳玲	49	1997	國際出版
366	台英社網路書店—歡迎你進入「一千零一頁，好書的世界」	隋　毅	50	1997	副刊書評
367	網路書街—每一家的一小步，就是出版界的一大步	陳旻萃	50	1997	發行行銷
368	圖書出版業資訊化的探討	余明勳	50	1997	出版技術
369	紙價的另類思考	郭震唐	50	1997	出版環境
370	書店可以有不同的逛法—國外著名書店網站導覽	鍾芳玲	50	1997	國際出版
371	建立網上書店之我見—博學堂的經驗分享	李超倫	50	1997	國際出版
372	民國 84、85 年圖書出版業概況	吳興文	50	1997	出版史料
373	大陸地區圖書發行折扣的確定與運用	文　碩	50	1997	華文出版
374	大陸出版管理行政體制及新頒管理條例	陳信元	50	1997	華文出版
375	邁向廿一世紀的香港圖書出版業	陳萬雄	51	1997	華文出版
376	閱讀的無障礙措施—大字版圖書	王　岫	51	1997	閱讀活動

編號	篇　名	作　者	期	年代	主　題
377	談臺灣加入世界貿易組織後著作權的回溯既往問題	蕭雄淋	51	1997	智慧財產權
378	談美國 BEA 書展及展後感	鄭美玉	51	1997	國際出版
379	談本世紀中日出版活動	林景淵	51	1997	國際出版
380	遠流博識網 YLib 向您報到—在數位時代建構一個博學多智的百科知識庫	王榮文	51	1997	出版經營
381	漢城國際書展見聞	曾繁潛	51	1997	國際出版
382	構築高齡閱讀市場	邱天助	51	1997	閱讀活動
383	搶攻香港灘頭堡的「閱讀的騷動」—詹宏志談兩岸三地的互動與城邦集團在港的運作		51	1997	閱讀活動
384	開啟多元的發展空間—張曼娟在「火宅之貓」中尋求蛻變	高惠琳	51	1997	副刊書評
385	開拓閱讀人口正此時	邱各容	51	1997	閱讀活動
386	華文圖書資料庫籌建現況	曾瑾瑗	51	1997	出版環境
387	淺談九七年後香港圖書市場	桂台華	51	1997	華文出版
388	從「好書大家讀」談童書的評選	桂文亞、張子樟、沈惠芳、管家琪	51	1997	出版政策
389	放眼世界　掌握轉型契機—「新聞局」出版處處長趙義弘勉出版同業建立國際觀	編輯部	51	1997	出版政策
390	在亞洲與世界之間—放眼國際書展	宋定西、書展籌辦小組	51	1997	國際出版
391	再現文學身姿—關於「1996 臺灣文學年鑑」	李瑞騰	51	1997	出版史料
392	出版界漠不關心製版權嗎？—兼談相關兩岸著作權的問題	彭正雄	51	1997	智慧財產權
393	中國書業發展的三個階段與新出版組織的培育	陳　昕	51	1997	華文出版
394	九七後的華文市場	陳信元、陳萬雄、桂台華、編輯部	51	1997	華文出版
395	一九九七回歸熱潮下的香港出版業	陳信元	51	1997	華文出版
396	「全國優良童書展」活動側記	編輯部	51	1997	出版環境
397	讀者學研究淺談	邱天助	52	1997	閱讀活動
398	領導行業 125 年的「出版家週刊」	王　岫	52	1997	副刊書評
399	圖書俱樂部的源流與發展	周韻如	52	1997	閱讀活動

編號	篇　名	作　者	期	年代	主　題
400	圖書俱樂部在臺灣的發展	陳靜芬	52	1997	閱讀活動
401	電子出版縱橫觀	洪秀文	52	1997	數位出版
402	跨越半世紀 OPEN 再出發—郝明義談商務未來的規劃與運作		52	1997	出版經營
403	當東方遇見西方—黃埔江畔的 Book Club	符芝瑛	52	1997	華文出版
404	華文圖書資料庫成立說帖	華文圖書資料庫規劃小組	52	1997	出版技術
405	制定著作權仲介團體條例之意義	蕭進淋	52	1997	智慧財產權
406	兩岸出版合作	陸又雄	52	1997	華文出版
407	百科全書買賣定型化契約與消費者保護	蔡明誠	52	1997	出版經營
408	好的開始也只是的開始而已—圖書俱樂部的成敗取決於耗損率的曲線走勢	顏秀娟	52	1997	閱讀活動
409	光復前臺灣出版事業概述	吳興文	52	1997	出版史料
410	大陸地區圖書分銷管道的組建	文　碩	52	1997	華文出版
411	縱談日本出版業之經濟模式	林景淵	53	1998	國際出版
412	營造一個靈活而開放的出版環境—專訪新聞局出版處趙義弘處長	編輯部	53	1998	出版史料
413	談「著作權法」的修正及其因應之道	蕭雄淋	53	1998	智慧財產權
414	德國出版業近況		53	1998	國際出版
415	德國文化風貌在臺北—國家主題館一覽		53	1998	國際出版
416	臺灣出版業的世紀末	孟　樊	53	1998	出版史料
417	對漫畫圖書分級的一些看法	黃鎮隆	53	1998	出版政策
418	新「著作權法」簡介	內政部	53	1998	智慧財產權
419	搭起一座媒介的橋樑	曾繁潛	53	1998	出版環境
420	英國的「全國閱讀年」	王　岫	53	1998	國際出版
421	美國圖書出版業的集團化	蘇　精	53	1998	國際出版
422	貝塔斯曼跨國集團的發展	符芝瑛	53	1998	國際出版
423	把科學家包裝成大明星—暢銷書「EQ」、「聖經密碼」的背後		53	1998	副刊書評
424	作手	顏秀娟	53	1998	副刊書評
425	心靈生活的好朋友—訪廖蘇西姿女士和她的書香世界	柏　玲	53	1998	出版史料
426	中華民國圖書評議委員會之成立與圖書分級	蔡進良	53	1998	出版組織
427	大陸出版集團化之趨勢與兩岸出版交流的互動		53	1998	華文出版

編號	篇　　名	作　者	期	年代	主　題
428	丁文治先生與我	彭正雄	53	1998	出版史料
429	丁文治先生行述		53	1998	出版史料
430	一九九八年國際重要出版會議和書展		53	1998	出版環境
431	「暢銷書慣性定律」成因探討─消費者為何購買暢銷書排行榜書籍	丁希如	53	1998	出版經營
432	「話題書」宣傳策略之探討─以「金賽性學報告」、「EQ」為例	陳明莉	53	1998	出版經營
433	「著作權法」修正條文	內政部	53	1998	智慧財產權
434	亞洲國家出版業概況	陳信元	53	1998	國際出版
435	邁向華文單一市場的途徑與選擇	陳日升	54	1998	華文出版
436	談「臺北國際書展」的定位及其未來走向	曾繁潛	54	1998	出版環境
437	數字中的臺灣圖書出版與閱讀	蘇　精	54	1998	閱讀活動
438	著作權法簡介	蕭雄淋	54	1998	智慧財產權
439	華文出版市場 VS. 臺灣競爭力的 Q&A	王榮文	54	1998	出版經營
440	捷克出版業概況	Kalinova，Dana	54	1998	國際出版
441	專題報導之三：新興出版市場─東歐	陳朝卿、Kalinova，Dana；Balogh，Katalin；Bialecka，Monika	54	1998	國際出版
442	專題報導之二：展望 21 世紀中書譯介的遠景	林水福、韓秀、歐茵西、游淑靜	54	1998	出版環境
443	專題報導之一：邁向華文單一市場的途徑與撰擇	陳日升、王榮文、陸又雄	54	1998	出版環境
444	海外的商機與市場經營		54	1998	出版環境
445	展望二十一世紀中書外譯的遠景	林水福	54	1998	出版環境
446	波蘭出版業概況	Bialecka，Monika	54	1998	國際出版
447	防盜版十大秘訣	文碩	54	1998	智慧財產權
448	有關美國總統、夫人、父母親的參考工具書	王岫	54	1998	副刊書評
449	匈牙利出版概況	Balogh，Katalin	54	1998	國際出版

編號	篇　名	作　者	期	年代	主　題
450	打開門戶和東歐出版商做生意	陳朝卿	54	1998	國際出版
451	王雲五先生的出版與編輯思想	黃元鵬	54	1998	出版史料
452	大陸圖書市場現況與未來走向	陸又雄	54	1998	華文出版
453	九〇年代中後期臺灣童書出版環境管窺	洪文瓊	54	1998	出版史料
454	一九九七年兒童文學紀要	林文寶	54	1998	出版史料
455	簡評一九九八年版「出版年鑑」	吳興文	55	1998	出版史料
456	漫談 EDI 之應用	李德豪	55	1998	出版技術
457	圖書出版業現代化的契機	曾順雄	55	1998	出版技術
458	圖書 EDI 與圖書出版業的未來	楊　熙	55	1998	出版技術
459	圖書 EDI 推廣現況	劉淑真	55	1998	出版技術
460	新的資訊通路・新的弘法甬道—法鼓文化參與網際網路商業應用的經驗	呂冠漢	55	1998	出版技術
461	從紙本書到電子書的編輯歷程與思考—以「柏楊回憶錄」為例	劉玲君	55	1998	出版技術
462	高陽作品著作權官司攻防戰	蕭雄淋	55	1998	智慧財產權
463	租書店的新經營型態	丁希如	55	1998	發行行銷
464	展望 21 世紀臺灣圖書出版市場的遠景	曾繁潛	55	1998	出版環境
465	厚植產業基礎 拓展行銷網點—福建省出版總社社長楊加清暢談出版興革		55	1998	華文出版
466	兩岸三地出版及交流現況	陳信元	55	1998	華文出版
467	百年經典—世紀之書	王　岫	55	1998	副刊書評
468	出版業二千年營運策略	陳信元	55	1998	出版經營
469	中文藏書票書刊概覽	吳興文	55	1998	閱讀活動
470	一束雋語，一種精神—讀葛羅斯「編輯人的世界」["Editors on Editing" Edited by Gerald Gross]	顏秀娟	55	1998	出版理念
471	QR/ECR 在出版業與書店業之間的二、三事	李光祥	55	1998	出版經營
472	EDI 的績效評估	余明勳	55	1998	出版經營
473	蜚聲海內外的北京國際圖書博覽會	中國圖書進出口總公司	55	1998	國際出版
474	華文書展馬來行	邱各容	55	1998	國際出版
475	放眼亞洲・閱讀世界—第七屆臺北國際書展精益求精 更上層樓	書展籌辦小組	55	1998	出版環境
476	因書香緣聚 結海峽情深—訪台散記	王淩	55	1998	其它

編號	篇 名	作 者	期	年代	主 題
477	編輯學研究的一些情況	邵益文	56	1999	出版教育
478	影印─小心觸法	李雪香	56	1999	智慧財產權
479	廢止出版法之探討	行政院新聞局出版事業處	56	1999	出版政策
480	圖書分級評議之現況與探討	蔡進良	56	1999	出版政策
481	電子書對傳統童書的挑戰及其教育價值	洪文瓊	56	1999	出版教育
482	教育部表揚八十七年度推展社會教育有功團體與個人		56	1999	出版史料
483	法蘭克福書展五十歲生日快樂	曾繁潛	56	1999	其它
484	東販東京物流中心參訪紀要	劉淑真	56	1999	國際出版
485	吹縐出版界─池春水─談作家仲介公司在臺灣的興趣	游淑靜	56	1999	出版經營
486	自律與檢查制度的理性妥協	邱炯友	56	1999	出版理念
487	有聲出版品行銷通路之研究	詹定宇、陳煥昌	56	1999	發行行銷
488	民間如何配合圖書分級制度之實施	湯允一	56	1999	出版政策
489	出版法是保護出版的法律，─還是妨礙出版的工具	陳敬煌	56	1999	出版政策
490	出版法的廢止與呈繳制度	王 岫	56	1999	出版政策
491	出版人的迷思	桂台華	56	1999	出版理念
492	文學書的封面觀察	林俊平	56	1999	裝幀藝術
493	九七年臺灣圖書出版現況	吳興文	56	1999	出版史料
494	「出版法」的存廢與出版業的前景	蕭雄琳	56	1999	出版政策
495	臺灣中文圖書進出口業務概況	薛永年	57	1999	出版環境
496	臺灣大專教科書的出版觀察	楊榮川	57	1999	出版環境
497	綜合性圖書出版的趨勢	馬桂綿	57	1999	出版環境
498	會務工作報導		57	1999	其 它
499	新著作權法修正重點	程明仁	57	1999	智慧財產權
500	著作權仲介團體史之回顧系列	程明仁	57	1999	智慧財產權
501	捷克波蘭書展行	曾繁潛	57	1999	國際出版
502	武夷三日─陪曾理事長考察武夷文化紀實	王 淩	57	1999	出版史料
503	一九九八圖書市場調查總結報告		57	1999	出版史料
504	請教科書出版業者共同參與教育改革	歐用生	57	1999	出版政策
505	臺灣中小學教科書的開放其行銷現況	廖蘇西姿	57	1999	出版環境

編號	篇　　名	作　者	期	年代	主　題
506	新著作法修正重點	程明仁	57	1999	智慧財產權
507	著作權仲介團體史之回顧系列（2）—東方之珠的音樂著作權傳奇	程明仁	57	1999	智慧財產權
508	最高法院八十六年度臺上字第一二五八號判決	程明仁	57	1999	智慧財產權
509	教育改革與圖書出版	陳本源	57	1999	出版環境
510	接續九年一貫課程的下一棒	李萬吉	57	1999	出版環境
511	美國羅曼史小說與麗塔獎	王　岫	57	1999	國際出版
512	小而美的教科書	林文福	57	1999	出版環境
513	論出版法的存廢問題	蔡明誠	57	1999	出版政策
514	羅馬拼音與新世紀出版的前瞻性	魏德文	58-59	2000	出版技術
515	慶祝出版節感言	蕭錦利	58-59	2000	出版史料
516	寬頻網路對傳統出版業的衝擊	黃偉豪、謝馥安、李姿儀、蔡鴻旭	58-59	2000	出版環境
517	臺北市出版商業同業公會第八屆理監事簡歷		58-59	2000	出版組織
518	網際網路（Internet）與電子商務的趨勢	李淑清	58-59	2000	出版環境
519	對中文化學書籍的一些看法	方俊民	58-59	2000	出版環境
520	電子商務的應用—網路書店趨勢與未來	雷碧秀整理	58-59	2000	發行行銷
521	新千禧年：新專業技能—現在就培訓明日出版人	雷碧秀整理	58-59	2000	出版教育
522	圓夢—記日本之旅	邱各容	58-59	2000	出版史料
523	國小學校英語教學—適合臺灣學生之英國教材	雷碧秀整理	58-59	2000	出版理念
524	英國圖書參考資訊—銷售要點、服務要點	雷碧秀整理	58-59	2000	國際出版
525	科技建築		58-59	2000	出版經營
526	知識管理	雷碧秀整理	58-59	2000	出版經營

編號	篇　　名	作　者	期	年代	主　題
527	忍向西風獨自青—側記一代漢學大師葉嘉瑩教授	莫　渝	58-59	2000	出版史料
528	安得廣廈傳書香	彭正雄	58-59	2000	閱讀活動
529	出版迎千禧文化共傳承—第39屆出版節慶祝活動集錦		58-59	2000	出版環境
530	出版社的定位行銷策略—以大樹出版社為例	張海靜	58-59	2000	出版理念
531	出版、大選與市場	趙卿惠	58-59	2000	出版經營
532	21世紀臺灣幼童教育產業現況與展望		58-59	2000	出版史料
533	1998大陸圖書出版現狀及展望	閻曉宏	58-59	2000	華文出版
534	簡介日文版「中華民國總覽」	王　岫	60	2000	出版史料
535	斷裂與繼承一九九九年文學圖書出版概況	吳興文	60	2000	出版史料
536	輔仁大學出版社之經營	林立樹	60	2000	出版經營
537	臺灣地區大學出版概況研究	莊耀輝	60	2000	出版史料
538	華文現刊書資料建置說明		60	2000	出版經營
539	掌握兩岸參加世貿組織（WTO）的時機，解決兩岸出版品交流的問題		60	2000	華文出版
540	單向傳播？對兩岸出版的一點看法	張子樟	60	2000	華文出版
541	陸又雄—出版界之奇葩	曾繁潛	60	2000	出版史料
542	振興臺灣出版產業工程座談會系列—新科技、新技術對華文出版事業的挑戰與機運	雷碧秀整理	60	2000	出版環境
543	金鼎跨世紀，好書躍寰宇—八十九年圖書金鼎獎得獎名單介紹		60	2000	出版政策
544	由邁向二十一世紀的全國新書資訊服務座談會談起		60	2000	出版技術
545	出版業所期待的經營環境	雷碧秀整理	60	2000	出版環境
546	王成聖陪同「中外雜誌」走過三十多年	王　岫	60	2000	出版史料
547	中國大陸大學出版社經營模式	賀聖遂	60	2000	華文出版
548	大陸地區大學出版社概況—中國大學出版社展現廣闊的發展前景	彭松建	60	2000	華文出版
549	「第八屆北京國際圖書博覽會」暨「兩岸出版合作洽談會」參訪紀實	江嘉祥	60	2000	華文出版
550	2000年兩岸大學出版社出版交流研討會系列		60	2000	華文出版

編號	篇　名	作者	期	年代	主題
551	國際書展之我見	雷碧秀	61	2001	出版環境
552	走過千禧年 迎向二十一世紀		61	2001	出版環境
553	我的二十年出版經驗談	許鐘榮	61	2001	出版史料
554	回顧與前瞻—2001高雄國際書展之感懷	陳秋霖	61	2001	出版環境
555	民間團體赴大陸交流注意事項		61	2001	華文出版
556	慶祝出版節感言	蕭錦利	61	2001	出版史料
557	碩士論文摘要		61	2001	出版史料
558	圖書館法你和我	彭　慰	61	2001	出版政策
559	圖書館法		61	2001	出版政策
560	第四十屆出版節、祝賀詞	趙義弘	61	2001	出版史料
561	淺談我國出版品法定送存制度	簡耀東	61	2001	出版政策
562	「資深作家座談會」系列：選好書、看好書 閱讀與寫作心得分享		61	2001	副刊書評
563	「新世紀出版與版權研討會」系列：著作權 之若干發展與出版界之關係	雷碧秀整 理	61	2001	智慧財產權
564	「新世紀出版與版權研討會」系列：大陸出 版業的一些新特點	雷碧秀整 理	61	2001	華文出版
565	2001義大利波隆那童書展巡禮		61	2001	國際出版
566	親愛的爸爸、媽媽、老師，孩子需要閱讀兒 童文學作品	劉鳳芯	62	2001	閱讀活動
567	凝聚輔導與管教學生的親師共識	陳佳禧	62	2001	出版經營
568	談童話寫作經驗	鄭清文	62	2001	副刊書評
569	臺灣地區圖畫故事書出版與行銷方式的改變	劉惠玲	62	2001	發行行銷
570	臺北與遼寧—海峽兩岸版權交流暨出版經驗 座談會	陳介人	62	2001	華文出版
571	圖書出版預購經銷體系　讓你行銷通路更順 暢—九十年度商業電子化輔導體系輔導	王正芬	62	2001	發行行銷
572	創新與蛻變—正中書局再出擊		62	2001	出版史料
573	第53屆法蘭克福國際書展巡禮	基金會	62	2001	國際出版
574	淺談西方圖畫書起源與教育的關係—350年 來的雙人舞	周惠玲	62	2001	出版史料
575	展望華文出版之新世紀挑戰	魏裕昌、 謝杏芬	62	2001	出版環境
576	為兒童文學創造資產的國語日報兒童文學牧 笛獎	馮季眉	62	2001	出版政策
577	兩岸出版交流回顧—新世紀、再出發	陳恩泉	62	2001	出版史料

編號	篇　名	作　者	期	年代	主　題
578	兒童閱讀新主張	沙永玲	62	2001	出版理念
579	我國加入世界貿易組織後關於著作權擴大保護之說明與因應	經濟部智慧財產局	62	2001	智慧財產權
580	印刷出版業與光碟相關產業異業結盟之研究計畫	施春禧	62	2001	出版經營
581	全球化出版趨勢的當前主調—組建的創新	陳萬雄	62	2001	出版經營
582	山東齊魯之邦的出版集團	黃黎明	62	2001	華文出版
583	「2001兩岸出版·印刷·上海版權貿易洽談會」參訪紀行	江嘉祥	62	2001	出版史料
584	機遇與挑戰—大陸書業變化多	徐開塵	63	2002	出版環境
585	數位出版的昨日今日與明日	薛麗珍	63	2002	出版環境
586	臺北國際書展寫真集錦		63	2002	出版環境
587	遊走於創作與閱讀的專業—翻譯文學	孫嘉芳	63	2002	出版環境
588	現代靈性生活的專門店—「校園書房」		63	2002	發行行銷
589	理論與實務的結合—出版學研究所碩士學分班開辦紀實		63	2002	出版教育
590	國中生，你被市場忽視了嗎？—專訪永吉國中校長徐月娥		63	2002	出版史料
591	耕耘文化36年，堅持好書36年—彭誠晃和他的水牛	翁仲琪、張玉珍	63	2002	出版史料
592	南臺灣—2002年圖書饗宴		63	2002	出版環境
593	你有多久沒逛書店了？試試有主題的吧！	翁仲琪	63	2002	出版環境
594	同志與城市的對話空間—「晶晶書庫」		63	2002	出版史料
595	出版業對社會教育的認知	白文正	63	2002	出版教育
596	出版文化，薪火相傳		63	2002	出版史料
597	出版人的生活—編輯篇	嚴嘉雲	63	2002	出版史料
598	臺灣與大陸交流合作研討會專題演講收錄	于文傑、王祿旺、楊波九、陳介人	64	2002	華文出版
599	第九屆北京國際圖書博覽會現場紀實—以「版權貿易」為主，將年年與辦	萬麗慧	64	2002	智慧財產權
600	從裁撤兒童讀物編輯小組談起—創意花不了多少錢	蕭淑華	64	2002	出版環境
601	西方出版的批量規模決策	若　毅	64	2002	國際出版
602	在繼承與創業的路上，他們前行！		64	2002	出版理念

編號	篇　名	作　者	期	年代	主　題
603	維持一種文化工作的趣味—立緒的創業與經營		64	2002	出版理念
604	試論我國加入 WTO 後之著作權法對圖書出版界的衝擊	廖又生	64	2002	智慧財產權
605	著作權法律保護與打擊侵權盜版	楊波九	64	2002	智慧財產權
606	堅持帶「世界」與世界同步—闇初如何用新經營管理帶領百年老店轉型	翁仲琪	64	2002	出版經營
607	旅行出版家張紫樹	翁仲琪	64	2002	出版史料
608	重新找回屬於自己的座標—郭重興為編輯人打造的新「共和國」	翁仲琪、謝詠涵	64	2002	出版史料
609	挑戰比捉迷藏更難的遊戲—第二代發行人平雲如何帶領皇冠進入出版新世紀	翁仲琪	64	2002	出版史料
610	知識經濟時代的臺灣出版將走之路	王祿旺	64	2002	出版環境
611	法蘭克福書展：商業與文化的完美結合—訪法蘭克福書展主席 Lorenzo A. Rudolf		64	2002	國際出版
612	出版革命（節錄）	陳介人	64	2002	出版史料
613	出版界是女人的天下—試解讀臺灣「編輯人」女多於男的特殊現象	翁仲琪	64	2002	出版環境
614	大陸地區圖書、音像出版審批與出版管理	于文傑	64	2002	華文出版
615	關於遠足文化的「臺灣地理百科」書系—從「地理·空間之學」詮釋臺灣學	陳柔森	65	2002	出版史料
616	凝聚共識 開創新局		65	2002	出版環境
617	獎助在大陸地區出版之臺灣地區著作作業要點	中華發展基金管理委員會	65	2002	出版政策
618	數位出版 出版新世界 閱讀新視界（上）—EP 電紙同步出版之紙張圖書雜誌出版	莊健煌	65	2002	出版政策
619	網路書店之研究—以遠流博識網為例	陳柔森	65	2002	發行行銷
620	暢遊漫畫世界 e 世代新選擇：漫畫網上見—探訪東立漫遊網		65	2002	發行行銷
621	第九屆會員代表大會實錄及理監事當選名錄		65	2002	出版組織
622	專訪「北京外語教學與研究出版社」	李錫敏	65	2002	出版史料
623	書中自有天倫樂	朱榮智	65	2002	副刊書評
624	白山松水的出版尖兵—吉林省出版簡況	陳介人	65	2002	華文出版
625	出版學名詞釋義	鄭昆宜	65	2002	出版教育
626	出版經營心得與建言	張　正	65	2002	出版經營
627	出版業價值鏈實現方式	姚德海	65	2002	出版經營

編號	篇　名	作　者	期	年代	主　題
628	以行銷的角度看出版系列之一—編輯的定位及角色	黃明璋	65	2002	出版理念
629	日本預測中國出版業走勢	西　土	65	2002	華文出版
630	「出版大崩壞」—臺灣會是下一個日本嗎？	項文苓	65	2002	出版環境
631	2002臺北圖書博覽會特寫		65	2002	出版環境
632	鐵幕中的玫瑰—捷克插畫家	萬麗慧	66	2003	國際出版
633	臺北國際書展，我思、我見	吳瑞淑	66	2003	出版環境
634	台中世界書展邀得柯葳蒞臨融合藝術與銷售	陳慧卿	66	2003	出版環境
635	網路書店觀察報告	王乾任	66	2003	出版環境
636	第二屆海峽兩岸婦女讀物與婦女形象研討會記實	陳介人	66	2003	華文出版
637	從發行商的角度看圖書出版通路的過去、現在與未來	陳日升	66	2003	出版史料
638	高雄國際書展特價策略 拉攏學生族群	陳慧卿	66	2003	出版經營
639	亞馬遜與巴諾競爭策略分析	孔燕紅	66	2003	國際出版
640	出版與資訊產業凝聚共識—科技與人文同創新局	劉建瓊	66	2003	出版環境
641	出版是文化好生意		66	2003	出版經營
642	中文數位圖書網呼之欲出—臺灣電書聯盟積極促成異業結盟	張明麗	66	2003	出版經營
643	中文電子書細說從頭—以人為本，中文電子書肩負文化傳承之使命	郭慶義	66	2003	出版理念
644	中文文學翻譯出版及行銷	嚴嘉雲	66	2003	出版經營
645	人生的學習	朱榮智	66	2003	閱讀活動
646	九十一年度出版公會大事記		66	2003	出版史料
647	2002年出版界回顧		66	2003	出版史料
648	變動的年代，不變的堅持—臺灣商務印書館	萬麗慧	67	2003	出版理念
649	數位出版經驗分享—專訪旺文社總經理李錫敏	張明麗	67	2003	出版史料
650	淺談現今臺灣連鎖書店	王乾任	67	2003	出版史料
651	從圖書館與閱讀運動研討會談閱讀活動推廣	嚴嘉雲	67	2003	閱讀活動
652	專訪「財團法人中華出版基金會」董事長—王祿旺	萬麗慧	67	2003	出版史料
653	追隨改變與刺激突破—新時代下皇冠文化集團的因應策略	劉　燕	67	2003	出版經營
654	科技技術的發展對英語學習出版品之影響	李寵珍	67	2003	出版環境

編號	篇　名	作　者	期	年代	主　題
655	出版與閱讀議題下待解的三角習題	邱炯友	67	2003	閱讀活動
656	出版與思潮	林載爵	67	2003	出版理念
657	出版教育—紐約大學的出版中心	張懿文	67	2003	國際出版
658	出版的內容加值（value-added text）—兼談「明日工作室」的多媒體出版經驗	李進文	67	2003	出版經營
659	讀書—與智者為友	朱榮智	67	2003	閱讀活動
660	編輯都是阿甘？—兩岸出版平臺的迷思	顏愛琳	67	2003	出版經營
661	新形勢下的臺灣老字型大小出版社	徐開塵	67	2003	出版史料
662	紐約大學的出版中心	張懿文	67	2003	國際出版
663	沒出過一本不正派的書—三民書局	劉振強	67	2003	出版理念
664	沛思大學（Pace University）	張懿文	67	2003	出版教育
665	我在紐約學出版	Kathy	67	2003	出版教育
666	年輕出版人對未來出版藍圖的設計	方红星	67	2003	出版經營
667	「2003兩岸新紀元出版文化交流」活動紀實	陳慧卿	67	2003	華文出版
668	運用關鍵鏈專案管理導入圖書出版作業流程	雷碧秀、呂國寶	68	2003	出版經營
669	新著作權法對於網際網路使用者的影響	葉茂林	68	2003	智慧財產權
670	新修正著作權法對於出版界之影響	蕭雄淋、幸秋妙	68	2003	智慧財產權
671	第一本小說就暢銷	張懿文	68	2003	出版經營
672	淺談大陸電子書閱讀器市場與機會—專訪芯強科技沈朋源副總經理	盧　迅	68	2003	華文出版
673	從現代紫薇鬥數看人生遊學	毛昌博	68	2003	副刊書評
674	書稿來源大陸化面面觀	王乾任	68	2003	華文出版
675	香港書展創意規劃　締造書市人潮—2003年香港書展參觀報告	何慧儀	68	2003	出版環境
676	後SARS時代網友閱讀行為調查	財團法人中華出版基金會	68	2003	閱讀活動
677	知識經濟時代中的出版角色與知識管理的應用	郭宣麟	68	2003	出版經營
678	回顧大陸圖書進入臺灣的歷史	徐開塵	68	2003	出版史料
679	出版與交流—記第十屆北京國際圖書博覽會	劉筱燕	68	2003	出版環境
680	出版教育—愛默森學院	Kathy	68	2003	出版教育
681	出版教育—哥倫比亞大學夏季出版學院	Kathy	68	2003	出版教育

編號	篇　名	作　者	期	年代	主　題
682	中國傳統文人的三種生命情調—以屈原、陶淵明、蘇東坡為例	朱榮智	68	2003	副刊書評
683	大陸圖書進口臺灣新制的影響	徐開塵	68	2003	華文出版
684	螞蟻雄兵為書忙—專訪紅螞蟻李錫東總經理	出版界編輯室	69	2004	出版史料
685	網路書評試探	拉扣斯	69	2004	副刊書評
686	淺談國內電子雜誌期刊發展現況	盧　旭	69	2004	出版史料
687	從獨缺數學到數學獨霸的臺灣科普書演進	王乾任	69	2004	出版環境
688	從寫書評到編書評	李奭學	69	2004	副刊書評
689	書評雜誌在美國	張懿文	69	2004	國際出版
690	書展是有效的圖書通路嗎？	萬麗慧	69	2004	出版環境
691	威爾生評 [Ernest Hemingway，《在我們的時代》（In Our Time）]		69	2004	副刊書評
692	芝加哥大學	Kathy	69	2004	出版教育
693	西方書評書典範—艾德蒙·威爾生 [Edmund Wilson]	李奭學	69	2004	副刊書評
694	各領風騷華文出版城市化的未來競爭—訪中國圖書商報程三國總編輯	劉筱燕	69	2004	華文出版
695	印刷產業臨時雇用人員構成及受雇者對工作與生涯看法之研究	鄭銀榮	69	2004	出版經營
696	史丹福大學	Kathy	69	2004	出版教育
697	北京大學	王　璿	69	2004	出版教育
698	以書為伴	朱榮智	69	2004	副刊書評
699	日趨專家化的臺灣書評—兼論臺灣書評的演變	孟　樊	69	2004	副刊書評
700	大獲全勝的艾莉世代壞女人	王乾任	69	2004	副刊書評
701	2003 年出版回顧	出版界編輯室	69	2004	出版史料
702	論網路書店經營績效之評估模式	劉建毅	70	2004	出版經營
703	臺北國際書展之比較及規劃建議	何慧儀	70	2004	出版環境
704	提煉食譜書的料理熱情	劉松達	70	2004	副刊書評
705	媒合東方藝術與文化產業的最佳創意—Artkey 藝術授權中心	王　璿	70	2004	智慧財產權
706	淺談 2004 年臺北國際書展	劉建毅	70	2004	出版環境
707	從「第十二屆臺北國際書展」現象論文化出版產業政策之現況與展望	魏裕昌	70	2004	出版史料

編號	篇　名	作　者	期	年代	主　題
708	海峽兩岸大學出版社暨學術出版的現況與未來	萬麗慧	70	2004	華文出版
709	旅遊書觀察	路　遙	70	2004	出版環境
710	英國 Stirling 大學	秦嘉彌	70	2004	出版教育
711	武漢大學	王　璿	70	2004	出版教育
712	在英國讀出版的歲月	秦嘉彌	70	2004	出版教育
713	大陸地區圖書輸入臺灣地區之相關法律問題	嚴裕欽	70	2004	華文出版
714	從 2004 北京圖書訂貨會思考出版業的未來	陳介人	70	2004	華文出版
715	2004 年台中書展紀實	萬麗慧	70	2004	出版經營
716	2004 年高雄書展巡禮	出版界編輯部	70	2004	出版環境
717	2004 年北京訂貨會報導	徐開塵	70	2004	華文出版
718	關於開放進口大陸簡體字版圖書所應注意的著作權問題	萬麗慧	70	2004	智慧財產權
719	圖書行銷通路及發展策略	王祿旺	71	2004	出版經營
720	從平裝書革命看中國圖書市場的增長	孔燕紅	71	2004	華文出版
721	書評與行銷	王乾任	71	2004	副刊書評
722	數位出版資訊教育	薛麗珍	72	2004	出版教育
723	臺灣圖書出版業「編輯現況」如何成為全方位的編輯人	林新倫	72	2004	出版教育
724	行銷困境中的出路—整合行銷傳播創造出版新局	謝詠涵	72	2004	出版經營
725	出版與文化創意產業探索	薛　瑩	72	2004	出版經營
726	出版品的編輯角色探討	陳香微	72	2004	出版理念
727	出版社的公關策略	翁美飛	72	2004	出版經營
728	日本電子書的發展現況與趨勢	王惠英	72	2004	國際出版
729	中國大陸出版教育研究	孫傳耀	72	2004	華文出版
730	臺灣出版研究書籍觀察	王乾任	73	2004	出版史料
731	臺灣人在法蘭克福書展	謝詠涵	73	2004	出版環境
732	淺釋「著作權法」的合理使用	李永然、蘇靖雅	73	2004	智慧財產權
733	知識經濟企業創新	薛麗珍	73	2004	出版環境
734	版權交易糾紛的應變策略與談判技巧與遊戲規則		73	2004	智慧財產權
735	出版與文化創意產業探索	薛　瑩	73	2004	出版經營

編號	篇　名	作　者	期	年代	主　題
736	出版社的薪資結構與書籍製作人員間帳款初探	王乾任	73	2004	出版經營
737	中國圖書出版熱現象之冷思考	陳健健	73	2004	華文出版
738	中國大陸出版社經營性單位剝離後何去何從	王雲鳳	73	2004	華文出版
739	圖書的消費時尚—從大眾財經類暢銷書看消費社會對出版行業的影響	吳　娟	74	2005	出版經營
740	活用創意資本財—圖書出版業如何以創意變生意	謝詠涵	74	2005	出版經營
741	出版社與經銷商、經銷商與書店之間的結帳方式初探	王乾任	74	2005	出版經營
742	文字編輯這一行	鄭如玲	74	2005	出版環境
743	數位出版與著作權法淺談	蔡坤益	75-76	2005	智慧財產權
744	臺灣教育體系對出版人才養成之檢視與展望	萬榮水	75-76	2005	出版教育
745	臺灣公版圖書出版狀況初探	王乾任	75-76	2005	出版環境
746	圖書出版業如何應用整合行銷突破經營困境	王祿旺	75-76	2005	出版經營
747	圖書出版發行通路的點、線、面	李錫東	75-76	2005	發行行銷
748	創造‧利用‧再生—建構「臺灣古騰堡」數位出版平臺	古騰堡數位出版推動小組	75-76	2005	數位出版
749	時尚消費帶頭人的覺醒—中國時尚雜誌與中國中間階層的互動	張抗抗	75-76	2005	華文出版
750	知所應為，為所當為—我如何撰寫臺灣兒童文學史	邱各容	75-76	2005	出版史料
751	地方出版集團的困境與出路	林曉芳	75-76	2005	華文出版
752	出版相關之法律問題—著作權	林詮勝	75-76	2005	智慧財產權
753	出版公司自繼承人中之一人受讓「著作財產權」能否取得權利？	李永然、陳繼民	75-76	2005	智慧財產權
754	「阿沙力俠女」—丘秀芷	陳介人	75-76	2005	出版史料
755	「三貓之母」—丹扉	邱鈞華	75-76	2005	副刊書評
756	數位出版與著作權法淺談	蔡坤益	75-76	2005	智慧財產權

編號	篇　名	作　者	期	年代	主　題
757	轉型蛻變的老店—中國文化大學資訊傳播學系所		77	2006	出版教育
758	熱情，汩汩不絕於出版—資深出版人蘇拾平專訪	謝詠涵	77	2006	出版史料
759	歐洲四國出版概況	萬麗慧	77	2006	國際出版
760	臺北國際書展落幕有感—臺灣出版圖書業出了什麼問題	林家成	77	2006	出版環境
761	團體購書—一個有待開發的市場	王乾任	77	2006	發行行銷
762	零風險跨入數位出版—「udn 數位閱讀網」誕生	陳芝宇	77	2006	數位出版
763	跨界跨際結盟，創發閱讀活力—出版社與圖書館的共生之道	吳瑞淑	77	2006	閱讀活動
764	華文出版市場 2005 年之觀察與總體回顧	出版界雜誌編輯部	77	2006	出版史料
765	淺談數位出版與智慧財產權	李永然、黃斐旻	77	2006	數位出版
766	從圖書館功能演進看出版對策	林文睿	77	2006	出版經營
767	兩岸出版作品版權交易平臺開始運作	出版界雜誌編輯部	77	2006	華文出版
768	你不知道的臺灣—臺灣的社會史研究	樂　讀	77	2006	副刊書評
769	有靈魂又富創意的新出版人—鄭信忠醫師	杜梵妮	77	2006	出版史料
770	民國九十四年臺灣圖書出版產業的回顧	王　璿	77	2006	出版史料
771	北大教授蕭東發看兩岸出版	萬麗慧	77	2006	出版史料
772	IMC 開啟創意引擎—讓你集中火力做生意	謝詠涵	77	2006	出版經營
773	2005 年大陸出版業熱點評述	出版界雜誌編輯部	77	2006	出版史料
774	擠身作家之道：文學獎光環與市場人氣	王樵一	78	2006	出版政策
775	銳不可擋—大陸數位出版現況與趨勢	出版界雜誌編輯室	78	2006	華文出版
776	圖書出版業之權宜雇用人員之心理契約及其管理意涵	萬榮水、謝婉婉	78	2006	出版經營
777	解讀文學獎	出版界雜誌編輯室	78	2006	副刊書評
778	逛東京書店有感	樂讀	78	2006	國際出版
779	連 MBA 都折服的經典行銷—乞丐幫的行銷策略	謝詠涵	78	2006	出版經營
780	從圖書出版業產值談起	王友龍	78	2006	出版環境
781	專訪師大圖文傳播系所主任—楊美雪	陳慧卿	78	2006	出版史料

編號	篇　名	作　者	期	年代	主　題
782	專訪大雁文化董事長蘇拾平—「大雁」打造開放式營運平臺支撐獨立品牌精准生存	萬麗慧	78	2006	出版經營
783	南京大學教授張志強看臺灣出版	萬麗慧	78	2006	華文出版
784	出版人應該關心的「垃圾」問題	郭顯煒	78	2006	出版環境
785	文學獎作為一種產業—一個知識社會學的考察	王乾任	78	2006	出版環境
786	大陸地區出版業的現狀和未來發展	張志強	78	2006	華文出版
787	ISBN13 碼與國家圖書館	數碼資源觀察家	78	2006	出版技術
788	In Design CS2 編輯流程輕量化	出版界雜誌編輯室	78	2006	出版技術
789	55885 律師服務行動化		78	2006	智慧財產權
790	2006 海峽兩岸數位出版發展研討會有感	林文睿	78	2006	華文出版
791	2006 年義大利波隆那兒童書展臺灣館	萬麗慧	78	2006	國際出版
792	2006 年第一季臺灣出版產業回顧	王　璿	78	2006	出版理念
793	無人圖書館讓閱讀更便捷		79	2006	閱讀活動
794	從 VIP 到聯名卡—淺論臺灣連鎖書店會員福利之演變	樂　讀	79	2006	發行行銷
795	我看藝人書	杜梵妮	79	2006	副刊書評
796	成功人生的錦囊妙計—漫談勵志書籍的沿革與蛻變	柳藏經	79	2006	副刊書評
797	打造健康為中心的文化創意產業	萬麗慧	79	2006	出版環境
798	文人談吃—飲食文學出版在臺灣	王乾任	79	2006	出版環境
799	大樹重生	謝詠涵	79	2006	出版經營
800	二○○六年第二季臺灣出版產業回顧	王　璿	79	2006	出版史料
801	「智能筆」讓語言學習更聰明	萬麗慧	79	2006	其它
802	數位出版與版權管理的創新應用與服務	李彥璋	79	2006	智慧財產權
803	電子出版物中內容資訊的編輯	王　勤	79	2006	出版技術
804	進入數位出版與新閱讀體驗時代	魏裕昌	79	2006	閱讀活動
805	從閱讀力開始進化	謝詠涵	79	2006	閱讀活動
806	書香小幼苗產業	梵石文藝	79	2006	閱讀活動
807	城市一角獨立發光—以信義書店為例	萬麗慧	79	2006	發行行銷
808	出版企業邁向集團有何好處—R 出版集團的經驗	萬榮水、陳春滿	79	2006	華文出版

編號	篇　　名	作　者	期	年代	主　題
809	大陸電子、互聯網出版業的現狀和發展態勢	肖時國	79	2006	華文出版
810	一場知識的奧林匹克		79	2006	出版環境
811	親子教育與家庭閱讀書習慣養成	邱各容	80-81	2007	閱讀活動
812	臺灣圖書市場未來趨勢	翁筠緯	80-81	2007	出版環境
813	網路時代書寫改變	黃世明	80-81	2007	出版技術
814	漫畫的意涵與文本元素之探討	蘇新益	80-81	2007	出版經營
815	電子書出版與圖書館發展	程蘊嘉	80-81	2007	數位出版
816	平面媒體的 π 型變革	韓豐年、許雅惠	80-81	2007	出版技術
817	大陸出版產業發展現狀問題和趨勢	周蔚華	80-81	2007	華文出版
818	聯合線上─首屆數位出版金鼎獎「年度數位出版公司」	出版界雜誌編輯部	82-83	2008	出版政策
819	澳大利亞高等出版教育的定位與特點	楊金榮	82-83	2008	出版教育
820	約翰麥斯威爾 [John C. Maxwell] 的雙贏人際關係之探討	陳長源	82-83	2008	國際出版
821	供銷雙方必先共體時艱未來才有可能共創雙贏	張豐榮	82-83	2008	出版經營
822	我們的黑暗與光明─臺灣出版產業未來十年的課題	郝明義	82-83	2008	出版史料
823	出版界常見之著作權個案與實例剖析	李永然、黃斐旻	82-83	2008	智慧財產權
824	中國大陸的出版政策及其發展趨勢	黃先蓉	82-83	2008	華文出版
825	關於數位出版與傳統出版的幾點思考	田京芬	84-85	2009	出版經營
826	臺灣新書出版量首現負成長警訊表	老　貓	84-85	2009	出版環境
827	普及國學從常識開始	張　賀	84-85	2009	出版環境
828	淺談新形勢下編輯工作的特點	葉賢權	84-85	2009	出版教育
829	淺析當前出版產業問題與解決之道	張豐榮	84-85	2009	出版環境

編號	篇　名	作　者	期	年代	主　題
830	從《出版法》廢止及出版品分級制度談當前的出版品管制法規	李錫東	84-85	2009	出版政策
831	金融海嘯衝擊下的臺灣出版業	王乾任	84-85	2009	出版環境
832	出版商對出版電子書之保護機制及授權的應有認識	李永然、周晨儀	84-85	2009	智慧財產權
833	轉寄他人的網路文章是否已侵害他人的著作權？	李永然、周晨儀	86	2009	智慧財產權
834	臺灣繪本書國際化的迷思與我見	林訓民	86	2009	出版環境
835	臺灣兒童讀物 2008 年出版觀察	林文寶、陳玉金	86	2009	出版環境
836	臺灣自製橋樑書的濫觴—簡述《信誼兒童閱讀列車》的出版演進與理念	高明美	86	2009	出版理念
837	游彌堅與東方出版社	邱各容	86	2009	出版史料
838	從聽故事到閱讀	蔡淑媖	86	2009	閱讀活動
839	每日預告書訊—臺灣新書出版訊息的最前線	曾堃賢	86	2009	閱讀活動
840	大陸出版社的組建與分類	孫利軍	86	2009	華文出版
841	一字一世界談翻譯英文兒童圖畫書	柯倩華	86	2009	副刊書評
842	數位衝擊下的臺灣出版產業危機	老　貓	87	2009	出版環境
843	漫談出版界常見法律問題	李永然、周晨儀	87	2009	智慧財產權
844	暢銷書的創意策劃	李錫東	87	2009	發行行銷
845	從政策面來探討政府能為出版產業做些什麼	張豐榮	87	2009	出版政策
846	從《書的容顏》談文化創意產業以及其它	翁　翁	87	2009	裝幀藝術
847	香港出版文化 創意的枯竭	蘇惠良	87	2009	華文出版
848	出版 vs. 文化創意產業論著介評	方美芬	87	2009	出版環境
849	文化創意產業的全球佈局策略	余政龍	87	2009	出版經營
850	大陸出版體制改革芻議	孫利軍	87	2009	華文出版
851	「出版革命」練習曲	周浩正	87	2009	出版經營
852	聽得到也看得到卻未必做到—學校機關與圖書館採購經費	烏　鴉	88	2009	發行行銷
853	解讀圖書銷售與借閱排行榜：以金石堂、臺北市立圖書館為例	邱炯友、紀宜均	88	2009	閱讀活動
854	期刊服務新里程—臺灣期刊文獻資訊網	羅金梅	88	2009	閱讀活動
855	第一屆國家出版獎之我見	王樞一	88	2009	出版史料

編號	篇　名	作　者	期	年代	主　題
856	淺析中國大陸著作權法—從「著作權行使限制」談起	李永然、吳任偉	88	2009	智慧財產權
857	書目整理與國際化概述—臺灣出版品‧國際看得見	牛惠曼	88	2009	出版環境
858	展翼翔翔‧共創雙贏—談國家圖書館與出版界互動與合作	閔國棋	88	2009	出版環境
859	香港圖書館與出版業的關係	蘇惠良	88	2009	華文出版
860	重新定義出版業：藍海在哪裡？	老　貓	88	2009	出版經營
861	建立新知識的優質環境　出版業和圖書館攜手合作典範	顧　敏	88	2009	出版經營
862	兩岸出版交流平臺的建立與合作出版	陳恩泉	88	2009	出版經營
863	全球與區域性出版人才發展問題與策略	陳達弘	88	2009	出版教育
864	數位版權管理使用建議	莊健煌	89	2010	智慧財產權
865	從臺灣業者角度談兩岸圖書業的合作	張豐榮	89	2010	華文出版
866	版權保護機制—電子書決勝關鍵	陳可涵	89	2010	智慧財產權
867	由電子書發展觀察圖書出版業之困境	吳松傑	89	2010	出版環境
868	關切公共出借權	林文睿	90	2010	出版環境
869	圖書館合理使用之探討	林文睿	90	2010	出版環境
870	淺談出版社與作者合作應注意之著作權相關法律問題	李永然、張毓容	90	2010	智慧財產權
871	采風擷俗的詩人—吳瀛濤	邱各容	90	2010	出版史料
872	從英日的經驗探討臺灣對圖書統一定價銷售制的推動	陳長源	90	2010	出版經營
873	香港實施【圖書統一定價銷售制度】之可能性	蘇惠良	90	2010	華文出版
874	法蘭西反思—向推動「臺灣圖書統一定價銷售制度」運動者致敬	朱玉昌	90	2010	出版經營
875	如何正確看待著作權法的「合理使用」	林文睿	90	2010	智慧財產權
876	日本兒童文化產業探究—日本東京兒童書店大搜秘	陳玉金、王蕙瑄	90	2010	國際出版
877	大陸數位出版現況的觀察—由第三屆中國數位出版博覽會說起	蔡佩玲	90	2010	華文出版
878	臺灣推動圖書統一定價政策可行性之探討	邱炯友	91	2010	出版環境
879	臺灣兒童文學發展的省思	邱各容	91	2010	出版環境

編號	篇　名	作　者	期	年代	主　題
880	圖書館與著作權法	林文睿	91	2010	智慧財產權
881	淺談出版社與作者合作應注意之公平交易法相關法律問題	李永然、張毓容	91	2010	智慧財產權
882	從中國出版之產官學結構看如何打造出版強國的輪廓	雷碧秀	91	2010	華文出版
883	書的誕生與死亡—為圖書出版產業找核心價值	朱玉昌	91	2010	出版理念
884	香港書展—是否一場成功的城市書展？	蘇惠良	91	2010	華文出版
885	知識資源的引領者—2006 至 2008 年臺灣出版參考工具書「書訊」與「量」的資料觀察	曾堃賢	91	2010	出版環境
886	折扣戰烽火連天，誰倖存？—反折扣戰；推動圖書統一定價制	劉虹風	91	2010	出版環境
887	數位出版與兩岸合作	鄒書林	92	2010	華文出版
888	數位出版 234	朱玉昌	92	2010	出版環境
889	構建數位平臺　繁榮華文出版	賀聖逐	92	2010	出版經營
890	現階段我們需要圖書按定價銷售的理由	郝明義	92	2010	出版環境
891	淺談出版社與個人資料保護法之相關法律問題	李永然、張毓容	92	2010	智慧財產權
892	香港數位出版現況	蘇惠良	92	2010	華文出版
893	兩岸華文電子書如何攜手邁向國際市場？	陳建安	92	2010	數位出版
894	回顧過去，展望未來—看我國出版品分級工作發展近況	李錫東	92	2010	出版環境
895	加大兩岸合作力度共迎數位出版春天	黃書元	92	2010	華文出版
896	數位出版研究論壇	祝本堯	93	2011	數位出版
897	臺灣數位出版聯盟簡介	龐文真	93	2011	出版組織
898	電子書的美麗新境界	高志明	93	2011	出版經營
899	世界出版巡禮—借鑑美英德法日出版核心特色	朱玉昌	93	2011	國際出版
900	E-P 同步 順利達陣—臺灣數位出版聯盟協會加大服務力度	臺灣數位出版聯盟協會	93	2011	出版組織
901	2010 香港出版市場回顧	蘇惠良	93	2011	華文出版
902	出版‧再見！—十年後，您還在做出版嗎？	王寶玲	94/95	2012	出版環境
903	數位匯流時代，政府政策應務實於數位出版的多元發展	雷碧秀	94/95	2012	出版政策
904	2011 年中國數位閱讀概況與前三季圖書零售報告	雷碧秀	94/95	2012	閱讀活動

編號	篇　名	作　者	期	年代	主　題
905	淺談政府應如何協助發展臺灣漫畫產業	蘇新益	94/95	2012	出版政策
906	近代以來臺灣兒童讀物出版發展初探	邱各容	94/95	2012	出版史料
907	版權法與文學翻譯的版權問題初探	李恭蔚	94/95	2012	智慧財產權
908	賈桂琳·甘迺迪 [Jacqueline Kennedy Onassis] 的編輯生涯初探	葉　新、黃河飛	94/95	2012	國際出版
909	數學教科書與我	黃敏晃	94/95	2012	出版史料
910	版權交易之創新模式與未來導向—以學術著作版權交易為例	梁錦興、張晏瑞	94/95	2012	智慧財產權
911	數位閱讀的十個思考	張　潔、顧曉光	96	2012	閱讀活動
912	最低限度編輯必須知道的樣式排版，沒有藉口！	陳穎青	96	2012	出版技術
913	韓國文化創意產業之探討	陳長源	96	2012	國際出版
914	臺灣兒童文學史料研究發展初探	邱各容	96	2012	出版史料
915	九歌童話選三年主編紀略	傅林統	96	2012	出版史料
916	19世紀美國出版史上的兩次紙皮書革命	李武編譯	96	2012	國際出版
917	從「識正書簡」談「華文出版宏觀平臺」建構之必要	李錫敏	96	2012	華文出版
918	華文數位出版觀察—兩岸出版產業和人才的消長	雷碧秀	96	2012	出版教育
919	讓我們一起為出版業的明天奮鬥	楊宏驛	96	2012	出版環境
920	閩台出版交流合作回顧與展望	楊加清	96	2012	出版史料

附錄 6　年度風雲出版人物
（金石堂文化，1985-2012 年）

年份	名　字	當時頭銜	得獎原因
1985	詹宏志	出版人	詹宏志，被公認的奇才，飽閱群籍，具企管能力，活躍於出版界、唱片業、新聞界……，並屢出奇招，締造佳績。對於現代社會的文化趨向具決策的眼光與魄力，儼然是尖端企劃的開拓者，對臺灣出版社的未來發展極有貢獻。
1986	王榮文	遠流出版發行人	王榮文經營「遠流出版公司」多年，從出版「中國歷史演義全集」成功之後，年年迭創佳績。特別令人稱道的是他的理想和胸襟，反映在他的出版物如「柏楊版資治通鑑」「大眾心理學全集」「金庸作品集」「李敖全集」「胡適作品集」及「社會趨勢叢書」「實戰智慧叢書」……等，都能充分看出他與眾不同的觀念和做法。前瞻的眼光，無盡的創意，彙聚成一股經營活力，為臺灣具代表性的出版社。
1987	高源清	牛頓出版社老闆	從「故鄉」出發，在「牛頓」的科學領域出人頭地，接著「小牛頓」雜誌，接續而生—他在科學普及化的工作上投注的心血和貢獻，絕非三言兩語的讚辭所能涵括的。近期「日本文摘」的創刊，更使國人擁有一條瞭解日本更便捷的管道，攻不可沒。
1988	平鑫濤	皇冠文化老闆	出版家平鑫濤是出版市場的長青樹。三十五年可以使一個人長成青年才俊，而「皇冠」就在平鑫濤的辛勤培育下，走過三十五個年頭，奠定良好基礎，日益茁壯。
1989	證嚴法師	《慈濟月刊》發行人	1989 年，證嚴法師開辦了二年制的慈濟護專，也就是現在的慈濟大學，一方面為醫院培養護理人才，一方面也提供東部少女一條升學就業的路，以減少山地少女被誘騙的社會問題，對教育人才可說貢獻良多。此外，證嚴法師玄積極投入文化事業，發行多年的「慈濟月刊」促使善良風氣。
1990	劉紹唐	《傳記文學》負責人、總編輯	民國五十一年，《傳記文學》創刊，民國八十年，屆滿三十周年之際，不僅創造了雜誌界的奇蹟，也成為學術界的典範。在孜孜矻矻經營多年後，其對歷史的影響是無遠弗屆的，不僅引起其它有關「傳記文學」的刊物及書籍出版，也使得口述歷史蔚為風氣，傳記文學研究機會的寶貴貢獻。

年份	名　字	當時頭銜	得獎原因
1991	李傳理	當年為遠流出版主編、現為遠流總經理	1991年，遠流出版公司的業績，又大幅翻升，締造億萬業績，創造出歷年最高峰。而主要新拓植的營業績效，集中在《實用歷史叢書》、《How-to企業人系列》《德川家康》等三條新辟路線上。而製造這個奇跡的人，卻少為人知，然而稍熟悉出版內幕的人，就會對「李傳理」這個人非常地敬佩。
1992	黃肇珩	中華民國圖書出版事業協會理事長、前正中書局總經理	自二月一日起轉任監察委員的黃肇珩，從六年多前奉派接掌國民黨黨營機構正中書局時自謙為「出版門外漢」，到全心投入出版事業，為出版業能擁有更好的發展環境。
1993	周浩正	遠流出版公司總編輯	從事出版事業多年，為遠流公司開闢多種實用書系：「實戰智慧叢書」「實用歷史」、「大眾讀物」等等，提供讀者不同的選擇，是他當選的主要原因。
1994	簡志忠	圓神出版社長	由他所策畫的林清玄有聲書《打開心內的門窗》，透過郵購通路強勢熱賣十萬套，並締造三億元的銷售佳績；無獨有偶，亦同時入選十大新聞第九條。《無愧》一書也不落人後，勇奪年度十大新聞第三名，並當選最具影響力的書，此書在出版一個月後，即破十萬冊銷量，掀起年初書市熱潮，為其獲選之主因。
1995	郝明義	時報出版公司總經理	目前擔任時報出版公司總經理的郝明義，自上任以來，陸續開發了「BIG」、「NEXT」、「近代思想圖書館」等新系列叢書，不僅提升了時報出版公司的形象，業績也直線上升，帶給時報煥然一新的新氣象。
1996	詹宏志	城邦出版集團負責人	1996年見報率最高的出版人莫過於詹宏志先生，年初發行《PC home》雜誌、年底成立「城邦出版集團」，前者的發行量及後者臺灣首見的出版合併案例，為臺灣出版履創奇跡。
1997	何飛鵬	商周出版社長	商業週刊出版股份有限公司的何飛鵬社長，由於經年以特殊的出書方向屢屢締造銷售佳績，是大家有目共睹的，故提名者眾，而今年商周出版更是暢銷書排行榜上的
1998	朱寶龍	希代書版發行人	希代書版股份有限公司發行人朱寶龍，充分掌握了讀者的閱讀樂趣，甚至可說進一步創造了讀者的閱讀樂趣。從早期愛情小說到日前推出外觀小巧的精裝書系列，均能在景氣低迷下，締造佳績；另外，希代旗下已出現其它如高寶、精美、水晶……等出版社，蛻變成集團的趨勢，成為1998年書市中不容忽視的要角，於此，脫穎獲選金石堂「年度出版風雲人物」。
1999	曹又方	圓神集團發行人	身為圓神、方智、先覺三家出版社發行人且本身也是作家的曹又方，將三家出版社經營得有聲有色，圓神、方智出版的書籍在今年書市中大放異彩，新成立的先覺出版社推出的佳作更贏得好口碑，雖因身體狀況，引起各界關注。

年份	名　字	當時頭銜	得獎原因
2000	平　雲	皇冠文化社長	引譯了世界發燒書《哈利波特》、開發本土勵志書《乞丐囝仔》，締造了 2000 年空前閱讀 狂潮；並帶領皇冠集團成功轉型，從文學走向多元發展，凡此種種，使他成為 2000 年備受矚目的風雲人物。
2001	殷允芃	天下雜誌發行人	帶領天下雜誌走過二十年，該雜誌將專門知識普及化，對臺灣社會影響深遠；尤其素來關懷臺灣不遺餘力，今年推出的「319 鄉向前行」四本特輯掀起民眾「認識臺灣」風潮。
2002	詹宏志	城邦出版集團主席	打造華文出版平臺，引領臺灣出版邁向國際化。2002 年進行城邦大平臺整合，成立大城邦集團，整合城邦出版集團（旗下 24 家出版社）、PC home 出版集團、商業週刊、尖端出版社、儂儂集團等，打造集團穩固的基石，並帶領大城邦集團跨足通路，成立城邦書店，總業績為 31 億台幣，較 2001 年成長 70%。此外，前進大陸成果卓越，大城邦在中國大陸的授權雜誌有 3 種，2002 年授權圖書超過 200 種，其中幾米、痞子蔡和藤井樹都是超級暢銷書。
2003	溫世仁	明日工作室創辦人	以科技人的身份投身出版，與蔡志忠創立「明日工作室」，鼓勵閱讀及寫作，發展網路書概念；創立「未來書城」，致力發展多平臺閱讀及多媒體書概念。是成功結合科技與人文閱讀的熱情出版人，也是暢銷書作者。
2004	郭重興	共和國集團董事長	持續深耕本土出版品近二十年，2002 年開始製作「臺灣地理大百科」百冊，第一階段六十冊已於 2004 年 11 月竣工，讓讀者感受到腳踏實地愛臺灣真正的力量。2002 年成立「共和國出版集團」，兩年來持續穩健經營品牌，2004 年 11 月，經營版圖漸擴大，由「共和國出版集團」劃分為「共和國」及「木馬」兩大出版集團。
2005	郝明義	大塊文化董事長	長期致力好書出版，對出版產業之熱情及用心不遺餘力（例如：在時報文化期間打造超級暢銷書《EQ》；在臺灣商務印書館期間，以「OPEN」書系，翻新老字型大小出版社的新門面；大塊文化重新打造幾米，成功外銷亞洲各國，以及創造《潛水鐘與蝴蝶》、《最後十四堂星期二的課》……等長銷書，發展《網路與書》的雜誌書新型態。）熱情承擔出版的公共事務（籌組「臺北書展基金會」）
2006	王榮文	遠流出版董事長	針對進口紙反傾銷稅一事，為出版同業憂心發聲，大力抗爭。此外，更以遠大的眼光，自 2000 年以來即積極投注心力於「數位內容」領域。

年份	名　字	當時頭銜	得獎原因
2007	簡志忠	圓神集團董事長	經營風格獨樹一幟。在高耗的出版圈首創「一周上班四天半」效率樂活的工作型態，並在編輯選題、企劃、包裝、行銷等方面發揮敏銳創意嗅覺，不斷開發引領業界風潮的成功模式。並許出版業一個樂觀的未來。2007年持續打造暢銷奇跡，從系列書──「不生病的生活」、「佐賀的超級阿嬤」、「夜巡者」、「我是女王」，到單書《風之影》、《秘密》、《先別急著吃棉花糖》、《遇見未知的自己》……不分文學、商業、生活、勵志，同樣大受歡迎，擁有最多在金石堂銷售破萬本的話題書，不但暢銷又叫好，實在難得。
2008	蔡文甫	九歌出版創辦人	蔡文甫身兼小說家與出版家，標誌了一代文人的志業與熱血。三十年來，創辦九歌出版社、健行文化、天培文化、九歌文學書屋等，出版眾多重要作品、獲獎無數，從數十載風霜中煉成偉業，鑄造了國民的成長記憶，見證臺灣文學的榮光，成為文化事業的典範。當前出版文化劇烈轉型，他仍堅持耕耘本土與純文學，並舉辦九歌少兒文學獎、九歌文學獎，鍥而不捨，不斷發掘新秀、鼓勵創作。文學是在地歷史的結晶，我們一旦喪失了自己的故事，不再訴說、傳唱，也就失去自己的語言、名字與靈魂；而蔡文甫先生的出版工作，已凝聚了廣大讀者的迴響。
2009	蘇拾平	大雁出版董事長	由報界投身出版，二十餘年來不斷領導出版創新，為書業尋覓發展，由成立城邦集團，至主持大雁出版基地，實務潛心精研出版堂奧，使書業不僅是文化灘頭堡、商業模型實驗、消費行為科學，更是動態平衡的戰略遊戲。一秉先見膽識，探尋通俗與深度兼具的新徑，旗下如果、橡實、漫遊者、原點、大是、大寫、大宴等出版。
2010	林載爵	聯經出版發行人	何謂「出版的品格」？無畏流行浮沉，始終寧靜篤定，披襟當之，一本傳承智識視野與文藝品味，引領經典啟蒙，也不斷創造經典。在譯著席捲洪流下，仍持續為臺灣學者出版論文，為本土知識迴圈，保育一片沃壤。舉凡《魔戒》《美的歷史》系列、大視界繪本系列、普及歷史、拉美文學，永遠熱情、細膩、專注，震撼人心，為知識份子的社會實踐立下典範。
2011	高希均	天下遠見創辦人	媒體崩壞，資訊鎖國，社會封閉，他仍堅持出版救國，耕耘閱讀。創辦遠見天下文化事業群數十年來，他以政經時事為公民教育的舞臺、以國際競爭傳遞全球視野課題，在危難之際領導信心，在豐收年代警惕升級，激勵國民無論景氣榮衰，總要記取教訓不斷進步。透過報導、出版，將社會各階層、各地方的現場，帶回讀者面前，凝聚共同體的集體意識，激發憂患與共的力量，迎向挑戰。

年份	名　字	當時頭銜	得獎原因
2012	張輝明	三采文化集團董事長	關鍵物種，支持著生態多樣性、繁盛共生；慷慨付出的成員，著眼社群整體、長遠發展，將同業競爭心防化為互助共濟的活力，在景氣低谷耕耘高峰的契機。藝術家的孤獨細膩敏感，生意人的熱情勇敢沉著，結合為一位元元胸襟宏闊的出版家，出於本身創業艱辛的悲懷，卵翼此刻苦戰無期的創作青年，建立發表、媒合平臺，持續滋育圖文人才庫，服務於公共性。專注市場當下的同時，多往前看一步，多響應周遭沉默呼求，這種靈魂投資，未知何日可成，果實也非獨享，但今日已成為我們無價典範。

資料來源：金石堂文化《出版情報》編輯部提供。

附錄 7　年度風雲作者人物
（金石堂文化，1985-2012 年）

年份	名 字	得獎原因
1985	龍應台	龍應台挾其豐厚的學術修養與犀利的筆鋒，寫下「龍應台評小說」等文，觸動文學批評的熱潮；並在人間副刊撰寫「野火集」，針砭時弊、筆伐現代社會的積習痼疾，引起熱烈的迴響，竭盡一個知識份子對社會的關心與行動。
1986	張大春	張大春曾連續勇奪兩大報文學獎首獎。1986 年出版的短篇小說集《公寓導遊》，深受文壇注意，也得到讀者熱情的反應。在他的小說裡，他企圖建立起一個似幻似真的世界。嘗試著以虛擬的人物與事件，反映荒謬的真實人生；而在技巧上強烈的實驗特性，豐富了當代小說的內涵。他不斷企求超越自我的努力，在新生代的作家裡，或許正是我們期待中不自囿限的創作心靈。
1987	蔡志忠	漫畫家蔡志忠將充滿想像與哲理的思想典籍《莊子》換上另一套新裝，使莊子從被塵封的古籍堆中走了出來，在上百個世代之後再度受到新的注意。無論就市場迴響或將文化精髓通俗化的努力而言，蔡志忠的非凡才具和幸運都是讓人刮目相看。
1988	林清玄	林清玄的作品原本就深受讀者喜愛。而學佛以後，他以自身從佛理中體悟的人生道理，抒發為文，出版「菩提系列」書籍，更為急躁、盲忙的現代人，灌溉心靈之泉。
1989	孫運璿	1989 年出版《孫運璿傳》一書，從台電總工程師，到奈及利亞電力公司任三年總經理，從雅典回國途中接到電報入閣封卿，開始在交通部工作，首先規劃了十大建設中的六大建設，然後進入經濟部，到登上閣揆，和全國同胞，走過退出聯合國，被國際排擠的悲憤，這些點點滴滴都平實記敘在這本「小傳」中，只要進入孫運璿的世界，等於走入中國近代，讀出臺灣四十多年來的發展
1989	吳念真 朱天文	1989 年 9 月，電影「悲情城市」獲頒威尼斯影展最佳電影金獅獎，在影壇掀起一陣「悲情」風，在出版界則創下劇本銷售的高峰。這部由作家吳念真、朱天文合編的劇本《悲情城市》挾金獅的威力，九月甫出版立即登上各書市的暢銷排行榜。
1990	王作榮	1990 年 9 月，王作榮再度當上公務員，出任考選部部長。雖已年逾七十高齡，但他始終無法忘懷「書生報國」的理念；一上任，便大刀闊斧地從事改革。其中最引人注目的，莫過於退除役軍人轉任特考廢除與否。王作榮一本其耿介不苟的率直作風，對外表示了「軍人退役特考是考試院考選部職權，其它機關無權置喙」的宣示，使得王作榮的獨立性立場再次受到肯定。

年份	名　字	得獎原因
1991	黃仁宇	可說「在數目字上管理」和「長期革命論」的觀點，相近於現代企業經營與革新的理念，黃仁宇經營一部歷史就像管理一家大公司，也可以用財務管理和不停的革新的概念描述，它溯上往下可以解釋中國的歷史，也可以解釋其它國家的大事，有如法國大革命；所以他的著作可以達到雅俗共賞的目的。
1992	張大春	出版《少年大頭春的生活周記》，叫好又叫座；並以這本書為藍本，出了一張 CD。根據自己的小說自編、自導、自演了一齣戲「四喜憂國」。即將在二月十四日情人節晚上十一點，台視頻道推出常態性電視節目「談笑書聲」。這一連串的動作，充分展現了張大春能變、敢變、喜變的能力。而他的多變，也是近年來經常被人提及、受人矚目的。
1993	周玉蔻	《李登輝的一千天》一書以新的寫作模式帶領政治性人物傳記類書的閱讀熱潮受青睞，在當時的政界、出版界和讀者群間，都造成一大震撼。
1994	鄭浪平	《一九九五閏八月》一書內容因預言自一九九五年閏八月起，為期三年內是中共武力犯台的最佳時機，並分析其原因、經過，而使本書成為社會大眾、軍方、政界及媒體的焦點，並已銷售二十餘萬冊；故在票選過程中，獲選為十大新聞頭條。同時當選年度最具影響力的書，作者也順利入選「年度風雲人物」。
1995	劉　墉	已連續六年名列十大暢銷男作家的劉墉，是 1995 年度風雲人物之一。近年來，劉墉的勵志著作已儼然是青少年朋友的精神導師，其受歡迎的程度，從他兩年來不斷發起公益活動，並屢建佳績與廣受好評的現象可見一斑。
1996	鈕先鍾	執著於軍事譯、著長達五十餘年的鈕先鍾，其譯作多具研究及參考價值，為臺灣軍事戰略貢獻良多，是真正的戰略思想大師，值得肯定。
1996	楊　照	從 1995 年中返台後，就積極投入文學創作的行列，從 1995 年底至 1996 年底連續出版了五本文學創作，一連串的出書行動，展現出其戮力臺灣文學的決心。此外，還跨越影音媒體，同時活躍於廣播及電視，為作家跨行影音媒體成功的範例之一。
1997	李　敖	1997 年以一本《李敖回憶錄》炒熱了年中的書市話題，此書至已印製 71 刷，半年的銷售也高達近十萬冊，此外，由於他在真相閭網主持的「笑傲江湖」節目收視率不錯，故 97 年底東森電視臺又邀他另開闢「李敖黑白講」節目，當紅如斯，出版風雲人物當仁不讓。

年份	名 字	得獎原因
1998	金 庸	《老師的十二樣見面禮》效應無限大。2007 年 6 月出版的散文《老師的十二樣見面禮》（印刻），記敘攜子赴美遊學的見聞，敏銳深思，幽默溫暖，為讀者一洗升學主義、功利主義餘毒，體會到人性化教育的理想，感人至深。故自出版以來，引發不少迴響，銷量截至目前破 12 萬本。也因此，昔日的夢幻文藝青年，如今搖身一變為「簡老師」，走訪學校、圖書館、中研院暢談教育理念，光是 2007 下半年就有近 20 場的演講活動；而書中老師給學生十二樣見面禮的概念也影響甚巨，從小學到大學都開始設計有創意的迎新見面禮，如逸仙國小送了 6 樣見面禮給學生；東吳大學送了 10 樣見面禮給新生；去丹鳳國中時，學校也回送了簡媜12 樣見面禮……對於教育貢獻卓越。簡媜 2007 由金庸獲得 1998「年度出版風雲人物」是無庸置疑的，從金庸武俠小說電視劇、武俠小說漫畫版一片紅不讓，港臺兩地及全球的數百名學者熱烈參與研討的現象來看，這波金庸熱從出版界、學術界、一直到娛樂界，無一不受到影響，這股旋風威力之強自不待言。
1999	龍應台	遠從德國回台就任首位文化局局長的文化評論家龍應台，是今年媒體的焦點人物，新作《百年思索》一推出即躍上排行榜首名，各界更對其「以文人身分推廣文化」寄予厚望，這股風潮至今未減，一片響亮聲中，獲選成為「年度出版風雲人物」。
2000	賴東進	著作《乞丐囝仔》一推出即蟬連 2000 年下半年非文學類排行榜冠軍，迄今狂銷逾六十萬冊，引發的閱讀熱潮至今未減，本身勵志向上的實例，更帶給現代青少年深遠的迴響。
2001	琦 君	埋首文學創作四十餘年，作品傳達人情風土的真與善，可謂樹立以文學影響社會的典範；她十年前的舊作《橘子紅了》在今年重新締造了純文學閱讀風潮，也成為「好書禁得起時間考驗」的最佳例證。
2002	幾 米	提升成人繪本於書市的影響力，儼為都會人心靈代言人。深擊感人的圖文，風靡兩岸三地，延伸的授權相關商品，包括立體人形公仔、寢具、音樂專輯、卡片……等，繪製的金馬影展主題作品也衍生馬克杯、年曆手冊、系列明信片、T恤及海報等紀念品，正式的週邊商品的開發將在 2003 年展開。已出版的 10 本書在大陸銷量突破百萬冊，作品被大陸白領時尚雜誌《新週刊》評為 2002 年十大流行之一；《向左走，向右走》一書將拍成電影，由金城武、梁詠琪擔任男女主角，已于 2002 年 12 月開鏡，預計 2003 年 6 月上映。
2003	鄭弘儀	首次出書即暢銷熱賣，連續榮登金石堂 2003 年 9 至 11 月非文學類排行榜冠軍、12 月亞軍寶座。在《鄭弘儀教你投資致富》一書中引起投貿熱。
2004	駱以軍	承續四年級的寫作風格，是五年級創作者中對小說美學最堅持者，是六、七年級創作者的楷模。在純文學書普遍慘澹經營的情況下，《我們》一書在 2004 年的金石堂文學類暢銷書排行榜上耕耘出不錯的成績。2004 年特有的駱以軍現象，例如：「第一屆台積電青年學生小說創作獎」首獎作品之一「逃」，評審說，這是不能回避的豐厚承傳，這篇承下了駱以軍的風格，各大文學網站中對駱以軍作品的討論也時有所見。

年份	名　字	得獎原因
2005	彎　彎	彎彎是 2005 年最夯的網路新銳作家，也是 2005 年底平面出版品最具話題性的圖文作家。彎彎的漫畫貼近現代人的生活形態，抓住大眾的心理，讓人放鬆、愉快，有別於其它暢銷的網路愛情故事出版品，為臺灣圖文創作注入新血。
2006	洪　蘭	推廣閱讀盡心盡力，開拓全新科學教養觀。此外，也默默耕耘，積極演講推廣閱讀風氣，2005 年 324 場、2006 年 367 場。
2007	簡　媜	《老師的十二樣見面禮》效應無限大。2007 年 6 月出版的散文《老師的十二樣見面禮》（印刻），記敘攜子赴美遊學的見聞，敏銳深思，幽默溫暖，為讀者一洗升學主義、功利主義餘毒，體會到人性化教育的理想，感人至深。故自出版以來，引發不少迴響，銷量截至目前破 12 萬本。也因此，昔日的夢幻文藝青年，如今搖身一變為「簡老師」，走訪學校、圖書館、中研院暢談教育理念，光是 2007 下半年就有近 20 場的演講活動；而書中老師給學生十二樣見面禮的概念也影響甚巨，從小學到大學都開始設計有創意的迎新見面禮，如逸仙國小送了 6 樣見面禮給學生；東吳大學送了 10 樣見面禮給新生；去丹鳳國中時，學校也回送了簡媜12 樣見面禮⋯⋯對於教育貢獻卓越。
2008	舒國治	《臺北小吃劄記》、《流浪集》、《門外漢的京都》、《理想的下午—關於旅行也關於晃蕩》、《讀金庸偶得》、《臺灣重遊》等散文以風流蘊藉獨樹一幟，今年《窮中談吃》更登美學高峰。在資本主義過剩社會，獨懷隱逸閒淡之志，運筆所及，不誇富、不貪多，舒緩、專注，感受鮮明。當代寫作思路、文風普受翻譯影響，他的文言具飄逸俊奇，上承漢魏六朝，下接「垮掉的一代」美國文學情調，無論寫飲食、閱讀、生活、風土，在在為臺灣重鑄簡淨素雅的生活品味，特立獨行的人格精神。當經濟動盪、人心不安，大眾均從他那描繪最簡單市井生活的文章中重獲力量。他從不迎合時代，時代卻掉頭向他走來。假使谷崎潤一郎《陰翳禮讚》影響了近代日本空間與生活美學思想，興浪潮於世界；我們也期待藉由如此的文學與文化，重啟臺灣的生命力。
2009	齊邦媛	以傳道的廣博無私襟懷，奉獻於教學、評論、編選、翻譯、創作，長期引介西方文學，並創辦中興大學外文系。挺身對抗政治壓力，拋棄黨政演講文宣掛帥的舊有國文課本，改選《浮生六記》等美文，以啟發學子美感、品格教養。編選大學英美文學教材，精選代表性作家作品，為臺灣學子開啟國際文壇視野。守護文學教育，開闊人心，深耕出豐美厚實的文化沃壤。熱情參與國際筆會交流，獻身從事臺灣小說系列英譯，為臺灣文學爭得國際注目。政客施壓要求停止設立臺灣文學館時，她大聲疾呼，堅持不設館為文化恥辱，從而為臺灣文學保留一席之地。《巨流河》一書更為從流離失所到憂悶煩躁的社會，激發使命感熱情與愛智價
2010	蔣　勳	長久以來，弱勢者視美為奢侈，不敢言美；利益者視美為誇富，役使糟蹋，美感已為 GDP 所犧牲。直到經濟轉型，苦於品牌升級、設計加值之時，才回首茫然，心虛自卑，模仿失據，而先生卻早數十年已藏寶救亡。出之於小說、散文、藝術史、論述、繪畫，苦心孤詣，重構民族美學與歷史記憶，啟蒙俗民生活中的感官審美享樂，獻身為美的傳道者，謙卑明亮，氣象恢宏，給了我們的美學專家蔣勳。

年份	名字	得獎原因
2011	嚴長壽	他用觀光產業做外交，用文化產業發展花東，用國際市場定位臺灣前途，還要靠教育提升人力拼經濟。他是民間的文化部長，只奉獻，不掌權。身處貪婪短視、橫徵暴斂的商界，但對人的關愛信任，使他在每件事上不同流俗，為所當為，為助人付出全部生命。他不是宗教領袖，卻活出了宗教悲憫熱情的高度；不是政治領導人，卻做到了領導未來的使命。當我們相信自己卑微渺小，應該媚俗屈從時，他證明瞭出版改造社會的實力，來自無畏的信心、付出的重量。
2012	小　野	嚴酷競爭的臺灣，賦予父母的角色，不是愛的身教者，而是孩子的主管、教練，壓抑關懷諒解，拿出業績目標，將生存憂懼化為誘迫，有條件的愛取代了愛，摧毀彼此人性的最後立足之地，家庭。小野以卅餘年寫作壯闊長旅，無畏面對種種家庭心結，悲憫寬諒，垂援繩於煉獄，迎凍餒以爐火。他對童稚青春的敬慕、包容，融化學子，釋放父母，證明一個溫暖的家庭，足以長久療愈千千萬萬個受傷的家庭。為全球競爭的快世界，傳承家庭支持的慢力量，大直若屈，似弱實強。

資料來源：金石堂文化《出版情報》編輯部提供。

附錄8　臺灣出版人物專訪名單

A. 出版人物專訪

NO	受訪者	公司	職稱	年資	出版屬性	受訪日期
A01	陳素芳	九歌出版社有限公司	總編輯	30	大眾類	2012/12/14
A02	丁淑敏	健康文化事業股份有限公司	總編輯	30	大眾類	2012/12/19
A03	郭重興	讀書共和國文化有限公司	發行人	27	大眾類	2013/01/02
A04	曾堃賢	國家圖書館書號中心	主任	30	書號中心	2013/01/08
A05	蘇拾平	大雁文化事業股份有限公司	發行人	30	大眾類	2013/01/09
A06	余治瑩	臺灣麥克股份有限公司	總編輯	30	少兒類	2013/01/26
A07	楊宏文	麗文文化事業股份有限公司	接班人	9	專業類	2013/01/31
A08	彭誠晃	水牛文化事業有限公司	前發行人	47	大眾類	2013/01/31
A09	王榮文	遠流出版事業股份有限公司	董事長	40	大眾類	2013/01/30
A10	林宏龍	光復書局企業股份有限公司	董事長	37	大眾類	2013/02/05
A11	陳敬智	道聲出版社	執行長	38	宗教類	2013/02/07
A12	張輝明	三采文化出版事業有限公司	發行人	25	大眾類	2013/02/20
A13	果賢法師	法鼓山文化中心	副督監	26	宗教類	2013/02/21
A14	吳貴宗	合記出版社股份有限公司	總經理	36	專業類	2013/02/22
A15	簡志忠	圓神出版社有限公司	負責人	36	大眾類	2013/02/26
A16	朱小瑄	漢珍數位圖書股份有限公司	負責人	36	數位類	2013/02/26
A17	林載爵	聯經出版事業股份有限公司	負責人	35	綜合類	2013/02/27
A18	莫昭平	時報文化出版企業股份有限公司	總經理	26	大眾類	2013/02/27

B. 整理自傳及相關書籍

NO	出版人	公司	職稱	年代	屬性	書名
B01	蕭孟能	文星書店	社長	60	文學	出版原野的開拓
B02	沈登恩	遠景出版社	創辦人	60-70	文學	嗨！再來一杯天國的咖啡：沈登恩紀念文集
B03	高信疆	中國時報副刊	主編	70-80	綜合	紙上風雲—高信疆
B04	平鑫濤	皇冠文化出版有限公司	社長	60-至今	大眾	逆流而上

NO	出版人	公司	職　稱	年代	屬性	書名
B05	蔡文甫	九歌出版社有限公司	社長	70-90	文學	蔡文甫自傳、九歌三十年
B06	隱　地	爾雅出版社有限公司	社長	70-90	文學	出版心事、出版社傳奇、隱地及其出版事業研究
B07	林海音	純文學	社長	80	文學	文學引渡者：林海音及其出版事業
B08	溫世仁	明日工作室股份有限公司	發起人	90	文學	飛或者下載—開拓空中書城的方式
B09	高希均	天下遠見出版股份有限公司	社長	90-至今	大眾	相信閱讀—天下文化25年的故事／閱讀救自己：五十年學習的腳印

C. 整理自其它媒體

NO	書店	公司	職稱	年資	出版物屬性	資料來源
C01	吳清友	誠品生活股份有限公司	董事長	25	實體書店	臺灣人物誌（DVD）
C02	張天立	讀冊生活	創辦人	15	網路書店	談理想的網路書店（Youtube）

D. 受訪者相關的出版社基本資料（2012 年線上查找資料）

NO	公司名稱	登記日期	負責人	資本額
D01	九歌出版社有限公司	1985.07.23	蔡文甫	400 萬
D02	健康文化事業股份有限公司	1978.07.07	林國煌	206 萬
D03	讀書共和國文化有限公司	2011.05.02	郭重興	50 萬
D04	大雁文化事業股份有限公司	2006.02.06	蘇拾平	2,000 萬
D05	臺灣麥克股份有限公司	1987.05.28	黃長髮	8,000 萬
D06	麗文文化事業股份有限公司	1992.12.18	楊麗源	2,000 萬
D07	水牛文化事業有限公司	1966.06.24	羅文嘉	1,200 萬
D08	遠流出版事業股份有限公司	1981.02.24	王榮文	184,373,750
D09	光復書局企業股份有限公司	1970.09.02 2005.10.07（廢止）		19,900 萬
D10	三采文化出版事業有限公司	1990.03.06	張輝明	2,500 萬

NO	公司名稱	登記日期	負責人	資本額
D11	合記出版社股份有限公司	2002.12.10	吳貴宗	1,500 萬
D12	皇冠文化出版有限公司	1954.2.22	平雲	50 萬
D13	天下遠見出版股份有限公司	1981.11.16	高希均	169,389,690
D14	遠景出版事業有限公司	1980.06.09	葉麗晴	250 萬
D15	爾雅出版社有限公司	1986.05.27	柯青華	450 萬
D16	明日工作室股份有限公司	1998.01.16	溫世義	49,800 萬
D17	圓神出版社有限公司	1984.07.18	簡志忠	1,300 萬
D18	漢珍數位圖書股份有限公司	1981.04.04	朱小瑄	6,000 萬
D19	聯經出版事業股份有限公司	1974.05.09	王文杉	6,436 萬
D20	時報文化出版企業股份有限公司	1985.11.05	孫思照	30,458 萬
D21	誠品生活股份有限公司	2005.09.26	吳清友	80,000 萬
D22	學思行數位行銷股份有限公司	2009.04.29	張天立	10,000 萬

附錄 9　專訪提問大綱

您好：

　　希望獲得您的支持，接受我的研究主題「一九五〇年來的臺灣出版文化與社會變遷」之訪問，訪問現場將會錄音並整理成文稿發表于本人的博士論文。對於我的研究問題之探討，有鑒於大陸方面對於出版史料的研究非常地豐富，反觀臺灣是個言論自由、出版多元的華文出版重鎮，雖有辛廣偉的《臺灣出版史》，但其書記載不夠客觀與全面，筆者讀到一篇有關鄭培凱先生呼籲我們該重視出版印刷傳播對文化交流的影響，及林載爵先生的「出版與思潮」，再再證明臺灣的出版文化的珍貴，有待我們好好梳理和研究，雖然臺灣出版產業規模小不足以成規模經濟，但卻孕育了華人最珍貴的出版自由、文化多元的發表園地，故本研究依此展開對於出版文化的四個面向（出版管理、出版理念、出版活動、閱讀文化）提問：

問題一　請問：您投入這個出版產業多久？您如何踏入出版業？

問題二　請問：您策劃的書中，您覺得滿意的作品有哪些？為什麼？

問題三　請問：圖書是商品也是文化，您認為盈利模式和心中的理想之間如何平衡呢？

問題四　請問：一家出版社的核心該是哪部門？編輯、行銷、發行…為什麼？出版業的經營模式過去和現在是否有所不同？

問題五　請問：您的選書企劃有什麼原則嗎？你如何維持和作者的關係？如何培育新人作品？

問題六　請問：您如何運作出書後的新書推廣，臺灣的閱讀市場您覺得如何？

問題七　請問：政府的出版政策和獎勵，會左右您的出書政策和計畫嗎？

問題八　請問：依您的觀察臺灣出版產業可分幾個階段？

問題九　請問：您對該公司出版社的成長分期？和成功的關鍵因素？您的看法如何？

問題十　請問：您如何看待這個產業的特性？出版業對於臺灣社會的影響和意義，你的看法如何？

附錄 10　出版人及總編輯專訪錄音整理

編號 A01 九歌出版社總編輯　陳素芳女士

受訪者：陳素芳	服務單位：九歌出版社	年資：30 年
訪問日期：2012.12.14	地點：陳素芳家	時間：1:30-4:00 pm
文學編輯，編過文學書籍超過一千種，所編《中華現代文學大系》、《貓臉的歲月》、《此處有仙桃》、《林家次女》等，榮獲行政院新聞局金鼎獎、國家文藝獎及中山文藝獎等肯定，並獲第二屆「五四獎」文學編輯獎。		

問題一　請問：您投入這個出版產業多久？您如何踏入出版業？您如何看待這個產業的特性？

　　大學時讀中文系，當時即非常熱愛文學，大學時就有創作也寫文章，所以畢業後當然很自然的會找自己喜歡的產業去做，1982 年（民國七十一年）即到出版社服務工作。到出版社工作是很必然的事，出版這個行業，多少和個人的理想和興趣有所相關，從事編輯三十年了，曾得五四獎文學編輯獎，（第一屆瘂弦、第二屆陳素芳、第三屆張默、第四屆蕭蕭），文學編輯，是要花很多時間和心血，以及也要有耐心去不斷地自我成長並培養對作品的鑑賞力。

　　這個產業的特色：它利潤不高，有理想性高於其它產業，尤其在文學出版這一塊，這行業的待遇不好，要花很多心力，而且要不斷地成長，要對文學有品味，要對社會的變化有敏銳度，做書是個很容易出錯的事，因為一本書的製作環節要和很多人配合，而且要訓練自己的邏輯，讓編輯減少錯誤，並且要常寫，對文學的品味，靠自己不斷地閱讀，這工作最迷人的地方，就是工作和閱讀結合，是自己的心靈也在享受其中，這是一種理想性的工作，工作時可以閱讀很多不同人的心理。

問題二　請問：對於任職的出版社的定位和經營，是否同您的理念？

　　我運氣還算好，這份工作可以兼顧我的理想性的工作，我要求不是

很高，只要達到二三分，我覺得就很好了，但因為出版社要營運，有些時候仍有市場化的操作在其中，但大多數都算可以按自己的理想在做。

問題三　請問：您策劃的書中，您滿意的作品是哪些？使出版社成名是哪些書？

做了一千多本書，每本書有不一樣的感情，出版書都是別人的，幫助別人完成夢想，我覺得蠻好的，但很難說哪一本特別滿意。

問題四　請問：圖書是商品也是文化，您認為盈利模式和心中的理想之間如何平衡呢？

在不違背原則下，每本書都有它的理想性，只能說大眾的，作者的作品現在可能不被看好，但未來很好潛力，對人才的投資很重要，是選稿的能力，九歌出版很多新人的書。

問題五　請問：一家出版社的核心該是哪部門？編輯、行銷、發行⋯為什麼？

最重要的是作品要得到別人的信賴，這就是選稿的標準，核心仍是原歸到作品本身，所以以前是編輯選書，但現在不是這個樣子，但仍是作品本身，這是個很繁瑣的事。

問：記得您有得過五四編輯獎，你得獎後有什麼心得？

五四文學編輯獎是臺灣首次對編輯的肯定和給與編輯的鼓勵，能在瘂弦之後得獎，覺得很光榮，肯定編輯的努力。

問題六　請問：您的選書企劃有什麼原則嗎？按出書計畫的多還是因人為因素？

為新人出書是很重要的投資，像朱少麟的《傷心咖啡酒店》當初評估不是二千本，就是二十萬本，很多書是因為沒有好好去做，其實編輯應該要去說服業務去行銷這本書，現在傷心咖啡酒店這本書很難大賣，有些書當它被讀者拿起讀著，它的厚度，就可以立即引起讀者的反應，

朱少麟這本書，打動讀者的心，是口耳相傳慢慢大賣的，而林清玄，是他本來就有讀者，而在解嚴前，佛教心靈的書剛好符合那個時代受壓仰的人的口味，文學的書，就是要感動人心。林清玄那時策劃要叫紫色菩提，原本蔡先生還懷疑菩提能賣嗎？結果卻大賣。

問題七　請問：您如何運作出書後的新書推廣，臺灣的閱讀市場您覺得如何？

企劃書，看它的主題，臺灣很自由，看您的議題，像同志議題，在其它國家可能都不能出，但臺灣可以隨出版者，而好不好企畫，看這個主題好不好企畫，書要有議題，像邱妙津，他已成為臺灣同志的寫手。她自己不是同志，但她是寫手，是炒作議題而出版的書。

現在的企劃和以前不同，是否可以有專訪，那要看企畫的議題是否引人注意。

蔡先生說現在的人都不看文學書了，但我覺得不然，要看書的厚重，寫出來的作品能否和人溝通，還有行銷企劃要多些著力，這樣起碼不會大賠，還是可以小賺的，臺灣的閱讀，因為書太多，現在比較重實力的書，文學一直都走小眾市場，文學本來就是學生時代和某一階層會看的。

問題八　請問：政府的出版政策和獎勵，會左右您的出書政策和計畫嗎？

不會，政府沒有什麼獎勵，都是作品出來後，自己去提企劃。以前有得到金鼎獎的書會稍微好賣一些，但其實，完全沒有鼓勵。

問題九　請問：依您的觀察臺灣出版產業可分幾個階段？

這個很難講，解嚴，其實沒有多大的影響，不過翻譯書大量引進，著作權法的擬訂，是比較明確有影響。大約有幾個元素影響做文學出版這一領域如解嚴、文學出版社、副刊、行銷通路、排行榜、文學獎。其實你的論文可以改用「解嚴前後臺灣的出版文化」，翻譯書的大量引進對臺灣書市的影響很大，另一個是早期的通路金石堂（暢銷書），誠品

起來後，又是另一種風潮，接著博客來興起，造成實體通路又改變。早期出版社是文人辦出版社，現在則不是。以前是專業寫作，現在是有職業寫手服務打造名人作者（非專業寫作），整個環境差很多。臺灣出版很自由，因為我們的自由在解嚴後，至今仍為認為臺灣是華文出版的重鎮，早期隨國民黨來臺灣的知識份子，他們其實是好命的，爹娘不在，很可憐。還有一些軍人作家，那時候，詩，因為是含蓄不直接反應，故那時風行詩的寫作，慢慢才導入三十年代的，像梁實秋、林語堂在臺灣的作品都有很多的讀者，而向陽－文學副刊的影響力，你這方面可以去找文訊，封德屏那的資料很翔實的。

問題十　請問：您認為一家成功的出版社的關鍵是什麼？您對臺灣出版業的看法和未來的期待。

　　臺灣是小眾市場，哪樣好，大家都去做，像蛋塔一樣一窩峰，然後再一波波倒。

　　哪幾家出版社你覺得是市場的主流，很難講，每年都有變化，要觀察一家出版社，起碼要經營十年以上才能來比擬。誠品報告，只是參考值，很多書是走學校路線，而不會透過誠品來購書，有一個現像是臺灣的文學，從金石堂暢銷排行榜，改變書市，以前文學類排行榜是真的文學，但，暢銷書排行榜出現後，現在的文學似乎文學性就沒那麼強，現在文學書沒有那麼好賣，像張曉風的書以前很好賣的。

　　1970 年代是文學類的黃金期，兩大報副刊（聯合、中國時報、中央日報、中華日報）和五小。以前的文學獎很少，但影響力很大，現在文學獎很多，卻沒有什麼影響力，文學獎的興起與沒落，各地方的文學獎，文化中化的人都沒有出版編輯的經驗。

問題十一　九歌代表性的作品有幾大類？

一、新人的作品：朱少麟…

編號 A02 健康世界文化總編輯　丁淑敏女士

受訪者：丁淑敏	服務單位：健康世界文化	年資：30 年
訪問日期：2012.12.19	地點：遠企 1 樓餐廳	時間：2:00-4:00 pm
背景：淡江大學中文系畢業，畢業即從事出版業。		

問題一　請問：您投入這個出版產業多久？您如何踏入出版業？

　　1981-2 年間，進入這個行業，中文系淡江大學畢業，當初不知編輯工作在做什麼，因為覺得親近文字工作像編輯圖書這工作應該不錯，於是畢業時就找相關的工作，很幸運找到這個醫學健康方面的編輯工作。剛開始覺得應該要親近文學類的圖書，才會更喜歡，記得剛開始在做健康書時，遇到一個盜汗，我還以為是什麼詞，後來總編輯說：這是專有名詞，不要亂改，這份工作不僅在做文字工作，還一點一滴在吸收健康方面知識，那時的總編輯是王溢嘉，他是醫學院畢業，文采又高，無形中學習很多，他讀完一本書，就會用很淺的再說明給我們瞭解，在這個工作是很愉快，有時會想換工作，但最後都覺得捨不得離開，出版社老闆很尊重人，這是個很愉快的環境，這是個文化事業的環境。

問題二　請問：您策劃的書中，您覺得滿意的作品有哪些？為什麼？

　　滿意的作品，像《準媽媽保健》和《中老年人的保健》，自己有一些想法後，由自己策劃的書，就會特別喜歡，還有一本《幫助他》，像現在在推友善校園，如有些有哮喘的小朋友，從有問題的小孩如何在校園裡可以得到一些幫助，教導老師讓如何做，讓老師理解小朋友不是故意的，是他們疾病上的反應，像教育基金會覺得這書很好，就大力推廣這本書。

　　在這個工作領域中，常能從工作中獲得滿足，也可以讓自己的一些理念得以完成它，當然市場盈利上沒有兼顧得很好，像我們知道有些可以大賣得書，我們還是不會做，如另類療法的書，因為公司董事都是西醫背景的教授、醫師，所以，要有一定的理論基礎，像今年出版糖尿病

的書，符合公司出版理念則出。

　　自費出版的書，也接受但也要符合公司理念，我們不鼓勵自費出書，若他出書，那他要購買一千本書去推廣，像公司股東每年都會配股，然後配股要買公司的書，去做推廣和送人，為了推廣衛教，所以，才有這樣的設計，股東配息再回來買書去送人做為推廣。股東都是有醫事背景，目前有七十三人，沒有大股東，為了怕大股東會影響公司營運，所以，不讓有人主導全是小股東、多人結構。基本上不是以賺錢為目的，為了推廣大眾的公衛。

問題三　請問：圖書是商品也是文化，您認為盈利模式和心中的理想之間如何平衡呢？

　　盈利模式，早期做這個行業競爭不多，雖然這方面的書系不多，所以怎麼做都可以賣得動，以前在選題上很好做，怎麼出書都可以，出版社並沒有拓展很快，慢慢地穩穩地做，原先出版品是由一個作者寫書，寫到可以出書的量就出版，所以，無法去規劃一年出多少書，都由作者隨筆去寫，我們的作者都是醫事人員，很難去規劃做什麼主題方面的書，醫事人員很忙，通常無法靠規劃如期出書。後來，我們由健康世界月刊中去挑文章，慢慢累積有一定的量，然後再找這方面的專家做審校，大約民國 77-78 年左右，就開始打破以前的出書政策。有一次我懷孕末期，感冒時發燒，都不敢吃藥，怕會影響小孩，後來和醫師溝通才知道正確健康知識，後來我就和總編輯提，我自己的情況於是就企劃一本《準媽媽保健》，記得出版後一二個月，好像沒什麼，但半年、一年後，再追縱發現賣得不錯。早年書都沒有做行銷，讓市場自己去選擇，像《準媽媽保健》的企劃形式，開始由編輯策劃的書，就漸漸轉移到編輯為重心。以前都是由醫師自己規劃一本書要寫什麼，從此書之後，就依編輯來規劃健康方面的圖書。

　　從作者寫書，然後編輯一本書，就出書給總經銷，好像僅此而已。

台大一位內分泌的醫師張天鈞，他寫很多荷爾蒙方面的書，這醫生也看甲狀腺，我們後來策劃從荷爾蒙第一本、第二本，荷爾蒙與疾病書中找出與甲狀腺有關的文章集結出書《甲狀腺疾病》，讓書的定位更明確後反而這本書就賣得很好，而荷爾蒙系列的書就賣得很普遍。

健康類的書通常是長銷書，像有一本因材施教，已有三十年，一直再版，當然內容也有做修訂，竟然在這一二年突然動了起來，像幼保、護校，被列入教材，竟然出書了三十年後經不斷地編修，變成教科書，我們的書一直都是長銷書的形態。近幾年，我覺得書的屬性一直在變化，以前只看書的內容，但現在在版式和視覺上都要有變化，讓人可親近，輕薄短小，圖文並茂的書才能被市場接受。

SARS 之後，我們的銷售報表下滑的很嚴重，感覺 2003 年的 SARS 是一個轉捩點。我們每本書一版一刷約二千本，二千本賣完可以保本，以前出書很少去評估賺不賺錢，因為幾乎二千本都一定可以賣完，但是 SARS 之後就不同了。

出書由總編輯和編輯部來決定，董事會不會干涉出版什麼書，後後銷售不好時，董事會挺多問，為什麼出這本書，一年約出版八本書，總經銷現在退書很快，一二個月就會退書，新書發出去退得很快，所以，現在出書變得很謹慎，也許不是 SARS，也和網路有關係。網站成立有六、七年左右。

問題四　請問：一家出版社的核心該是哪部門？編輯、行銷、發行…為什麼？出版業的經營模式過去和現在是否有所不同？

我覺得還是編輯部，因為這是生產觀，但近幾年就改觀了，包裝、行銷變得也很重要，題目和版式都要列入參考，而我們這部分就蠻弱的。目前編輯、發行、廣告，和一些醫學出版社寄售在那邊。

問題五　請問：您的選書企劃有什麼原則嗎？你如何維持和作者的關係？

如何培育新人作品？

因為我們有雜誌，所以九成以上是醫事人員，我們透過雜誌來維持和作者之間的長期關係，而董事中也都是醫師，主要是林國煌，目前已九十多歲，他是最力行健康習慣的，飲食和作息都是符合健康，他是最力行。

雜誌有編輯委員，都是台大醫師，不斷都有新的醫事人員加入。

主要還是在叢書方面的，例如現在讀者，他可能會針對自己所需要的疾病，像有 B 型肝炎者，他們注重在這個議題，所以叢書就會受關注。

問題六　請問：您如何運作出書後的新書推廣，臺灣的閱讀市場您覺得如何？

健康類的書，不像文學作品，閑逛時翻來看看，健康類書，通常是讀者有某方面的需求，然後找他所需要的主題書。以前覺得書出版後就結束了，行銷一直沒有被重視，近幾年才覺得行銷推，例如廣播，請作者參加節目，像收視率很高的，受訪的作者醫師，也不是很好，因為作者的另一身分是醫師，主持人只是一直在談異味性皮膚病，談這個疾病，而沒有推廣到這本書，作者也不擅長在推廣書這件事。今年開始在 Facebook 在找人來維持，試作一本書，糖尿病生活百問，這本書就市場反應不錯，書有動起來，最近也有一本書，請他來策劃，辦個小型座談來和讀者互動。

十年前有出一套小書，憂鬱症、躁鬱症、精神分裂症三小書，醫師的頭銜很重要，但文筆也很重要。

問題七　請問：政府的出版政策和獎勵，會左右您的出書政策和計畫嗎？

像國健局有推廣健康好書，他們第一屆辦，翁瑞烘和王溢嘉是同學還特地通知，其實書有得獎對銷售沒有幫助，每一次辦的辦法都不一樣，像類別，有一年就要票選有關癌症有關婦女的，哦！那我們就不能報名，

或有年限，要今年或去年時出版，第一年我們申請就十五本書得獎，後來，就很少再去報名，甚至國健局還來電話問，怎麼沒來報名，光是報名和準備一堆資料，很麻煩，他們應該是有得獎的書應該要編預算去推廣才對。

所以，從政府政策上，可能有人有說明知道政府的預算和如何得到好處。

基本上我們沒有什麼幫助。

問題八　請問：依您的觀察臺灣出版產業可分幾個階段？

我們早期，出版社就是這樣，單一作者，出書，然後做廣告。出版社在報紙上登廣告，然後預購，很單純。而現在，出版品比較像商品，著重包裝，這四五年更是像商品一樣。包裝，是出版很重要的一環。近十年，我一直有一個疑惑，書怎麼可以買蔥送牛肉，這到底怎麼操作的。

編輯和作者之間的信賴感很重要，前十年我們和作者之間，都沒有簽合約，就出書，然後就結版稅，作者就稿子交給我們，我們排版校對，然後出書去賣，再結算版稅給作者，以前和作者之間的關係是一種誠信，根本不用合約制定。

以前和作者的關係是很緊密，現在的作者，比較在乎看自己的權益，會先談好自己的權利，有些作者當他有名了之後，他可能就往名氣較大的出版社投書，我們的版稅都固定 10%，像有一位作者一直報怨他的版稅不夠高，後來他們調整書有賣到十萬本以上則以 12% 來算，大家都比照，我們的財務都是公開透明的，不會因一位作者，就有特別的版稅。

問題九　請問：您對該公司出版社的成長分期？和成功的關鍵因素？您的看法如何？

我們公司不會為了要花悄為了門面而改變，公司財務都是務實的經營，1976 年成立，在 1990 年之後，就經營的愈來愈好，大約有十年的

好光景，隨便出書都可以銷售得好，高峰期在 1990-2002 年間，營運都算不錯，現在的營運就有一種窒息的感覺。這段期間辦的活動，都在五星級飯店舉辦，參加者都有贈品，書較好的一刷就五千本，其實健康類的書真的是小眾，想不透現在怎麼一窩峰很多家在做健康類的書，健康書現在好像作者是誰不重要，而是文字和圖像間整個版式是否吸引人，我們的書，都是專家，所以常有英文專有名詞在內容上，這是一種閱讀的障礙，我們現在給作者會提示一些原則，他們也瞭解，但文章呈現就會很自然有專有名詞出現，像診斷學，我們就改為征狀，文字才會比較親近性。

問題十　請問：您如何看待這個產業的特性？出版業對於臺灣社會的影響和意義，你的看法如何？

　　我覺得現在是舊制度崩解，新制度還未形成，出版這個產業，利潤很微薄，我不會建議我的小孩來從事這個行業，我現在很難去想像未來的出版是什麼樣子，目前社會的一個狀態，出版社很難將作者的好作品傳達給需要的讀者。

　　傳統出版社的模式很難掌握書出版後如何傳播出去，必須取得於行銷的人的能力，現在的環境完全不一樣，現在不僅僅是登個廣告，而要創造話題和製作活動，去和讀者建立互動的關係，像社群的經營。

　　書店的陳列管理，以前我們健康世界陳列的書可以擺個半年、一年，像糖尿病，可以一直動，但現在像金石堂一次放三本，若售完就不再主動訂，回補書的積極改被動，有人訂書才進貨回補，影響原本是長銷書的曝光率，連鎖書店影響了長銷書的經營。

　　現在健康類書做得蠻好的，像城邦的原水文化，他們的包裝和行銷上，這家出版社的書，樣子看起來還不錯，賣得很好。柿子文化的如《救命飲食》，聽說賣得不錯，他們可以將很沉重的書編得看起來很舒適很

輕鬆，健康的書就是要傳達健康的觀念，更加強調圖的重要性，採用圖說方式來傳達更容易讓讀者瞭解。現在是圖像時代曾有一位元哈佛醫生預言說 2025 年人類三大疾病，一是癌症、二是愛滋、三是精神疾病，這份研究是十年前預測的，這和我們閱讀的形式有很大的影響，閱讀文字的大腦比較不會得精神疾病。以前圖是輔助的，文字仍是主要的文本，但現在已變成圖是主要呈現，文字反而是點綴而已。

　　感覺這個產業現在在重組，新的秩序大家都還在摸索。

編號 A03 讀書共和國文化集團發行人　郭重興先生

受訪者：郭重興	服務單位：讀書共和國文化集團	年資：近 30 年
訪問日期：2013.01.02	地點：讀書共和國出版文化辦公室	時間：3:30-5:00 pm
背景：1986 年進入出版業，先是在牛頓出版社六年，爾後創立貓頭鷹五年後全並城邦集團，郭重興是發起人之一。現為由木馬文化、左岸、遠足文化等近二十家出版社組成的共和國文化集團發行人。其大學入學原是台大森林系學生，但轉至台大哲學系畢業，曾從事短暫的電子產業工作，之後出國修習電腦。後又轉攻讀歷史。		

　　談出版仍離不開知識份子，臺灣算是比較多元的社會，我們來看看日本、美國的文化非常地多元，光是大眾文化就市場很大，我不想談臺灣出版史，暫不依擬好的問題回復，我想讓您瞭解我對臺灣出版的看法，我對臺灣出版的一些現象的觀察，還有我自己從事出版的心得。我是從 1986 年，我 36 歲時才踏入這個行業，我的側重的不是出版的研究，我強調我該要如何經營出版和管理出版的角色。我對臺灣出版很關鍵的幾個問題的提出，一、是臺灣出版產業的結構像金字塔 上游小，下游很大，這絕對是有問題的，其它國家的出版產業不是這個的產業結構，上游絕對是占大多數。臺灣的出版，在日本人走了後，就是掌臺灣把日本文字切斷後，整個文化就沒了。那時候臺灣做書的人和買書的人不一致，所以做書的人相對短視。那時臺灣社會相對窮，如何讓人賺到人生的第一桶金，所以大家都急思賺錢這件事，我覺得臺灣本土的出版和本土的閱讀文化，大約是 1968 年之後才比較有本土的閱讀文化開始，像新潮文刊，遠景的沈登恩，仙人掌，水牛，出版是逐漸這樣起來的。那時在臺灣長大的，都是看這些思潮的書，南方朔說那時都是讀文藝，那時規模都不大，像希代也做得很好，但那不算主流，二、出版為什麼不能成為超級出版業？第一代出版人為什麼沒有成立超級出版業，為什麼？這些公司十幾年前都已達到現在的規模，為什麼？為什麼？在臺灣出版社這麼多，

為什麼臺灣出版的總量這麼大？客觀說，市場存在，那麼就是經營者沒有掌握，假設今天有一家公司，可以滿足小老闆創業獲利，小老闆很多，倒了一二家沒有什麼。現在，一家小出版社五六個人起碼十來個，一個人約 50 萬，六個人就要 300 萬現在成立出版社不像以前。

今天要分享，三、出版最珍貴的是編輯。出版社培養一個編輯從不懂到懂可以開發市場和作者談，約三至五年，有誰有在培養人才，臺灣現在的出版社都還在撿便宜，大出版社找人都要找有經驗的，撿現成的，這個現況造成好人才不進出版業，而出版業找不到人才，而解決的辦法就是臺灣應該要有超級出版集團，來培育編輯人才，臺灣的出版三角形結構是不合理的，若市場小，為什麼博客來可以做到三十億，誠品可以做到三十億，所以市場一定有，那為什麼出版人老闆為什麼不好好經營？我個人覺得日本人走了之後臺灣沒有文化產業，幾乎要一直到 1950 年代，像九歌，遠景，王榮文這一代人出現，當十年前他們產業可以做到五、六十億，現在為什麼不行。

公司找一個新人，通常對公司營運沒有好處，整個出版產業設計都沒有為培育新人而設計，整個臺灣企業都在成長，唯有出版產業根本不敢成長。很多公司根本不願擴大營運，並沒有設計一套，讓總編有經營長才，不會因發展而被綁住，臺灣很多企業都在發展，唯有出版不敢發展，很多出版社沒有積累又要敢投資，像我們共和國文化集團經營模式是可分二部分，擴展有部分，一是由於新人的擴充，為什麼敢用新人，能夠得到什麼，新人進來，由總部補助薪水，編輯可以抽成，用了新人可以成長，有機會，第一年做幾分之幾，公司有業務、總務，我們業績可以抽成，用了新人可以有公司機會成長，假設，六千萬分 16%.. 三千萬分百份之 13。我從 2009 開始做，第一年有 6 家，第 1-2 年都在花錢，等第三年就比較順利，我認為書無好壞，就是讓總編各自去經營他的書系，把讀者顧好就可以。像香港呂超勇 - 新亞聯合集團，網路剛起來時，他很

聰明，他就說網路可以 hyperlink 後，出版就沒有什麼好做的，讀者可以一直 link...link..，但我覺得出版不是這樣，就像正義這本書，讀者需要有一個有系統有主題的書，每一個編輯都應該好好專研他的領域，編輯像個導演，可以主導一個主題。

有關我之前在城邦，城邦被香港企業購買時，我就不想，若我在臺灣做書，香港若有大老闆來，還得去營和他，那就沒有個人意識。我做書，不想為企業賺錢。

我 36 歲時因父親過逝回到臺灣，誤打誤撞就進了出版業，剛好牛頓找人就進這個產業，臺灣出版人似乎沒有培養新人，回頭想想，以前九歌，藝軒可以做得很好，為什麼不能延續，家族企業也可以做大，老闆不願意在大部分賺的錢再投資，我們公司賺得錢第一個給編輯，再來給股東，但股東僅分到一些些，為什麼出版人不願意再投資培養人才。

臺灣編輯從來沒有被重視，而編輯確實是出版的核心，開題沒有延續為什麼九歌蔡先生以前可以營收好的買很多房子，投資人不願意把賺來得錢再去培養人才，公司賺得錢大多是給編輯員工。

試問出版的盈利模式和個人理想之間如何兼顧？

若管理者沒有經營，只有理想，那不行，可以一半書賺，一半賠這可以接受，我要每個人都精明，假設我投入 500 萬，你把錢都花完，沒有盈利，那可不行，我們每個總編輯都是一個獨立的經營者。

一人出版現在臺灣大約有四～五個，雅言文化的顏秀珍，他算做得還不錯，臺灣沒有大出版社，除了城邦之外，目前為止根本沒看到經營者有系統的在招兵買馬，像我們公司，2006 年我們本來有六家，現在有 13 家，這裡面各家要不要招兵買馬，由總編輯去評估，每一個總編輯負責自己旗下的出版路線，讓他們去好好經營，日本美國都很多出版集團，現在我們都還停留在小出版社的經營思維，像澳洲平均每個人讀十本書，

臺灣平均每個人讀三本書,我們的書,是否有人願意買來讀這是我最關注的。

就您的觀察臺灣出版產業可以分幾階段

郭重興說:當臺灣光復後,大陸人來時,就全面斬斷日本時期留下的出版文化,若要設定那麼重慶南路是第一階段,從遠流開始的算是是第二階段,而城邦算是第三階段,我在想解嚴後到底有什麼影響,到了今天,我的問題是,像我們城邦這些人的下一代在哪兒?我們公司很多總編輯,有些人的營業都有一億了,做得不錯,我們希望這些總編不要走,可以留下來好好繼續經營。

我 36 牛頓工作六年,創業貓頭鷹,五年,之後合併城邦,然後獨立建立了共和國現有十二年了,電子書我暫時不做,閱讀習慣還沒有,臺灣電子書做得不好,沒有自己的版權,臺灣現在有點在。我的挫折是,我有二個書系,一是策劃新書書系臺灣為什麼沒有像日本那樣,新書,由本土作者寫給本土國人看到,像公民與道德,本土的學者寫書給本土的讀者看,這跟臺灣的學界和大學教育的體制有關,沒辦法向社會發聲,我們引進外版書時,都是一些通則的書,像《正義》,但美國問題相關的書不會出版,就像臺灣的問題要由什麼樣的方式解決,像臺灣很多問題都沒有解決。沒有著作就沒有學術份量。

另一個想推出臺灣歷史書系,還沒有開始就收起來,市面上很多作品都是片斷,沒有整合,沒有系統的出版。我又找不到人來寫,只好將這計畫收起來。

現在賣得比較好的選題有哪些?不一定,很雜,前幾年賣的比較好的書是小說,現在是教養書賣得比較好,找不到稿源是最麻煩的一件事。

編號 A04 臺北國家圖書館書號中心主任　曾堃賢先生

受訪者：曾堃賢主任	服務單位：國家圖書館書號中心	年資：34 年
訪問日期：2013.01.08	地點：臺北舒果餐廳古亭店	時間：7:00-9:30 pm

背景：國家圖書館書號中心主任，文化大學史學研究所。主要研究領域圖書、印刷、出版業、公共圖書館、館藏發展。目前臺灣每年出書量四萬多冊，書號中心人員建制 7 位，每年支付國際書號中心費用 3000 歐元，目前臺灣地區申請書號的費用全由國家圖書館書號中心負擔。
（註：受訪者表示不錄音，故此檔沒有錄音，曾先生自行繕打，後由筆者根據訪問時的對話內容再增加整理。）

問題一　請問：您在這個產業多久？從您的工作中觀察臺灣出版產業的特性？

我在圖書館已有 34 年的工作，進國家圖書館是民國 76 年，書號中心是在民國 78 年 7 月籌畫，民國 88 年 9 月正式營運。開始我們是負責為臺灣即將出版之新書，於出版前申請國際標準書號（ISBN）及出版品預行編目（CIP）資料編制的工作，以及新書出版資訊傳佈的工作，如建置維護「全國新書資訊網」、編印《全國新書資訊月刊》、「每日預告書訊」等服務出版業界、圖書館界。

從事工作中，觀察臺灣出版產業的特性，包括出版社大多以中小型規模經營、個人或非營利出版單位申請 ISBN 之新書量也非常多。近年來申請 ISBN 之圖書總種數，在出版分類上仍以語言文學類、社會科學類、應用科學類居多。而自民國 78 年至 101 年底，總共申請的書號的單位有二萬六千多家，而其中六千多件屬於個人出版情況。個人出版占四成的比重，像這位作家葉邦宗他是抗日時期曾任職蔣介石官邸警衛團排長專門寫蔣中正的秘史，可顯見臺灣出版之自由以及市場的彈性以小博大的情況，任何形式的出版都有可能經營。

問題二　請問：您覺得臺灣的出版品從量和質的變化中，出版產業有了

什麼樣的改變？是否牽動社會思潮的變化？

　　從「量」和「質」的變化中，的確有牽動出版類別與社會思潮，產生一些關聯。一九八七年七月七日，當時的「立法院長」倪文亞宣告通過解嚴案，擊槌宣告通過臺灣地區解嚴案。以及立法院院會於八十八年元月十二日決議通過廢止具有近七十年歷史的「出版法」，該法並於八十八年元月二十日正式廢止，各界鹹認為此舉象徵此後臺灣地區言論自由向前邁進一大步，回歸憲法保障新聞出版自由的精神。從文化資產保存的觀點，我覺得應特別關切出版法廢止後的著作送存制度。這二個重大制度的轉變點，在出版品量的變化上都有明顯的成長。

　　我主編的《全國新書資訊月刊》每年的選題，多少都會觀察出版思潮而設計一些主題，我觀察解嚴後，綠色執政，強調本土而來的本土熱，及尋根的浪潮，如前衛出版、鄉村出版，還有劉還月的原民出版現已歇業，而學術上則以水牛出版、桂冠出版等，延續至今像大樹出版的《臺灣賞樹情報》，《臺灣魚類圖鑑》等，大樹現在被天下遠見合併，對了遠流的《臺灣館》也是很有特色。

　　去年十月號策劃了有關《馬偕的故事》、《越來越立體化的馬偕圖像》、《不鏽壞的歷史足跡－馬偕日記：1871-1901》、《忘了自己，因為愛你－記錄靈醫會會士在台醫療奉獻故事》。其實，在生活富裕後，人們就會關注精神的生活，此時宗教類的圖書，是一大值得關注的類型，而宗教類的書，比較少進入像金石堂或誠品，這類書有它的流通方式，臺灣特有的善書（勸人為善的書或小冊子），一直是民間很流通的出版品。

問題三　請問：您曾發表過《臺灣地區近五十年來的圖書出版量的統計分析》以及相關出版議題，對此您覺得臺灣出版產業可分幾個階段的變化呢？

　　1.　國民黨政府播遷來台的萌芽

2. 面對西書大量湧入及盜版書

3. 解嚴前爭取民主、自由的時期

4. 解嚴後大鳴大放的百花齊放

5. 面對不可未知、迷網之電子書挑戰—2010年臺灣電子書元年

問題四　請問：就您所觀察的臺灣的出版現象如何？和閱讀文化現象？

似乎可以從長期觀察年度銷售排行榜、年度風雲出版事件與人物等出版現象，及當時的社會經濟政治的氛圍有關。

問題五　請問：若從出版人、圖書館、出版品與讀者之間的關係，其各自的依存度是否相消長？

這問題太大。

問題六　請問：你認為從臺灣的社會變遷中出版人從文化人漸變成商人是從哪一個年代劃分？

早期書號中心為了推廣書號申請曾發函致而抬頭用「出版商」，對此曾引來一陣出版界人士的激辯，對於出版人或出版商這個詞，常常出版業界自認為出版人，出版理念甚於書這個商品定義。

而將出版社規範「公司法」，從嚴查稅開始。將「○○○出版社」應公司法的規範改為「○○○出版社股份有限公司」開始，即明確商業行為的出版活動。

問題七　請問：依您的觀察臺灣出版產業原創性和成長性如何？

1. 出版產業面對「成本」壓力下，選成本低廉外版書進口出版等，將會直接影響圖書之原創性及逐漸式微。

2. 所幸，個人出版「POD」出版及自由的「個人出版」風氣，在不考慮成本下，可以改變一些，不是長久之計國去臺灣特別在兒童

繪本上，有驚人的成果，如何鼓勵原創，走向國際化，正是各界
要關心的議題。

3. 畢竟少數人成功的經驗，雖然可以鼓勵士氣，但要持續培養人
才，特別創意人才，是教育界、出版界、主管機關要面對的挑戰。

問題八　請問：現在圖書館也從事出版行為，而出書往往不在市場的考慮，談談你的看法和感想。

個人長期觀察、關心臺灣的圖書出版產業（我喜歡稱事業），也先
後在大學圖書館及國家圖書館服務。一般總認為圖書館是圖書的典藏場
所，知識傳播與服務的機構，但個人也強調圖書館也是可以「出版」。
在不考慮市場利益下，圖書館應有出版計畫：如國家圖書館於 20 年前特
藏古籍走出冷氣房，至近 2、3 年的古籍複刻出版計畫、典藏明信片與古
契書的整理與出版計畫，均受到讀者、出版社爭先贊許、出版；國立臺
灣大學近年來也有將古籍文獻出版或線裝書目錄等出版成果，臺灣師範
大學的公版古書轉變電子書出版等。另外，應用圖書館專業，提升全民
閱讀和利用圖書館常識，出版之資訊素養叢書，也頗受民眾歡迎。

總結：「珍貴古籍」複刻出版傳播、典藏、「重要館藏文獻」與「目
錄出版」、圖書館專業之專書出版等

問題九　請問：每十年，臺灣皆會出現一些主流的出版社，你覺得你印象中哪些出版社能代表一段時期的主流出版。

像聯經、時報、遠流等等，若非要以申請書號量來看教科書以及高
普考書，還有一些漫畫書如尖端、東立等的書號申請量都很大，但這類
書不能算是主流書。

問題十　請問：您對臺灣出版業的看法和未來的期待。

1. 面對電子書的快速轉變以及如何維持「質—文本」趨向。

2.　嚴肅面對傳統「出版人」的社會責任。

3.　強調在「不搶短線」，與學術界、政府機關合作「臺灣文化的輸出」等出版傳播使命。

　　最後，認為商業操作下，要富於出版的基本功能，2010 年臺灣稱為電子書元年，產生對電子書的迷惘和對自我出版的重新定義，但千萬不要放親自己的出版的核心。這是前年慈濟入經藏，個人感受最深且最經典一段，與您分享！

大時代需明大是非；大劫難需養大慈悲；大無明需要大智慧；大動亂需要大懺悔。

編號 A05 大雁文化事業股份有限公司創辦人　蘇拾平先生

受訪者：蘇拾平	服務單位：大雁出版基地	年資：35 年
訪問日期：2013.01.09	地點：大雁出版辦公室	時間：2:00-4:30 pm
背景：臺灣大學經濟系與詹宏志為同學，先在工商時報財服務十年後才投入出版業。		

問題一　請問：您投入這個出版產業多久？您如何踏入出版業？

　　我踏入出版業，正式踏入出版業算是 1988 年，我原來在工商時報待了十年，1988 年 8 月離開，就到牛頓工作。也許更早，在大學剛畢業時在 1978 年吧，在長河出版，做一些翻譯，最早是文學類後來做翻譯，那時就有接觸，像《日本第一》，還有朱天心《擊壤歌》的書，我姐姐後來當了出版社社長，我台大經濟系畢業時就有接觸，在牛頓時有一個日本文摘，應聘在日本商情經營，做企劃經理，半年後就到遠流。就是在工商時報後期，因為詹宏志在遠流做，做了一系列大眾心理學，那時就有參與，我那時在工商時報副刊的主編，那時很喜歡這個工作，一直有接觸出版這個行業，算比較正式是從踏入牛頓，1989 年到遠流那時總經理是周浩正，在遠流待了三年，就出來創業，1992 年創立麥田，1997 就併到城邦。

　　那時主要的推動是詹宏志對出版有很多想法，陳雨航負責人文書系，我擔任非人文書系，那時在遠流還有郝廣才（郝廣才喜歡做童書他從信誼過來，是政大畢業的），那時遠流要開一個書系，就會找人，策劃新書系就會找來，那段時間進來不少人。簡化而言，我懂出版是在遠流有充分的瞭解，96 年詹宏志離開遠流，後來半年我也離開，因為詹宏志是我大學同學，因為我學經濟系，所以行銷幾乎都是由我處理，像遠流實戰叢書，黑皮書，是由我負責。詹宏志之前在聯合報，我在工商時報，後來詹宏志到遠流，招兵買馬，我就過去遠流，那段時間，遠流的狀況很好。

因為我是學商的，在遠流時大致瞭解整個出版的運作，創了麥田算是我第一次當老闆，因為是新公司，很多事都是和自己預設的不同，所以從編輯人到發行人，這是一個漸進的過程，有一些想法會修正，尤其是出版的節奏，一直在摸索，城邦又是一個新的經驗，它是多品牌的概念，在一個平臺上，我是城邦第一任總經理，港資是城邦成立三四年後才進入的。

城邦那時因為成立 ERP 對出版本身的表達不是很好，自己也覺得和他們合作有一些想法不同，所以就離開，我離開城邦比詹宏志還晚半年呢？在遠流也是詹宏志先離開我才走的，我在後來階段還當了城邦的副總編輯。我個人後來就出來再創大雁。

創立大雁的情況就完成不一樣，規模沒有城邦，所以需要減化，有關 ERP，我就不打算使用，我就建一個平臺，建立品牌，大體上是共同的管理思維。大雁現在有七個品牌，我們的平臺叫做營運中心。

問題二　請問：您策劃的書中，您覺得滿意的作品有哪些？為什麼？

未回答

問題三　請問：圖書是商品也是文化，您認為盈利模式和心中的理想之間如何平衡呢？

在我的書中，就有提及，在我的書裡就有很完整的說明，出版為什麼要企業化，我的書裡就有說明。（筆者說明，那本書我有，五年前出版的，我也去上了你的課，現在概念上沒有不同嗎？回答：都一樣，我覺得你好像還沒有進入狀況，你的問題都蠻空泛的，沒有聚焦。）出版當然在現實中實現理想，有些強調理想多一些，有些人務實一些，除非有國家支撐，出版是很個性化的。理想超過現實，若虧損也無法生存。

問題四　請問：一家出版社的核心該是哪部門？編輯、行銷、發行…為什麼？出版業的經營模式過去和現在是否有所不同？

　　這個毫無疑問，不需要問的，編輯其實很多種，執編，企編，基本上選書是由總編輯來選的。我剛從北京回來，才在百道網上課，一是選題，二是對讀者的掌握，三是書名與版式四成本定價，五編輯要略懂行銷，六是編輯要知道通路結構。

　　如何培養編輯，因為這問題很泛，所以我粗略。

　　出版的經營模式有何不同，這個題目太泛，所以很難回答這個問題，現在的經營模式當然不同，是由階段的不同還是由經營人的不同，這問題太泛。

問題五　請問：您的選書企劃有什麼原則嗎？你如何維持和作者的關係？如何培育新人作品？

　　這問題都不是現在編輯人要面對的問題，現在市場變化很大，選題有沒有敏感度，原則是古老的問題，維持作者的關係，若是作者只出一本書，我為什麼要維持作者的關係，這問題都不是現在做出版要面對的問題，我建議你去看一本《編輯病》文化人如何，這沒有一定的原則。

　　出版業什麼情況都有，臺灣最可貴的在於多元，它是經歷了很多階段，才能有這個多元的結果。其實你上網 google 就可以找到很多文獻了，我看你不用再問下去了。

問題六　請問：您如何運作出書後的新書推廣，臺灣的閱讀市場您覺得如何？

　　我不看電子書，問題是你問我的目的是什麼，若我是美國人我會看電子書，因為可以買到很多電子書，在臺灣我買不到電子書，內容還是重點，臺灣的市場太小眾，現在的環境還比以前差很多，以前可以出某些書，現在選書就會更謹慎。現在問題是賠不賠得起，而不是出不出書，企業還是要經營的。如果大部分的書都不賺錢，怎麼下去，所以談理念都不可能，總要能生存下去。

問題七　請問：政府的出版政策和獎勵，會左右您的出書政策和計畫嗎？

完成不會。完成沒有期待出版的獎勵。臺灣的出版協會、公會，早期都和政府有關有互動。還有教科書之類的。

問題八　請問：依您的觀察臺灣出版產業可分幾個階段？

未回答

問題九　請問：您對該公司出版社的成長分期？和成功的關鍵因素？您的看法如何？

我 2006 年創立大雁出版基地，已六年了，當初是在出版最艱難的時代創立的，現在也是渡過了存活下來，我的經營方式是延續城邦模式，但我減化成是小型的城邦模式。延續的概念是各品牌的經營。

因為城邦到大雁都是多品牌，所以我只關注總編輯，讓總編輯權責相符，我在支持成熟的編輯，搭建穩健的出版經營，我現在再做的所有事，就是和總編輯，建構一個夠好的系統可以支撐編輯，他們想做就可以隨時開一個平臺。讓總編輯的能力能夠發揮，總編輯如何選書，我這裡可以做到當書要出版時才知道書的內容。我曾經找個一個編輯，他完全沒有經驗，就做總編輯，然後他做的很好，我對於如何找一個好的總編輯人才，我有敏感度，但如何選書是由總編輯去做。

臺灣洞見觀瞻的大出版社，大多是編輯出身的，像流遠王榮文，九歌蔡文甫。

問題十　請問：您如何看待這個產業的特性？出版業對於臺灣社會的影響和意義，你的看法如何？

第一個，這個產業特性，在書中有寫。出版業沒有所謂的理想環境，它是根本整個產業鏈而發展出來的，若要說則應該要說如何讓出版的條件多元，如果我覺得各個出版社如何活，若可以活就繼續存續下去，我一直不覺得美國、日本要靠出版公會、協會來依存，在臺灣不容易成立，

畢竟這是自由市場決定的。沒有一個團隊或組織可以來訂定。出版是各
種語言，各種形式，它有它的地域性差異。就像大陸的出版，他們的出
版邏輯和我們臺灣就不同，大陸讀者和臺灣讀者也不同。臺灣早期由大
陸出版社移植，後來由本土出版社再接續，臺灣有個非常好的支撐由文
人出來做出版，尤其在文學出版，對於知識的渴求是很高的期待，所以
才會有出版的多元，現在臺灣的出版問題，是整個大環境造成，不是政
府或組織就可以解決。

　　我可以肯定的是我一輩子都會在這個產業，出版業一直都是我唯一
會從事的行業。

　　出版理念，和人有關，經營者和公司有關，找到方法，這樣訂題目
後，例如遠流訂沒有圍牆的學校。

　　文學出版是最持續的一直在臺灣出版有一個脈絡可研究，最近陳雨
航《小鎮生活指南》。談一個人的理想，即是一個人的文化呈現。

編號 A06 臺灣麥克股份有限公司總編輯　余治瑩女士

受訪者：余治瑩	服務單位：臺灣麥克	年資：30 年
訪問日期：2013.01.26	地點：新店好地方咖啡店	時間：8:00-10:00 pm
背景：淡江大學中文系畢。臺灣兒童文學作家、臺灣麥克公司總編輯、臺灣全民閱讀學會常務理事、中國首屆原創圖畫書大賽評委、第六屆海峽兩岸兒童文學研究會理事長。		
（註：因為錄音筆忘了充電，沒有錄到音，現場做筆記整理）		

問題一　請問：您投入這個出版產業多久？您如何踏入出版業？

　　我是淡大中文系畢業的，輔系修英文，畢業那年 1983 年，那天很順利就進入啟思出版，那時啟思出版做中文和英文版童書，因為小時候父親常講故事給我聽，很早我就想做與書為伴的工作，尤其做童書編輯應該很有趣，我前後待過十個出版社大多是與童書有關的，啟思、新學友、東方、臺灣英文雜誌社、智茂、啟蒙國際、三之三、階梯（這家公司在上海），到現在的臺灣麥克公司。

　　我現在還擔任中華民國兒童文學學會理事，以及中國海峽兩岸兒童文學研究會，深耕童書有三十年了。網站上可以查到我的相關資訊。

問題二　請問：您策劃的書中，您覺得滿意的作品有哪些？為什麼？

　　有二個時期所做的代表性，我覺得很有深思遠慮的，第一紐博端得獎小說，是在智茂服務時，民國 82 年，臺灣版權法引進前，許多作品都還沒有獲得授權就出版，當時我就策劃從紐博端得獎小說中選作品拿到版權才出書，一年出 12 本，5 年出了 48 本書，有計算的出版美國少年小說，我會積極參加法蘭克福書展，還有相關的一些國際書展，也會拜訪留美歸國的兒童文學學者請教這方面的最新書訊，也常上圖書館關注童書方面訊息。這個時期版權交流使得在 612 大限時，書仍能在市場上銷售，美國紐博端獎自 1922 年開始至今，獲獎作品都像金牌、銀牌的保證，我在選題上會著重在文化背景或適合兒童成長歷程的議題，尤其在

「溫暖的愛」主題上特別著重，希望能幫助小朋友在身心發展、克服苦難、如何學習愛等的敘述。

　　其次，則是嬰幼兒成長寶盒，年齡層在零至三歲。這是在臺灣麥克策劃的，因為這是屬於直銷產品，直銷產品不同於零售市場，必須產品從企劃、編輯、包裝、行銷，整個產品架構要設計完整才能進行，所以規劃了五年，圖書系列 20 冊，從歐美、日本等圖書書錄上百本中，我們挑選二、三十年來做，另外還有兒童文具展，與美國 PAKA 公司影音產品合作，代理美國專門的 DVD，有關父母的教養參考用品，每個月都會推出一系列的產品，算是蠻成功的。

問題三　請問：圖書是商品也是文化，您認為盈利模式和心中的理想之間如何平衡呢？

　　每個選書人，心中都要有一把尺，身為編輯應該要兼顧不要嘩眾取寵，先以理想的書為要求再去精選行銷買點，先從理想的，再從行銷觀點，有些書是小眾市場，但仍然要顧及，文化公司總要去取得市場的平衡。例如有一本叫做《第一份聖誕禮物》，是描述父親對小孩的愛，背景有涉及基督教，因主題可能局限在小眾，但我們仍然要去出版，以照顧到不同的閱讀人口。

問題四　請問：一家出版社的核心該是哪部門？編輯、行銷、發行…為什麼？出業的經營模式過去和現在是否有所不同？

　　出版社的每個部門像拼圖一樣，都同等重要。編輯和行銷已是不可分的，編輯人也必須要瞭解行銷。就像天下遠見的經理林天來說：「編輯心中要有數位，行銷心中要有文字。」兩者的關係愈來愈密切。現今銷售通路更加多元化，像賣場的行銷就需要更加強行銷的力度。

問題五　請問：您的選書企劃有什麼原則嗎？你如何維持和作者的關係？如何培育新人作品？

選書企劃對公司很重要，現在讀者購書除了選書外也會考慮出版社的品牌，所以如何塑造出版風格就得靠企劃選書，像現在家長跟著國際教育風潮 提升國際觀，提高品德等，是家長的選書考慮，但我們還是會以童書的本身閱讀者兒童為主。

我們和作者、譯者都保持良好的關係，像朋友一樣，每個作者、譯者所擅長不一，有些對情緒方面處理很好，有些對知識面的闡述較好，每個人都有他不同的優缺點，以前對於譯者，比較不重視，將重點放在譯文本身，作品要好，但現在不同了，讀者選版本也會考慮這位元譯者以前的作品品質如何，所以維持一位好譯者的長久關係也變得重要。臺灣目前資深兒童作者一位元林良先生的作品，自以前到現在，都一直是市場的長銷作品，因為他寫的作品可以將兒童切身的感受寫得淋漓盡致，讀來都有它深層的意涵，像那本七百字故事，重新改版，也可以賣出好幾萬冊呢？另外方素珍的兩岸關係作品，也是很不錯的。

對於培養新人，我們也會嘗試讓新人有學習的機會，大約會保留有三成的比例給新人嘗試。我們也有和學校合作，由老師提企劃案，每年約挑二至三個案子，由老師找學生組成五至六位，到公司來執行企劃案從編輯、行銷、發行等，讓學生有機會實習出版的實踐。

問題六　請問：您如何運作出書後的新書推廣，臺灣的閱讀市場您覺得如何？

新書的行銷從新書出版之前就已和發行和通路溝通，像誠品、金石堂、博客來等。通常會例行性將一整年度的計畫都先安排好，什麼節慶可推什麼議題的書，每一季看有什麼活動可安排推廣相關的書，像去年操作算是成功的案子，博客來周年慶要找一本主題書來促銷，博客來會從配合廠商的五至六家提案中再精挑一家做主打書，我們策劃一本《小老鼠奇奇去外婆家》搭配送小老鼠走迷宮，成功獲博客來選上搭配主打書，首月銷售沖上上千本，再過八至十二月整體相關的書就成長拉上去。

以前由讀者決定買多買少，現在由行銷力度決定銷售多少，以前是被動的獲得書的銷售，現在則是主動行銷書。以前可選的書少，書首刷 3000 本，不必推廣很快就賣出去，現在要看行銷力度，加大推廣才能帶動銷售。

在誠品買童書的家長比較偏向能力提升、情緒培養、國際觀等，而在博客來購書的家長比較偏愛單純是喜歡這本書而購買，金石堂則在童書的銷售上沒有比前面二家好，金石堂雖然是社區書店定位，但因為沒有設置童書專區，使得這個童書銷售沒有打開好的銷售量，像誠品去年在香港開設童書區原設定不會有太大的銷售，所以占的空間不大，但營業銷售在童書的成長上明顯一直上升，所以他們也打算將原有的童書區空間要再加大，童書的銷售，空間的閱讀體驗很重要的。

問題七　請問：政府的出版政策和獎勵，會左右您的出書政策和計畫嗎？

在採購案上，有一些獎勵措施。主要是曾志朗和洪蘭在推動，曾志朗算是官員裡比較重視閱讀的，他們相信閱讀可以改變一個人，在臺灣閱讀是從小而上的推動，最早由林真美推動「大小讀書會」臺灣各地開始推廣閱讀，說故事，帶動故事媽媽。採購案像小一新生入學，新生禮券，新生兒禮券等等。政策會影響出書政策和計畫，尤其在童書這一塊。這一部分，最近方素珍在大陸出了一本書叫《繪本閱讀時代》裡面就會談論到政策和獎勵的相關細節。

問題八　請問：依您的觀察臺灣出版產業可分幾個階段？

這個我沒有研究。

問題九　請問：您對該公司出版社的成長分期？和成功的關鍵因素？您的看法如何？

1983-1992 創立期，由英語輔助教材，開啟直銷體系經營。

1993-2002 高峰期，2001 年到事業頂點，直銷業績的好壞和產品有

關產品一套數萬到數十萬，此階段也開始佈局，在臺灣地區加強零售出版。而內地也開始推廣，北京成立啟發公司，擴展大陸市場麥克兒童原文書店，也開始代理玩具進口，2012 並下東方出版社。

2013- 多元經營期，進入另外十年，企業危機三十年，新學友、錦繡、台英社，都是面臨三十年轉型。

成功因素，目前臺灣麥克公司結構是一人獨資，一人決策，成功關係是老闆個人特質、敢沖、創新以及具有國際觀，如何將臺灣童書賣出去，如何把國外理念帶進來，亞洲市場正在興盛，產品的創意要做到有全球共通情感才行，臺灣很多出版人本土觀念太重反而不適合推到國際。目前東南亞市場正急起直追，市場潛力很大，我們也一樣看重大陸市場，雖然我們的產品在大陸一直遇到收款和盜版的問題，因為這種過渡期的陣痛仍要去承受，不然大陸市場就會愈離愈遠。

問題十　請問：您如何看待這個產業的特性？出版業對於臺灣社會的影響和意義，你的看法如何？

出版與社會文化是息息相關的，帶動整體社會的力量，出版產業有別一般商品產業，這個團隊是從編輯、出版、發行都一起向上，本來就特別突顯理想來出書，現在出處在微利時代，但因特性不同，更應該抱以正面的想法。

有關做這個行業的收穫，編輯是一直與人接觸，而編輯童書的工作，讓人永遠保持單純的心思，看待這個社會像孩童純真的心，沈浸在快樂編輯人，編輯的工作很愉快。

若以童書出版來看，我認為郝廣才，他的貢獻是將臺灣的童書帶到國際，而信誼基金會的張杏如是培養臺灣本土作家、繪圖人才的園地，而臺灣麥克的黃長髮則是有計劃地將臺灣的經典圖書引進大陸。

編號 A07 麗文文化事業機構總經理　楊宏文先生

受訪者：楊宏文	服務單位：麗文文化	年資：9 年
訪問日期：2013.01.31	地點：石牌捷運旁的咖啡店	時間：1:00-3:30 pm
背景：畢業於實踐大學應用外語系，繼承家業，父親是創辦人。		

麗文文化事業機構小檔案

相關出版社：麗文連鎖校園書局、麗文文化事業公司、可諾書店、巨流圖書、藍海文化、高雄複文、駱駝出版社

麗文連鎖校園書書局：（臺灣北部）巨流政大書城、巨流北大書城、景文科大書坊。（臺灣中部）中正大學書局、僑光科大書坊、南開科大書坊。（臺灣台南）台南大學書坊、南台科大書坊、昆山科大書坊、南華科大書坊。（臺灣高雄）高雄大學書局、中山大學書局、高雄師大書局（和平校區、燕巢校區）、高雄醫學大學書坊、義守大學書局、美大醫學院書坊、義大中小學書坊、東方設計學院書坊。（臺灣東部）東華大學書坊。

問題一　請問：您投入這個出版產業多久？您如何踏入出版業？

　　我父親（楊麗源）最早在台南複文書店做業務，我父親小學畢業，嘉義人，後來跑到高雄師大（省立高雄師範學院）旁開店叫高雄複文，我們早期也做一些文學類和教育方面的教科書，為了教材，老師委任，麗文 1976 年成立，今年已成立 38 年，師大體系北就臺北師大，南部是高雄師大。早期做書不用擔心，反正老師有固定的學生，所以老師交付來的書稿，我們就製作，出版社和書店同時進行，當然書都由自己來銷售。

　　大約 1992 年左右後來正名，我母親（蘇清足）覺得高雄複文和台南複文名字都一樣，才改為麗文（此名的由來是取老闆楊麗源的麗，大兒

子楊宏文的文，故稱「麗文」）。我母親的親戚都在做，所以有一堆的複文，後來整合叫做臺灣復文。飛躍式成長在這個領域不可能存在，因為像教育系的書，只有學教育系的學生和老師會，所以不可能市場太太，大約 90 年代末，有師資轉型，有一批學院改制，我們沒有趕上這一波。教育方面書還有華泰、敦煌、書林，大家的定位都很明確，就是學術用書，我們服務的物件就是老師，所以我們不用去招呼其它讀者。

正名改為麗文時，即有大學教授加入，連總經理都是特聘某大學退休校長來擔任。

（我是 2004 年進公司，之前實踐大學應用外語學系，剛退休後由於我們公司和外商有合作關係就去麥格羅希爾做過業務，之後回自己公司做。）

問題二　請問：您策劃的書中，您覺得滿意的作品有哪些？為什麼？

我們做得是教科書，當然由老師來決定，服務物件是老師，早期出版好做時，老師來稿幾乎都是出版社出資做，但現在不好做了，老師來稿 我們要求老師自費出書，若是學術書，就估 20 本印量左右就可以了。若覺得書還不錯，就會由出版社支付編制。所以做教科書，我們無法策劃，全都是由老師他們主動投稿或我們找定授課書目，委請老師編寫，出版社的編輯部幾乎不做策劃的。像王振寰、瞿海源主編的《社會學與臺灣社會》、《社會工作概論》是社會學系必修課目，也就是大一大二的通識科目的教科書，這個市場量才會大一些，另外《性別向度》在兩性教育的基礎課，也會用。另外還有江寶釵、範銘如主編的《島嶼妏聲》、雷蒙威廉斯（Raymond Williams）《關鍵語－文化與社會的詞彙》等，都是當今學術界相當重量級的作品。

問題三　請問：圖書是商品也是文化，您認為盈利模式和心中的理想之間如何平衡呢？

　　盈利和理想，在現在的環境下，根本是不存在，以以前只要有理想，出書少賠一些還好，但現在是光理想，根本不行，才會那麼多出版社不做了收起來。

問題四　請問：一家出版社的核心該是哪部門？編輯、行銷、發行…為什麼？出版業的經營模式過去和現在是否有所不同？

　　每個出版社的性質不同，我們的核心部門是直銷，業務，要去服務老師，外商在臺灣的市場，據我估外商占六成以上，不論是商科、社科、主觀因素，幾乎教科會都是翻譯書，都是外文的市場，臺灣市場太小，老師現在自己不寫書，麗文出版社有 16 人，全部人數大約 200 多位元。另外我們的 21 家書坊特色是各重點校園內設立的，書坊是所有書都賣，業務主要去找老師，假設老師用了一本書，有三班，大約有 100 左右的訂量。翻譯書占三成，原著占七成，希望以後書可以五五比，不要全部都被外商壟斷，我們現在一年出書有 70-100 本左右。自有版權的書，大約有 2000-3000 本有吧。像我早上還剛跑去華碩洽談，希望在書坊裡可以代理華碩 3C 商品，短期希望可以轉型，服務可以多元化，不要只賣書，和外面書坊不太一樣，像我們代理餐券像王品、電影券，四間店來銷售，我們仲介賺了 900 多萬元，所以，你就知道誠品生活應該很賺，但主要不是賣書，是周邊的服務。我們今年開始出版社出書都以自費出版為主軸，其它就找翻譯書，做譯書的方面，我們的書，和作者都是抽版稅的，不是買斷制。再更早期是都沒有合約，就老師拿書稿來，就做，根本不用簽合約，作者和出版人都是朋友的關係，只說訂了就行。以前根本不看內容，反正是老師的書，都出，也都能賣。老師其實不靠出書為生，他出書是為了名。

　　現在大學附設的出版中心有影響？有出書嗎？南部的大學出版中心都是印務部吧，沒有專屬的人員做編務，只有印東西而已。首先，專業書，臺灣的市場很差，例如談社學會與臺灣社會，社會學福利等，章節

中若太細分深入談臺灣社會福利，那這部分就是筆者的領域，這樣的書，根本無法在市場存活。

問題五　請問：您的選書企劃有什麼原則嗎？你如何維持和作者的關係？如何培育新人作品？

編輯當然也是很重要，但因為我們的書的屬性，它的所有的關係，都是與老師的關係，或就是現在是學生，以後可能也是潛在的作者，像有些老師，我們會去和他接觸，我們業務就是每天去敲老師的門，去就是聊天，老師有需要什麼書，有時會送他，我們就會評估哪些老師專長什麼，最好的老師又是作者時，老師通常會去行銷他自己的作品，會和同儕推介並追問有沒有採用我的書。

問題六　請問：您如何運作出書後的新書推廣，臺灣的閱讀市場您覺得如何？

臺灣的閱讀習慣整個改變，像我們現在不會買報紙，在手機上可以看到各大報新聞，現在用手機，用平板，什麼載體都有，以前的人寧可餓肚子也要買一本書，現在的人不是這樣了。還有一點，以前的閱讀市場都是與出版社有關，但現在所有和出版無關的人、產業全都跳進來做數位閱讀的市場。再加上現在二手書的市場也很龐大。像美國的教科書，一天到晚改版，但其實沒改多少東西，他們早就受二手書的影響。

問題七　請問：政府的出版政策和獎勵，會左右您的出書政策和計畫嗎？

政府有對出版有獎勵嗎？沒有吧…好像早期有「國編館」，但也不多，補助一些稿費而已。這一塊是有審查，非常專業的，也不好申請。像金鼎獎好書，就不列入教科書。

問題八　請問：依您的觀察臺灣出版產業可分幾個階段？

以前是專科、技職院校，現在是全都升為大學，再來低出生率，接下來是大學整併，若以臺灣市場來區分，那很明確看出有變化。

問題九　請問：您對該公司出版社的成長分期？和成功的關鍵因素？您的看法如何？

1970 年代，台南復文時代（高職工科），1975 年高雄復文成立。

1980 年代，同慶路上的專業書店，書系農機時代，1987 年第一間校園書局 - 高師 …（全臺灣 46 所大學，專科 75 所），走進校園算是一個契機，因為那時公司有一個危機，高師大旁邊的點售出，後來有一位老師說很可惜，那到校園裡來設個書坊，就正式走入校園。校園書坊就是服務老師、學生，校園書坊經營最好的點是政大有 170 多坪，最大的點有二百多坪，最小的點有 8 坪在高雄醫學大學。我們的特色是專業書，因為這些專業書，在外面都找不到的。專業書幾乎都是現金批貨，所以現金流量要保持的好，但我們做很多年，信譽也不錯，專科書的出版社姿態是比較高的，這類專業書都有專屬業務去推，專業書和大眾書不同，大眾書可以在博客來網上查找，試閱，但專業書是老師指訂的，不用試閱和翻閱，你就是得買這本書來讀。

1990 年代，1993 年麗文成立（教育、文學 - 大陸版權），高雄複文漸漸淡化，2000 年並購巨流圖書（熊嶺老師 1973 年從「大江出版社」獨立出來，創辦「巨流圖書公司」以人文社會學、政治學、文學理論等專書出版，後來熊老師想回老家浙江嘉興辦學，於是整個轉給麗文經營，但仍保留巨流的原名），我們大約 1800 萬買下巨流。（版權確立，外商進駐，技職轉科大潮，尤其商科，理工市場，教育學程開放，教育書市場也整個起來）

2010 年代，陳巨擘總編（2000-2007），專研於社科領域的開發（文化、兩性研究、傳播學…），其餘領域接觸都不多。此時期與 Mcgraw-hill 有許多商科的代理與經銷合作。也與各科國文選合作，2008 年成立藍海，做資訊類書。（這個階段臺灣有 135 所大學，專科 19 所，臺灣教科書在 2005-2006 年達到飽和，同時之後閱讀習慣改變，購書率下滑，

2008 年開始教育部推校園二手書，校園二手書共和國就是由麗文書坊做的，2009 年全臺灣有 165 所大學）

　　展望未來，教科書仍是開發重點，以大陸書和中譯書為主，得更精准出版方向。

問題十　請問：您如何看待這個產業的特性？出版業對於臺灣社會的影響和意義，你的看法如何？

　　合併下一題一起回復。

問題十一　追問因為你們做校園書坊，所以臺灣哪一家專業書賣得最好，你們應該都很瞭解吧？

　　臺灣的學生其實有消費力，但他們的選擇很多，像我們現在除了賣書也賣 3C 產品，學生會挑選最貴的，不是便宜的，同學是比炫的。現在書的市場太分散，以前談 content is king，現在不是這樣的，現在是 service is king，看哪家出版社服務好。現在的教科書市場走得是跨領域的，除了做社會科也做商學科，或做其它什麼的，但發現都失敗，因為臺灣做專業書的都做很久，都很根深蒂固了，大家當初創業的品牌認知都很強，專業書都深耕很多年，我們現在的轉型，加上購書率整體下降，所以我們出版社方面往大陸方面找選題。書坊方面，多元化產品，同學都會去打工一每個月可能有一萬元左右，找一些產品像代理餐券如王品，電影票，一年可以賣多少你知道嗎，每天可以賣到一千份，但毛利很低。

　　大家對好的書局的定義是什麼，一是藏書（書種）豐富，二是閱讀空間好，這是誠品立下的高標準，但其實誠品是靠這個獲利嗎，不是的吧！校園書坊的經營比較不一樣的是，寒暑假時怎麼辦，我們在人力資源配置上充份靈活，我們會做書展，而到了開學的第一個月，訂書量是超級大，現金量也要很充足。以這個行業來講，我們很自豪，我真得在本業經營，我們不置產，在高雄不用買房子，我們會展店，而且我們現

金量也要很充足。

　　以後一定是從外面的產業進到出版做變革，因為我們一直在這個產業很難跳脫這個思維除了賣書還能賣什麼，得從不同視野的人來改革這個行業。

編輯 A08 水牛出版社前任發行人　彭誠晃先生

受訪者：彭誠晃	服務單位：水牛出版社 前任發行人	年資：47 年
訪問日期：2013.01.31	地點：彭先生家裡	時間：10:00-11:20 am
背景：生於 1937 年，師範大學公民訓育系畢。		

問題一　請問：您投入這個出版產業多久？您如何踏入出版業？

　　我從民國 55 年加入，當時因為戒嚴時期，當時要做出版業的人不多，那個環境很嚴苛，尤其是臺灣人，本省人，那你那裡人？（筆者答：我爸湖南我媽屏東）當時那個時代，除了大陸人的，大陸來台的人士，知識份子程度相當高，除了阿兵哥以外，其它像這些人都比較有水準，從大陸人的對出版都有相當的瞭解，那時候他們把臺灣商務，正中、中華、世界，那時候出版社，都是大陸移值來的。那普遍一般的是東方出版社..張盛娟那個叫什麼出版，.. 你等一下，我有資料…你看…在家裡我資料都在 .. 張盛娟是大陸書店，還有東方，就這二家是本省人，是當初比較大，又具規格的，東方沒了嗎，他被臺灣麥克買走了，大陸書店還在，我的水牛是真正本省人開的，大概民國 53 年有一家文星書店，蕭孟能，（你見過他），見過啊 ..（他父親是蕭同茲）對，他是讀書人，他對出版的書重，他也是外省來的，他 53 年成立，我是 55 年成立，他大概是民國 57 年就被關了，他被警備總處關了，文星就全面歇業，他關門後，約民 57-58 年，我就納入他的一些大林的書，這樣我們水牛的書種才比較齊全。

　　我師大畢業，還有幾位台大的同學，我們是知識份子，那時我 31 歲，我是師大公民訓育系，簡稱公訓系，主要是培育訓導人員的搖籃，我們畢業以後到學校做教官的比較多，另一方面也是訓練童軍教育的人，（筆者問：那時候就有救國團），有啊！那時候主要是同學覺得臺灣需要一股新的出版力量，主要還有一點為什麼叫水牛出版，因為我們都是牛年

出生的，我們是民國 26 年出身的啦，所以叫水手出版社，為何不叫黃牛，還有叫汗牛出版社，這個後來結束，因為當時的臺灣是靠牛，所以農村的牛，牛和農村很密切，所以我們這些人和牛的關係很密切，所以叫做水牛出版社。我們取它只顧耕耘不顧及收穫。一直在耕種，笨笨在做，就這個意思。

請問：那時你們覺得臺灣需要一股出版呢？那當時臺灣出版是無書可讀嗎？

彭：那時都是很八股的書，教科書以外，沒有什麼書可讀，都是八股的書。

請問：彭先生是外省人嗎？

彭：我是本省人啊。

請問：那你會講日文。

彭：會啊

請問：那時候是國民黨過來後，日本的出版社全都被消滅了嗎？

彭：沒有所謂消滅，只是那時代的民情世故沒有人想做。國民黨來之後，日本的出版社都在日本了，那時候只有東方收了日本的出版社，我看大陸以外的，日本人的出版社全都走了。那時候的交通很麻煩，像我在竹東要到臺北，就好像要到東京一樣很麻煩，很累耶 .. 不像現在開車一小時就到了，像以前臺車，就像烏來的那個有四個輪子的小台車，有軌道，除外就是騎腳踏車，摩特車很少，我童年都騎腳踏車，日文我唯讀一二年，之後第二次世界大戰，美國的空軍常來炸，都躲在防空洞，現在無所謂防空洞，但現在不實用，核能爆炸也沒有用，以前我當預備軍官，派到金門，那裡有雕堡大炮打過來還有點用，你看像太武山裡面還做隧道，... 現在沒用了，現在核能炸彈一來都沒有了。

問：那麼我的命題從 1950 年來是可以的嗎？我沒有傳承到日本出版社可

以嗎？

彭：那時候我根本沒有接觸到日本的東西，看不到，日本和臺灣之間有些教科書吧，而且那時候都在戰爭那會去看小說。228 事變，我可能是國小一年級時候，感受不到，那時候上課連課本都沒有，剛好日本話轉型到國語，連教國語的老師也沒有。發音都不標準。那時候一般的書都是八股的。那時候沒什麼書。

問題二　請問：您策劃的書中，您覺得滿意的作品有哪些？為什麼？

第一個是 .. 找書 ..（你都有留著）.. 是啊 ..《大林國語辭典》，這個不容易，（筆者拍書）.. 那個時候很少有字典，而且很少有字典在頁緣有打洞，另外內文有套紅字的。是民國 69 年 10 月 10 日是再版的第一版的書還沒有呢

第二本是《中國思想史》，韋政通（上下冊）…（筆者拍照）.. 大概啦，.. 還有很多，我介紹幾本就好。

還有這本《世界文化與自然遺產》，是套書…（筆者拍照）.. 還有王尚義的《野鴿子的黃昏》、《從異鄉人到失落的一代》、《狂流》、《深谷足音》、《荒野流泉》、《落霞與孤鶩》、《野百合花》一套七本。

問：你覺得這些滿意的作品，帶給水牛什麼的出版地位，產業的定位？有沒有什麼作品，讓水牛一炮而紅？

王尚義的書，剛出版的書的定價 .. 好像 ..8 元還是 10 元吧 ..

問：賣得有多好？

幾十萬冊吧

問：最賺錢的書

是童軍教育的書才是最賺，王尚義的書算還好，因為我自己學童書，我比較專業。

問題三　請問：圖書是商品也是文化，您認為盈利模式和心中的理想之間如何平衡呢？

　　其實出版社要賺錢是天方夜譚啦，那時候做出版就是只顧耕耘不顧收穫，那時我就知道有價值的書，不見得好賣，盈利，不要以盈利為主，所以要害一個人就叫他去開出版社、雜誌社啊。做出版不要想賺錢啦！

問：但是你那時 31 歲正是成家立業，怎麼能來做出版呢？

彭：我那時候 .. 空空啊（台語）.. 那時我還有在教書啊，年輕只憑一股熱情。

問：那時是有錢人才開出版社？

彭：也不是，其實那一開始就借錢，都是負債在做的，朋友之間調錢。所以，我勸臺灣這個地方的人，不要去辦出版，現在也是，真正看書的人不多啦，那時候因為臺灣是文化沙漠，所以去做這件事，想要盈利的話，不要做出版啦。

問：那你創業時的出版社的稿源怎麼來？

　　那時候稿源比較多，都是人家送來的，我也沒有特地去邀稿，那時候作者沒有地方出書，只要有出版社，他們就願意來投稿，作品沒有地方消耗。

問：那時有出版法，所以沒什麼出版社

彭：所以要透過我們出版。

問題四　請問：一家出版社的核心該是哪部門？編輯、行銷、發行…為什麼？出版業的經營模式過去和現在是否有所不同？

彭：編輯很重要，行銷和發行放在一起，也很重要，編輯好的書，要推出去，要他們認同你，你的書才能銷售出去。

問：那你覺得編輯有什麼特質，像李敖幫你編書。水牛一路下來有哪些

編輯是靈活人物？

彭：編輯，有興趣做編輯有他的構想，但他也要透過我認同，和我們的想法是否差不多，我看了決定如何，沒有什麼了不起，我覺得這是很主觀的，很個人的看法。

問：所以水牛基本上不做選題策劃，主要被動式的作者來稿

彭：對，我們沒有去徵稿，都是作者自己來稿。

問：那讓水牛營運或財務比較好的是哪些書？

彭：講起來賺錢的，就是教科書啦，只有教科書可以有盈利，其它的都虧，例如野鴿子的黃昏很好銷，沒錯，但其它都賠，一二十本才一本好銷，也撐不起。

問：那一年營業額平均可以到多少？

彭：到童軍的教科書才比較好，一年高峰期大約四五千萬元，好的書可以到十幾萬冊。童軍教科書是通識課程，以前一個年級全部有四十幾萬人，現在一個年級才二十幾萬，所以以前賣這個還不錯，是國中的國一二三都要上。現在沒有了。

問：那麼經營模式以前和現在有什麼不同？

彭：我已經做了 54 年了，我和你講，剛開始的行銷很辛苦，以前的書一本才 8 塊十塊，要賣多少才有得賺，以前都沒有高速公路，以前剛開始是騎腳車送書的，再過來是騎機器腳踏車，也就是腳踏車加裝馬達，叫機器腳踏車，後來有摩特車，再來是箱型車是 400CC 的小車子，然後我自己才有輛車，然後有休旅車，然後才買了 ABBA 的車，哈哈…ABBA 現在關門了，我年紀大了現在都不開車了。

問：那行銷是您自己做嗎？

彭：對，行銷發行都是自己做。後來就有業務做。

問：那麼金石堂出來後有沒有讓你們比較好？

彭：有，有改進，但我要說的是，那時交通工具的時候，那時臺灣沒有高速公路，只有縱貫公路，不可能騎腳車去南部收帳，那時候要去南部收帳，要坐客運，做火車，那時行銷很辛苦，那時候收帳很辛苦，不是一去就可以收到，書店很刁難，說老闆不在，最早期很辛苦，後來北部有高速公路，有好一些，最後我有時就坐火車坐飛機，就慢慢進步，哈哈，酸甜苦辣都有 .. 很可怕 .. 每個階段都有。

問：那時候書店比出版社強勢，才會造成目前通路都很強勢嗎？

彭：對，那時候人不去，他們不會給錢的，而且那時還開支票，而是長期支票還三個四個月呢，現在就不是了，現在他們會自動結帳，現在回想起來就真的怕。

問：那時候出版社和書店的誠信如何建立？

彭：那時候不簽約的，沒什麼，我認為你這個書店比較大一點，我們去拜訪他，不過只要是大一點的，我們都有往來，每個區域總是會有個一二家，剛開始也沒幾家啦 .. 現在也是每個區域也沒什麼書店。

問：國民黨剛來時，好像文化書局還是在南部比較活絡吧？

彭：有台南南一書局，台中是中央書局，大眾書店 .. 台南的南一是最大，高雄也有大眾，慶芳…屏東有百科 .. 花連有瓊林 .. 後來都沒有了都關門了，很淒慘啦。

問：後來的經營模式

彭：現在不必到處跑，以前訂單都是用明信片寫，若多的話，就用目錄勾一勾然後寄來，現在都是用傳真，. 再來又用 email 的。

問：那書當然都是用郵運的吧

彭：對啊，現在想起來還是很辛苦

問題五　請問：您的選書企劃有什麼原則嗎？你如何維持和作者的關係？如何培育新人作品？

這題剛有問，書源是自動來稿。

問題六　請問：您如何運作出書後的新書推廣，臺灣的閱讀市場您覺得如何？

這變化很大，我資料都給羅文嘉了，以前中央日報有文化版廣告，有比較優惠，然後會一則一則做廣告，其它家報紙沒有優惠價格比較高，所以我都在中央日報登廣告，登廣告，書會賣得比較好。我還留著以前的劃撥單 .. 在找…

問：你這個書目有些書為什麼絕版書還要交待？

彭：因為絕版書，版權還是我的。

問：早期稿子都是買斷

彭：對，都是買斷，當初是能出書就好，甚至有些不拿稿費，像王尚義的書，很多都是他寫在筆記本，然後我們是自己整理起來的，他剩下的書和筆記本，我們謄錄起來，然後編輯出書，我們出他的書，他很高興。他念醫學的，其實，我現在正在看一本書，腦內革命，只要我們時常有快樂幸福的感覺，這樣我們的生命才會長壽，王尚義他太鬱悶，他不喜歡念醫，逼他念，這樣不快樂就不好了。我們心情要放開。

問：那稿費以前是買斷，現在是抽版稅，買斷是每千字 300-400 元，那現在版稅是 8-10%，這樣嗎？

彭：差不多，我的書都是賣斷的比較多，那時候給作者出版他們就很高興。

問題七　請問：政府的出版政策和獎勵，會左右您的出書政策和計畫嗎？

沒有什麼獎勵，政府只有口頭說說而已，以前管得比較多，獎勵也少，現在管比較少了。獎勵也少。書展基金會，有啦政府提供的給了一

些租金就沒有什麼，管理費什麼的。

問：書展，政府有補助多少？

彭：以前有三千萬，現在不僅了！以前國際國舍也是我辦的，但政府沒有補助，是同業自己家合租，我辦了十年。

問：人多嗎，我沒看過？

彭：那時在基隆最先個叫僑光堂，第一次辦是內政部辦的，很成功，就是我們同業和內政部提案希望政府指導一下，所以就辦了。那時內政部是熊純生辦，他退休後到中華書局，他是老闆。他最早在內政部後來在新聞局。

問：歷屆有哪個新聞局或政府官員對出版比較有貢獻？

彭：就熊鈍生吧，他比較關心出版業。其它就沒有。他辦了二三屆書展。

問題八　請問：依您的觀察臺灣出版產業可分幾個階段？

剛開始的時候從排版書，印刷廠，製版廠，裝訂廠這些工廠都是萬華地區，那個階段都是手工的，像裝訂，紙要折是拿尺壓著，現在都是機器，以前都是在裝訂廠周遭的人來打工，他們做紙放在地上，所以以前的書怎麼有貓的腳印。以前做一本書，很慢，做一本書要一個月以上，印刷，裝訂，都是手工，以前裝訂廠的工人常常手都被切斷。

第二階段這些廠都遷到中和去了，現在萬華地區不讓污染那。對以前還有鑄字廠、排版廠，這些廠以前都在萬華，現在有電腦就沒鑄字廠，像我這字典我花了六年，光是揀字，排版，我都花了好多錢，這字典是李成棟教授寫，他校訂的，他人已不在。

問：那時做字典都沒算成本？

彭：對，那時都不算成本，有稿子來，有人做就出版。

問題九　請問：您對該公司出版社的成長分期？和成功的關鍵因素？您的看法如何？

剛開始是文史哲，後來就什麼都出，再來就做童軍方面書。50-60 年代文史哲。70-80 年代就是童軍教科書，有關成功關鍵，我不敢說，只是自己做人還不錯，只是比較覺得像遇到有些官員有些老長官，見到我，和我說他們都是念水牛的書長大的，聽得就覺得很安慰很有成就。其實之前負債好幾千萬耶，後來童軍的書可以讓我全部攤平，也沒貪什麼啦，所以，現在有人要接水牛我也覺得很好很安慰。

問：彭先生之前認識羅先生他怎麼願意接

彭：有一次去游泳遇到他，那時遇到他，他說他有辦一個雜誌，我就拿一千元給他，要支持，後來有寄一本雜誌給我，但只做了一期了就沒了，後來羅先生又出了一本書，我就想他有這個想法，我就有一天找他到我家附近吃拉麵，我就問他，他一本一本這樣出，不然我有一千多書你要不要接，我小孩沒來要接，我就隨便開個價錢

問：開多少錢啊…

彭：很低，想說有人接就好，我開三百多萬，後來羅先生和他太太討論之後覺得可以，羅先生可能有找馬永成一起規劃吧 .. 他大概拿了 270 萬給我，我想有人接就好了。

問：目前臺灣出版業經過了像彭社長您一樣面臨出版業的接班問題，你怎麼看待出版業的延續，文化傳承觀念？

彭：在臺灣，其實出版業就是個自生自滅的行業。

問：出版業的本質嗎？

彭：在臺灣吧，尤其是出版業，在我經歷中看過幾百家就是起起落落，像日本他們出版業都可以有百年事業，他們大多是家庭經營的。

問：為什麼？

彭：若不是國營的，他們可以維持嗎？繼承的負擔太重了吧，日本有繼承的觀念，日本人很注重家庭的傳統，所以他們出版社都是幾百年的歷史。而且他們若是大公司就是公司制，若是小公司，就父傳子，子傳父。像我兒子做建築師他不可能接，水牛現在有人接，我就很高興。

問：出版業特色自生自滅，哈哈…我做這論文我就在想如何切入，提出政府應該要適當的來協助讓出版可以延續，但政府介入何來出版自由呢？

彭：嚴格講起來，這政府..像以前做出版，如果沒有資金或不夠錢，根本就不能用公司的名字去貸款，要用房地產才能借到錢耶，書中自有黃金屋但黃金在那裡？現在幾點，我待會有約，就到這裡吧…

編號 A09 遠流出版事業股份有限公司董事長　王榮文先生

受訪者：王榮文	服務單位：遠流	年資：40 年
訪問日期：2013.01.30	地點：臺北書展展場	時間：2:00-3:00 pm
背景：生於 1949 年，政治大學教育系，企研所企家班。		

　　書展上巧遇王榮文和貝嶺在聊天聊他的流亡的詩人。

王說：我看了林載爵那篇文章，我先批評一下，他那篇文章《出版與閱讀》沒有交待完成沒有交待日本時間在臺灣的出版若從地域的空間，1895-1945 這個五十年間的臺灣出版史都沒有交待，那時候的臺灣出版史研究很缺乏。

　　出版文化，什麼是出版文化，現在談文化創意產業，我會說出版文創產業或設計文創產業，文化產業就變成 15 加 1，而出版產業很清楚，指圖書、雜誌、或資料庫，這叫做出版業。何謂出版文化，以出版產業為核心所形塑出來的氛圍 還是一種產業特質，叫出版文化，我的名言：沒有偉大的作家，就沒有偉大的出版家，也沒有好的作品。今天在臺灣我們受到很多因素的限制，我們的人民或國家若受到思想的禁錮 那我們就不會有偉大的作家，像白色恐怖，思想自由時的八十狂飆時代，每個時代都有它的特色，若合起來看這個出版發展史那就很有趣，它受教育、政治、經濟等皆影響整個出版業。我的那篇《臺灣出版事業產銷的歷史、現況與前瞻－一個臺北出版人的通路探索經驗》，我那時候的創見還是很好，臺灣的出版史我用產銷一體來看，產品和通路來看。有時候「產品開展了通路，有時候通路限制了產品」，從金石堂創立以來有連鎖書店以來後，出版史就完全不一樣，你看 1990 時臺灣的出版最發達的時期，就是通路四條路徑全開（店銷通路、郵購通路、直銷通路和學校通路），我特別重視通路上的「產銷交流史例」，我修訂到 1993 年，但後來沒有再修改，我是 1975 年創遠流，金石堂 1983 年成立。詹宏志定義「遠流歷史」的那一篇，1994 或 96 年寫的那篇。1975 年成立第一階段稱為求

生存的階段，也可以叫做單冊書時期，像《拒絕聯考的小子》，《微微夫人》，還有三毛的《娃娃看天下》每一本各別的書都要有一本是暢銷書，第二階段，遠流從小公司到大的公司是從套書時期開始，做李敖的《中國歷史演義全集》（全 31 冊）（1979 年），柏陽的《資治通鑑》還有吳靜吉《大眾心理學叢書》系列，這是和每個大作家合作，得做大作家書系這是套書的演化，用酒櫃代替書櫃。錦繡是跟著後面做，他們有賺到更多錢，後來李敖做第二套《中國名著精選全集》就不行了。另外，後面跟風的出版社都賠錢了，這時套書時代結束（約 70-80 年代）。第三階段「化整為零時期」，是因應時代和社會的變化，仍是套書概念在做。詹宏志真正的貢獻是在幫我把我買到的四十本做成大眾心理學全集的出版延伸書系，以「書系經營」，也就是「開拓路線」「路線經營」（蘇公是這個時候進入遠流），是他為遠流開創格局的貢獻。比較有系統的，是詹巨集志做總經理時候，（開始時我帶他做金庸，那時還是在外面兼著做後來才進來遠流，那時周浩正在編《新書月刊》，我認識詹巨集志時他在時報，他是周浩正的徒弟，所以就間接認識他，他很聰明，那時他老婆王宣英以前就在遠流當編輯，有很多管線和他有關係，開始是外包編輯，後來發現他文章寫得不錯，他還編了《胡適自選集》，就找他來，先從外包編輯，再進來編輯，變成總編輯再到總經理，合作十幾年過程算是遠流最有創造力的時候，那時候出版很好做）。再到「化零為整時期」，因為詹宏志他要開拓路線就得找不同優秀的人來做，那時找了蘇拾平做「財經」，陳雨航做「小說館」，對 .. 是周浩正先做「實戰智慧」、「歷史小說」，從漢聲來了二組人，一組莊展鵬做「臺灣館」和郝廣才做「兒童館」。後來在「臺灣館」投入很多心力花很多資金，每一個精英就是一個路線。如果產品是套書，就必須靠人員直銷和郵購，那沒辦法在店銷，必須得請一匹人，後來做套書的都倒了，像錦繡和光復後來就是這樣倒了，那個時候臺灣只有三個報紙，做廣告，所有購買者都看到了，現在做報紙廣告根本不行。

　　整個出版產業或文化創意產業，最主要元素就是以「人才」為本，但要找到一個像他詹宏志這樣能寫能說能賣的全方面的產銷一體的人才很少。但每個人都有他的優點，講起來很不科學，不管理，但因為這個人才會有這本書和這件事，所以通常我會「因人設事」。臺灣這幾年出版環境的變化很大，出版社每年都要有一些高潮或重要的產品推出，這樣就可以經營的好和穩定，這是出版的特色。重要的是有沒有暢銷書，這幾年有形勢的變化是，以前舊書和新書的比率是 65：35 比率，過去所創造的書第一年第二年第三年都還能賣，現在做不到，可能是 50：50，新書的占比愈來愈大，若當年的新書不能成為暢銷書，那來年這本書就賣不出去了，這都是生活形態的變化或通路的變化，這都變成是與時間在競爭，生活形態的改變使我們文創和出版要走文創的路，像我講《轉型創新，跨業創價》概念，出版業不能死守在自己的行業，現在共同的出路是在走「數位的路」，詹巨集志有寫過一篇《遠流的出版主張》，出版做為一個平臺是和社會溝通的平臺是和社會對話，和環境對話，是和所有讀者對話，隨著社會變遷就有不同的書和它產生關係，例如九把刀可以和社會溝通，但有些人作品也很好，但無法和社會溝通。

筆者問：相關的出版公協會扮演在這個產業什麼樣角色和定位？

王：「人才為本，或以人為本」，每個行業都一樣，若做為一個公會的領導人，你的責任，就是 .. 我在韓國學到一句話，「創造單一產業的集體繁榮」，像我今天做臺北書展基金會董事長，我有了這個平臺的領導權，那我不能創造遠流出版社的繁榮，但要創造閱讀產業的集體繁榮，不管我現在做的任何事都是在做這件事，但每個人才做的工作方法不一樣，像每個編輯喜歡的書不一樣，他的專才也不一樣，臺灣的出版就是在多元多樣，臺灣出版的文化，反應了臺灣的創造文化，閱讀文化，作者是什麼水準，出版社就是負責比他更好的水準，因為出版社要再包裝嗎，作品的是多人集體完成的。

筆者問：金庸的作品是沈登恩發現的為什麼後來全面轉到遠流？

王：遠景的貢獻是三個人合作的第一年，因為和沈登恩的個性不合，總共合作五年吧，但其實第二年我就離開自己創遠流。金庸，沈登恩的貢獻最大，後來透過楚中秋，魯少夫，宋楚瑜的協助讓禁書合法化，簽進來的約是五年，但是這五年內和金庸的版權關係，欠了三千萬，沈登恩有他的解釋，將他所有書的香港版印給了明報出版社，但金庸說：明報出版社是公司，你欠的是我個人，金庸認為你欠我三千萬，你不能把不要的書，賣給明報出版社，法人與個人的觀念是不同的。對金庸而言，他覺得你不誠實，既然是不誠實的出版社，合約到了當然就終止合作。我只能說我的運氣和人生機緣還不錯。何況我是遠景的股東之一，我不可能去和金庸提。記得，有一年我去 Park Lane Hotel 時，剛好金庸和他太太在那下圍棋，要接沈君山，在關鍵五分鐘，我 check in 時，金庸主動過來問：你有沒有興趣出版我的書。我回說：當然有興趣。金庸要我寫個提案，我回臺灣後找詹宏志討論寫企劃，那時候他最擔心的是對出版社的不信任，所以我企劃書中就主動提版權頁蓋章，那是對出版的不信任才會有的作法。臺灣的版權頁蓋章的文化就是從這個時候開始的，這其實是很不好的，版權頁蓋很麻煩的，後來合作五年後，金庸主動提不用了。我在 2004 年寫了一篇《知識創價，其樂無窮》中就是在強調信任、信賴的重要。我鼓勵若可以拿到出版合約，從合約裡來研究出版文化，這是很重要的脈絡。

編號 A10 光復書局企業股份有限公司總經理　林宏龍先生

受訪者：林宏龍	服務單位：光復	年資：37 年
訪問日期：2013.02.05	地點：臺北出版公會辦公室	時間：10:00-11:30 am
背景：生於 1951 年，日本大東大學經營管理學系畢業。		

問題一　請問：您投入這個出版產業多久？您如何踏入出版業？

　　我是在日本讀大學，待了五年，大東大學經營管理學系，在日本排名第九，畢業後回臺灣就到光復服務，我父親還在當然就待他旁邊學習，約 1976 年進入光復，在日本念書時有在日本打工過。

　　光復是我父親創業的，我父親在 1962 年創立，我父親叫做林春輝（他的學歷是在日治時的開南高中文科），是臺灣本地人，受日治時期教育，現在光復萎縮很多，我父親以前在臺灣省的教育廳工作，那時教育廳長是劉真，我父親做到教育廳的督學及福利委員會總幹事，有關財政方面皆由我父親負責，還得過二次福利委員服務勳章，那時民國 47 年有個八七水災，當時有華僑捐款全由我父親處理做中南部複建的工作，我還記得北京的故宮從大陸運來時，我父親也是接收大員之一。因為對教育很瞭解所以就很直接投入出版這個一行。

問題二　請問：您策劃的書中，您覺得滿意的作品有哪些？為什麼？

　　我父親因為在教育廳工作，所以有一個機會，記得 1970 前後，王雲五去日本大板參加萬國博覽會，我父親也有參與其中，那時臺北故宮在日本展覽，也因為這個機會，所以就有光復和故宮合作與日本合作出版的機緣，所以就開啟了故宮選粹和日本合作，由日本派攝影師來拍照然後回到日本印製，經故宮授權，這開始了光復的第一套書。

問題三　請問：圖書是商品也是文化，您認為盈利模式和心中的理想之間如何平衡呢？

　　我和我父親的出版理念不同，我總是建議不要老是做套書，但我父

親就是以書養書的觀念做出版，很堅持，個性也很急，當初學日本的學習研究社專門做直銷的，營業額比講談社還要大，於是也學他們引進套書《光復兒童百科圖鑑》（10 冊）以直銷方式來做，還被員工笑賣這麼貴誰要買啊，結果市場反應很成功。

像和 DK 買一片光碟要 400 萬，一次買七八片，但這全部失敗，我們還辦過兒童日報，做了十年，也虧了十年，每個月虧四百多萬，他很固執，他覺得兒童教育很重要，一直在深耕兒童教育。

問題四　請問：一家出版社的核心該是哪部門？編輯、行銷、發行…為什麼？出版業的經營模式過去和現在是否有所不同？

剛開始由日本引進大陸的書，後來也從歐美引進很多書 像 DK 的書應是我們光復首先引進的，我父親在產品的規劃都太過超前，光復的產品都是大部頭書，所以當時業務有八百多位，而且有自己的車隊，由自己配送。以前臺灣的交通不方便，所以就設計由自己配送，因為大部頭書很貴，所以率先以書款分期付款，最多可以分期到二年，所以客戶可以很輕鬆購書，像一套書二萬四，分 24 期，每個月一千元，那很方便，購書很容易。

問題五　請問：您的選書企劃有什麼原則嗎？你如何維持和作者的關係？如何培育新人作品？

因為光復和日本的關係很好，所以，主要由日本來啟發我們新書的開發，光復也辦了二、三場書展，我們和日本講談社關係很好，當時由光復辦書展開啟了國際的視野，由於日本參展，接著美國、英、德法就接著參展。

我們除了買國外版權，也有跨國合作，光復當時編輯部有一百多位。光復做的是套書，但有些人不想做套書，比較偏愛單本書，我們套書從編輯到行銷到銷售到配送，是整個作業鏈連環相扣的，有些人不喜歡做

套書吧。

問題六　請問：您如何運作出書後的新書推廣，臺灣的閱讀市場您覺得如何？

　　臺灣套書時代已經過去了，雖然說電子書會取代紙本，但有些書真得若用電腦看，閱讀感受不一樣，很難像紙本閱讀的體驗。

問題七　請問：政府的出版政策和獎勵，會左右您的出書政策和計畫嗎？

　　光復在最高峰時，年營業額有 20 億新臺幣，後來發現一連串的事，使得光復財務被重傷。政府政策沒有幫助，反而是推你下石。所有事在 2002 年發現這三件事導致光復。

　　第一件事，當年推行九年一貫的教育政策，打算開放讓每個出版社都可以接案做，那時教育部長是黃榮村，那時教材以每頁 0.75 元來算，光復那時為了搶下教科書市場，在六月底前爭取不錯的訂單，然後就買紙張，早就請教授撰文，所有準備都已就緒，教育部很外行，原本一頁 0.75 元這時教育部突然七月底規定每頁 0.45 元計，哪有賣書以頁來計算，光復因此而慘賠 4 億多新臺幣，其它家沒有被波及是因為他們很早就做教科書，有之前的版本就修改一下即可，但光復是第一年做就賠慘了。

　　第二件事，同年十月是光復的倉庫在桃園，結果屋主欠債，光復的書，被無辜搬走，黑道啊中盤啊全都來搬書，害我們損失 4.6 億。那時所有媒體都有報導。

　　第三件事，我父親這一年六月在上海心臟病發，冒險回臺灣，回台治療，銀行得知消息抽銀根，一下子全部財務就陷入危險。父親享壽 86 歲。

問題八　請問：依您的觀察臺灣出版產業可分幾個階段？

這個我無法回答。

問題九　請問：您對該公司出版社的成長分期？和成功的關鍵因素？您的看法如何？

光復企業集團發展階段

第一階段 企業初設時期（1962-1976 年）

1962 年林春輝先生以新臺幣一萬元獨資創業，來年出版《初中實用英語》、《圖解英漢字典》、及《學生科學字典》，暢銷全國，奠定事業根基。1967 購自日本講談社的《科學百科叢書》（12 冊），首開臺灣出版百科叢書先例。1968 年光復改組為股份有限公司，增資 100 萬元。1974 年成立秀高企業公司，負責關於電子產品及科學教材進出口。1975 年舉辦世界美術館名家複製畫展覽。

第二階段 洽購國外版權時期（1977-1989 年）

1977 年購自義大利 Mondadori 公司版權的《世界美術館全集》（15 冊），並出版之《家庭的醫學》（6 冊）榮獲金鼎獎。接續再購得義大利 Fabbri 公司授權《近畿世界名畫全集》（9 冊）、《彩色世界兒童文學全集》（30 冊）出版。1978 年臺灣學研電子股份有限公司成立，負責生產有關電子產品和科學教材。以及成立光復高雄分公司，開始直銷事業。1980 年與故宮博物院合編《中國陶瓷》（5 冊）榮獲金鼎獎。1982 成立光復總管理中心。1984 年與西德 P.M. 月刊、美國 Popular Science 月刊及日本 Quark 科學月刊合作，出版《科學眼》月刊雜誌，並推出電視社教節目。1987 年由本土學者策劃《當代世界小說家讀本》（50 冊）出版，同時創辦春暉青年文藝獎學金，資助國內青年作家第一批《青暉文藝叢書》（10 冊）出版，並配合舉辦春暉文藝系列講座。1989 年「行政院新聞局」委託本公司舉辦中華民國七十八年度全國圖書書展覽。

第三階段 自製創作時期（1990-1994 年）

1990 年光復企業集團資本額擴增為一億五千萬元新臺幣，並開放公司兩年以上資歷員工認購股票。同年由本土幼教專家聯合創編之《光復幼兒圖畫書》（40 冊），編輯部進入創作元年。1991 年桃園內壢教育訓練中心成立，提供員工常態性進修場所。1992 年與「行政院新聞局」、「國立中央圖書館」合辦第三屆臺北國際書展。1994 年再次與行政院新聞局、國立中央圖書館合辦第四屆臺北國際書展，規模為亞洲地區最大。同年成立電子書籍部，開始自製研發電子出版品。

第四階段 多媒體時代（1995-1997 年）

1995 年《中國考古文物之美》榮獲行政院新聞局藝術生活類金鼎獎，並榮獲倫敦大英博物館列入珍藏書。1995 年電子書籍部自製首片光碟產品《醜小鴨》上市。接著《三隻小豬》、《小金魚》、《獅子與木匠》三片自製光碟相繼問市。1996 年成立多媒體總局資料中心，首片 Photo CD《中國古建築形制精選》推出。同年光統圖書百貨台大店開幕、成立發行部，開始行銷店銷書。電子書籍部與 DK 公司合制之《機械大百科》、《人體大百科》光碟書問世，同時《童話大進擊》、《連環三十六計》自製光碟亦相繼問市。1997 年製作光碟版圖書目錄，直銷事業邁入電子時代，營業同仁開始以筆記型電腦搭配豪華套書整體銷售。並開始研發電腦「主題教學」教材系列。

第五階段 網際網路時代（1998-2001）

1998 年《中國地理大百科》（15 冊）榮獲行政院圖書出版綜合類金鼎獎。與人民文學出版社合作出版《珍本世界名著》（120 冊），成立光復 IBM 電腦教育中心，全省共計 11 處，與 IBM 聯手推動「國小學童免費學習上網計畫」並規劃光復快樂學園網路虛擬學校。1999 年成立九年

一貫教材編輯部及教材營業部，研發九年一貫新課程教材，提供全方位的教學教材資源。2000 年成立光復網際網路企業股份有限公司。2001 年九年一貫課程小一五大領域及小五、小六英語教科書及相關教具陸續上市，設置光復威博教育網站，提供親、師、生全方位多元的教學與學習資源。同時策劃制編《世界美術大系》（20 巨冊），做為企業成立 40 周年紀念出版。

2002 年三件事導致光復財務危機。

光復成功很多次也失敗很多次，成功關鍵是關注吧，我父親的名言是以書養書，我這套書賺錢則再用賺的錢去做下一個書，書以分期付款的方式是很重要的力氣，像大美百科全書，一套 30 本，每本 600 頁以上，這套書四萬七千元，可以賣到四萬套以上，所以業務很重要，我們會請編輯人員講解給業務瞭解，讓業務充分瞭解產品。

問題十　請問：您如何看待這個產業的特性？出版業對於臺灣社會的影響和意義，你的看法如何？

我父親雖然是受日本教育，像蔣介石過世時，日本有幾個重要人物來台悼念，那時蔣介石的秘書長張群，就是由我父親居中當翻譯，國民黨當時排擠的是有共產主義的臺灣人，並不會排斥日本人或懂日文的臺灣人。

出版業現在不行了，不好做，現在有訂單才印製，基本上已不出書，然而，一個企業是自己要去創立的，很難要政府給我們什麼輔助。我現在的重心都放在大陸的發展。

編號 A11 道聲出版社副社長　陳敬智先生

受訪者：陳敬智	服務單位：道聲出版社	年資：35 年
訪問日期：2013.02.07	地點：道聲辦公室	時間：2:00-3:30 pm
背景：生於 1950，世新大學編採科。		

問題一　請問：您投入這個出版產業多久？您如何踏入出版業？

　　我在 1975-1976 年間就進入這個產業，當初是退伍僅是為了找一份工作，那時道聲找人我去應聘業務。我們這個出版社是財團法人不以營利為目的，今年道聲剛好一百年，我簡述一下道聲的歷史。1913 年 3 月 29 日在湖北漢口成立「信義神學院」，當初為了對華人宣傳福音的需求而出版教材和釋經傳遞福音，同時 9 月 15 日出版《信義報》，這是信義神學院成立後第一項正式出版品，也標誌了道聲出版社的起源。後來經過中日戰爭、國共內戰、文化大革命，中國信義會於 1951 年 1 月 25 日宣佈與海外信義會切斷關係，信義書報部也就宣佈結束。1951 年 5 月 3 日在香港的九個信義宗差會成立了「信義宗聯合文字部」，為香港、臺灣等海外華人教會提供基督教讀物，1960 年 1 月信義宗聯合文字部成立「道聲出版社」，自此開始，正式負責港臺兩地信義宗出版事務。

問題二　請問：您策劃的書中，您覺得滿意的作品有哪些？為什麼？

　　大約 25 年前，有一個機緣英領社長到美國去，慢慢編務就由在地的華人來編制道聲，1971 年殷穎啟師擔任道聲出版社社長與總幹長，這是第一次由華人主事。殷穎認為，出版社必須自給自足，應當有 85% 的書是人喜愛讀的，15% 是人應當讀的書，於是 1972 年開始推出「百合文庫」開始了與非教徒的接觸之路，1968 年開始「人人叢書」面向的領域更廣，1975 年推「少年文庫」由顏路裔主編，此三書系為此階段的道聲代表作。

　　由我主導的則較具代表的作品有：

1.　《標竿人生》作者華理克（Rick Warren），英文版，在國外售銷

幾千萬本，臺灣也賣了 40-50 萬冊，還延伸出《標竿人生之每日靈糧》、《直奔標竿》、《新人新心奔標竿》、《脫胎換骨奔標竿》等。

2. 「兒童生命教育系列」是繪本書系。目前已推出一百多冊，裡本有百分之八十來自國外，譯作，重點在教導小朋友對生命教育的認識。像小孩的許多問題，例如自殺，兩性問題這類，這系列強調讓小朋友認識生命的真諦並愛惜生命。這系列已策劃近二十年了，現在還在持續策劃新作品出版。

3. 還有《簡明聖經》，像這本《漫畫主禱文》簡體版，專門售銷給馬來西亞、新加坡地區，專門服務看簡體的華人市場。

問題三　請問：圖書是商品也是文化，您認為盈利模式和心中的理想之間如何平衡呢？

我們就以宣傳福音為主，不以盈利為目的。1982 年香港臺灣道聲出版社各自獨立，臺灣道聲出版社隸屬「財團法人基督教臺灣信義會」，基本上以傳播福音為主要的經營宗旨。

問題四　請問：一家出版社的核心該是哪部門？編輯、行銷、發行…為什麼？出版業的經營模式過去和現在是否有所不同？

我們的組織架構，像社長是三年一任，選派的，而副社長是執行監督，也可稱之執行長。

我們的核心主要是選題，也就是「意象」即是核心、目標的意思，為推動福音的傳遞，讓更多人認識基督教，進而讓人得到幫助，也是提升整體社會的福祉。像大陸的王局長不是也說：多一個基督徒就是多一個好國民。

臺灣約有一百萬人口是基督徒，尤其集中在臺北的大安區。目前社裡有 26 位同仁，編輯部有 7 位。我們一年約出版四十本書。我們有特

有的發行零售店像公館的校園書坊、忠孝東路的以琳書坊等全臺灣約有四十幾家是專門經營這類書的書坊。然而海外像馬來西亞、新加坡、北美等世界各地華人區我們也有通路。聖經是全世界賣得最好的書，在臺灣一年就有幾十萬冊的銷量。但一般書店不會擺放聖經，這在我們特有的通路才會有。

基本上，出版社的經營管理從過去和現在沒有多大的改變。我們以現代的管理來讓我們的書能讓更多人有機會接觸到福音。

問題五　請問：您的選書企劃有什麼原則嗎？你如何維持和作者的關係？如何培育新人作品？

主要在傳福音，稿源和作者，主要和基督教的訊息有關的，所以我們會去找國外和基督教有關的出版社資料，如 ECPA，是美國基督教協會做了有關基督教方面書籍的暢銷書排行榜。

目前臺灣約有三千多家教堂。其實，許多印刷出版都是由傳教師帶到臺灣的，像臺灣教會公報社位於台南，1880 年五月馬雅各傳教士捐贈一台小型印刷機，還包括排字架及鉛字共十一箱，以便可以印刷羅馬字台語。1884 年 5 月 24 日這套新裝備開始了印刷工作，寫下臺灣印刷史的第一頁。1885 年六月英國長老教會又送來一筆奉獻，因此在臺灣教會公報社蓋了第一家印刷廠，並稱之聚珍堂，臺灣一般信徒稱之新樓書房。隨後 1885 年（即光緒十一年六月十二日），巴克禮博士以羅馬字發行「臺灣府城教會報」，這是臺灣第一個大眾傳播工具，也是第一份報紙，更是發行至今歷史最久的刊物。

問題六　請問：您如何運作出書後的新書推廣，臺灣的閱讀市場您覺得如何？

現在整個閱讀習慣都不同，我們一樣都有受到衝擊。

臺灣地區，經常性出書的約有二三十家基督教出版社。還組成一個

中華基督文字協會，我還是前任理事長。

我們的市場相對穩定，我們採用企業管理來讓福音有效的傳播。我們希望更多人可以看到我們的出版品，雖然相關穩定，但還是會受到大環境衝擊，旺季像復活節、耶誕節、一些節慶會影響，會比較好。

問題七　請問：政府的出版政策和獎勵，會左右您的出書政策和計畫嗎？

出版政策，我們跟著這個產業的大環境，仍會受這個產業的政策多少影響。財團法人基督教臺灣信義會。

問題八　請問：依您的觀察臺灣出版產業可分幾個階段？

第一階段，四十年前，早期臺灣鉛字排版，那時像《汪洋中的一條船》就是困苦的時代如何激勵大家，也有一些漫畫書啊，像水牛文庫等都是靠翻譯書，那時資訊來源都不發達，所有資訊都是靠印刷品，所以追求知識都是靠圖書出版，出版是臺灣的啟蒙時期。

第二階段，文學時期，像張曉風啊，那時正是臺灣經濟發展起飛或者一些成功人士的自傳，或是天下雜誌等一些經濟議題，以及天下的經營管理，其實出版就是在呈現當時社會和產業的現況，那個時代也開始買賣股票，產經方面的書，傳記書籍等，文字出版也開始有照相打字，編輯排版隨著技術開始改變。

第三階段，電腦時代來臨，隨著科技的變化，整個產業改變，像發行、編輯、流通全都改變。編印發整個生態都改變，甚至連作者的作品發表也改變，透過網路就可以發表，每個人自由發表的情況大大改變，這個行為改變了人的溝通，訊息一下子都改變，這讓出版整個不同了。也因為沒有了編輯這個守門人，網路促成粗糙文化的大量產生，大多數人都是看資訊，內容多半是片斷，沒有邏輯思考的架構，這會影響讀者領受知識和深度思考的能力。這也就造成小孩的一些怪異行為，倫理、道德、親情都在崩潰的邊緣。一個好的作品需要一個編輯將它內化成好

的作品，這才是好作品的價值，出版的宗旨所在。

問題九　請問：您對該公司出版社的成長分期？和成功的關鍵因素？您的看法如何？

　　道聲已有一百年，跟著教會成長的過程而改變，早期偏向歐美，也就是福音的傳播，經過社會的變革，隨著臺灣的基督徒人口的增長為道聲的成長分期。

　　筆者自《臺灣人文出版社 30 家》中有關道聲的介紹中，自行整理出道聲的分期如下：

　　第一階段 1961 年 9 月 -1965 年由蕭克諧主編的「佳音主日學教材」，這是華人教會第一套兒童主日學教材的本地教材，所有編輯工作皆由中國人擔任，這整套教材廣被香港、新加坡、泰國等華人教會所採用。

　　第二階段 1971 年由殷穎牧師擔任總編輯首度由華人主事。1972 年推出『百合文庫』，百合文庫最知名作品為索忍尼辛的《古拉格群島》，曾獲 1977 年金鼎獎，百合文庫純出版了五十種，作者均為基督徒。現仍持續發行的有林語堂的《信仰之旅》，張曉風的《曉風小說集》，小民《媽媽鐘》、《母親的愛》等。「百合文庫」開啟了與非教徒的接觸之路，使更多人接觸到道聲的出版品。「百合文庫」打開了非教徒的市場，進入弓臺灣的商業圖書市場。

　　第三階段 1981 年殷穎離開道聲，1982 年香港臺灣道聲出版社各自獨立，臺灣道聲出版社隸屬『財團法人基督教臺灣信義會』，由陳敬智副社長引領道聲走向華文社區面向更廣的非基督徒的出版市場。《標竿人生》、《聖經繪圖本》等，以及『兒童生命教育系列』，以強調兒童人格的培養，以因應社會變遷下，搶救迷失的孩童的心靈指南。

　　第四階段 2000 以來積極拓展非書形式的傳播福音時代，陳敬智副社長認為，以往是以文字播福音的時代，如今則是運用不同方式，向社會

播福音訊息的時代，像是與不同宗教的比較，使讀者由不同宗教來認識基督教，陳副社長強調說：出版將來不完全是書的時代，數位元恣反是重要的元素，這可以大大提升讓讀者接收福音訊息，道聲自 1913 年起，今年已是一百年了，其肩負的不只是傳播福音的角色，也在時代的出版潮流中，保持與教徒的密切接觸，並持續出版勵志書籍，向非教徒讀者傳達激勵的訊息，並肩負多家華人基督出版社的編輯發行業務，道聲在陳敬智的努力下漸漸達成福音出版的理想國。

問題十　請問：您如何看待這個產業的特性？出版業對於臺灣社會的影響和意義，你的看法如何？

早期臺灣找工作是容易的，只要有工作就去做，現在臺灣是供需不平衡，像電子公司要找人找不到人，很多電子廠找不到人才，而早期臺灣那時代，我們不會去選擇工作，只要有工作都願意去做，那個時代機會很多，百廢待舉。而出版就是在呈現當時社會和產業的現況，除此，出版在影響一個人對生命的認識和探索，文字本來就是因宗教而發明，傳福音是我們出版的宗旨及價值。

編號 A12 三采文化出版事業有限公司創辦人　張輝明先生

受訪者：張輝明	服務單位：三采文化	年資：25 年
訪問日期：2013.02.20	地點：三采辦公室	時間：3:00-6:30 pm
背景：師範大學美術系畢業，後任美術老師，自編教材出書，由作者再到出版人。		

問題一　請問：您投入這個出版產業多久？您如何踏入出版業？

　　我做出版有 25 年了，我從 1987 年開始接觸出版，我是從作者的角度投入到出版業，我當時在士林高商的廣告設計科教書，第一本書是有關，因為我出版的一些美術設計類實用性強的書在高職學校都還賣得不錯，後來就提練有關比較實用性強的書，例如像練習寫麥克筆之類的書。1988 年我就登記三采文化，三采的名稱因為我做的是美術類的書所以彩色取其采，而因為三是多，如三陽開泰、五福四海等有多的意義而且筆劃少，相對排列時可以排到前面。我本來給出版社出書後來由於我本身教印刷設計類，和印刷廠老闆也熟悉。

　　我前面二本給藝風堂出版《平面設計之基礎過程》、《平面廣告設計編排與構成》等，這些書都是很實用的，後來我自己想出書但印製成本都比較高，我覺得我的投入心血很高，後來因為我想提高版稅，但出版社不同意，因為我本身在教美術又在教印刷設計，常會去印刷廠參觀，所以和印刷廠老闆也熟，於是就可以讓我先印刷等賣完書才來結款，那時一本書大約 400 元，那時的學美術的風氣很盛，那時技職學校學生很多，一次印個三千五千很快就售完，除了一般通路外，還在美術材料店銷售，當時我一本書很快就可以達到一萬～二萬冊，因緣際會加上印刷廠老闆的協助，很快就償還了約三十萬吧。那時會找學生來協助，作品幾乎都是自製的。有關發行就交給淑馨來發行。

問題二　請問：您策劃的書中，您覺得滿意的作品有哪些？為什麼？

　　三采正式註冊是在 1990 年，那時我還在教書，之前是借其它公司在出版。

我覺得滿意作品的對自己和對社會有意義的是

第一個是 POP（約 1990-1995 年）—早期大多用大字報或毛筆寫字，後來藉由 POP 書系而帶動美術工作者採用，更多的商業用途甚至賣房子或醫院以及大專院校的社團活動興起對 POP 藝術的運用達到最高潮，當時盛行時市場上有一百多版面此類的書，此時階段電腦還未普及。

第二個是創意市集（約 2006 年 - 至今），又衍生插畫市集，這比較屬於 Mook 的書，它不像書也不像雜誌，搭起尋找人才和創作作品的平臺或舞臺，即是創意謀合的平臺，也像日本人的特刊，以不定期的方式出版。這個舞臺不需要大，但卻是很重要的作品與人才的謀合，人才訊息、作品訊息以及作品學習訊息，是個多元又廣泛的平臺。創作市集是一個比較廣泛的概念，後來發現例如插畫也是一專業領域，於是將創意市集原先開發有五系列（就又開闢 1、3、7 系列，例如 101 的前面 1 是屬性、個位 1 是出版書籍的序號，301.302..303.. 前面 3 的屬性是插畫市集屬性，後面 01 02 03 是冊數序號）。

這二點除了滿足盈利模式又可以利他，作品利人又利己，共同的特徵是由三采率先第一個做的，第一和開創性的作品，引領風潮又有助於社會。有影響力又可以獲利的書。

問題三　請問：圖書是商品也是文化，您認為盈利模式和心中的理想之間如何平衡呢？

這問題大家都一直在探討，您想想有沒有一家出版社為了虧錢而出書，沒有，但是出來的書就很現實，可能五本中有二本賺錢或五本都虧錢。這虧錢的事在當初推出時心中一定也是想獲利，若以邏輯思維來看這個問題，基本上盈利模式也就是心中的理想含有一定的盈利藍圖這樣才容易使理想可能開花，假設心中只有理想但沒有盈利模式，那麼也無法經營下去。所以基本上，盈利的有些模式是靠理想的基礎上來運作，

如果我可以用七比三比例來做，但並不是每個產品都能如此按心中想的。出版社並不是每本書都賺錢，現在相信每個出版社他們在經營上每本書都它的盈利百分比，基本上每個產品都要有它盈利的目標，然後要會去平衡它的盈利模式，假設八本書賺錢二本虧錢，這十本書，以二本賺大錢四本賺小錢二本打平，二本虧錢，我以賺 5 萬為打平，20-50 萬算小賺，50-300 萬算賺大錢，假設如此來配給每本的基本獲利模式，也就是每本書有它的基本結構存在，也就是盈利模式和理想之中有它的比例存在。不是每家出版社都賺錢，而每家出版社不會為了虧錢而出書，所以理想還要有它的機制能夠自食其立的結果，最後這個現想是否能夠賺錢回來。例如插畫市集有一本書售價 199 元，假設前面三本獲利三百，出到第四本沒有辦法只能賺 40 萬，到了第五本，只能打平，這個時候，我的理想可能就會打平，第六本，若是賠，那我可能就不會再繼續或做改變，也或許第七本我就想是否調個定價來做平衡，或者就不再出這類書籍。

以前的出版人經營出版社比較簡單，百分八十是為理想，而這理想又可以賺錢。像我早期對美術有興趣就做美術書，早期基本都是為理想而做出版。早期市場有它的量來支撐這個理想，量及定價及和消費模式可以讓理想來支援，但現在很可悲，從今年 2013 年完全打破不能以這個模式來經營。

現在的理想很快就泡沫，是因為以前理想可以延續，假設您從別人地方做了某一類書有心得後再獨立自己出來創社可能可以延續個七八年，像三采早期也是如此，所以理想可以穩固，然後可以累積基礎，然後專心再往前延伸其它產品，但現在盈利模式和心中理想的平衡，從理論上和實際上，目前我們三采是可以兼顧，但經驗累積愈多後，就會覺得若出這理想性的書會虧五百萬，那麼何必虧五百萬，我拿五十萬來買別人已做好的。

出版文化人不要去背負文化的使命，出版商完全就是出版商，因為

這個空間和時間都已經過了，像現在各地區有文化中心在出書，像金門文化中心每年還出版了四百多本，他們一年預算有五千萬，所以文化責任讓文化中心去承擔就可以。文化中化有許多專員他們會去找出版社來接案或合作，為推廣文化，以前沒有文化中心現在有。

因為缺所以要去建設，就像文化會漸漸消失所以我們要有一個文化建設委員會設法去推廣文化，像臺北市政府為什麼要有文化局，就是要去推廣文化保存文化，而文化還要有二個重要的東西：一個是文化活動，一個是文化產業。而文化活動可以促進文化產業的興盛，但兩者立基和結構是不同，文化活動通常是消化預算，而文化產業是以盈利為目的，例如我是一個畫家，市立美術館找我去辦畫展但不能交易，而我在那一個月的展覽，表面上我出錢花一百萬來裱框或裝潢場地，而美術館可能因這展覽而花費了三百萬的水電費，而這是國家的納稅錢的費用，所以我在市立美術館的活動叫做文化活動，這是消化預算，假設過了一個月，我又拿去私人的場地去展覽，我賣了六百萬的畫，而私人的展覽則收了我四成的費用，所以他拿 240 萬而我拿了 360 萬，畫郎需要畫家支援，這就叫做產業，永續經營的活動則要可稱產業他要自食其力，所以文化活動是促進文化產業的觸媒。

又如平溪經過十年的蘊釀放天燈，前面五年，放天燈，可能為了趨吉避凶，如元宵節放天燈，往後每年元宵節都辦放天燈這叫做活動，這就是燒錢，而假若平溪這地方連週六日都有人跑去放天燈，原本做農業的當地人發現改行做天燈，覺得可以以放天燈做行業，這時活動就變成了一個產業，又如這時候，發現天燈的殘骸污染嚴重，撿一個天燈給三十元，當初做一個天燈五百元，現在撿一個天燈殘骸可以三十元，然後漸漸有人每天的工作來做這些事，這就變成一個事業，天天有人來這裡玩，則變成觀光產業。至於平溪會不會變成觀光產業，那就看政府要不要做整體的配套和規劃。

　　文化活動是為了促進和升級產業的深度和寬度，出版產業其實現在才正要開始。例如書展就是要去促銷和提升出版產業，書展活動完後可以促進對書的重視，設置圖書館一方面是促進出版產業，但又是沫煞出版產業，這很難切割清楚，促進產業有時是一體兩面，假設一千人看了這本書至少有十個人會去買書，一方面一千個人看了這書但不會去購買這本書，實在無法切割的很清楚。所以三采其實還不叫做產業，所以我們立下沒有五千本的量，我們不出，我們要做到創造產業鏈的價值。作者自費出書，這是出版產業委制這是特別代工的工錢，這不一樣，基本上我們不會出這類的書。

　　其實通路的回饋是根據過去的經驗，而出版得掌握的是未來的事，若聽市場報告來推廣那是走入紅海市場，應以未來為主，可以用百分之三十為參考通路，而用百分之七十來為未來鋪陳，才是藍海的經營。

　　盈利模式是沒有理想的空間，但所有理想是從公司有盈利才能來做，像去年書展我做了創意市集的平臺，則因為我們三采有能力可以去做有理想的事。

問題四　請問：一家出版社的核心該是哪部門？編輯、行銷、發行…為什麼？出版業的經營模式過去和現在是否有所不同？

　　核心一定是在編輯，因為行銷和發行都是在為編輯服務，因為以前編一本書要賠書很難，而現在是做一本可以賺的書很難，以前是空接的市場，只要有拿去賣就可以，做什麼都好操作，以前直銷很好做，而現在是一本書就有超過一百本的同質性的書。階段性不同，但真正核心一樣，以前編輯在教人怎麼編，但現在不是，而現在的編輯，根本不用在公司，有個編輯台，就像麥當勞一樣，利用各地的不同製造不同的服務氛圍，也像鼎泰豐，若只做小籠包就不能擴展市場。

　　我從一個人做到現在一百多個人，我就不能再做以前的事，我找了

一百多專家進來幫忙做事，我就不能再做事，就像總編輯不能再去編書，總編輯應該去管今年編輯的營業額，編輯的書選進來是否能捉到好書或有市場的書等。

出版社其實很簡單，主要的產品和形式是書，真正能打戰的主力就是內容，買的也是內容，書和紙張只是形式，內容在編輯部，行銷業務如何根據內容做佈署，根據這本書的書名和選題以及包裝，所以所有部門都是為編輯部而服務，所以若是編輯選錯了，發了很多書，跑了很多通告，結果一堆書退回來和通告都白跑了。書的成本比以前高許多，所以書沒有重點書，誰知道重點書，假設這個月有十本書，若是三本書重點書，而一本起來，二本死掉（指沒有賣掉五千本），而結果其它沒有被選到重點書，卻慢慢賣起來了，重點書不是我們主觀給他的而是經市場測試出來的，比以前客觀多了。所以現在透過網路預購來預測市場較好掌握。出版的核心當然在編輯。以前發書和現在不同，現在有很多概念剛好相反，現在書店看到書很多有二種現象，一種是書賣得很好一直補書，另一種是賣的很差，下錯策略，書堆到那。其實現在好賣的書，以現在的速度，不用擺三十本書，就擺三本，賣完後隔天就可以補上。書的再版三天就是可以補上沒有問題的。從常暢銷到長暢銷的情況，以前長暢銷多因為沒有電腦所以全部依靠沒有網路和完全依靠書，但現在量以百分之六十變到百分之個位數，差距很大，以前捉每年百分之四十新書或六十的書可以賣，其中百分六十裡的百分之六十可以做，另外百分之四十就讓它自己消失，而現在的百分之六十只剩下個位數可以做，像今年有一本暢銷書，就是一直暢銷，打不死，每種書的屬性不同。有些書若假設有三千個人口，網路訂六百本，經一個月可能歸零，讓買的都買了，偶像書是一種崇拜。出版的經營過去和現在，整個結構完全不同。

問題五　請問：您的選書企劃有什麼原則嗎？你如何維持和作者的關係？

如何培育新人作品？

　　張總認為：總編輯主要任務在思考今年要出版多少好書，要多少量的書，才能達到一定規模，所以他不能做事，只要管事就好。小公司的總編輯和大公司的總編輯不同，大公司的總編輯不能在編書，而是選書，只管事不做事。管對事才能做對事。

　　曾雅青總編輯，如何維持作者的關係，在於和作者想要維持什麼樣的關係，是長期的關係，或是有名的沒名的作者，以前有共同的理念和想法都蠻好維持，但這幾年開始，尤其是去年開始都是作者經紀人和出版社談，現在作者想得都比較實際，這整個結構有很大的改變，現在很多作者有很多角色且很務實，版稅一樣很重要，但作者更重視書這個商品是否可以更能推展出去讓作者的知名度更高。現在作者是有實力但可能沒有什麼想法，他需要出版社幫他做一個選題、企劃和整個行銷計畫，幫作者做一個很好的商品。行銷和通路跟出版社的實力很有關係。現在百分之六七十都是先在部落格曝光然後由經紀人來談出書。當然有百分之五十仍是自己要去發崛作品或作者，自己投稿的書幾乎都無法採用。

　　張總補充說明：其實簡單的說，現在的結構和過去的思考完全不同，以前作者投書有一半可以出書，但現在自己投稿的百分之九十千萬不要幫他出書、因為他找您的目的是要壯大自己，以為自己很了不起。現在編輯不是學問而是是否有策展能力，要瞭解策劃的主題而策劃主題，例如營養師，那編輯必需知道哪些營養師口才不錯可以上電視，再來他在榮總或台大有他的基本市場量，現在幾乎是先做選題策劃再找作者，完全是商品化的操作，而作者自己投書他們本身自己不瞭解市場。現在是知識的時代，尤其要有議題，有實力的作者，通常要有三項至五項的實力，我們會先做綜合的評估。

　　張總說：現在結構都是無法用一種模式來套一個標準來談而是看個人的特質來客制，現在無法做很模式化的方式來做。很像心理諮商師一

樣一個個案按一個案做。

　　曾總編輯補充說，作者當然不需要已經很有名，我們倒喜歡是培養新人作品，但需有幾項的綜合評估。不過像文學類，它像藝術類一樣，你看他的作品，對就是對，而除了文學或創作類外，新人作品的定位就要非常清楚，例如他的口條，或什麼的就可以按綜合的條件來評估。

問題六　請問：您如何運作出書後的新書推廣，臺灣的閱讀市場您覺得如何？

　　現在沒有出書後的推廣，現在是出書前後各有它的推廣活動，出書前要提案時，對這書的優點和對市場的影響和未來性即要去對書店如博客來、金石堂、誠品瞭解並產生信心，如果他們認為是重點書他們會開始去寫軟體去佈局整合企劃，約三個月前就要讓他們瞭解。有關新書出版後例如出書前要去書店說書，說書要說到這本書的重點及市場潛力，讓他們瞭解這本書並有興趣，以前是如何大量發行，但現在是適量發書，大眾與小眾書可以推估，如果銷售不錯的，要隨時補書速度要快、要多，網路書店則要實體和虛擬的完美結合。現在出書前都可以做網路預購，依預購來隨時調整印量，網路預購是很好的測水溫的機制，約三天就知道，像賣月刊，前一星期就已決定銷售，而週刊則前三天就瞭解銷售情況。現在書最重要在網路和媒體曝光，若只到實體書店不行，現在讀者不會到實體書店。新書發表會只是在服務讀者或為作者辦活動，那只是一種額外的服務，不會因此而讓書比較好賣。現在的媒體也不會為您宣傳，除非是有八卦的新聞才有賣點。媒體不會因你做什麼主題而是要報導你有什麼八卦消息。

　　圖文的書，早期就賣得很好，現在文字的書並不是賣得不好，主要是現在的媒介做得太方便了，閱讀的機會被多種媒體給分掉，其實是整個大環境的智慧手機帶動改變我們的生活習慣，就像飲食習慣，我們父母上一代不習慣吃漢堡，但現在小朋友並不會覺得。生活習慣慢慢被同

化才是重點。文字書不是沒有市場而是小類，像色情的圖片很發達，它存在某種空間，但真正的色情是感覺和思想，是心靈的活動，而不是眼睛，圖片是讓想像的空間窄化，色情的書如果是看文字其實比較能有感覺，只是圖文流行還沒有到底，等流行到底會再反轉。雖然圖片現在很發達，但什麼時候到底我不知道。

問題七　請問：政府的出版政策和獎勵，會左右您的出書政策和計畫嗎？

我們從來不和政府合作也不拿政府的任何半毛錢。我們沒有做商業上的合作或對社會有貢獻的事，反正讓繳稅就稅。我們不想和政府有任何的合作，基本上政府仍停留在一種施捨的概念。臺灣政府基本上在保護強者然後欺侮弱者，例如我今天叫文化部或新聞局，你出版什麼我設一個什麼金鼎獎，或什麼來獎勵你，基本上是個假像，而事實上他在欺侮你，你會發現政府國家的一些標案，例如國小的圖書館，有預算要買書，以六折四折五折，好今天給您標四折，然後你給中盤商是六折，那政府是幫你出版社還是強害出版社，你若要獎勵出版則你應該按定價來買才是獎勵，或者直接和出版社購書，這才是獎勵出版社。

書基本上不是賣數位化或不數位化，基本上是在賣內容，不管它是何時形式呈現。至於如何將書變成數位這是技術上的問題，或是拆帳問題，或版權問題，為什麼會變成產業呢？我們本來就使用電子編書，只是在考慮要不要用數位的形式來呈現而已。典藏和推廣是二件事，圖書館做典藏是有貢獻，但它沒有發展，而數位化對產業並沒有幫助。

問題八　請問：依您的觀察臺灣出版產業可分幾個階段？

簡略

我只想做後面階段的看法出版業應是以服務為導向的出版業。

問題九　請問：您對該公司出版社的成長分期？和成功的關鍵因素？您的看法如何？

　　1990 年，出版 POP，美術教學，DIY 美勞等系列圖書，因實用且貼近市場需求，獲得廣大好評，並帶起當時 POP 字體與海報等出版風潮。

　　2000 年，跨入綜合出版，從健康／生活風格類圖書開始規劃，以其擅長的圖文整合編輯概念，將專業知識普遍化。其中，健康輕圖典系列並成功推廣海外版權，已出版泰文版和日文版。

　　2001 年，引進韓國知識漫畫，為臺灣第一家引進韓國兒童知識漫畫之出版社，並開創”知識漫畫”的兒童閱讀里程碑，將科學數學歷史等知識以生動漫畫方式呈現，至今仍為最受孩童歡迎的暢銷圖書。

　　2004 年，臺灣第一本自製的華人時尚流行雜誌 -Brand 名牌誌創刊。

　　2006 年，出版創意市集 101，引領當時創意市集風潮，提供創作者揮灑的舞臺與創意＋商業結合的媒合平臺，榮獲當年度金石堂十大最具影響力圖書。

　　2007 年，三采開始出版黑白文字書，以人文議題，商業理財，個人成長為發展重點。

　　2008 年，三采跨入文學小說出版的首部作品——我的孤兒寶貝，並當選為 2008 年金石堂十大最具影響力圖書。

　　2010 年，發展青少年動漫輕小說與漫畫，張廉的八夫臨門系列的暢銷，帶動女尊文閱讀風潮。

　　2012 年，BRAND 雜誌與 agnès b.，COACH 等合作推出名牌商品書。

問題十　請問：您如何看待這個產業的特性？出版業對於臺灣社會的影響和意義，你的看法如何？

　　出版業是服務業，什麼叫好書，若無法洞察社會趨勢，做出符合社會所需求的書，沒有市場性的書又如何？例如性是服務產業，一個出版色情的書又如何？他出版這類書可以滿足有性需求的人也是一種貢獻，

我們為什麼要背負文化的使命，我可以為藝術而藝術，稱我為文化生意人，我覺得也可以，現在的價值觀在未來十年二十年後，未必一樣？其實，經營上是需要非常踏實又要有理想才能成長，虛實之間要並進，才能進步。

現在出版業這麼競爭，應該要假想自己是個服務業，我要服務什麼，像金融業現在都網銀服務，沒有客人到銀行，那麼銀行就會想如何服務客人於是自動登門拜訪客戶，服務提供相關資訊。重點是去創造需求，要走到讀者的前面，去創造讀者需要，然後提供讀者所需要的，要更精准讀者的需求和市場。

猶如玩股票我不必瞭解什麼技術分析，我只要鎖定一支股票，研究這支股票的起伏脈動，掌握這個節奏就可掌握百分之九十是穩賺的。這種方式很簡單很傻瓜，但確實瞭解股性後就能掌握。

曾總編輯覺得對出版的未來不要悲觀，我覺得張總的特色是從出版圈以外的視野在觀察，重新給出版新思維，張總的思維是一直在變，隨著社會脈動而調整。尤其公司在管理上，花費很多的心血，架構完善且制度建立完善後，做出版是很輕鬆的一個行業。

編號 A13 法鼓山文化中心副都監　果賢法師

受訪者：果賢法師	服務單位：法鼓山 　　　　　文化中心	年資：27 年
訪問日期：2013.02.21	地點：法鼓山文化中心 　　　　會議室	時間：10:00-12:00 am
背景：文化大學經濟系，畢業後從事採訪編輯，後追尋生命的意義，投入法鼓山文化中心。		

問：您投入這個出版產業多久？您如何踏入出版業？

我于 1987 年，自文化大學經濟系畢業後，就在一家法律雜誌擔任採訪，但這本雜誌開辦二年就停刊了。我出家前的工作，都是以雜誌採編為主，從 1987 到 1997 年，出家前，已有十年雜誌經驗，直到來到法鼓山的《人生》、《法鼓》雜誌工作兩年後，就決定出家了。

目前，文化中心是整合法鼓山的文化事業單位。組織架構以產、銷、存的三大功能組織。包括生產出版 (雜誌、叢書、影視、商品、文宣)、銷售 (業務行銷、通路體系、網路事業、物流服務)、存 (文史資料、文物典藏、展覽)。

《人生》雜誌創刊於 1949 年，一直延續到現在仍在出版。我們的文化發展是先有《人生》雜誌，再有東初出版社的成立。宗教、人文雜誌大多是很小眾，發行量不多。我們的出版社早期以出版聖嚴師父的書為主。他去日本留學又到美國，回來臺灣接任農禪寺的法務 (1978 年)，首先完成三件文化和教育的事：一、1982 年《人生》雜誌復刊。二、接著東初出版社成立。三、創辦中華佛研所。

聖嚴師父很重視文化，我原先擔任《人生》雜誌主編，六年前，承接文化中心整個部門，所以我第一要務，就是對叢書出版的認識。其實，編輯工作會隨著出版品的載體不同，而呈現不同。在我們這裡，必須擁有雙專業，一個是編輯出版；另一個核心專業是佛法。我們的核心是推

廣佛法、弘揚佛法。佛教出版的編輯很難找，因為必須要對佛法有體悟，對佛學要有基礎和興趣，但編輯專業又不能少。

當我在 1987 年畢業時，正是臺灣經濟最好的時候。工作很容易找，有機會接觸不同專業領域，但做不久就又換，那是因為我從小就對生命很疑惑，一直尋找不到生命存在的目的，後來有一次在臺北的誠品書店，看到聖嚴師父的《禪的生活》一書，看到這本書，讓我有找到人生目的的感覺。覺得以前學的都是世間學問，雖然永遠學不完，但卻解決不了生命的問題。但接觸到佛法的書後就覺得很不一樣，以前在《室內》做採編，一個月薪水有時將近五萬元，但自從來到法鼓山工作後，就覺得薪水不重要， 因為，我在這裡工作，是結合了興趣、信仰。我是在民國 1995 年 6 月來這工作，二年後，我就出家了 (1997 年 9 月)。

文化中心有產、銷、存三個處，我是中心主要管理者。由於我之前做過採編，在世學方面學習比較豐富，所以，我抱的態度是：會的就做，不會的就學。

問：王榮文說臺灣出版史是產銷史，你在文化中心是單位主管，如何看待這產銷呢？

有關產銷關係，我認為編輯部編得再好的書，行銷不好，推廣不出去，也沒意義。但是產銷的觀點和立場，往往有很大的差異，總編輯和總經理的管理要如何去折衝這個關係，是一大學問。不過，由於我們比較不一樣的是，我們重點和使命要以弘法為目的，但又要兼具市場的需要，因為市場反映了當代人的需要。所以，雖說我們的核心目的不是為銷售而銷售，但為了佛法的推廣，一定要做出符合市場能接受的產品，這樣才能宣揚佛法，以及法鼓山的理念和宗旨。

針對通路，我們有各地分院 (法鼓山行願館)，大小型約有二十幾家。這些都算是內部書店 (結合臺灣各地分院，例如農禪寺，去禮佛的人就會

去買書）。外部通路書店，像何嘉仁書店、誠品書店。另外有直銷 (B to C)，推廣處做項目。我們會寄書訊給會員，還有網路書店。還有一個很重要的內部體系，服務我們內部的信眾。例如：有老菩薩往生，他們的家屬會買聖嚴師父的書，在告別式時，贈送給來送行的親友。

我們出版的書有二個流通系統，一是市場流通，另一是結緣系統，例如出版結緣小書，成本低，讓更多人可以拿到。由於每個人通路的觸角不同、接觸的管道不同，為了讓更多人可以接觸到佛法，同時有出版流通市場和結緣系統，通路和方式雖有不同，但核心相同，都是為了弘法。

像我們有文宣部就是專門做結緣書。前四部門（指叢書、雜誌、影視、商品）都有銷售，但這個部分文宣專門編結緣的內部文宣、年鑑這類。我們另有“存”部門，就是史料、圖片、檔案等文史資料，從最源頭聖嚴師父的影音檔都要存檔。另外書的檔案、授權等。

問：主要是宣傳佛法，那麼您選書和企劃，是您們自製還是如何去找書源？

其實我們出版社的成立，約在民國 1980 年，第一階段是為了我們師父聖嚴師父的師父 -- 東初老人的書。第二階段，為了整理出版聖嚴師父的書，1981 年左右，因為師父常常開示講經，一篇一篇文稿刊登在《人生雜誌》，過一段時間後，集到二十篇左右，份量夠了，就整理出專輯。師父是馬不停蹄一直寫，師父書很多，所以，早期的書都是文集類。早期東初出版社規模很小，後來規模變大，以前出版社可以營業的項目很少，後來就擴大為「法鼓文化事業股份有限公司」，比照一般營利事業單位。第三個階段，除了師父的書外，加上中華佛學研究所的論叢的學術書。

法鼓文化有個特色，是我們是服務整個教團，例如學術的部分，佛研所的書，我們也要服務。目前，另有法鼓佛教學院，也有專書要出版。這類書，多數的徵文辦法、評審都在學術單位完成，確定合格後，由我

們編輯、排版、設計封面。中華佛研所一年約出版四至五本書，都是大部頭的學術書，佛研所有提供有獎學金，論文甄選是面向全球的。

所以我們出版的書，一直都是以聖嚴師父的書為主軸，後來陸續企劃不同書系。每個月約出三本書。我們曾經開發外譯書系列，西方國家學佛者也很多，尤其是藏傳這部分，但我們選書則以「漢傳佛教」為主。接著，我們想師父終有往生的一天，必須開發不同作者，例如針對青少年讀者及圖文書系列，也開始策劃。例如，在1995年開發高僧小說系列，2006年開發中英雙語的「大師密碼」系列，接著又有小開本的隨身經典、智慧掌中書等系列。例如《結婚好嗎》，這類貼近現代人生活的智慧掌中書，都是選編自師父的著作所企畫出的新書。

至於開發的新作者，除了找佛教的人才外，也會透過書店中心出版品中尋找。我們也會研究社會趨勢，這樣一路走來，我們也做食譜書，至於我們為何要做素食食譜呢？主要是市面上的食譜，少有真正清淨、無蛋、無奶、天然食材、健康烹調的特色，這些都是為了傳達我們的理念。有些人覺得法鼓山較強調精神層次，但事實上，法鼓山所推廣的四種環保：心靈環保、禮儀環保、生活環保、自然環保，也是強調在生活中落實的。

另外，因應法鼓山世界佛教教育園區的落成啟用，我們在2005年開始出版生活用品，包括：修行用品、環保用品等，甚至近年也推廣食品。

回到叢書出版，我們的核心目的還在於推廣法鼓山理念，只是落實於出版品，在於如何活化師父的著作，然後再開發新的出版品。活化的部分有二本，一是法鼓山每年訂定的主題年，例如：真大吉祥、得心自在等，我們從師父的一百多本書中，選編相關文章來編輯。

雖然師父尚有很多影音資料未整理成書，但因為師父在遺言中規定，未經過他覆閱過的文稿，不可刊登，亦即說師父圓寂後，就不能再出新

書，這是作者對文稿的責任，所以我們就從舊的書中重新編輯，所以這系列書已有四本了，每年編一本，雖然這是新書，但都是舊篇章重新編輯。去年是《真大吉祥》，前年為《知福幸福》、再前年為《安和豐富》、再前為《心安平安》。

這些都在弘揚我們的理念。第二套活化系列，是策劃「禪修 follow me」，目前規畫有《放鬆禪》、《當下禪》、《幸福禪》……，預計一系列六本。我們會觀察市場的反應。義前只要師父的書一出版，第一刷至少五千本，接下來是長銷的一直賣下去。目前已知的《放鬆禪》，只有三個月時間，就已推廣一萬本了。發現儘管師父已圓寂四年了，但是只要是師父的書，就受到歡迎。

我們有自己的網路書店、《人生》、《法鼓》雜誌等通路做廣告和宣傳。我們出版社是蠻多元的，為了因應社會趨勢，從開發新系列、外譯書、高僧小說、、圖文書、食譜等，以及影音出版品、佛曲、學術書等，非常豐富多元。

「筆者說：文字的起源來自宗教，而出版為了宣傳宗教。」沒錯，早期我們比較形而上，我們做食品，會覺得不恰當，但現在我們覺得需要因應現代人需要。我們的發展是多元服務和永續的概念。所以就需要培養專業人才，尤其在這網路世界需要不同的佛教人才。

文中心的產品策略是一個金字塔客群，從金字塔打上方往下是：學術書、《人生》雜誌、經典系列、文學類；再來的是較通俗的人間淨土系列，普及性就較高，再下來是影音、禮品，再延伸下來是生活用品、食品等。

生活用品、食品等的接受門檻較低，透過這是進入佛法大門的因緣之一，例如推廣環保筷，慢慢吸引他們。另一方面從經濟面，生活用品回轉率較高，營業額較多，可以支援學術書的出版。

問：師父的書有做數位嗎？

有關聖嚴師父的電子書，是採多元授權的方式，目前已授權的有 hami、udn 等。另外，我們自己有做師父網站，已將《法鼓全集》的一百多本著作，全文上網，有非常豐富的資料庫，在網上全部免費使用。

若用世俗來看，將會影響到師父著作的銷售量，但是我覺得不用擔心，中國大陸有個網路書舍，把許多佛教的文獻，都全文上網了，師父還沒圓寂時，就已經有了，七葉還用 word 的系統，做得還蠻好看，至於版權問題，若用推廣角度來看，就放下了。但只要有人來合法授權，我們基本都同意，我們做版權管理，是為了確保出版的品質，佛法的書，差一個字，意義就差很多，需要非常謹慎小心。

問：早期是否是由林清玄的菩提系列帶動了佛學的書？

某種部分是可以這麼說。不過佛法的書，早期星雲法師是很重要的，另外你到圖書館也有這類的研究，佛教史學者藍吉富老師寫很多篇有些佛教出版的研究。

問：你們的書會受景氣影響嗎？

還是會，但會稍微好一些。書不是民生必需品，當景氣不好時，書當然會減少消費，另外，因為臺灣擁有經濟能力者仍不少，有一些固定的消費族群。

問：政府的出版政策和獎勵，會左右您的出書政策和計畫嗎？

不會，完全沒有。我們有自己的核心目標。佛教界有一句話，只要你做對大眾有利的事，龍天護法自動會來。龍天護法的意義，是指幫助你的因緣自然會出現。所以，我自學佛以來，不會怕沒錢，但要勤儉，重點是要做對事情。我們做出來的產品是有用的，自然就有因緣，像有些公司一次會買 500 本聖嚴師父的書送人，我們都有團購的優惠價格，有時大量買有 75 折。

問：依您的觀察臺灣出版產業可分幾個階段？

這個問題，我沒研究，無法回答。

問：您對該公司出版社的成長分期？和成功的關鍵因素？您的看法如何？

我們出版社也有三十幾年了。我們的成功關鍵，第一是核心是理念和定位很清楚，對法鼓山的弘揚佛法的理念很清楚。第二個是資源，尤其是人的資源，我們可以接引專業和有志之士，多半會來這裡工作的人，都滿有理念的，我們無法運用義工，至於晉用的程式，就是依照基本的應徵程式，有願心還不夠，還要有出版專業及對佛法的用心。

再來資源是教團的資源。我們是在整個團體之內的，像各地分院，如果辦活動，有時會有人捐一千本書與參加活動的人結緣，所以，可以說是水漲船高。第三是我們的形象。只要有法鼓山和師父的形象，大家都很認同的，法鼓山是有品牌的象徵。進入我們的網路書店，我們推薦的書，社會大眾是認同的。

問：慈濟、法鼓山、佛光山，各有出版品，會有出版品區隔，一樣宣傳佛法有什麼不同？

慈濟文化的出版以證嚴法師的書為主，至於其流通單位是靜思書軒及市面的書店等。佛光山就比較多元，佛光山早期做得非常好，目前有好幾個文化單位，例如：佛光文化、香海文化、如是我聞等。其實每個單位都有核心目標，教團特色不同，出版風格就不同。佛教出版社每一家都很鮮明不同，而且很強調忠誠度，與信眾有情感連結，不太會重疊。

編號 A14 合記出版社總經理　吳貴宗先生

受訪者：吳貴宗	服務單位：合記出版社	年資：36 年
訪問日期：2013.02.22	地點：合記出版社會議室	時間：10:00-12:30 am
背景：淡江大學中文系畢業，繼承家業，其父吳富章先生是創辦人。		

合記小檔案： 成立於 1962 年，專營醫學及生命科學圖書之出版暨代理進口，類別涵蓋醫學、牙科、藥理、護理、復健、食品營養、生物科技等，目前在臺灣擁有九家門市，皆設置在各大醫學院校或教學中心級醫院附近，以便於服務讀者。年出書約 120 冊，經營理念以成為醫生和病人溝通的最佳橋樑自許。

問題一　請問：您投入這個出版產業多久？您如何踏入出版業？

　　我是民國 66 年 6 月進入合記，淡大中文系畢業，我大學畢業後就到合記。合記由我父親吳富章先生創辦的。當時臺灣光復時期大多是使用日文書，光復後蠻多人將日文書翻成中文書，我父親學的是會計（那時稱台大夜間補習學校學會系），1949 年時任職臺灣新聞資料供應社經理部會計組長，1950 年任臺灣醫學出版社業務經理主管會計，這家出版社後來倒了以後，老闆跑去日本，後來幾個朋友組成「台省合記書局」以販賣翻譯書和日文書為主，一陣子後大家拆夥，他們仍用台省合記書局，我父親於是採用了合記書局。起初我父親在台大醫院附近設攤賣書，我母親當過小學教師，與父親結婚後即在家裡開藥局，對藥都很熟悉。父親賣了幾年書後，才於 1962 年登記「合記書店」與「合記圖書出版社」。大約 60 年代從歐美回來的人愈來愈多，尤其是學醫學這一領域的人，讀日文書的人變少，於是書店就改以翻譯書為主，奠定公司基礎應是以自製中文書開始，第一本是從台大解剖學教授鄭聰明醫師幫我們製作的掛圖做起，還有一本《人體解剖學》，這個時候還未進到版權時代。

　　後來，有一位從美國回來的華僑叫李瑞麟，成立美亞出版公司，美

亞主要收購版權，買下版權後，再一一找未授權的出版社提告。因市場小，同質性的出版社競爭相當嚴重。大約 60 年代末期有位華民先生創辦「大學出版社」，他是國防醫學院牙醫背景，也是經營醫學類圖書。從大學出版社的業務再獨立出來創業的醫學相關出版社有藝軒、眾光、九州、偉明等。記得那時台大羅斯福路旁有二棟其一是華西書局都是大學出版社開設的。.. 敦煌前身有個叫皇家，後來被敦煌吃下來。

臺灣的醫學出版社還有環球書社（僅出書）、茂昌（黃鐵雄）（僅賣書）[後兩者合併為茂昌]、美亞，後來又有力大（是從茂昌出來）、如風（劉民德），另有一家學富（從敦煌出來，于雪祥，而敦煌前身皇家），歐亞（從歐亞體系再出來創業的巨擘，出來有個叫民權），金名（邱延喜，茂昌體系出來的）。華杏出版專營護理的書系（原來是建設公司），而其業務覺得不錯就自己出來創設華格那、華騰。

八聯（美亞、歐亞、茂昌、大學、藝軒、眾光、南山堂），星月和合記沒有參加八聯，八聯一天到晚來告我們。

我們自己有通路，專門負責門市反而與老師的關係不是那麼密切，也是我們一直想去突破的。最早做醫學中文書的就是我們合記，今年正逢創社五十年，我們就要回頭把早期的書都追回來。

這行業因臺灣市場小，利益衝突下，導致大家敵對的情況很嚴重，曾經藝軒告我們有一本考古題的書，我們也有提告另一本書，粥多僧少的市場，敵對和磨擦難免，時間久了可能就有心結。這世界有四種人，一種是政府帶頭，人們跟著政府走，這種叫新加坡人，第二種是集體行動，集體出擊，這種叫日本人，第三種是單打獨鬥往外沖世界，然後政府會扯您後腿，這就是臺灣人，第四種人是自己在內打死也沒人知道但對外口徑一致，這種是大陸人。

問題二　請問：您策劃的書中，您覺得滿意的作品有哪些？為什麼？

都是長銷書。我們著作權法前就有一千多種書，之後現在有二三千種書，專業書是長銷書，大多都比較平均，開學時就有一些資金進來，不用靠單一幾本來銷售，我們是均量的銷售。

問題三　請問：圖書是商品也是文化，您認為盈利模式和心中的理想之間如何平衡呢？

這二者都得兼顧，理想和現實之間不斷地在交戰中。

問題四　請問：一家出版社的核心該是哪部門？編輯、行銷、發行…為什麼？出版業的經營模式過去和現在是否有所不同？

出版經營其實沒有什麼，例如人員不夠了，就再加人，以前選書十本，現在要選一百多本，那就再找人，專業圖書的出版，靈魂在社長，由社長來決定出書和未來方向。

合記的組織架構（編輯有十二位，全部有六十位）

董事長、執行總編、資深總經理、副總經理、經理、出版部（發行部）[談版權和選書]、編輯部、業務部、門市部、網路行銷部、會計部、總務部。

早期租店面，常被房東漲租金，所以老社長當初就是有盈餘就買房子，其實主要靠房產，吳興街那個店面當年買二百多萬，現在六七千萬，現在靠這些房子在養出版社。中文書和大陸書由我管，外文書由我弟弟管。

問題五　請問：您的選書企劃有什麼原則嗎？你如何維持和作者的關係？如何培育新人作品？

我們的醫學專科書都是跟著歐美步伐走。然後出版是人才的問題，專業人才很難找，不是我們一般人可以培養，這真得需要政府政策上的輔導，既要有醫學背景又要懂繪圖。以前也曾培養新人但新人培養了，就走人，很難留人。

問題六　請問：您如何運作出書後的新書推廣，臺灣的閱讀市場您覺得如何？

專業書，這二三年來，網路衝擊很大，以前同學都會買書，現在學校老師為了招生，提供給學生的資源很多，導致學生的購書情況每年都退十成以上。

問題七　請問：政府的出版政策和獎勵，會左右您的出書政策和計畫嗎？

政府都是做表面的，或者僅補助給遠流或城邦吧，政府不會獎助我們這種小出版社。政府對一般出版社比較有獎勵，對我們做專業的圖書沒有說明，例如數位補助都是給了大出版社，政府應該建一個平臺，讓每家出版社都可以應用。

問題八　請問：依您的觀察臺灣出版產業可分幾個階段？

文化形成有草創時期，過渡時期，成長時期，我覺得臺灣現在是在過渡時期的階段，還要個十年吧，大家慢慢地省思後會沉澱。臺灣的混亂，是由於市場小，所以只好大家互相廝殺的環境。

問題九　請問：您對該公司出版社的成長分期？和成功的關鍵因素？您的看法如何？

吳創辦人草創時有遇到一些貴人的幫助。合記的成長階段：

第一時期 翻版的時期，沒有版權的時代

第二時期 授權的時期

第三時期 版權的時期，新的著作權法開始後，版權時代來臨

第四時期 電子書的時期，面臨電子書的挑戰時期

經營理念，市場定位很明確，產經銷的佈局很完整，只做醫療健康方面的書。

　　成功都是偶然的，但也須自己很努力的去經營才行。

問題十　請問：您如何看待這個產業的特性？出版業對於臺灣社會的影響和意義，你的看法如何？

　　因為臺灣的專業出版，多半是白手起手，大家資金都差不多，誰也不服誰，誰有市場就是贏者，所以，經營都是後來慢慢自己體會的。專業書大多是業務熟悉市場後就一一獨立出來，再創另一個專業出版社。有關出版的公協會都是私人公司了，只為自己利益互相爭利。沒有為出版產業的未來著力。

　　政府沒有一套有系統的培養和規範，使有足夠的人才讓這個產業可以永續經營下去，所以創業需要運氣但成長和永續經營就有它的困難點。臺灣沒有一套系統去促進百年事業的永續經營。政府沒有規劃，沒有專業的研習和培養，也沒有這樣專業的出版人的學習，政府沒有規劃系統性的課程。

　　在美國有個這樣的學科但沒有針對醫學圖書的經營，不過是目錄學或出版學只是部分的，沒有一套專業的培養訓練，我們也是面對這樣的困境，像我們做專業圖書，受限於專業的發展。

　　對於數位，我們想做私有雲，將合記所有書全都數位化，以私有雲的方向來轉型，但對科技真得不是很熟悉，很不好操作。

編號 A15 圓神出版社發行人　簡志忠先生

受訪者：簡志忠	服務單位：圓神出版社	年資：30 年
訪問日期：2013.02.26	地點：圓神辦公室	時間：10:00-12:30 am
背景：大明中學，以自我學習觀察社會細微，獨特靈活的行銷、業務以及自編書籍投入出版業。		

　　民國 73 年進入出版業，曹又方是我從美國請回的作者，出版必須要和政治涉及在一起，以前我剛出國時，當時開出版社，有很多限制要專科畢業，我以前在學校編校刊，大明中學時，我就是寫手，年輕時，住校缺稿就自己寫，畢業後，從業務員開始做，原本做百科全書的銷售也做房地產銷售，後來有一位朋友在報社，說很多好書，不能出版很可惜，我朋友在報社當主編，後來我發現他不擅於經營，他從來不曉得，一直到第五本書龍應台的野火集，突然賣起來，臺灣年度評論，那時我每年都做，吳以勤，他開始做得很好，但後來發現有些作者抱怨稿子丟了，吳以勤好像不太會經營，後來我就自己跳下來經營，把我其它工作都辭掉，民國 76 年完成投入出版社，我覺得有二種人做出版，一種商人一種文人，文人其實都不太會經營，早期要想辦出版社幾乎都與政治有些關係，我出來時是二大報的時代，只要在二大報登過有優先出版權，那時中華日報也有出版社，那時聯合和中國時報把好文章都先拿走，蔡文甫是中華日報副刊主編，早上在報社，晚上則編自己的出版社，姚宜瑛，爾雅是書評書目，轉出來的，五小，市面上活躍的原因，以前新聞沒什麼好看，只有副刊可看，誇張到只要副刊一登像林海音的城南舊事的序一登，書店一二周都是在銷售這篇，過一個禮拜他再寫一個人來寫個我看城南舊事，又可以再賣一周，文人那時的風氣是互相吹捧，那時大家都是國民黨的那個調，互相拉台形成那種氣圍，那由國家的力量在做，那當然看起來很興盛，國家是可以改歷史的。臺灣現在有八千多家，解嚴後，美國有什麼出版史，若我想瞭解美國的出版業，你看能找到什麼，挺多可以找到美國出版業 100 年的暢銷書史，挺多就這樣，出版史有什

麼意義呢？商業才是重點，現在寫這個出版史當然要提供給後人若他們開設出版業給他們一些建議才對，回到我剛提到的我全心投入出版社是到二大報之後，我記得我打電話給七等生約，七等生問你是哪一家，我說圓神，他回說怎麼輪到你呢，於是我知道他住在通宵，我後來拎了一瓶玫瑰紅，三十年前，我跑去找他聊到早上四點，我出了他的第一本書，我推薦他的書到自立早報成就獎，我記得獎金有四十萬獎金，還有推薦楊建宏的走過傷心地。我當時做出版的初衷，是個人的一個想法，我自己接手做時，我發現封面太花的我都不想做，剛開始出版社只有四個人，我用了很多假名，去充實我的版權頁，讓別人看起來我們出版社不是大公司，我用了我女兒簡甯，我兒子叫簡明，（我是彰化田中人），也取田大明，反正我就用各種筆名，自己做封面，自己校對，當時花很多時間做自己想要的書，不想管市面上的市場銷售如何？這樣一段時間以後，發現出版不是我想要什麼就做什麼，我覺得書不是只有我自己想要的，出版不是出版人單方面的想法，書要送到讀者手上才有意義。現在書不是 fiction，no-fiction.. 很多類，其實書只分二類，一種放倉庫，一種是在讀者家裡，書要有意義是要被讀者發現才會有共鳴，我自己經過一段時間，我發現我做的書，連上架的機會都沒有，這中間要經過很多人的，要把心靈活動的記錄讓讀者共鳴買回去，不是一個人想，要經過很多人的配合，例如您做的書若書店看了沒有賣相不上架，那你連機會都沒有，我經過一段時間的掙紮，我發現書連上架的機會都沒有，後來慢慢我領悟到，我有一個很大的改變，我是為我個人出書，那我去買書就可以，我心目中理想的書單目錄是可以滿足一個家庭裡各成員所需要的，也就是阿公阿媽想要看到，爸爸媽媽甚至小朋友想要的我這份書單都可以滿足他們，這就是最美好的理想出版狀況。我當初就是立意就是從一家到幾家出版社，做能照顧到全家人的需要，我希望我的工作對臺灣的文化和社會的進步可以有推波助的助力，但後來我覺得書應該為廣大讀者而不是個人趣味的事，我以前喜歡細明體，後來發現粗黑最吸引人，我後

來思考，我要我的書能讓大家接受，為大眾而出，很多出版社，會自怨大家不識貨，其實我很少和同行往來，反正大家覺得我賣得書都好，商業，我覺得很好，我不再和他們競爭，我只是做我能力可以做的。我們從小都被恫嚇長大，要好好念書，但我從小就不在乎這些。我公司從四個人到八個人，從開放之後，有一些和官方有關係有人鼓勵他們出來做吧，90 年代到百家爭鳴時代，最大的劃分是加入國際版權，因為侵犯版權要被關時，612 大限時，這時，我才覺得這是真正出版的到來，因為我們的努力可以有保障，就像那時二大報獨攬的時代，在兩大報做事出來做事的人又再吸乾，我們就喝旁邊的湯汁，其實我公司從四個到八個，當變成 12 個人的時代，我面臨一個問題，我在掙紮⋯我的核心要是什麼，要增加到 18 還是 33 人到一個要五臟俱全呢？我經過幾番思考，後來我決定要搬到新店，我將編輯全都聚到一起，我將公司擴大到 33 人，那時我成立發行部，因為我當時給聯經發行做，他們糟糕透了，那時聯經知道後，把我所有的書退回來要我退九百多萬，那時候同行還說你會倒，但現在我們圓神的發行是第一，（天下給黎銘發行）出版剛開始是編輯沒錯，但後來要有雙核心，因為出版業是內容產業，那您要如何和他們互動，像我們有項目企劃，行銷企劃，整個宣傳都要自己做，那時首創，我們項目企劃新書出版三個月前到金石堂做報告，後來金石堂就仿照，當出版社變成 33 個人時，才是一個完整的出版，這個時候你就可以為作者做事，可以為作者做到什麼樣的程度，作者才願意把書交給我，我和作者不是私交。我有一個朋友，他有一本書，他有個朋友對他有情，那是一人出版社，沒什麼活力，他覺得沒給圓神出很遺憾，簡先生說那建議他，那你可以給圓神出，你可以把你多出來的版稅一半給他。臺灣的文人做出版是情感用事。但是這個產業很奇怪，是文人經營的，最講究情感，但我從 12 變成 33 個人，就是我要把我的出版公司變成很完整的專業公司，我可以為我們作者服務，能夠把他的作品很流暢很有效率的到讀者手上。這就是為什麼我可以有資格和作者約書。今年日本出版社，

對臺灣出版界的概述，就略述圓神是一家出版的書都是暢銷書，這是褒還是貶，這對我們的業務有很幫助，因為若要買版權則有利，臺灣的圓神出版的書確實是出版的書都很暢銷，不是因為在國外就很暢銷，而是經過圓神的手，連普通的書都可以變得很暢銷，這就是圓神的核心，像《秘密》，這本書在臺灣賣到 100 萬本，日本這本《不生病的生活》在日本賣了 100 萬，但到臺灣賣了四、五十萬本，日本人嚇死了像佐賀超級阿嬤也可以賣超過 50 萬本，我覺得若是這是個好的作品，這個好的作品是對各個層次都好，像理財的書，重點是觀念好，敘述生動，就可以，不過通常股票的書不是第一本書就賣得好，而是時機對了，書好不好，我找到第一個 .. 談到我們的選書，我們公司很專業，我們選書像做大聯盟的選書，是右打還是左打，壘上有人被打擊率多少，好球率多少，壞球率多少，客場打擊率又是多少，這是很細的，而且非常清楚、具體，選題首要議題大家有興趣的，第二是論述議題的人的能力是最棒的，論述的能力很重要，若文章很八股那就沒有人看，好看可以有怎麼的好看程度，我們分得很細。內容元素又可分親情、愛情、友情、喜、怒 .. 生活元素都放在其中，其實現在看書的比以前多，從我們賣得量可以看得出，只是若你內容不夠好時，沒有人要買，例如我三十幾年前和我太太去吃的一家館子六品小館，覺得很好吃，而現在去覺得沒以前好吃，其實不然，以前一個月去一次，有期待，現在可以選擇太多了，可能這家餐廳以前 80 分，現在 85 分，但因為現在去的都是 120 分的店。如果你出的書夠好，其實，我做出版這麼久還沒有一本書是這書夠好，我買，不是，很奇怪吧，真正好書為什麼不賣？是包裝有問題，是販賣過程有問題，像我們三個月前去金石堂講解，我們會有什麼活動來支持這個活動，還會去金石堂上課，這樣金石堂注意這本書後會平擺。7-11 剛開始賣書，我設計一個鐵籃子，若可以，放書，只要放箭牌口香糖，櫃檯旁邊再放書，鐵籃子放三個月就給你們，後來他們為了可以有鐵籃子就放了。我還設計將軍牌紙盒子，把盒子摟空，我就是專門做行銷的，這個

學校沒有教的，像我公司周休二天半，執行到現在已有十五年，2013年我們開始周休三天，發行系統我們可以輪值啊，只要配合的廠商找得到人就可以，我們每年都辦員工國外旅行，每年會給同事寫一封信，在臉書上，你可以去上頭看看。周休三天的本意是，每個人都有很多角色，但每個人都被要求在工作上，但人生的每個角色都很重要，應該要兼顧每個角色，而每個角色都是在豐富我們的人生。我們公司比較少用新人，近幾年可能我們公司制度廣被人宣傳，相對找人很容易，這幾年找到的人都不錯，他們也瞭解我們做年度計畫，只要把計畫做出來了，我其實都不管其它事，例如一年要做十本書，若編輯覺得選題壓力很大，那可能換個角度想，你要給你的讀者一年十種驚喜，人是為了生活而工作，要豐富我們的生活，千萬不要為了工作而生活。在圓神做事，什麼事都要有趣最重要。對未來，我不會想那麼遠，有了信用卡，人家說以後都是皮夾都是信用卡，也不是啊還是要帶現金，也有人問我要不要去大陸發展，我說不用吧，我們在臺灣做的好好的。其實我們不用那麼擔心，不要去擔心數字，等到那天到了，我們也會有這個能力去做，我們要知足常樂，要瞭解自己的位置在那裡，不要給自己太多擔心，那很耗身體的能量。未來編輯會變成編制人，我們是做內容產業的，我們只做豐富我們選材的能力，圓神現在有71位，適不適合在擴大我不知道，我只想做好現在的，你想想書到書店，賣得好，書店可以繳房租可以給薪水，若書店書賣不好，繳不出房租，薪水發不出來，那代表他們賣得書很不好，書店白忙一場，書店放了一堆爛書。只要你書做得出來，書賣得掉，那你就可以去做任何行業，因為書不是生活必需品。出版是內容產業，不是以前文人寫個文章就可以了，現在是將內容做成產品。

　　圓神的成長分期 4 個人—12 個人—33 個人—71 個人，圓神的分期階段，這個架構是我剛有提到，可以為作者服務的編制架構，我們現在有七個出版社。回憶往事都有美化的嫌疑。圓神的歷史，成立發行部還

不是很重要的轉折大約是民國80年，73到80年，成立發行部（在新店），大約過了三年後，搬到這裡（南京東路），我記得在新店的時候有個員工說簡先生比較偏心，他的辦公室都和編輯部在一起。後來搬到南京東路有二個樓層，樓上是編輯部，我辦公室就和客服部一起也就是營運部，還有美編、排版部、行銷企劃、會計部、財務部也在這裡，在圓神只差沒有印刷部而已。排版部是那時候，創業十年時，做林清玄那本《打開心內的門窗》、《走向光明的所在》那時候我做了郵購（算是一個里程碑），找了一些育達剛畢業的小朋友來，那時候做了二套，我就就知道不行了，那時這二套只做郵購，我簽了八千萬廣告，後來賣了二十萬套，大約賣了七億，之後我就不做郵購，當時我就知道不行，因為投資和報酬不成比例，那時候社會和郵購的力量我把它引爆了，那時就知道我已把市場全吃下了，所以就不做郵購，那時就把接電話郵購的人變成排版部，另成立扣應系列，因為我讓這件事引爆，所有的買點就在這一刻，之後跟風做有聲書，沒有一家成功吧我做的有聲書裡面全部都是林清玄的一些演講，林清玄那時還很緊張，你不要花那麼多錢，我做書很把握做這個我沒把握，不用搞那麼大吧～我只是想法和別人不太一樣，我在臺灣賣有聲書，但我時候為了促銷去美國開分公司，（那時只為一件事，只要 UPS 送《打開心內的門窗》送到美國人家裡然後老外笑得很開心，我只要照片），然後做個全版的廣告讓大家知道風靡到連老外都在訂購《打開心內的門窗》，訂購就又多了幾萬多套，這有多棒，這些廣告文案都是我在做的，我用很文雅的方法去做廣告，後來也做星雲大師的有情有意，劉俠的書我也做過，..（我問你壓力不大嗎廣告簽下八千萬，簡先生說我做事不緊張），我當初創業的四個人都還在，他們都知道若解決不了的事，去找簡先生，他會用很妙的方式解決。你要記住：很多事不要擔心，要把心變成正面的能量。你喜歡的大部分的人也會喜歡，你不喜歡的大部分的人也不喜歡，你擔心的別人一樣擔心，雖然每天都會有擔心，每天都要想，想我今天做的這件事有沒有什麼目的，不要白忙一

場，為我的讀者做點事，我覺得我的時間很寶貴，像別人編這本書二千書，只要經過我簡某我可以到六千本，我會思考今天比昨天更好一點，做文字工作就是每天讀一點每天想一點，我要讓我服務的物件，有一種幸福和感動讓讀者感覺很美好。書名，用讀者最能接受的書名，書要出去前一家自己就很喜歡這本書，如果一直用這樣的心去做事，去累積，自然就是個中好手，希望今天的採訪對你有幫助，採訪我有二種寫法，一種寫簡某很厲害，對他望塵莫及，另一種，採訪簡先生後有幾樣可以學的用在生活上，第二種才有用啊，當然用第二種寫法這樣的採訪稿才有用也才有人買。寫東西一定要寫到讀者可以用，這樣才能有用，當一個出版人，要瞭解與時俱進，像以前出版業有五窮六絕，因為七月是考季，導致出版業五六月業績不好，但我們圓神不會，我們在每個季節都有不同的選題，五窮六絕我們不會影響，我們做美容、烹飪，讀者是家庭主婦，怎會受影響。以前郝伯村當院長時也有找過我，問我有沒有要政府協助的，我說沒有，只要政府不要管我們就好了。若公司的養分要靠國家，那麼公司的能力就會倒退。只要開發票就是商業就要繳稅，出版業和一般的產業一樣，不要以為自己不一樣，不要做文化流氓。只要一拿到公家的經費，那自己能力就會倒退的。所有的東西，都不應該要政府來幫助，政府的產業發展條例有它產業的規範，出版沒有什麼特別，不要以為自己要受保護，弱勢才需要保護。就像賣書和隔壁賣花店、賣早餐都一樣，那只是自己的選擇要做哪一個行業。賣早餐的會說這東西多有營養，而麥當勞呢？他賣歡樂時光，也很高貴啊～出版人不用太往臉上貼金，往臉上貼金那麼您的意識就會減少多少能力，它就是產業的一環，不要特別，就是商業。我一向不參加臺北書展，因為來我們同事的應徵不是店員，你看書展上一邊吃便當一邊賣書，那簡直斯文掃地，我們不需要去。我一直很注重出版業，可是我從不傲慢的心，也不認為自己是弱勢，對政府反而要「莫到彼落無斤兩，內有千軍萬馬奔」，自己要更努力，我剛開始也是賠錢啊，不需要去談什麼購書抵書，以前在

軍中，送的都是五小的書，這些都是政府豢養的東西，等到有一天政府補助沒了，就說沒有市場了，不是這樣的。不需要去為難政府。發圖書禮券，那西裝店快倒了，那要不要也發個西裝禮券，書要照料心靈那衣服也很重要啊，不需要，產業生態就是適者生存這麼簡單，出版業不要老是想政府的解決之道。

經營管理上我是因人設事，像這個同事做這個不錯就辟這品牌，現在有圓神（本土）方智（翻譯）、先覺（商業的教育的文化的）、究竟（歷史、政治、科普）、如何（如學習語言、如何投資、如何化妝、扣應（有聲書，有扣必應）、寂寞（小說類），市場部分由市場部去做，我們的書幾乎都是與生活面需求有關。

我認為未來的世界每一個產業都要有對這個產業有健康或有特別智慧的人來做，也就是對產業有獨到的創見，是很重要的。要用自己邏輯去檢驗，要有思考力，要對這個產業要有新的發現。

編輯要與時俱進，要像製片人，而知識份子更要有與時俱進的能力，像做出版史的目的是什麼，為了讓別人瞭解，只是懂歷史又有什麼用，記取教訓才是歷史的目的。

編號 A16 漢珍數位圖書公司董事長　朱小瑄先生

受訪者：朱小瑄	服務單位：漢珍數位圖書	年資：35 年
訪問日期：2013.02.26	地點：漢珍會議室	時間：2:30-3:30 pm
背景：東吳大學數學系畢業，待過外商銷售微縮閱讀器，一趟美國行考察始萌生創業，而開始從事代理海外的微縮到光碟，再到代理國外資料庫，並進一步開發自製本土資料庫。		

問題一　請問：您投入這個出版產業多久？您如何踏入出版業？

　　在成立漢珍之前，我任職的公司是作一種微縮膠捲（microfilm）的閱讀與影印系統，我擔任行銷人員，屬資料處理硬體設備。當時該公司是代理美國一家很有名的品牌，叫做 Bell and Howell，美國那時有三大所謂資料處理設備公司：分別是 KODAK（柯達）、3M 與 Bell and Howell，1970 年代這家公司非常知名，也是全美一百強的公司，他們的產品系列中有一個部門專作微縮影片的拍攝機、閱讀機和閱讀影印機等整套系統，那時在臺灣我們賣很多設備給政府機構，主要是做海量資料的儲存、處理與調閱之用。很有意思的是，之前在大學時，會跑美國駐台新聞處圖書館，那時去看資料時，發現裡面除了一般許多當時流行與學習的英文期刊、書籍外，美國最重要的報紙像紐約時報、華爾街日報，所提供的就是 microfilm 微縮膠捲，而他們所用的放大閱讀機、閱讀影印機就是 KODAK 與 Bell and Howell 公司所生廠，1960-80 年代在電腦尚屬初始階段，儲存大量資料的載體就是 microfilm。後來做業務有機會到美國參展受訓，因為我從小喜歡書，藉此機會參訪了一些美國大學圖書館，包括幾個大的東亞圖書館，發現 microfilm 在美國不僅是消極做為資料儲存使用，還積極的提供作為資料的流通（circulation），也就是資料的傳播和應用。當時臺灣經濟剛起飛，而我有機會出國看到這些新的東西，瞭解到我們只知道儲存資料而先進國家已經是作為資料流程通和應用了，最意外的是，自己因調研資料跑了幾個重要圖書館發現，臺灣當時的學術研究資料極度缺乏，但我在美國看到很多珍貴稀有的中國歷史資料都流落在海

外而他們都用微縮片複製保存，如美國國會圖書館，並且其它圖書館可以買複製片再提供給研究者使用，這引發我想何不將這些國外的微縮膠捲資料也引進到臺灣？那時剛好臺灣的學術也正要發展，我成為率先引進珍藏在海外的漢學資料，推廣到臺灣的學術研究機構，屬於代理性質。後來縮影膠捲內容的品種畢竟有限，而臺灣經濟起飛後重視高等教育，開始擴展大學院校，1980 年代同時圖書館也擴充館藏資源，於是我除了代理微縮膠捲也代理國外原文書。漢珍早期就是以代理國外原版書和微縮膠捲開始的！

問：為什麼離開 Bell and Howell 代理工作，這家公司在臺灣的人員多嗎？是在美國學習時，開始有創業的動機嗎？

年輕時，一直思索自己未來的發展與定位，因為一些因素的考慮，決定試著創業並迎向挑戰，早期職場工作是擔任企劃及業務，並因電腦的興起開始瞭解硬體、軟體與系統的整合。自己因為喜歡書所以到國外出差時也會順道找書店收集 CHINA 主題的書，也看到國外先進的作法。1982 年第一次赴美，總共去了一個多月，那時候膽子很大，就是一個人一口皮箱走天下的時代。從美國西岸開始，包括加州柏克萊大學…中部芝加哥大學…密西根大學的中國研究中心…東部哈佛大學…美國國會圖書館…，每單位都跑了 2-3 天到一個禮拜，除了跑出版社也跑圖書館，看館藏也訪問館員，那時像我這樣臺灣民間業者去見他們的沒有，我是第一個，他們覺得很難得，也很重視的提供一些寶貴經驗。自己當時去跑美國亞洲研究單位的原因，除了可以賣臺灣出版的學術書給他們，也想看他們擁有什麼珍貴的中國研究資料，於是就成立漢珍，而漢珍的名稱也是這個意涵，要將漢學資料在海外的遺珍引進回臺灣。在這同時也拜訪了一些出版社像 ProQuest，早期叫 UMI，他們將全美國博士論文儲存在微縮膠捲中，也將美國教育部所屬的教育資源中心（ERIC）之教育文獻（ED）、教育期刊（EJ）海量資料及愛荷華藥學資料（IDIS）等微縮

膠捲取得臺灣代理權。那時臺灣一些大學及研究機構也都開始採購，後又加上原版西書的代理。當時原版西書的訂購量成長很快，進口原版西書很辛苦的，正值臺灣高等教育興起時代，圖書館藏書量需求很大，若一所國立大學一次給上千本原文書訂單，是要從美國或歐洲數十個出版社去買書，有訂單但是缺進貨的錢，剛創業財力不足，還要想辦法向人借錢，而且那時買國外書有風險，石沈大海沒回音的很多，到書率也不好，可能訂 1,000 本到得只有 7-800 本，而且政府管制進口出版品，程式非常繁複，雖然忙碌，生意也有，但風險也存在。員工從二位到數十位…原版書後來競爭激烈，而且總有二成的書到不了。後來到 1980 年代末，國外出現了 CD-ROM，資料儲存與出版變成了光碟形式，於是國外出版社就問我們要不要代理，那時美國是科技最強的國家，我經決擇之後，就勇於取捨，再次率先代理國外光碟出版品（CD-ROM）到臺灣，那時臺灣都還沒有進口光碟機，向代理商購買還買不到，就委託在美國矽谷工作的同學或朋友若從美國回來就幫忙帶回來，每次帶一台二台。逐步後來臺灣才有，雖然成本比較高，但早期引進新的產品占了市場先機，慢慢做開來了。1990 年後，環境持續在變化，和學校老師接觸多了，就有老師建議既然代理國外的，怎麼不做中文的，於是，我就開始做中文資料庫。

　　2000 年開始成立數位編輯部，漢珍就從代理、行銷、技術服務再到內容出版，慢慢開始做自製產品的中文資料庫。

　　隨著時代的進步，科技也跟著轉變，這種產業也要與時俱進，載體不斷進化的同時，技術和內容也要分析評估到底要做什麼，業務都必須隨時代而轉型。

問題二　請問：您策劃的書中，您覺得滿意的作品有哪些？為什麼？

　　成立編輯部，主要就先開發臺灣自己的東西，先作了幾套中小型產

品後，開始作重量級的「臺灣日日新報」電子版，這是臺灣被日本殖民五十年時間中，最重要的官方報紙，資料量非常龐大，雖然曾經有複刻紙本，但市場反應印刷本內容許多模糊不清，於是我們花了很多人力、物力、資金與技術，將 1895-1945 年間，最重要的臺灣歷史文獻數位化，完成後，至今證明有許多學者、碩、博士研究生利用這套資料庫做這期間的研究。

再來就是「臺灣百年寫真」，將地理資訊 GIS 技術應用在資料庫，也是一種創新，像北投溫泉，一百年前是什麼樣的地貌，而現在又是如何，透過同一地點的地理經緯度座標查到不同時代的攝影作品與文字詮釋資料可以比較古今、人文的不同，並作為研究、寫作、說故事的材料。這都是投入相當大的資源，需要靠團隊來開發。這兩套可以說是漢珍指標性的產品，許多客戶與讀者認為這二套產品對近代臺灣研究甚或亞洲研究是很有價值的。

問題三　請問：圖書是商品也是文化，您認為盈利模式和心中的理想之間如何平衡呢？

數位出版公司是法人組織也是營利事業，要有穩定的收益才行，這是我有興趣的工作，最重要是組織互動良好的團隊，公司百分之二十的產品要占百分之八十的營收吧，按這樣的比例，經過漢珍 30 多年來的營運我覺得還好，其實數位出版的整體平均薪資相對於其它高科技或傳統產業永遠是比上不足比下有餘，工作團隊的共識、認知與熱情才能達到一種平衡。

問：若人家說漢珍只是代理，你有什麼看法，代理的貢獻。

代理也是一種傳播，也是一種發行，知識有需求就有供應，我們產品有代理的也有自己出版或合作出版的，是不要把蛋放在同一籃子裡，分散風險，也是最安全的方式。目前臺灣做代理的廠家不多。而像漢珍

這樣每年持續開發自己的數位出版品作出特色的也一直是我們的目標。

問：選擇代理產品的判斷依據有哪些？

有三個判斷標準，一是產品的專業度，二是產品的市場性，三是貿易條件好不好。

問題四　請問：一家出版社的核心該是哪部門？編輯、行銷、發行…為什麼？出版業的經營模式過去和現在是否有所不同？

出版社要出版自己產品，首先思考的是你要做的內容是否與眾不同，漢珍開發的產品，我們的總編輯是有信心作出品質最好的，既要內容有獨特性差異化，而呈現的數位品質也必須讓客戶、市場認同。

管理方面要更周全，部門之間必須隨時協調與互動將問題解決，與授權夥伴間的合作，要有很好的產品經理（PM）去溝通，有關管理的思維，基本上都是一樣的，找到好的人才，互動溝通良好最重要。其實很多事情，尤其代理的產品，對外商都要放低姿態。

問題五　請問：您的選書企劃有什麼原則嗎？你如何維持和作者的關係？如何培育新人作品？

因為漢珍定位在教育，在研究單位，在圖書館，而且在海量的資料庫，所以除了自行開發資料庫外，還需要與出版商合作，共同建置資料庫，以 B2B 的方式經營，當然先立足臺灣，再將產品往臺灣以外的地方推廣，目前像香港、日本、美、歐地區也一直有購買漢珍的產品。

問題六　請問：您如何運作出書後的新書推廣，臺灣的閱讀市場您覺得如何？

參加書展、或論壇、舉辦研討會，有固定的客群都會保持良好關係，並且經常辦理產品的教育訓練。

問題七　請問：政府的出版政策和獎勵，會左右您的出書政策和計畫嗎？

　　不會，臺灣基本上出版自主，尤其在民間，都是自由競爭，有時會得獎，是有助於公司知名度的提升與些許補助而已。

　　產品基本上會依編輯部的規劃及業務部的回饋來做產品開發評估，市場部是後設的結果，若綜合放在一起時，前測占三分之二，靠編輯部，去探討潛在的市場需要，後測三分之一靠業務的市場訊息，將訊息轉化成產品的改善機制。希望未來可以變成五成五成吧～

問題八　請問：依您的觀察臺灣出版產業可分幾個階段？

　　可與下一題九合併回答。

問題九　請問：您對該公司出版社的成長分期？和成功的關鍵因素？您的看法如何？

　　一、從管制到開放：1980 年代時的原文書進口，每一本都要翻譯中文書名及告知終端客戶，通過臺灣新聞局的審查才可進口，臺灣解嚴後才開放。

　　二、是從代理到出版：英文、日文、中文多國語文的發行、出版與客戶服務。

　　三、從紙本、微縮膠捲、光碟到網際網路之電子出版：從實體變虛擬，未來出版品的電子化運行更從用戶端、供應端至雲端。

　　成功的關鍵還是人才，要聚焦自己的屬性和產品。人才的培養，早期我都會帶著員工全球跑，有展覽都會派核心幹部去見識學習。像美國 ALA、AAS 年會、歐洲法蘭克福書展等等。

　　有關留才這部分呢，待人就是待心，讓同仁感覺得到公司的誠意與發展性，但人各有志，人生的規劃在於各人之安排，新陳代謝的流動亦屬常態，漢珍人事一直均屬穩定。

　　至於人才是什麼，首先，他要對這個產業與工作有興趣，然後可以

融入這個團隊，並願意去開創新的。漢珍要求專注和聚焦，時間有限，不要浪費資源。

問：近幾年臺灣的學術是偏向理工，而漢珍卻在人文學科著力，那產品的市場利基如何呢？

漢珍不求大，但求穩與好。以前也代理不少國際有名的各類學科產品，但國外原廠不斷並購、調整國際部門主管，政策、業績、條件經常改變，而臺灣市場不大，經濟規模有限，逐年因應至今，公司必須有足夠的發展資源才能迎向未來。

問題十　請問：您如何看待這個產業的特性？出版業對於臺灣社會的影響和意義，你的看法如何？

這個產業的特性是：產業界限現在變得很模糊，像 apple、google、作手機、平板或電子商務的大公司等等⋯全部都走入內容產業，實體化為虛擬，全球異業競爭，甚至會發生技術性的殺手級應用，這個產業已變成「類科技化產業」了。相關載具或先進科技都要通曉、評估應變。

臺灣雖然小，但有強勁的生命力與高教育的人力素質，現今世界的高科技產業都少不了臺灣的參與。而中文出版業，臺灣的業者多屬中小企業型組織，有彈性，懷理想，年輕有識者仍前僕後繼投入這個職場。「科技始於人性」，臺灣越來越多的科技領袖願意投入數位內容，支援數位出版，希望這是趨勢也是數位出版的未來機會。當下漢珍仍需敬業努力，為中文數位出版持續增光添彩。

編號 A17 聯經出版事業股份有限公司發行人　林載爵先生

受訪者：林載爵	服務單位：聯經	年資：35 年
訪問日期：2013.02.27	地點：聯經會議室	時間：10:00-11:30 am
背景：1951 年生，臺灣東海大學歷史學研究所碩士，1984-1986 年英國劍橋大學歷史系博士班，1986-1987 年美國哈佛大學訪問學人，1979-2001 年任教東海大學歷史系並於 1987 年起擔任聯經總經理，2004 年起擔任聯經出版公司發行人兼總編輯。		

問題一　請問：您投入這個出版產業多久？您如何踏入出版業？

　　很多觀點在都在我那篇文章裡，基本思路可以看這一篇，聯經的歷史，我提供這本冊子給你參加。

　　我是 1978 年 12 月進入聯經，那時剛退休、結婚，那時在東海兼任老師第一年，但在臺北需要有個兼任的工作，於是就在聯經做編輯。在未做出版之前，其實我在高中時期就喜歡編刊物，我是高中台南一中，編《南中青年》，在東海大學時也編了一本《東風》，也視為東海重要的刊物，第二年東海改為專任老師後，我在聯經改為兼任，就一周來一天或二天，所以我在聯經從 1977，對應該是 1977 年 12 月在聯經，然後 1979 年 8 月 1 日開始在東海專任，但在聯經一直保持兼任，直到 2001 年離開東海，變成全職的出版人。

問：以你 35 年在臺灣的出版業經驗，你覺得出版自由可貴，也因為這個產業因出版自由而造成行業間的價格戰，您如何看在臺灣的出版自由的體系下，臺灣出版的行業這個產業是否需要有些制度，像歐、美、日出版都有一些規範，有關臺灣的出版公協會，是否要有一些功能性？

　　這東西要從二件事來看，一是「出版自由」是一回事，「自由市場」是另一回事。「出版自由」是解嚴之後，1979 年之後的事，開始獲得了前面的出版自由，當然對臺灣出版業的影響很大，我那篇文章有提到，最大的影響是出版量大幅的增加和出版的議題、方向和範圍就開始擴張，而「自由市場」這部分來看，不能用紊亂來說，它還是有個秩序在那裡，

臺灣的出版產業是最有秩序的，整個像同業之間的收付款制度是很健全，出版秩序是非常成熟的，但關鍵是折扣問題，折扣是另外一個問題，全世界只有二種形態在出版的價格上，一是透過政府的法令書不能打折，像韓國是這樣子、德國是這樣子、日本是這樣子、英國是本來是這樣，但五六年前，改變法令開放，以前不能打折，所以一個是政府透過法令規定書不可以打折，另一個是全面開放，既然開放後，價格就不能統一，不能規定按照定價賣，臺灣是個自由市場經濟，所以價格部分，政府的法令規定的很清楚，不可以有壟斷價格，也就是同一個行業不可以自訂自己的規矩我這個產品我要怎麼賣，大家聯合起來要怎麼賣，這個不可以，因此開放自由競爭，在這個情況下，打折是很自然的，只要在自由市場，就會有折扣，書也不例如，百貨有折扣，成衣也有折扣，什麼東西都有折扣，這是很正常，很合理的，這是個市場，這是個產業，要放在市場面來看。

問：在資本市場運作下，似乎各國都會有個行業公協會來擬訂一些產業的倫理秩序，那麼臺灣的出版公協會，它的功能性好像不是很強化，你如何看待？

其實，出版文化和組織運作不太有關係，你這部分可以不用談，臺灣公協會每年還是有做一些事情。

問題二　請問：您策劃的書中，您覺得滿意的作品有哪些？為什麼？

這本書裡有提到，我們覺得滿意的作品。

問題三　請問：圖書是商品也是文化，您認為盈利模式和心中的理想之間如何平衡呢？

書本來就是商品，但它屬於文化產業的一部分，這中間並不衝突，只要是任何一種商品都要銷售，所以文化產業中的任何產品也是要銷售，中間沒有茅盾，只要你要賣什麼，你的消費者在那裡，讀者是那些，自己要發展的方向，是自己設定的問題。

　　比較大的改變是隨著市場的成熟，運作成熟，競爭激烈，所以宣傳和行銷以及發行，編輯都要互相配合，比較大的改變是臺灣的行銷方式愈來愈成熟，

　　比較大的改變是隨著市場的成熟，運作的成熟，競爭的激烈，出書量愈來愈大，因此您的宣傳和發行，必須都要配合整個發展，才能符合市場需求。較大的變化是臺灣的出版產業在這幾年來，行銷方式愈來愈成熟，運作愈來愈好，過去行銷也不是沒有，只是行銷方式不同，以前在書店做行銷是比較固定的，書也沒那麼多，行銷的手段上，不像現在行銷五花八門，什麼招術都有，而現在臺灣出版產業競爭這麼激烈，自然而然的演變，相對應的愈來成熟的結果。從過去早期從 50 年代以來，也不能說每一家出版社都沒有出版大眾化的書，以前出參考書、教科書、文學性書、大眾讀物，也有出版學術刊物，從 50 年代以來本來就是如此，不能說 50 年代的出版品比較講究理想化，現在就商品化，不是如此。而且暢銷書也不是可以運作出來的，它有很多各種不同因素，很多人想追求暢銷書但很多情況是失敗的，有些無意中這本書它變成話題書變成暢銷書，暢銷書可以透過行銷手段讓書的銷售增加是事實，但它能否成為暢銷書有它的各種不同因素，例如國際知名度問題，像我們現在很多暢銷小說是國際知名已是暢銷書，它有很多因素組合而成的，但是我想臺灣大部分的出版社也不完全投入暢銷書的市場，大家會選擇不同的出版品來好好經營，這樣的出版社也是很多，我也不相信經典的像紅樓夢在臺灣就不賣，它還是有讀者的。經典的書是在聯經出版也是相當可觀的，它沒有時效性的，但有它的市場。

問：有關聯經的學術書這一領域，也是奠定聯經的出版地位，我想延伸這問題出版的盈利模式和理想間如何來運作學術書。

　　臺灣因為早期沒有大學出版社，但學術出版又很重要。聯經當初 1974 年創立時，很重要的就是想取代大學出版社的功能，希望出版一些

有學術價值的學者的著作這是聯經的創立很重要的目標和理想，所以從
1974 年到現在聯經一直保持著每年都出版有價值的學術出版品，從來沒
有中斷過。但聯經不是一個學術出版社，我們是綜合性的出版社，我們
有膽大的一個目標是要出版有學術價值的東西，但我們也出版很多非學
術性的作品，非學術性作品也出版的相當多，這本聯經三十年的書中就
有列出一些書目，十年前這些暢銷書數量相當龐大，也就是使聯經可以
有盈餘來投入學術性出版之餘，這部分是一個很重要的因素，如果沒有
這些非學術性的暢銷書作品的銷售量，那麼在出版學術作品壓力就會特
別大，另一方面學術性作品最大特點它沒有時效性，它只要有價值，它
的著作引起重視它就能一直銷售，所以從 1974 到現在，累積近四十年，
我們累積的學術作品，雖然有些書銷售少也些銷售大，但大部分的學術
作品都還能銷售，反而這些學術作品是聯經目前穩定的收入來源，這是
別人不知道的，我們目前學術性的書有一千種左右，雖然有些絕版，但
目前在市面上流通的，是聯經目前很重要的穩定的收入來源。它需要累
積的。這些學術型的書確實都有經過審查，聯經當初成立就有成立編輯
委員會。我這本書也有提到。

**問題四　請問：一家出版社的核心該是哪部門？編輯、行銷、發行…為
什麼？出版業的經營模式過去和現在是否有所不同？**

出版業的核心部門當然在編輯部，產品都在編輯部完成，但若沒有
好的行銷和發行，所以編輯和業務是不可分開的，產品由編輯部做，但
由業務來推廣。很難講核心不核心，這兩者無法分割。

**問：王榮文說臺灣出版史可以用一個產經銷史來看，那麼若從現在有了
博客來網路書店，又有金石堂，也有誠品，現在又有一堆的二手書店，
對出版業環節中的發行有什麼大的變化嗎？**

這樣說也可以成立，譬如遠流以前推諾貝爾獎文學全集，就是從產
銷觀念，我要推什麼產品就找什麼產品，這是從產銷來做，但是也不是

所有產品都從產銷觀念來看，很多產品是我們在做策略觀察或市場觀察後再來決定要推什麼產品，然後透過什麼樣的行銷手段界入市場。

臺灣目前退書多，是因為出書量大，實體書店的容納有限，所以退貨量就逐漸增加。

問題五　請問：您的選書企劃有什麼原則嗎？你如何維持和作者的關係？如何培育新人作品？

問題六　請問：您如何運作出書後的新書推廣，臺灣的閱讀市場您覺得如何？

新書的推廣每一家都差不多。不過在臺灣閱讀人口有很大的改變，1970 年代在文學上來說，臺灣自己作家的作品受到很廣大的閱讀像陳映真..，但 1980-1990 年非小說為主，因為臺灣追求商業發展，商業書一支獨秀。但等到，解嚴以後，1990 年以後情況發現很大變化，小說開始受到重視，尤其是 2000 年左右的翻譯小說，也就是 1990 末，翻譯小說大量增加，各種不同類型的小說在臺灣推廣，開始從日本推理小說，又英語系推理小說，90 年代末期又有奇幻小說，可以說臺灣的閱讀人口愈來愈大，口味愈來愈廣，臺灣閱讀市場開始出現。

臺灣的環境在電子書的發展，因為沒有一個較好的平臺，所以這方面發展相對較慢。

問題七　請問：政府的出版政策和獎勵，會左右您的出書政策和計畫嗎？

不會，每個出版社都有自己的出版方向。臺灣早期也不會，雖然有管制，但也不會。

問題八　請問：依您的觀察臺灣出版產業可分幾個階段？

解嚴前後，和著作權對臺灣出版的影響比較大。

編號 A18 時報文化出版企業股份有限公司總經理　莫昭平女士

受訪者：莫昭平	服務單位：時報文化	年資：26 年
訪問日期：2013.2.27	地點：時報會議室	時間：5:00-6:00 pm
背景：臺灣大學外文系畢業，待過中國時報編譯組，再到開卷週刊專負責出版新聞，之後則接任時報文化總經理。		

莫總：拿了一份文章，你先看一下，再看有什麼需要的再問。

筆者說：我找了一本紙上風雲高信疆，他對時報的貢獻，如何延伸副刊文化到時報

莫總：哦，是報紙嗎？是一本書，..

莫總：時報文化的歷史你可以看這份資料，有看過嗎？比較特殊的是我們在 2010 年，成立第二編輯部，專門呢，也就是全力 .. 大力在做原創區，這部分還蠻有成績的像李維楊，莫總跑出去找書 .. 場景，她走來走去 .. 還有像王正中老師這本書，楊登魁那時候還買了還去拍電影，還有苦苓的書，還有林中彬老師的書 .. 方力行老師的書 .. 可以說在這方面開始沖枝長芽… 這些都是第二編輯部，開始有成績了…。

筆者問：時報每一個總編輯都有他時代的任務，像郝明義有叢書時代的策劃，我看這文章有時報現在要編輯主導轉向編企合一，讀者主導，不知有什麼不一樣的架構 .. 第二編輯部這樣產生的嗎？

莫總笑說：不是，是記者這樣寫，其實臺灣現在翻譯書占百份之七十，所以覺得原創書相當重要，我們覺得臺灣有很多好的素材和非常好的作者，應該可以好好去開發，這些書都有得到年度好書。

筆者：我有看到這篇文章，寫了時報文化三十本具有指標的影響的書，不知道有年代劃分嗎？因為我的題目是 1950 年以來臺灣的出版文化和社會變遷。

莫總 .. 笑 .. 哇 .. 這麼大，那不就從國民黨來臺灣開始…

筆者 .. 若是這三十本書是依年代而產生…50 年代從文星 ..60.. 遠景 ..70-80 是從兩二大報的副刊文化。

莫總：哦，我瞭解你的意思 .. 沒有，我們是總的一起選，如果有你可以看出蛛絲馬跡哦 .. 但你可以看這篇有寫早年的時候，對 .. 這裡有寫一些暢銷書。

筆者：這裡有提到 1975 先有小野的書 .. 問這篇只到 2007，之後有再更新嗎？

莫總：.. 沒有 .. 我們最近這三年全力在開拓原創書。

筆者問：時報現在有多少 .. 在組織架構上，也就是在上市前後，組織架構有不一樣嗎？

莫總：沒有，都差不多

筆者：組織架構可以呈現公司的一個整體

莫總：我覺得每家都差不多，笑…不外乎編輯部也就是生產部門嗎、業務部，業務部有的會給總代理像天下給黎銘總發，我們有自己的業務部，發行部，還有財務和管理部。對了，到是你可以參考 .. 若從 1950 開始 .. 我以前是開卷版的主編，我曾經做過 .. 策劃過，四十年來影響我最深的書，那時是對讀者進行 .. 那個 .. 你可以去調那個來 .. 那時我是分幾個年代來做，從民國 40 年代，民國 50 年代，民國 60 年代，民國 70 年代，這個比較扣你的研究主題 .. 其實還蠻有趣，可以反觀一些社會現象，我還做過一個很有趣的事，（筆者問 .. 這是幾年什麼時候登的），你可以去查開卷他們應該都有存檔，打電話給中國時報開卷版，現在主編是周月英，電話是 23087111 轉 3451。對！好 .. 還有你個一個參考，我還有一篇：禁書知多少？也是反應社會變遷，很好玩！早年禁書很可怕人都會突然不見，後來一夕之間，就是報禁解除，也就是解嚴後，再也沒有禁書這件事，對！我還做過一個暢銷作者有錢的排行榜，也就是版稅排行榜，

第一名是金庸，第二名倪匡，第三名瓊瑤，那個也很有趣，（筆者問：你在開卷待多少），約 8-10 年，我大約民國 77 年，報禁開放，到 85 年，（筆者問：你辦書卷的感覺，那段時間是臺灣出版黃金歲月，出版百花爭鳴，你可以回頭感覺那時的氣氛嗎？也因為這樣所以你另闢開卷的嗎），莫，哦那是我老闆要做的啊，那時是我在中國時報，帶一組人做翻譯，民國 77 我主動提我想當記者，老闆：問你要跑什麼新聞，我就說出版，老闆不答應，後來我就力爭，後來我就是中國時報的第一個出版記者，然後就開始跑出版新聞，後來余老闆就說那就來做個開卷版吧，那時不是有紐約時報也有個 book review 嗎 .. 後來跑新聞，初期程三國在北京做中國圖書商報，那時他是大陸第一家，我是臺灣第一家，然後就互相交換刊物，也很互相仰慕。那時候，對報紙來說也是很好的時候。

筆者問：那段時間文學書很熱絡或者說是不是任何選題都有作，還有開卷也加入，又有書評，讓讀者可以有選書的標準，所以整個環境很好？

莫總：應該這樣說現在的環境變化太大，讀者的閱讀習慣改變太大，那時候報紙沒有張數的限制，而且那時網路也不像現在，從網路愈來愈盛後讀報紙的人愈來愈才，到現在，可以說是最不好的時候，因為大家搶的不再是出版社互相競爭而是整個產業都在搶讀者時間，是每個產業都在搶，例如電視 24 小時，遊戲，或者網路資料，娛樂 .. 都容易取得，又如在 youtbue 可以看全套的甄環傳，這些都是瓜分讀者時間，早期，以前是黃金時代，三大報時代副刊多重要，或者出書多容易把報紙登過的集結成書然後在報紙上登個廣告，劃撥單就如雪片般飛來，那個時代早就過去了。但是呢 .. 就是說 .. 哎 … 哈哈 .. 其實，代代都有讀書人，代代都有文藝青年，只是說我們如何去找到他，現在是利用不同的媒體，經營社群去找到他，像 50 年代，早期在報紙登個廣告，而現在登廣告沒有用的…

筆者：所以臺灣的閱讀市場整個變調和以前完全都不一樣了 ..

莫總：其實也不完全，臺灣的紙本書還是有市場，臺灣的電子書還不成氣候，還有 99% 都讀紙本，那為什麼我們還做得下去，因為臺灣的讀書的人口都還在，那是可以培養的，只要我們可以找到他們，只要我們可以做好書，好書很抽象，我們可以做，對讀者有幫助的書。

筆者問：去年 9 月我在北京，他們找我去講了一堂有關臺灣出版現況，因為時報有上市嗎？所以我就列出時報，凌岡做資料庫的，以及城邦的 Tom.com，還有誠品生活？我從財報上的數字來看，我發現時報去年還是有賺，傳統紙媒還在有獲利，但凌網就不好，城邦在財報上也不好好像臺灣城邦有認列什麼賠償，誠品生活在圖書方面不是主要的？

莫總：說去年其實很不好耶，你是九月報告，哦，去年很不好，不過總體上有獲利。誠品生活，其實主要不是在書方面，是生活。

筆者說：出版的本質有地域性的經營，它不像水可以製作後賣到全球。出版，例如香港的品味，和臺灣的品味不同，出版的本質所以不適合太多資金放在這裡運作？

莫總：不一定，看你要玩多大，例如你看城邦，他們想玩電子書也想做電子書的平臺。也就是你需不需去做書店，例如我做書就好，不要做書店，或我做電子書就好，不去做賣電子書的書店。

筆者說時報在上市之後組織變革上沒有不同嗎？在經營管理上呢？

莫總：其實最重要的還是在編輯部，產品是最重要的。

筆者問：編輯部現在有幾位呢？

莫總：幾十位，.. 嗯 .. 我來算一下 .. 跑去外面數人⋯

莫總：不含企劃，編輯有 28 人，整個時報有 100 人。我們編企合一。

筆者：我的問題四，核心還是編輯嗎 .. 經營管理模式，過去現在一樣，那麼主要的領導？

莫總：一樣。我們主要是總經理，我沒給你名片嗎？哈 .. 跑來跑去，走

出去拿名片⋯走回來，對！我們就四個部門，編輯部，業務部，財務部，管理部⋯其實主要要有好的業績和獲利嗎，反而說一定要維持一個好的品質，好的品質，好的質和好的量，才能有好的業績和獲利，也就是你的書做得足夠好，你的書賣得足夠好，自然而然就會有業績和獲利，不是為了去追求那個，而你的獲利是結果，因為追求那個很痛苦，那幹麼做出版業，比方說，你可以去賣衣服，那個獲利比較好。

筆者問：那麼從你以前做報紙現在做出版，中間有差異性嗎？

莫總：差很多，以前做開卷，對⋯就是報導，評論⋯推薦，現在做出版，角色倒過來，壓力很大，以前報社很大，只是一個版面，現在做書，很直接，書出去，一個禮拜，有時不用一個禮拜，就見生死啊，立刻啊，博客來有即時排行榜，如果有一天你連即時榜都上不了⋯筆者說：那書現在生態不就變週報似的⋯莫總說⋯對⋯差不多⋯這樣說：一個禮拜，見真章，二個禮拜，見生死。

筆者問：時報現在一個月出多少書⋯莫總：我們一個月做十幾本。

筆者問：八二法則還適用嗎？

莫總：對，還是很適用，八二法則，占五分之一，20%。對⋯差不多。

筆者問：閱讀市場剛說了⋯試問您們會針對自家產品做市調或什麼研究小組做自家產品在市場的回饋情況嗎？

莫總：我們⋯沒問題啊，我們可以掌握。也可以推估⋯例如我們有金石堂或博客來的銷售占比來推估自家產品。

筆者問：各書店銷售的比例？

莫總：紙本書，我們家產品銷售是，博客來第一，誠品第二，金石堂第三名。

筆者問：請問時報分斯用這篇文章是嗎？是否有時報有做年度特刊或周

年慶做個回顧這樣的小冊子，像聯經有 30 年度的回顧冊子嗎？

莫總：我們沒有耶，我們習慣往前看 .. 呵…哈…

筆者：剛莫總有提開卷的四十年影響我最深的書，是幾年刊登呢，我待會去國圖找。

莫總：你去找她，我剛有給你，她一定會給你 .. 我猜是民國 79 年 10 月的開卷特刊。

筆者問：莫總是幾時算入行出版業？

莫總：若開卷算的話，就是民國 77 年吧，有 26 年了，好可怕…。

筆者：出版業對臺灣社會的影響和意義，它依然存在嗎？還是隨著網路會消退？

莫總：我覺得這就是出版業的責任了，因為網路的東西是很零散、很片斷、沒有技巧，所以才要出書，書才是完整的有系統的，有邏輯，書本身就是能量俱足的產品，網路上的東西只是材料，書是經過整理 .. 系統化創作的過程，或編輯過程的一個 .. 是個自己就非常能量具足的產品，這個是非常重要的。特別是網路時代。

筆者問，那你覺得做出版最滿意的那時候，是什麼？另一方面的做這一行的挫折是什麼？

莫總說：我覺得自己很喜歡的作品然後又賣得特別好的時候。挫折，就是心目中的好書，卻賣得不好 .. 哈哈…

筆者問：看到這篇莫總有到美國培訓出版的課，這對你有幫助嗎？美國他們的視野和我們有什麼不同嗎？

莫總：他們的蠻實務，叫做專業出版研究，在 Stanford 舉辦，這是很實務的課，是 profession course，他們邀出版社，雜誌社啊，各個不同領域的像美編部門、行銷部門、編輯部門 .. 大約二三周的課，他比較像 seminars，邀實務界的人才上這個課，那時我在開卷版，還不在出版。若

已經在出版做會更有收穫。

筆者：出版政策會受政府影響嗎？

莫總：不會

筆者問：在臺灣的市場，出版市場不大，出版需不需要一個政策來讓出版比較好做，例如購書抵稅。

莫總說，購書抵稅很好啊，但是我們不要去想這個。

筆者問：如果可以有一些建言，那麼你覺得出版的本質是文化，那這行業要讓它隨市場機制自然淘汰嗎？

莫總：其實我覺得有一些比較困難的書或比較小眾的書，若可以有政府或基金會來補助，我覺得會比較好。

筆者問：出版業缺少人才，時報如何培育編輯部人才，或新秀作者？

莫總：我先講作者的部分，要各方去找作者，很有趣的…，我有一個作者李維揚，我是看到 .. 我大學是念台大，我有參加台大登山社，然後登山社有一個人因為山難過世，然後看到李維揚，當年這個人叫蘇文正，其實是蘇文正當年帶他去爬山的，他寫了一篇文章 . 寫的很好，看了都掉眼淚，.. 等事情都過了，約二個月後，我就去找他，我告訴他，你文筆這麼好 .. 你有沒有興趣寫書，他很驚訝，說他一輩子都沒想過要寫書，莫總就邀他看看有沒有什麼可以寫的 … 後來他就開始寫作，他寫了很多病人的故事，賣得不錯，超過一萬本，我還給王偉忠看，我覺得他的作品很適合拍成電影，王偉忠也很喜歡。我就激發了他寫作的興趣。他後來就很自律，離開醫院晚上就一直寫寫 ..。另一個這個老師叫劉克任，是台大管理學院的老師，我後來回台大上 EMBA 的課，他能夠把財報說的跟故事一樣，其實，同時具備文筆，同時又有寫作意願和有那個時間的教授不是那麼多，後來他就開始寫，就是這本書，有點像伯樂和千里馬啦…但這千里馬也要願意跑啊，做了這書就很棒，這本書也賣給大陸，後來

在大陸也賣的很好，後來又加了很多素材回到臺灣又再版，我們做它變成雙色..，後來出了一系列已經有了四本，他現在寫第五本了，因為他沒小孩可以專心寫作…這真得很值得..所以，做出版很開心..覺得自己像星探..也像星媽，出了一些好書，然後又變成暢銷書，好書當然暢銷書時，是最高的成就感。

筆者問：聽說臺灣這一二年作者經紀人很多？

莫總：也沒那麼多啦！請得起經紀人的那幾個..沒有業務繁忙到需要，沒那個市場。

筆者問：那麼有關內部的新人培育呢？

莫總：我覺得這是市場制，有點像 coach，就是要帶，要要求要帶。其實…

筆者問：新人，不是有南華有出版學系，新人若是從學院派來的呢？

莫總：在實務上磨練比較快，好的出版人很難得，怎麼說呢..生意兒難生，同樣的是出版人，又是文化人，同時是生意人，要有敏感的嗅覺。

筆者：新進的編輯培育的培訓期間？

莫總：起碼要 3-5 年，3 年是起碼算是一個好的編輯，做到主編起碼要 5年。

筆者：因為核心是編輯，所以採用的人，有什麼特別的關注或什麼的特質？

莫總：還好，基本要愛讀書，敢做書，有基本的語言能力，最好要有一樣專長，例如文學啊..歷史啊..甚至心理啊，我們還用過台大森林系，台大農化系，做企劃，各式各樣都有，商學系也有。

筆者：所以很靈活，不會局限在人文學科或什麼學系？

莫總：是啊！你有去採訪圓神嗎？

筆者：有

莫總：能採訪到他很棒吧！

筆者：對，圓神簡先生很棒。時報是經營綜合方面的書，有沒有哪一類別的書比較難掌握？還是只要挖崛的人對了就都 OK。

莫總：我覺得是後者，不過也和社會的環境習習相關，現在大家對大環境比較無力，所以個人的書比較當道，什麼養身的書，或職能的增強，什麼個人成長類的書，像 33 歲以上要完成什麼，我的第一桶金這類的。

筆者提問你們選題會去調查現在的人口分佈才去做選題嗎？

莫總：不會啦…你覺得值得出的書，出好書，這樣就夠了，做出版不用做那麼累，電子書不用去怕。它就像是平裝，精裝，另外有個電子版。

後　記

　　2013 年 3 月 1 日飛抵北京首都機場已近午夜，每每回到北京總有一種雀躍的期待，與臺北完全不同的氛圍，京腔的對話聲，紛嚷的人群，難搭的計程車，繁忙中充滿活力的北京帝都，總讓我期待久違後的它又有什麼樣的變化；然而這次返京的步伐卻是沉重的，因為二月始接獲院裡通知三月底前要完成論文預答辯，能否順利完成這博士階段最重要的任務，實在沒有把握，只有一個月的時間，要把過去三年半的學習和這一年來奔波臺灣各圖書館查找相關材料以及專訪十八位出版人的文本分析梳理清楚，實在是不可能的任務，這個月份令人神經緊繃，壓力大到不行。慶倖的是，寫作的過程如神來之筆，文思泉湧，不間斷地寫，也不斷地查找手邊的材料，平均一天一萬字如期完成論文初稿的任務。這一整個月，北京歷經一場雪、一場雨。對我來說，是辛勤過後的豐收，也是對我過去三年半來，甚至可說自社會實踐以來，長期關注和研究臺灣出版的成果收割的月份。

　　畢業之際，能順利完成博士學位，我最要感謝的是，我的恩師肖東發老師。人的一生中，總會遇到對我們人生開啟另一扇窗的至關重要的人物，對我來說，這人就是肖老師。肖老師有一種特質，對學生特別地寬容，因材施教，而總是在最關鍵的一刻，給與醍糊灌頂的一句話，使學生能夠判斷正確的調整研究方向。而咱們新傳還有很多名師像龔文庠

老師、程曼麗老師、徐弘老師、關世傑老師、楊伯漵老師、呂藝老師、張積老師、陳剛老師、謝新洲老師、師曾志老師、許靜老師等等，尤其教授市場調查的劉德寰老師，我除了博一選修他的課外，博二時再度旁聽，當我正在苦惱採訪了十八位出版人的文本該怎麼分析時，回頭找以前劉老師上課時的講義，最後激蕩出借用霍爾的編碼／解碼的文化研究，創建出版文化量化指標，所以，研究方法的紮實功夫來自劉老師的精彩課堂。

我的論文題目大約經歷了三、四次的修正，從我綜合考到開課，以健康傳播中的跨文化議題，到創意過程之研究，而最後定調以出版文化為主題的主因，來自信管系王余光老師。2012 年秋，我旁聽了王老師出版文化這門課，我印象深刻地的是王老師闡述不論科技再怎麼進步，若沒有文化來延續，這個產業就不會有生命和延續力。這句話，使我原本鑽研數位出版的當下，領悟出版文化的重要性，尤其在臺灣這個出版自由又市場開放的情況下，雖然現今整個出版環境不好經營，但能存活下來超過三十年的出版社也不算少數，是什麼成功的關鍵，使臺灣的出版產業仍能有生命力，於是展開我的論文實踐之路，開始著手邀約出版社的負責人及總編輯。

專訪過程中，每一次與這些資深出版人的對談總令人震撼，出版真正的核心在人，而人的文化展現，便是出版的原創力，研究這個主題最大的受益是筆者自己，該文能夠順利完成是靠眾多人的協助，我銘感於心。感謝九歌的陳素芳總編輯、健康文化的丁淑敏總經理、讀書共和國的發行人郭重興、國圖的曾堃賢主任、大雁的蘇拾平社長、臺灣麥克的余治瑩總編輯、麗文的楊宏文先生、水牛的彭誠晃先生、遠流的王榮文董事長、光復的林宏龍先生、道聲的陳敬智副社長、法鼓山的果賢法師、合記的吳貴宗總經理、三采文化的張輝明創辦人、漢珍數位的朱小瑄董事長、圓神的簡志忠發行人、聯經的林載爵發行人和時報的莫昭平總經

理。

　　特別一提的是：九歌陳素芳女士是引領我踏入出版業的牽引者，亦師亦友，出版編輯重師徒制學習，使我學習到九歌成功的諸多因素，九歌社長蔡文甫先生是位慈祥又聰慧的長者，持著對文學的熱情，讓九歌成為臺灣的文學長青樹；三采文化的張輝明先生和曾雅青總編輯，曾是我 2000 年時在南華大學第一屆出版學學分班的同學，我們三人足足花了五個小時完成專訪，張總和雅青二位非常地熱心又詳盡地告訴我當今出版生態的諸多變化和挑戰；健康文化的丁淑敏女士總是招待我在遠企飯店香格里拉餐廳，喝下午茶享美食討論臺灣數位出版的現況；圓神簡先生以實踐的精神領悟創意工作者更應該扮演人生的諸多角色，首推周休三日，令我非常地感佩，簡先生還提醒我做一個文字工作者，就要將寫作列入每天必要練習的例行工作，而我一直疏忽這件事，寫作是很重要的自我訓練過程。合記出版社今年恰巧五十周年，吳總經理不排拒我曾經在他競爭對手的藝軒圖書服務，慷慨解說臺灣醫護圖書的困境與合記的經營之道，非常感謝他對我的信任和支持，而同時我也要一併致謝藝軒圖書董水重董事長，對我在藝軒服務時充分地授權與信賴，這十年使我深刻瞭解臺灣專業圖書的整個經營環境，亦是董先生的緣故使我有機會參與《出版界雜誌》，進而李錫東先生提拔我擔任《出版界雜誌》編委，本屆的出版公會理事長李錫敏先生亦給我鼓勵與支持；道聲陳副社長和法鼓山文化中心的果賢法師詳盡告訴我，宗教類圖書是如何運作，如何傳播到最基層的人並進而吸引他們，瞭解出版史的人都知道「文字的起源來自宗教，而出版是為了傳播宗教而產生」，使我在專訪中深有領悟；聯經林發行人提供我二篇他的文章《出版與思潮》和《出版與閱讀：圖書出版與文化發展》，對我論文很有啟發；時報的莫總在專訪中又提供我另一個線索，她曾在開卷策劃過一個專欄《四十年來影響我最深的書籍有那些》，使我論文的內容上如虎添翼；書號中心曾主任是臺灣書號

中心從籌備到營運至今的主事者，也是最重要最瞭解臺灣出版社申請書號情況的人，專訪中曾主任又提供我不少文獻外他個人的看法，使我受益很多。所以學問，就是邊學邊問，才能完成豐富又有價值的論文。

另外，《出版界雜誌》總編輯邱各容先生，對我的論文提供了許多寶貴建議和他的《臺灣圖書出版年表》一書，使我在整理出版大紀事這部分時減輕不少勞力；淡江大學的邱炯友院長出借他當年的博士論文供我拜讀參考。我的師姐張文彥，從我09年到北大這一刻起，不論在生活上和學業上都給我很大的幫助。還有信管系的丁希如博士，常與我交流信管系相關出版培訓的課程，和協助我邀約臺灣出版人，以及信管系的許歡師姐和顧曉光老師也都提供我許多的協助。世新大學傳播管理學系碩班同學同時是民視經理的陳信重大哥，時常鼓勵我，以長者的智慧增添我的信心。97年在美國相識的香港鄭錦源教授，與他學習思考邏輯的辯證方法和英文上的協助。一路走來，始終懷著一顆感恩的心，因為有了這些朋友的協助，才能完成此一任務。

行文至此，可知要攻讀博士學位，實屬不易，然而在臺灣，媒體斥責學歷無價、無用的氛圍下，滿街的博士已不稀奇，竟還能夠獲得漢珍數位圖書公司董事長朱小瑄先生和羅志承總經理在精神和經濟上的支持，使我能順利完成這北大博士學位，感謝之詞已無法用言語形容，這也足以應證臺灣中小企業的經營之道，待人以仁愛寬厚，禮治為經營永續之方正。

最後，告慰在天之靈的慈父，以及感謝含辛茹苦養育我的母親，我的所有成就都歸您們所賜。也感謝您，我的家人和朋友們，一路陪伴我成長與互相鼓勵！

雷碧秀／北京大學暢春新園

國家圖書館出版品預行編目(CIP) 資料

現代臺灣地區的出版文化與社會變遷(1950-2010) / 雷
碧秀著.-- 初版.-- 臺北市：元華文創, 2020.01
面 ； 公分

ISBN 978-986-393-926-9 (平裝)

1.出版業 2.社會變遷 3.臺灣

487.7933   108022006

現代臺灣地區的出版文化與社會變遷（1950-2010）

雷碧秀 著

發 行 人：賴洋助
出 版 者：元華文創股份有限公司
公司地址：新竹縣竹北市台元一街 8 號 5 樓之 7
聯絡地址：100 臺北市中正區重慶南路二段 51 號 5 樓
電　　話：(02) 2351-1607
傳　　真：(02) 2351-1549
網　　址：www.eculture.com.tw
E - m a i l：service@eculture.com.tw
出版年月：2020 年 01 月 初版
　　　　　2024 年 08 月 初版二刷
定　　價：新臺幣 630 元

ISBN：978-986-393-926-9 (平裝)

總經銷：聯合發行股份有限公司
地　　址：231 新北市新店區寶橋路 235 巷 6 弄 6 號 4F
電　　話：(02)2917-8022　　　　傳　真：(02)2915-6275